高职高专“十二五”规划教材

液压与气压传动

倪春杰　主　编
赵忠宪　副主编
贾汝民　主　审

化学工业出版社
·北京·

内容提要

本书内容包括液压传动和气压传动两部分。上篇液压传动部分讲述了：液压传动概述、液压流体力学基础、液压泵和液压马达、液压缸、液压控制阀、液压系统的辅助元件、液压基本回路、典型液压系统、液压伺服控制系统。下篇气压传动讲述了：气压传动系统基础知识、气源装置和辅助元件、气动执行元件、气动控制元件、气动基本回路及气动系统。附录列出常用液压与气动元件的图形符号和部分习题答案。本书力求简明扼要，图文并茂，精选了较多的工程应用实例，理论和实践相结合，注重理论的应用，突出应用能力、创新能力的培养，是一本针对性和实用性较强的教材。

本书可作为高职院校机电类和近机电类专业教学用书，也可作为教师和相关企业工程技术人员的参考书。

图书在版编目（CIP）数据

液压与气压传动/倪春杰主编．—北京：化学工业出版社，2013.7（2020.9重印）

高职高专“十二五”规划教材

ISBN 978-7-122-17447-5

Ⅰ.①液… Ⅱ.①倪… Ⅲ.①液压传动-高等职业教育-教材②气压传动-高等职业教育-教材 Ⅳ.①TH137 ②TH138

中国版本图书馆 CIP 数据核字（2013）第 109940 号

责任编辑：高　钰　李　娜　　　　文字编辑：项　潋

责任校对：边　涛　　　　装帧设计：刘丽华

出版发行：化学工业出版社（北京市东城区青年湖南街 13 号　邮政编码 100011）

印　　装：涿州市般润文化传播有限公司

787mm×1092mm　1/16　印张 15¾　字数 383 千字　2020 年 9 月北京第 1 版第 3 次印刷

购书咨询：010-64518888　　　　售后服务：010-64518899

网　　址：http://www.cip.com.cn

凡购买本书，如有缺损质量问题，本社销售中心负责调换。

定　　价：49.00 元

前　言

本书是基于高等职业院校机电类专业的培养目标、规格和要求，结合近年来教学改革的成果和课程改革实践的基础上精心组织编写的。

本书的特点是以液压、气压传动技术应用为主线，充分考虑高职教育的高等性、职业性，并结合高职学生的基础和学习特点，整合序化教学内容，注重理论和实践的结合，突出技术应用能力、创新能力的培养。书中内容深入浅出、图文并茂，并选编了较多的工程应用实例。为便于指导学生学习和对重点教学内容的掌握，每章还编写了学习目标和本章小结，并附有经过精选的习题及部分参考答案。

本书内容包括液压传动和气压传动两部分。上篇液压传动部分共九章：液压传动概述、液压流体力学基础、液压泵和液压马达、液压缸、液压控制阀、液压系统的辅助元件、液压基本回路、典型液压系统、液压伺服控制系统。下篇气压传动共五章：气压传动系统基础知识、气源装置和辅助元件、气动执行元件、气动控制元件、气动基本回路及气动系统。

本书由倪春杰主编，赵忠宪教授副主编，贾汝民教授主审。赵忠宪编写第一、第五、第七章，张旭燕编写第二～第四、第六章及习题参考答案，倪春杰编写第八～第十四章。

本书在编写过程中得到了单位同仁的大力支持以及马延斌、汪红的帮助，在此一并表示衷心的感谢！

由于我们的水平和经验有限，欠妥之处在所难免，恳请读者批评指正。

编　者

2013 年 5 月

目　录

上篇　液压传动

下篇 气压传动

上篇 液压传动

第一章 液压传动概述

学习目标：

① 掌握液压传动的基本概念、工作原理；

② 掌握液压传动系统的组成、能量转换关系及职能符号；

③ 了解液压传动的特点、应用和发展。

第一节 液压传动的工作原理

一、液压传动的概念

一部机器的主体通常由原动机、传动装置和工作机构三部分组成，同时配以一定的控制装置和辅助装置。原动机的作用是进行能量的转换，即将其他形式的能转换成机械能，是机器的动力源；工作机构的作用是对外做功，用来执行机器的运动功能；传动装置和控制装置介于原动机和工作机构之间，进行动力传递、控制和分配以及运动形式的转换。按照传动的机件或工作介质不同，传动可分为机械传动、电力传动和流体传动。

流体传动可分为液体传动和气体传动。按工作原理不同，液体传动又可分为液力传动和液压传动。前者是利用流体的动能进行能量转换和动力传递；后者是利用液体的静压力进行能量转换和动力传递，因而也称为静压传动。

液压传动是以密闭管路中的受压液体为工作介质进行能量的转换、传递、分配和控制的技术，又称为液压技术。

在上述概念中，将液体换成气体，便是气压传动。两者并在一起，即液压传动与气压传动，简称液压与气动。

二、液压传动的工作原理

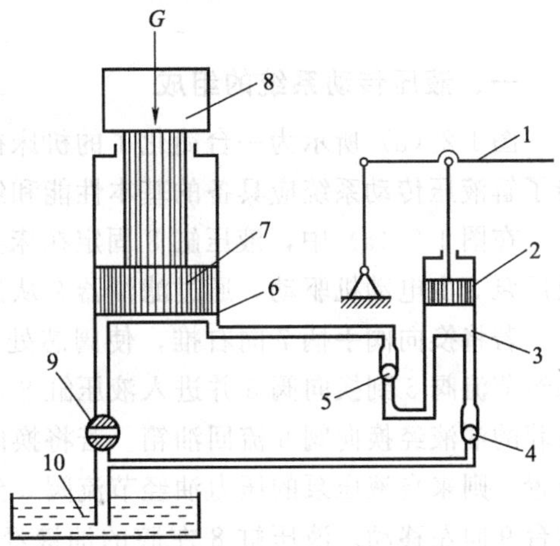

图 1-1 液压千斤顶的工作原理示意图

1—杠杆；2—小活塞；3—小缸体；4,5—单向阀；6—大缸体；7—大活塞；8—重物；9—卸油阀；10—油箱

研究液压传动的工作原理可以从最简单的液压千斤顶入手，图 1-1 所示为液压千斤顶的工作原理示意图。液压千斤顶由手动柱塞泵、举升缸、油路及元件和辅件构成。手动柱塞泵由

杠杆 1、小活塞 2、小缸体 3、单向阀 4 和 5 等组成；举升缸由大缸体 6、大活塞 7、卸油阀 9 组成；另外还有重物 8 和油箱 10。

工作时，先提起杠杆 1，小活塞 2 被带动上升，小缸体 3 下腔的密闭容积增大，腔内压力降低，形成部分真空，单向阀 5 将所在油路关闭，而油箱 10 中的油液则在大气压力的作用下推开单向阀 4 的钢球，沿吸油孔道进入并充满小缸体 3 的下腔，完成一次吸油动作。接着压下杠杆 1，小活塞 2 下移，小缸体 3 下腔的密闭容积减小，其腔内压力升高，使单向阀 4 关闭，阻断了油液流回油箱的通路，并使单向阀 5 的钢球受到一个向上的作用力，当这个作用力大于大缸体 6 下腔对钢球的作用力时，钢球被推开，油液便进入大缸体 6 的下腔（卸油阀 9 处于关闭状态），推动大活塞 7 向上移动，将重物 8 顶起一段距离。反复提压杠杆 1，就可以使大活塞 7 推举重物 8 不断上升，达到起重的目的。将卸油阀 9 转动 90°，大缸体 6 下腔与油箱连通，大活塞 7 在重物 8 重力作用下下移，下腔的油液通过卸油阀 9 排回油箱 10。

通过对上述液压千斤顶工作过程的分析，可以初步了解到液压传动的基本工作原理是利用有压力的液体为工作介质来传递运动和动力的工作过程。驱动杠杆 1 上下移动以产生机械能，通过小活塞 2、小缸体 3 以及单向阀 4 和 5 转换成了油液的压力能，此压力能又通过大缸体 6 和大活塞 7 转换成举升重物（负载）运动的机械能，对外做功。图 1-1 中的元件组成了一个简单的液压传动系统，实现了力和运动的传递。

从液压千斤顶的工作过程可以看出，液压传动有以下特点。

① 液压传动以液体（一般为矿物油）作为传递运动和动力的工作介质，而且传动中必须经过两次能量转换：首先，通过动力装置（泵）把机械能转换为液体的压力能；然后再通过执行装置（液压缸或液压马达）把液体的压力能转换为机械能。

② 油液必须在密闭容器（或密闭系统）内传送，而且必须有密闭容积的变化。如果容器不密封，就不能形成必要的压力；如果密闭容积不变化，就不能实现吸油和压油，也就不可能利用受压液体传递运动和动力。

第二节 液压传动系统的组成及图形符号

一、液压传动系统的组成

图 1-2（a）所示为一台简化了的机床往复运动工作台的液压传动系统，可以通过它进一步了解液压传动系统应具备的基本性能和组成情况。

在图 1-2（a）中，液压缸 8 固定在床身上，活塞连同活塞杆带动工作台 9 做往复运动。液压泵 3 由电动机驱动，通过滤油器 2 从油箱 1 中吸油并送入密闭的系统内。

若将换向阀手柄 7 向右推，使阀芯处于如图 1-2（b）所示位置，则来自液压泵的压力油经节流阀 5 到换向阀 6 并进入液压缸 8 左腔，推动活塞连同工作台 9 向右移动。液压缸 8 右腔的油液经换向阀 6 流回油箱。若将换向阀手柄 7 向左拉，使阀芯处于如图 1-2（c）所示位置，则来自液压泵的压力油经节流阀 5 到换向阀 6 并进入液压缸 8 右腔，推动活塞连同工作台 9 向左移动。液压缸 8 左腔的油液经换向阀 6 流回油箱。若换向阀阀芯处于如图 1-2（a）所示中间位置时，液压缸两腔被封闭，活塞停止不动。

工作台的移动速度是通过节流阀来调节的。改变节流阀 5 的开口大小，可以改变进入液压缸的液压油流量，从而控制工作台的移动速度，多余的液压油经溢流阀 4 和溢流管道排回油箱。当节流阀开口较大时，进入液压缸的液压油流量较大，工作台的移动速度较快；反之，当节流阀开口较小时，工作台移动速度则较慢。

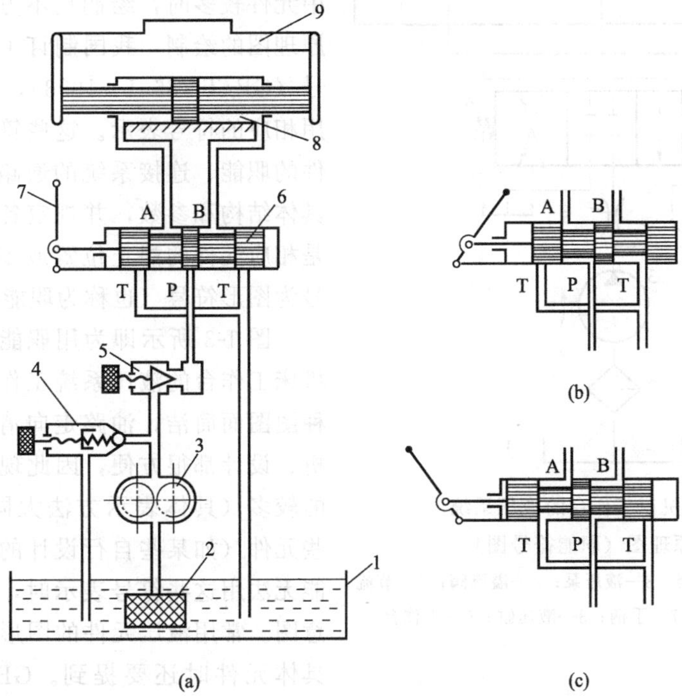

图 1-2 机床工作台液压传动系统

1—油箱；2—滤油器；3—液压泵；4—溢流阀；5—节流阀；6—换向阀；7—手柄；8—液压缸；9—工作台

转动溢流阀 4 的调节螺钉，可调节弹簧的预紧力。弹簧预紧力越大，密闭系统中的油压就越高，工作台移动时，能克服的最大负载就越大；预紧力越小，其能得到的最大工作压力就越小，能克服的最大负载也越小。另外，在一般情况下，液压泵向系统的输油量多于液压缸所需油量，多余的油液须通过溢流阀及时地排回油箱。所以，溢流阀 4 在该液压系统中起调压、溢流的作用。

从机床工作台液压系统的工作过程可以看出，一个完整的、能够正常工作的液压系统，应该由以下五个部分组成。

（1）动力元件 动力元件是指液压泵，是系统的动力源。它的作用是将原动机输入的机械能转变成油液的压力能。

（2）执行元件 执行元件是指液压缸、液压马达等。它将油液的压力能转变成机械能，驱动执行机构对外做功。

（3）控制调节元件 控制调节元件包括各种阀类，如图 1-2 中的换向阀、节流阀、溢流阀等，用来控制液压系统中油液的压力、流量和流动方向。

（4）辅助元件 液压系统中除上述几项以外的其他元件都属于辅助元件，如油箱、过滤器、空气滤清器、压力表、蓄能器、热交换器、油管、管接头等。

（5）工作介质 工作介质是指液压油，利用它来传递运动和动力。

二、液压传动系统的图形符号

在图 1-2（a）中，组成液压系统的各个元件是用半结构式图形画出来的，这种图直观性

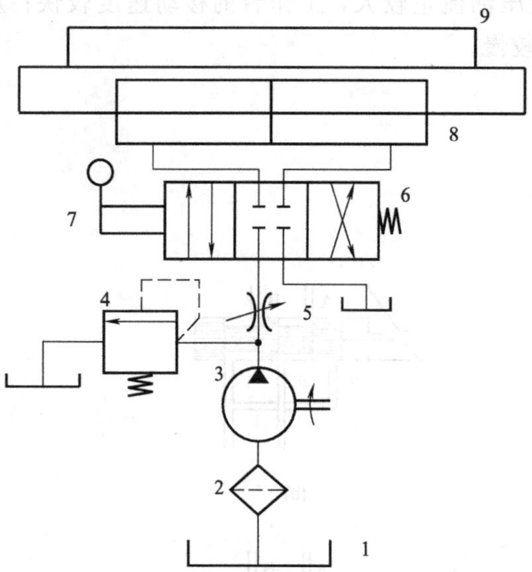

图 1-3　机床工作台的液压系统工作原理图（职能符号图）

1—油箱；2—滤油器；3—液压泵；4—溢流阀；5—节流阀；6—换向阀；7—手柄；8—液压缸；9—工作台

强，容易理解，当系统发生故障时，根据此图检查也较方便，但难于绘制，特别当系统中元件较多时，绘制更不方便。为简化液压原理图的绘制，我国制订了一套液压图形符号（GB/T 786.1—1993），将各液压元件都用相应的符号表示。这些符号只表示相应元件的职能、连接系统的通路，不表示元件的具体结构和参数，并规定各符号所表示的都是相应元件的静止位置或零位置，称这种符号为图形符号（也称为职能符号）。

图 1-3 所示即为用职能符号绘制的上述机床工作台的液压系统工作原理图。由于这种图图面简洁，油路走向清楚，对系统的分析、设计都很方便，因此现在世界各国采用的较多（具体表示方法大同小异）。如果有些元件（如某些自行设计的非标准件）的职能无法用这些符号表示时，仍可采用结构示意图。常用液压元件的图形符号在以后讲述具体元件时还要提到。GB/T 786.1—1993 液压与气动图形符号见本书附录。

三、液压传动系统的能量转换

液压传动系统在工作过程中的能量转换和传递情况如图 1-4 所示。

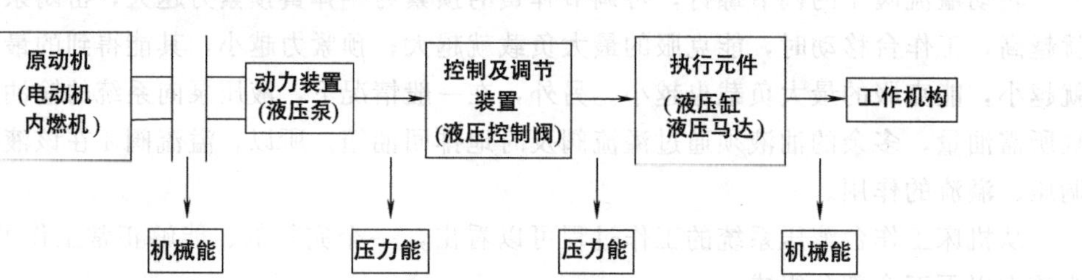

图 1-4　液压传动系统能量转换和传递情况

第三节　液压传动的特点及应用

一、液压传动的优点

液压传动系统与机械传动、电力传动等系统相比，具有如下优点。

① 在同等功率的情况下，液压装置的体积小、重量轻、惯性小。例如，输出同样的功率，液压马达的重量为电动机重量的 10%～20%，而且还能传递较大的力矩。

② 在运行中能方便地实现无级调速，调速范围比较大，可达 100∶1～2000∶1，并且低速性能好。

③ 工作比较平稳、反应快、冲击小，能频繁启动和换向。液压传动装置的换向频率高，

回转运动每分钟可达 500 次，往复直线运动每分钟可达 400～1000 次。

④ 易于实现自动化，且该系统的控制、调节比较简单，与电气控制配合使用能实现复杂的顺序动作和远程控制。

⑤ 易于实现过载保护，工作安全可靠。当系统超负载时，油液可以经溢流阀回到油箱。另外液压传动以油液为工作介质，润滑性好，并且功率损失所产生的热量可由流动着的油液带走，避免局部温升，所以使用寿命长。

⑥ 液压元件易于实现系列化、标准化、通用化。

⑦ 易于实现回转、直线运动，且元件排列布置灵活。

二、液压传动的缺点

液压传动具有以下缺点。

① 难以保证严格的传动比。液压传动的工作介质为液体，容易泄漏；同时由于油液的可压缩性，管路会产生变形，所以液压传动不能用于传动比恒定性要求较高的场合。

② 油液对油温变化比较敏感，不适于在很高或很低的温度下工作、对油液污染也很敏感。

③ 液压系统中需要进行两次能量转换，在能量传递过程中有机械损失、压力损失、泄漏损失等现象，所以效率较低，不宜做远距离传动。

④ 液压元件制造精度高，造价较贵，需要组织专业生产。液压系统使用和维护人员要求具有一定的专业知识及技术素质，故液压系统的生产及管护成本较高。

⑤ 由于液压传动装置中多见于元件及管路的集成化模式，具有一定的不可见性，且系统影响因素较多，故出现故障时不易追查原因，不易迅速排除。

总的来说，液压传动的优点较多，缺点正随着科学技术的进步而逐步被克服，液压传动在现代化生产中有着广阔的发展前景。

三、液压传动的发展及应用

液压传动相对于机械传动是一门新的技术。17 世纪中叶法国物理学家帕斯卡提出静压传动原理，即帕斯卡原理，成为液压技术的理论基础。17 世纪末期，英国著名科学家牛顿对液体黏度及其阻力研究的成果，是现代流体动力润滑理论的基础。18 世纪中叶，瑞士科学家伯努利提出了理想液体常态运动方程，即伯努利方程。18 世纪末期，英国制造出世界上第一台水压机。液压传动在工业上被广泛采用和快速发展是在第二次世界大战后 50 多年的时间。

第二次世界大战期间，军事工业的需要促使液压技术得到迅猛发展，液压技术相继在飞机、坦克、舰艇等武器装备上推广使用。战后，液压技术很快转入民用工业，在机床、工程机械、冶金机械、塑料机械、农业机械、汽车、船舶等行业得到了广泛的应用和发展。20 世纪 60 年代以来，随着原子能技术、空间技术、计算机技术的发展，液压技术已成为包括传动、控制和检测在内的一门完整的自动化技术。当前，液压技术正向高压、高速、大功率、高效率、低噪声、经久耐用、高度集成化的方向发展。

液压传动具有很多优点，所以在工农业生产、国防航空等各部门应用广泛。在机床设备上，主要是利用其可以实现无级变速、自动化程度高、能实现换向频繁的往复运动的优点，多用于进给传动装置、往复运动传动装置、辅助装夹装置等；在工程机械、压力机械上多利用其结构简单、输出力量大的特点；航空工业采用它的原因是液压设备重量轻，体积小。

表 1-1 详细列出了液压传动在各个行业中的应用情况。

表 1-1 液压传动在各个行业中的应用情况

行业名称	应用场合举例
工程机械	挖掘机、装载机、推土机、压路机等
建筑机械	打桩机、平地机等
汽车工业	自卸式汽车、平板车、高空作业车等
农业机械	联合收割机、拖拉机等
轻工、化工机械	打包机、注塑机、矫直机、橡胶硫化机、造纸机等
起重运输机械	起重机、叉车、装卸机、液压千斤顶等
矿山机械	开采机、提升机、液压支架等
纺织机械	织布机、抛砂机、印染机等

本章小结

液压传动是利用密闭在管路中的受压液体来传递力和运动的。在传动力时基于帕斯卡原理；在传递运动时遵守质量守恒和能量守恒定律。流量和压力是液压系统的重要参数。压力决定于负载，流量决定执行元件的速度。液压动力元件、执行元件、控制元件、辅助元件和工作介质都是液压系统的组成部分。

另外，本章对液压传动系统的特点、应用、发展历史、现状和发展趋势作了概述，理解这方面的知识是必要的。

习 题

一、判断题

1. 液压传动装置实质上是一种能量转换装置。 （ ）

2. 液压传动不能实现无级调速。 （ ）

二、填空题

1. 一部完整的机器主要由三部分组成，即________、________、________。

2. 液压传动主要是以________能来传递和转换能量的，而液力传动则是以________来转换和传递能量的。

3. 液压传动的工作原理是以________为作为工作介质，依靠________来传递运动，依靠________来传递动力。

4. 传动机构通常分为________、________、________。

三、简答题

1. 简述液压传动的工作原理？

2. 液压传动由哪几部分组成？各组成部分的作用是什么？

3. 液压传动与机械传动、电气传动比较，有哪些优缺点？

四、计算题

1. 如图 1-5 所示，在液压千斤顶的压油过程中，已知柱塞泵活塞 1 的面积 $A_1=1.13\times10^{-4}\text{m}^2$，液压缸活塞 2 的面积 $A_2=9.62\times10^{-4}\text{m}^2$，管路 3 的截面积 $A_3=1.3\times10^{-5}\text{m}^2$。若活塞 1 的下压速度 V_1 为 0.2m/s，试求活塞 2 的上升速度 V_2 和管路内油液的平均流速$\overline{V_3}$。

2. 如图 1-6 所示液压千斤顶中，小活塞直径 $d=10$mm，大活塞直径 $D=40$mm，重物 $G=5000$kg，小活塞行程 20mm，杠杆 $L=500$mm，$l=25$mm。问：

（1）杠杆端需加多少力才能顶起重物？

（2）此时液体内所产生的压力为多少？

（3）杠杆上下一次，重物升高多少？

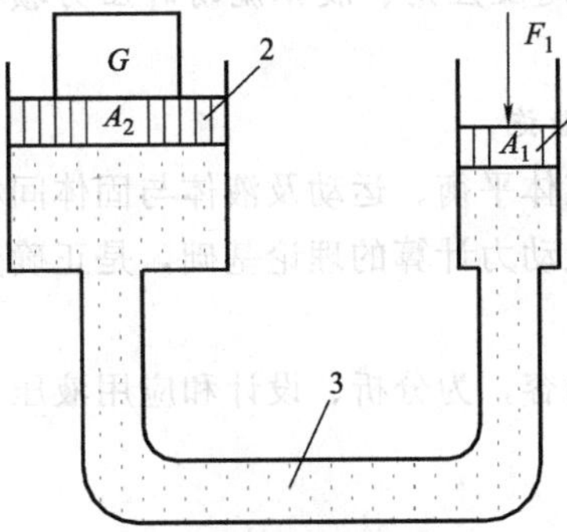

图 1-5　计算题 1 图

1，2—活塞；3—管路

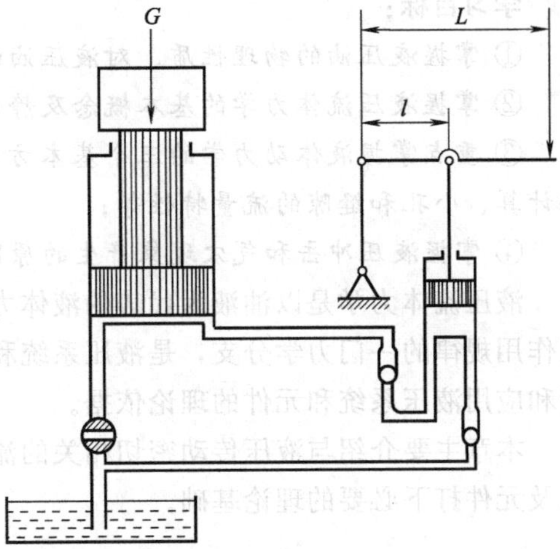

图 1-6　计算题 2 图

第二章　液压流体力学基础

学习目标：

① 掌握液压油的物理性质、对液压油的要求、液压油的选用原则；

② 掌握液压流体力学的基本概念及静压基本方程的应用；

③ 重点掌握液体动力学的三个基本方程研究的主要问题及应用、液体流动时压力损失的计算、小孔和缝隙的流量特性等；

④ 掌握液压冲击和气穴现象产生的原因、危害及控制措施。

液压流体力学是以油液为代表的液体力学，它是研究液体平衡、运动及液体与固体间相互作用规律的一门力学分支，是液压系统和元件工作过程及动力计算的理论基础，是正确分析和应用液压系统和元件的理论依据。

本章主要介绍与液压传动密切相关的流体力学的基本内容，为分析、设计和应用液压系统及元件打下必要的理论基础。

第一节　液　压　油

在液压传动中，工作液体绝大部分为液压油。液压油既是液压传动中能量传递和转换的工作介质，又是传动机构和零部件的润滑剂。液压传动系统的工作性能如何，很大程度上取决于所采用的液压油的性能、质量。因此了解液压油的物理性质、掌握液压油的选择原则，对于正确理解液压传动的基本原理，合理设计和使用液压系统都是非常必要的。

一、液压油的物理性质

1. 密度

单位体积液体的质量称为液体的密度，通常用 ρ 表示

$$\rho=\frac{m}{V} \qquad (\mathrm{kg/m^3}) \tag{2-1}$$

式中　V——液体的体积，$\mathrm{m^3}$；

m——液体的质量，kg。

密度是液体的一个重要的物理参数，它的大小随着液体的温度或压力的变化会产生一定的变化，但在常用的温度和压力范围内，其变化量较小，一般可忽略不计，故实际应用中可认为液压油密度不受温度和压力变化的影响。一般液压油的密度为 $900\mathrm{kg/m^3}$。

2. 可压缩性

液体受压力作用而使体积减小的性质称为液体的可压缩性。体积为 V 的液体，当压力增大 Δp 时，体积减小 ΔV，则液体在单位压力变化下的体积相对变化量为

$$k=-\frac{1}{\Delta p}\times\frac{\Delta V}{V} \qquad (\mathrm{m^2/N}) \tag{2-2}$$

式中　k——液体的体积压缩系数，$\mathrm{m^2/N}$；

Δp——液体压力的变化量，$\mathrm{N/m^2}$；

ΔV——压力变化 Δp 时液体体积的变化量，m^3；

V——增压前液体的体积，m^3。

它的物理意义是：单位压力变化下的体积相对变化量。

由于压力增大时，液体的体积减小，即 Δp 和 ΔV 的符号始终相反，为保证 k 为正值，在式（2-2）的右边加一负号。

k 的倒数称为液体的体积弹性模量，以 K 表示

$$K=\frac{1}{k}=-\frac{V\Delta p}{\Delta V}\quad (\mathrm{N/m^2}) \tag{2-3}$$

K 表示液体产生单位体积相对变化量所需要的压力增量。在常温下，纯净液压油的体积弹性模量 $K=(1.4\sim2.0)\times10^9\,\mathrm{Pa}$，数值很大，故一般可认为液压油是不可压缩的，只有在研究液压系统的动态特性和高压情况时，才考虑液压油的可压缩性。但是，若液压油中混入空气，其抗压缩能力会显著下降，并将严重影响液压系统的工作性能。因此，在考虑液压油的可压缩性时，必须综合考虑液压油本身的可压缩性、混在油中空气的可压缩性以及盛放液压油的封闭容器（包括管道）的容积变形等因素的影响。

3. 黏性

（1）黏性的意义 当液体在外力作用下流动时，由于液体本身分子之间内聚力以及与固体壁面的附着力的存在，使液体内各处的速度产生差异。如图 2-1 所示，液体在管路中流动时速度并不相等，紧贴管壁的液体速度为零，管路中心处的速度最大。如果将管中液体的流动看成是许多无限薄的同心圆筒形的液体层的运动，运动较慢的液体层阻滞运动较快的液体层，而运动较快的液体层又带动运动较慢的液体层，这种液体层之间相互的作用类似于固体之间的摩擦过程，因而在液体之间产生摩擦力。由于这种摩擦力是发生在液体内部的，所以称为内摩擦力。液体的这种性质，称为液体的黏性。液体只有流动时，才会呈现黏性，而静止的液体不呈现黏性。它是液体一个非常重要的特征，是选择液压油的主要依据。黏性的大小用黏度来衡量。

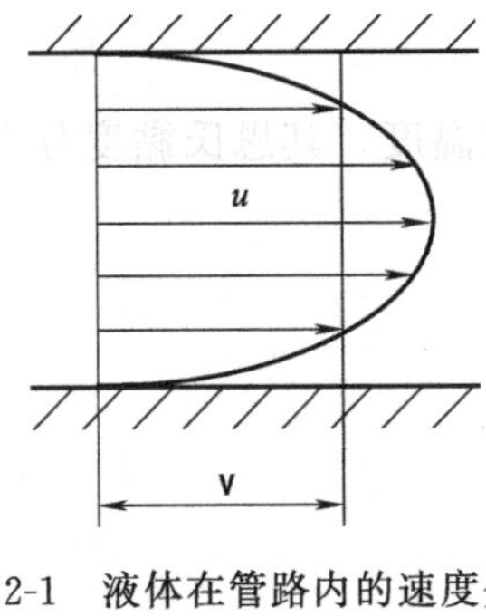

图 2-1 液体在管路内的速度分布

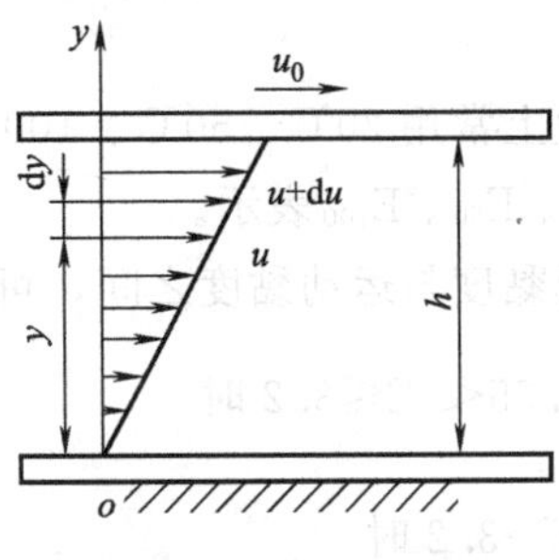

图 2-2 液体黏性示意图

（2）液体黏度 常用的黏度有绝对黏度、运动黏度、相对黏度三种。

① 绝对黏度 绝对黏度也称动力黏度，用 μ 表示。图 2-2 所示两平行平板之间充满液体，上平板以速度 u_0 向右运动，下平板固定不动。紧贴于上平板的液体在吸附力作用下跟随上平板以速度 u_0 向右运动，紧贴于下平板的液体在黏性作用下保持静止，中间液体的速度由上至下逐渐减小。当两平行板距离减小时，速度近似按线性规律分布。

实验表明（牛顿内摩擦定律），液体流动时相邻液层间的内摩擦力 F 与液层间接触面积 A、液层间相对速度 $\mathrm{d}u$ 成正比，而与液层间的距离 $\mathrm{d}y$ 成反比。可用下式表示

$$F=\mu A\frac{du}{dy} \tag{2-4}$$

若用单位面积上的摩擦力，即切应力τ来表示液体黏性，则上式可改成

$$\tau=\frac{F}{A}=\mu\frac{du}{dy} \tag{2-5}$$

式中 μ——比例系数，称为动力黏度，单位是Pa·s（帕·秒）；

du/dy——速度梯度，即液层相对运动速度对液层间距离的变化率。

由式（2-5）可知，液体动力黏度μ的物理意义是：当速度梯度等于1时，流动液体内接触液体层间单位面积上产生的内摩擦力。

② 运动黏度 动力黏度μ和液体密度ρ的比值，就称为运动黏度，用ν表示

$$\nu=\frac{\mu}{\rho} \tag{2-6}$$

运动黏度的单位是m^2/s，工程单位制使用的单位还有cm^2/s，通常称为St（斯），工程中常用cSt（厘斯）来表示，$1m^2/s=10^4St=10^6cSt$。运动黏度ν虽没有明确的物理意义，但习惯上常用它来标志液体的黏度，例如国产液压油的牌号就是该种油液在40℃时的运动黏度ν的平均值。如改善其防锈及抗氧化性的精制矿物油（通用机床液压油）L-HL-46，数字46表示该液压油在40℃时的运动黏度为46cSt（平均值）。

③ 相对黏度 相对黏度又叫条件黏度，它是采用特定的黏度计在规定的条件下测量出来的液体黏度。由于测量条件不同，各国所用的相对黏度也不同。中国、德国和俄罗斯等国家采用恩氏黏度（°E），美国采用塞氏黏度（SSU），英国采用雷氏黏度（R）。

恩氏黏度用恩氏黏度计测定：将200mL被测液体装入恩氏黏度计的容器中，在某一特定温度t（℃）下，测出液体经其下部直径为2.8mm小孔流尽所需的时间t_1，与同体积的蒸馏水在20℃时流过同一小孔所需的时间t_2（通常为51s）的比值，便是被测液体在这一温度时的恩氏黏度

$$°E_t=\frac{t_1}{t_2} \tag{2-7}$$

工业上常用20℃、50℃、100℃作为测定恩氏黏度的标准温度，其恩氏黏度分别可以用符号$°E_{20}$、$°E_{50}$、$°E_{100}$表示。

恩氏黏度与运动黏度之间，可用如下经验公式换算

当$1.35<°E\leqslant3.2$时 $$\nu=8°E-\frac{8.64}{°E} \tag{2-8}$$

当$°E>3.2$时 $$\nu=7.6°E-\frac{4}{°E} \tag{2-9}$$

（3）黏度与温度、压力的关系 液压油的黏度对温度变化十分敏感，温度升高，黏度将显著降低。液压油的黏度随温度变化的性质称为黏温特性。不同种类的液压油具有不同的黏温特性。国产常用油的黏温特性如图2-3所示。液压油的黏温特性还用其黏温变化程度与标准油相比较的相对数值（即黏度指数VI）来表示，VI值越大，表示其黏度随温度的变化越小，黏温特性越好。

液体的黏度会随压力的变化而变化。当液体所受压力增大时，其分子间距减小，内聚力增大，黏度也随之增大。但在机床液压系统所使用的压力范围内，液压油的黏度受压力变化的影响甚微，可以忽略不计；若压力高于10MPa，如新型建材机械的液压系统或压力变化

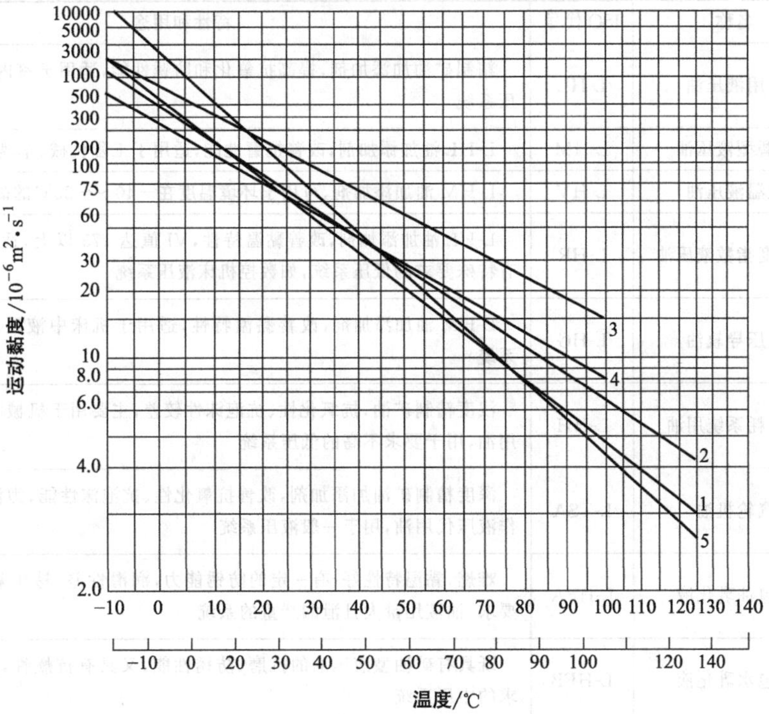

图 2-3　国产常用油的黏温曲线

1—石油型普通液压油；2—石油型高黏度指数液压油；3—水包油乳化液；4—水-乙二醇液；5—磷酸酯液

较大时，则应考虑压力对黏度的影响。不同的液压油有不同的黏度、压力变化关系，这种关系称为液体的黏压特性。

二、液压油的性能要求

在液压传动中，液压油既是传动介质，又是润滑剂，所以对其性能有以下要求。

① 适宜的黏度和良好的黏温特性。一般要求液压油的运动黏度（40℃）为（14～68）×$10^{-6}m^2/s$。

② 良好的抗乳化性和抗泡沫性。良好的抗乳化性即要求油液与水接触时不形成乳化液，而是游离状态，以便分离。良好的抗泡沫性意味油液在工作中产生的气泡少，且气泡能很快破灭和混溶于油液中的微小气泡容易释放出来。

③ 良好的抗氧化稳定性、热稳定性。

④ 良好的流动性和抗燃性。良好的流动性意味着油液具有较低的凝点，可在低温的环境下启动和运行。良好的抗燃性即要求在高温环境下具有较高的闪点和燃点。

⑤ 清洁性好。清洁的油液是液压系统正常工作的重要条件。良好的清洁性意味着油液中的水分、灰分和酸性物质少。

⑥ 良好的使用特性。要求无毒、无害和对人体无明显刺激，易储存，成本低。

三、液压油的种类

液压油主要可分为矿物油型、乳化型和合成型三大类。主要品种及其特性和用途见表2-1。

表 2-1 液压油的主要品种及其特性和用途

类型	名称	ISO 代号	特性和用途
矿物油型	通用液压油	L-HL	精制矿油加添加剂，提高抗氧化和防锈性能，适用于室内一般设备的中低压系统
	抗磨型液压油	L-HM	L-HL 油加添加剂，改善抗磨性能，适用于工程机械、车辆液压系统
	低温液压油	L-HV	L-HM 油加添加剂，可用于环境温度在－40～－20℃的高压系统
	高黏度指数液压油	L-HR	L-HL 油加添加剂，改善黏温特性，VI 值达 175 以上，适用于对黏温特性有特殊要求的低压系统，如数控机床液压系统
	液压导轨油	L-HG	L-HM 油加添加剂，改善黏温特性，适用于机床中液压和导轨润滑用的系统
	全损耗系统用油	L-HH	浅度精制矿油，抗氧化性、抗泡沫性较差，主要用于机械润滑，可作液压代用油，用于要求不高的低压系统
	汽轮机油	L-TSA	深度精制矿油加添加剂，改善抗氧化性、抗泡沫性能，为汽轮机专用油，可作液压代用油，用于一般液压系统
乳化型	水包油乳化液	L-HFA	难燃，黏温特性好，有一定的防锈能力，润滑性差，易泄漏，适用于有抗燃要求、油液用量大且泄漏严重的系统
	油包水乳化液	L-HFB	既具有矿油型液压油的抗磨、防锈性能，又具有抗燃性，适用于有抗燃要求的中压系统
合成型	水-乙二醇液	L-HFC	难燃，黏温特性和耐蚀性好，能在－60～－30℃温度下使用，适用于有抗燃要求的中低压系统
	磷酸酯液	L-HFDR	难燃，润滑抗磨性能和抗氧化性能良好，能在－54～135℃温度范围内使用，缺点是有毒，适用于有抗燃要求的高压精密系统

四、液压油的选择原则

液压油品种选用的依据是液压系统所处的工况条件，主要是温度、压力、黏度和液压泵类型。

一般来说，液压系统的工作压力较高或环境温度较高时，宜选用黏度较高的液压油，以减少泄漏；工作部件的运动速度较高或配合间隙较小时，应选用黏度较低的液压油，以减少摩擦损失。

液压系统的所有元件中，液压泵的转速最高，压力最大，温度也较高。一般应根据液压泵的要求来确定液压油的黏度。表 2-2 是各种液压泵合适的用油黏度范围及推荐用油牌号，选择时可供参考。

表 2-2 各种液压泵合适的用油黏度范围及推荐用油牌号

名称	运动黏度/$mm^2 \cdot s^{-1}$		工作压力/MPa	工作温度/℃	推荐用油
	允许	最佳			
叶片泵	16～220	26～54	7	5～40	L-HH32、L-HH46
				40～80	L-HH46、L-HH68
			>14	5～40	L-HL32、L-HL46
				40～80	L-HL46、L-HL68

续表

名称	运动黏度/mm²·s⁻¹		工作压力/MPa	工作温度/℃	推荐用油
	允许	最佳			
齿轮泵	4～220	25～54	<12.5	5～40	L-HL32、L-HL46
				40～80	L-HL46、L-HL68
			10～20	5～40	L-HL46、L-HL68
				40～80	L-HM46、L-HM68
径向柱塞泵	10～65	16～48	14～35	5～40	L-HM32、L-HM68
				40～80	L-HM46、L-HM68
轴向柱塞泵	4～76	16～47	>35	5～40	L-HM32、L-HM68
				40～80	L-HM68、L-HM100

第二节　液体静力学基础

液体静力学所研究的是液体在静止状态下的平衡规律和这些规律的应用。“静止状态”是指液体内部质点与质点之间没有相对运动的液体。至于装在容器中的液体，整体随容器如同刚体似地做各种运动，则容器中的液体仍属于静止液体。

一、液体的压力及其性质

1. 液体的压力

液体在静止状态下，作用于液体的力有质量力和表面力。质量力作用在液体的所有质点上，如重力和惯性力等。表面力作用在液体的表面上，它可以是由其他物体（如容器壁面）作用在液体上的力，也可以是一部分液体作用在另一部分液体上的力。表面力有法向力和切向力之分，由于液体是静止的，质点之间无相对运动，不存在内摩擦力，所以静止液体的表面力只有法向力。液体内某点处单位面积上所受到的法向力就叫做液体的静压力，即在面积 ΔA 上作用有法向力 ΔF，则液体内某点处的压力定义为

$$p=\lim_{\Delta A\to 0}\frac{\Delta F}{\Delta A} \tag{2-10}$$

若法向力 F 均匀地作用于面积 A 上，则压力可表示为

$$p=\frac{F}{A} \tag{2-11}$$

需要特别指出的是：在液压工程实际中习惯把这种单位面积上所受到的法向力简称为“压力”，实质上它和一般压力的概念是完全不同的。

2. 液体静压力的性质

液体的静压力有下列两个重要的特性。

① 液体静压力的方向总是在承压面的内法线方向。

② 静止液体内任一点的压力在各个方向上都相等。

3. 压力的表示方法及其单位

液体压力的表示方法有两种，一种是以绝对真空为基准所表示的绝对压力，另一种是以大气压力为基准所表示的相对压力。绝大多数仪表所测得的压力是相对压力，故相对压力也

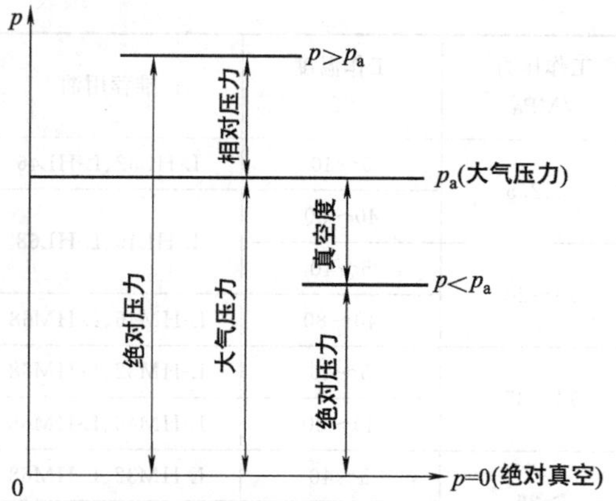

图 2-4　绝对压力、相对压力和真空度的相对关系

称为表压力。在液压技术中，如未特别说明，压力均指相对压力。绝对压力和相对压力的关系为

绝对压力＝大气压力＋相对压力

当液体某处绝对压力低于大气压力（即相对压力为负值）时，习惯上称该处为真空，绝对压力小于大气压力的那部分压力值，称为真空度。它们的关系为

真空度＝大气压力－绝对压力

绝对压力、相对压力和真空度的相对关系如图 2-4 所示。

由于作用于物体上的大气压力一般是自成平衡的，因而在进行各种力的分析时，往往只考虑外力而不考虑大气压力。

压力 p 的单位为 N/m^2，称为帕斯卡，用 Pa（帕）表示，由于单位太小，在工程上使用不方便，所以常用 kPa（千帕）、MPa（兆帕）或 GPa（吉帕）。

工程单位制使用的单位有 kgf/cm^2、bar（巴）、at（工程大气压）、atm（标准大气压）、水柱高或汞柱高等，它们之间的关系是

$$1MPa=10^3kPa=10^6Pa=10bar$$

$$1atm=0.101325MPa$$

$$1at=1kgf/cm^2=9.8\times10^4Pa\approx1\times10^5Pa$$

$$1mH_2O=9.8\times10^3Pa$$

$$1mmHg\ (\text{毫米汞柱})=1.33\times10^2Pa$$

二、液体静力学基本方程及其物理意义

如图 2-5 所示，密度为 ρ 的液体在容器内处于静止状态。为求任意深度 h 处的压力，可从液体内部取出如图 2-5（b）所示垂直小液柱作为研究体，顶面与液面重合。截面积为 ΔA，高为 h。液柱顶面受外加压力 p_0 作用，液柱所受重力 $G=\rho gh\Delta A$，并作用于液柱的重心上，设底面上所受压力为 p，液柱侧面受力相互抵消。由于液柱处于静止状态，相应液柱也处于平衡状态，于是有

$$p\Delta A=p_0\Delta A+\rho gh\Delta A \qquad (2\text{-}12)$$

即

$$p=p_0+\rho gh \qquad (2\text{-}13)$$

此式即为液体静力学基本方程。

由此基本方程可知，重力作用下的静止液体，其压力分布有如下特征。

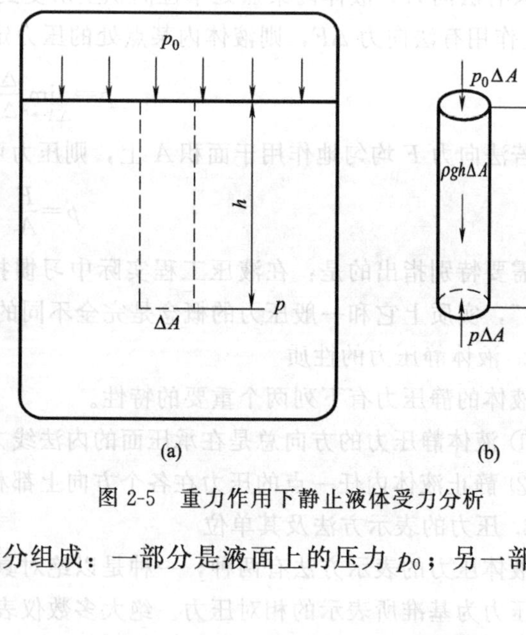

图 2-5　重力作用下静止液体受力分析

① 静止液体内任一点处的压力由两部分组成：一部分是液面上的压力 p_0；另一部分是该点以上液体自重形成的压力 ρgh。

② 静止液体内的压力随液体深度 h 的增加而增大。

③ 离液面深度相同处各点的压力相等。压力相等的所有点组成的面称为等压面（等压面为一水平面）。

三、压力的传递

由静力学基本方程可知，静止液体内任意一点处的压力都包含了液面上的压力 p_0。这说明在密封容器内，施加于静止液体上的压力，能等值地传递到液体中的各点，这就是静压传递原理（又称帕斯卡原理），液体传动就是在这个原理的基础上建立起来的。

在液压传动系统中，通常由外力产生的压力要比液体自重形成的压力大得多，为此可将式（2-13）中的 ρgh 项略去不计，而认为静止液体中的压力处处相等。以后在分析液压传动系统的压力时，常用这一结论。

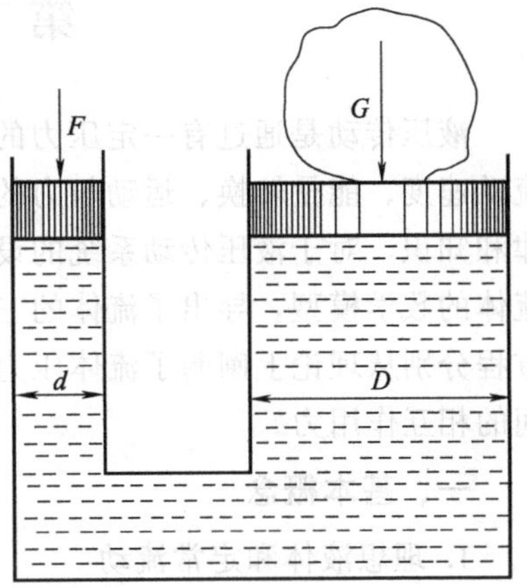

图 2-6　帕斯卡原理的应用实例

【例 2-1】 图 2-6 所示为相互连通的两个液压缸，大缸的直径 $D=30\text{cm}$，小缸的直径 $d=3\text{cm}$，若在小活塞上加力 $F=200\text{N}$，问大活塞能举起重物的重量 G 为多少？

解： 根据帕斯卡原理，由外力产生的压力在两缸中的数值应相等，即

$$p=\frac{F}{\frac{\pi d^2}{4}}=\frac{G}{\frac{\pi D^2}{4}}$$

故大活塞能顶起重物的重量 G 为

$$G=\frac{D^2}{d^2}F=\frac{30^2}{3^2}\times 200=20000(\text{N})$$

由上例可知，液压装置具有力的放大作用。液压机、液压千斤顶和万吨水压机等，都是利用该原理工作的。若 $G=0$，则 $p=0$；G 的数值越大，将其顶起来所需要的压力也越大。这说明了液压传动中一个重要的基本概念：液压系统内工作压力 p 的大小取决于外负载的大小。外负载大工作压力就大；外负载小工作压力就小；没有外负载，系统中的工作压力即为零。

四、液体作用在固体壁面上的力

静止液体和固体壁面相接触时，固体壁面上各点在某一方向上所受静压作用力的总和，便是液体在该方向上作用于固体壁面上的力。当固体壁面为一个平面时，如图 2-7 所示，静压力 p 作用在活塞上的推力 F 为

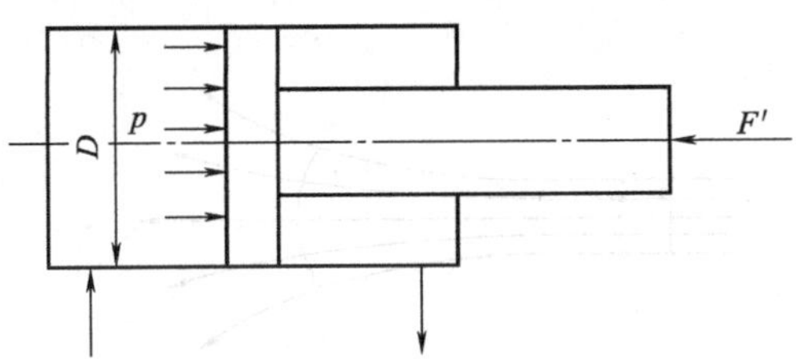

图 2-7　液压油作用在平面上的作用力

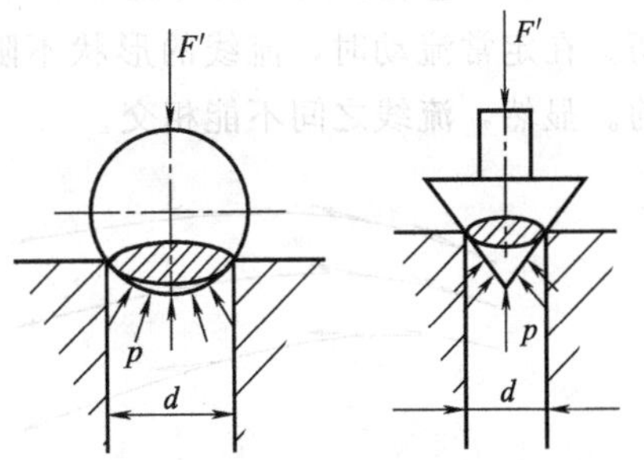

图 2-8　球阀和锥阀所受轴向力

$$F=pA=p\ \frac{\pi}{4}D^2 \tag{2-14}$$

式中 A——活塞的面积。

当固体壁面为一个曲面时，如图 2-8 所示的球面和圆锥面，液体作用在固体壁面上某一方向的作用力 F 等于液体的静压力 p 和曲面在该方向的投影面积 A 的乘积，即

$$F=pA=p\ \frac{\pi}{4}d^2 \tag{2-15}$$

第三节 液体动力学方程

液压传动是通过有一定压力的流体的运动来传递动力的，因此掌握系统中流体的压力、流动速度、能量转换、运动与力的传递和各种常见物理现象以及它们之间所存在的关系、规律和知识，对于液压传动系统的设计、使用与维修十分重要。流体动力学通过建立描述流动流体的数学模型，导出了流体的三个基本方程：连续性方程、能量方程和动量方程。这三个方程分别从理论上阐明了流体压力与流速、与系统能量损失的关系，以及流体与固体壁面之间的相互作用力。

一、基本概念

1. 理想液体和定常流动

研究液体流动时必须考虑到黏性的影响，但由于这个问题相当复杂，所以在开始分析时，可以假设液体没有黏性，寻找出液体流动的基本规律后，再考虑黏性作用的影响，并通过实验验证的办法对理想结论进行补充或修正。对液体的可压缩性问题也可以用这种方法处理。一般把既无黏性又不可压缩的假想液体称为理想液体。

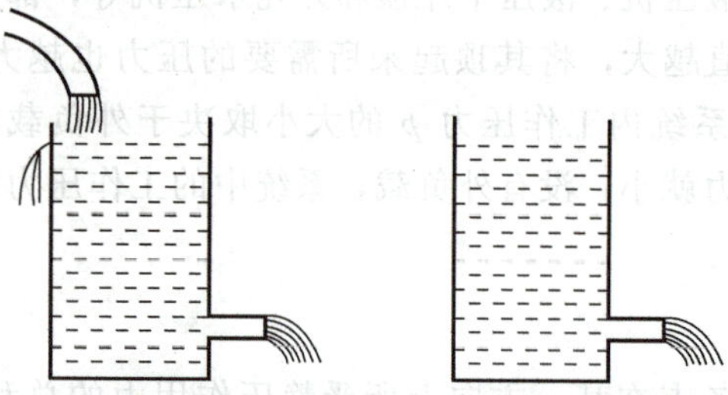

(a) 定常流动 (b) 非定常流动

图 2-9 定常流动和非定常流动

液体流动时，如果液体中任一空间点处的压力、速度或密度等都不随时间的变换而变化，则称这种流动为定常流动（或恒定流动）；反之，则称为非定常流动（或非恒定流动）。同样，为使问题讨论简便，也常先假定液体在做定常流动。图 2-9（a）中水平管内液流为定常流动，图 2-9（b）中为非定常流动。

2. 流线和流束

流线是流场中这样一些空间曲线，如图 2-10所示，它表示同一瞬时流场中各质点的运动状态。流线上每一质点的速度矢量与流线相切。在定常流动时，流线的形状不随时间变化；在非定常流动时，流线形状是随时间变化的。显然，流线之间不能相交。

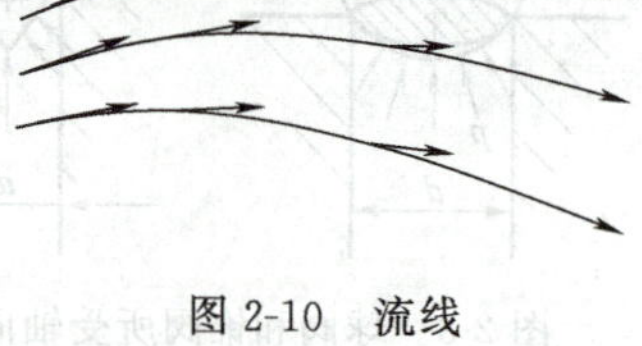

图 2-10 流线

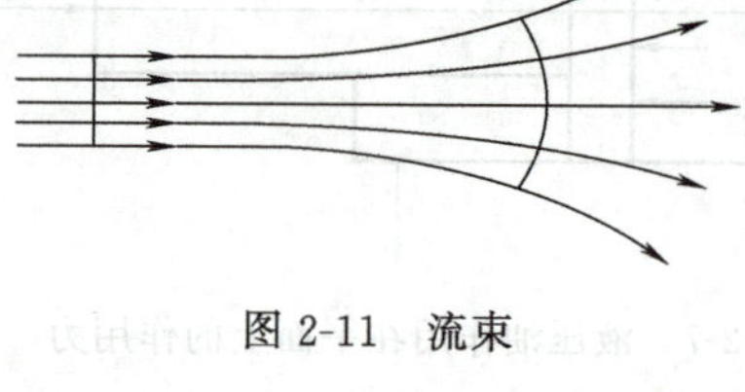

图 2-11 流束

流管中的流线群称为流束，如图 2-11 所示。根据流线不会相交的性质，流管内外的流线均不会穿越流管。

3. 通流截面、流量和平均流速（图 2-12）

在流束中与所有流线正交的截面称为通流截面。截面上每点的流动速度方向都垂直于这个面。

单位时间内流过某一通流截面的液体的体积称为流量。流量的单位是 m^3/s 或 L/min。

平均流速是通过整个通流截面的流量 Q 与通流截面积 A 的比值，即

$$v=\frac{Q}{A} \tag{2-16}$$

平均流速在工程中有实际应用价值。

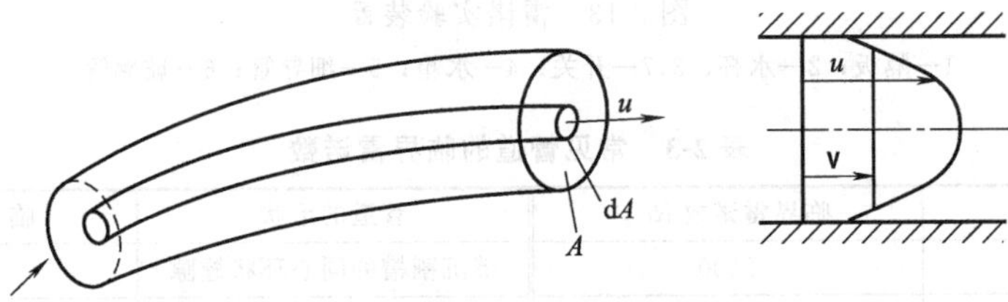

图 2-12　液体流量和平均流速

4. 层流、紊流和雷诺数

液体流动有两种基本状态：层流和紊流。两种流动状态的物理现象可以通过雷诺实验来观察，实验装置如图 2-13（a）所示。

图中水箱 4 有一隔板 1，当向水箱中连续注入清水时，隔板可保持水位不变。先微微打开开关 7 使箱内清水缓缓流出，然后打开开关 3，这时可看到水杯 2 内的颜色水经细导管 5 呈一条直线流束流动，如图 2-13（b）所示。这表明，水管中的水流是分层的，而且层与层之间互不干扰，这种流动状态称为层流。

逐渐开大开关 7，管内液体的流速随之增大，颜色水的流束逐渐产生振荡，如图 2-13（c）所示，而当流速超过一定值后，颜色水流到玻璃管 6 中便立即与清水混杂，水流的质点运动呈极其紊乱的状态，这种流动状态称为紊流，如图 2-13（d）所示。

实验证明，液体的流动状态不仅与液体在管中的流速 v 有关，还与管径 d 和液体的运动黏度 ν 有关。以上 3 个参数组成的一个无量纲数就称为雷诺数，用 Re 表示，即

$$Re=\frac{vd}{\nu} \tag{2-17}$$

式中　v——液体在管中的流速，m/s；

d——管道的内径，m；

ν——液体的运动黏度，m^2/s。

管中液体的流态随雷诺数的不同而改变，因而可以用雷诺数作为判别液体在管道中流态的依据。液流由层流转变为紊流时的雷诺数和由紊流转变为层流时的雷诺数是不相同的，后者的数值较小。一般把紊流转变为层流时的雷诺数称为临界雷诺数 Re_{cr}。当 $Re \leqslant Re_{cr}$ 时为层流，当 $Re > Re_{cr}$ 时为紊流。

各种管道的临界雷诺数可以由实验求得。常见管道的临界雷诺数见表 2-3。

雷诺数的物理意义：雷诺数是液流的惯性力对黏性力的无量纲比。当雷诺数较大时，说明惯性力起主导作用，这时液体处于紊流状态；当雷诺数较小时，说明黏性力起主导作用，

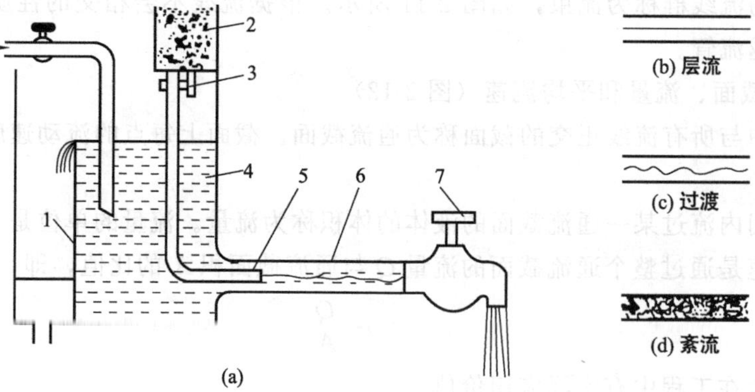

图 2-13 雷诺实验装置

1—隔板；2—水杯；3,7—开关；4—水箱；5—细导管；6—玻璃管

表 2-3 常见管道的临界雷诺数

管道的形状	临界雷诺数 Re_{cr}	管道的形状	临界雷诺数 Re_{cr}
光滑金属管	2300	带沉割槽的同心环状缝隙	700
橡胶软管	1600～2000	带沉割槽的偏心环状缝隙	400
光滑的同心环状缝隙	1100	圆柱形滑阀阀口	260
光滑的偏心环状缝隙	1000	锥阀阀口	20～100

这时液体处于层流状态。液体在管道中流动时，若为层流，则其能量损失较小；若为紊流，则能量损失较大。所以，在液压传动系统设计时，应考虑尽可能使液体在管道中为层流状态。

二、连续性方程

流量连续性方程是质量守恒定律在流体力学中的一种表现形式。如图 2-14 所示的液体在任意形状的管道中做定常流动，任取 1、2 两个不同的通流截面。根据质量守恒定律，单位时间内流过这两个截面的液体质量是相等的，即

$$\rho_1 v_1 A_1 = \rho_2 v_2 A_2 \tag{2-18}$$

若忽略液体的可压缩性，即 $\rho_1 = \rho_2$，则

$$v_1 A_1 = v_2 A_2 \tag{2-19}$$

或

$$q = vA = 常数 \tag{2-20}$$

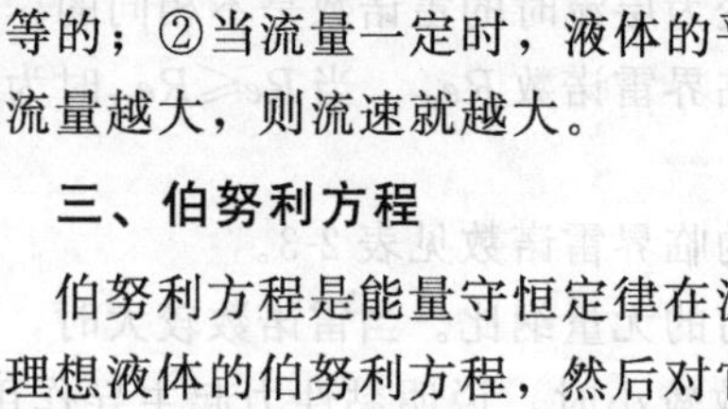

图 2-14 连续性方程推导示意图

式中 v——液体在管中的流速，m/s；

A——管道通流截面的面积，m^2。

上式称为不可压缩液体做定常流动时的连续性方程。它说明：①液体通过流管不同通流截面的流量是相等的；②当流量一定时，液体的平均流速与管道通流截面积成反比，即可认为进入流管中的流量越大，则流速就越大。

三、伯努利方程

伯努利方程是能量守恒定律在流体力学中的一种表现形式。为了研究问题方便，首先讨论理想液体的伯努利方程，然后对它进行修正，最后得到实际流体的伯努利方程。

1. 理想液体的伯努利方程

为了研究方便，先假设液体是理想液体，并做定常流动，根据能量守恒定理，同一管道任意截面的总能量都应相等。如图 2-15 所示，现任取两通流截面 1、2，其面积分别为 A_1 和 A_2，两截面处的平均流速分别为 v_1 和 v_2，压力分别为 p_1 和 p_2，两截面至水平参考平面距离分别为 h_1 和 h_2。

由理论推导可得到理想液体的伯努利方程为

$$p_1+\rho g h_1+\frac{1}{2}\rho {v_1}^2=p_2+\rho g h_2+\frac{1}{2}\rho {v_2}^2 \tag{2-21}$$

由于截面 1、2 是任意取的，所以上式可以写成

$$\frac{p}{\rho g}+h+\frac{v^2}{2g}=\text{常数} \tag{2-22}$$

上式即理想液体沿流线做定常流动时的伯努利方程或能量方程。式中左边的三项分别是单位质量液体的压力能、位能和动能。

伯努利方程的物理意义是：在流束内做恒定流动的理想液体具有三种形式的比能，即比压能、比动能和比势能，它们之间可以相互转化，但在流束的任一处，这三种比能的总和是一定的。

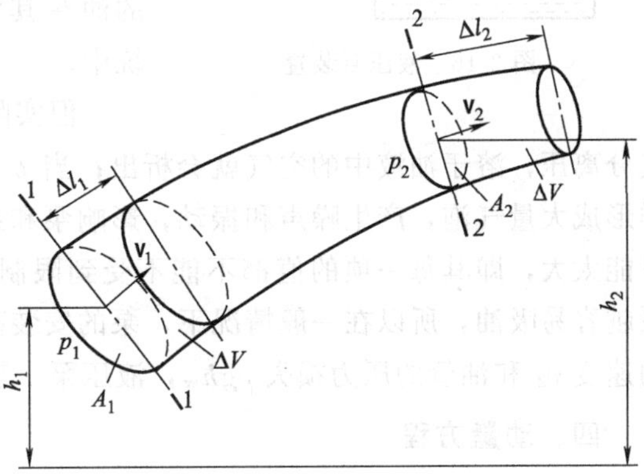

图 2-15　理想液体伯努利方程推导示意图

2. 实际液体的伯努利方程

实际液体在流动时都有黏性，流动时产生的内摩擦力将损耗部分能量。同时，管道局部形状和尺寸的骤然变化使液流产生扰动，亦消耗能量。因此，液体的总能量沿流向逐渐减小，而不再是一个常数，需考虑能量损失。另外，在推导理想液体的伯努利方程时，认为任取微小流束通流截面的速度相等，而实际上是不相等的，在用平均流速代替实际流速进行计算时，必然产生误差。因此，需对动能部分进行修正。

引入能量损失 h_w 和动能修正系数 α 后，实际液体的伯努利方程为

$$\frac{p_1}{\rho g}+h_1+\frac{\alpha_1 {v_1}^2}{2g}=\frac{p_2}{\rho g}+h_2+\frac{\alpha_2 {v_2}^2}{2g}+h_w \tag{2-23}$$

式中　h_w——两截面间流动的液体单位质量的能量损失也称为水头损失，m；

α_1，α_2——两截面上的动能修正系数，通常层流时 $\alpha=2$，紊流时 $\alpha=1$。

应用上式时要注意，截面 1、2 要顺流向选取；p 和 h 是通流截面同一点上的两个参数。

连续性方程和伯努利方程是流体力学的重要方程，在液压系统中常一起应用来求解压力和速度问题。

【例 2-2】 用伯努利方程分析如图 2-16 所示液压泵的吸油过程，试分析吸油高度 H 对泵工作性能的影响。

解： 设油箱的液面为基准面，对基准面 1—1 和泵进油口处的管道截面 2—2 之间，列实际液体的伯努利方程如下

$$p_1+\rho g h_1+\frac{1}{2}\rho\alpha_1 {v_1}^2=p_2+\rho g h_2+\frac{1}{2}\rho\alpha_2 {v_2}^2+\rho g h_w$$

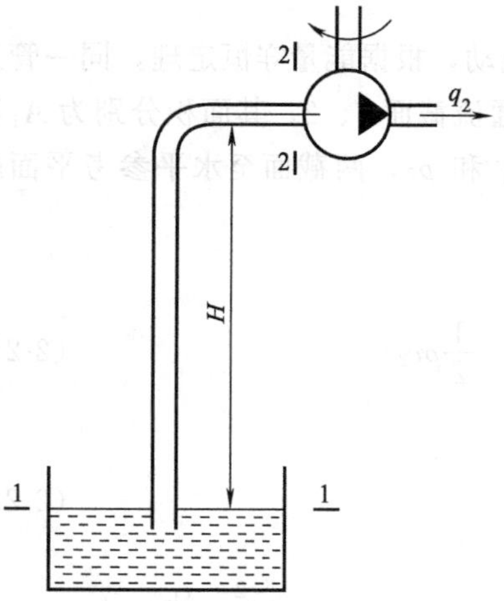

图 2-16 液压泵装置

将 $p_1=p_a$，$h_1=0$，$v_1\approx0$，$h_2=H$，代入上式后可写成

$$p_a=p_2+\rho gH+\frac{1}{2}\rho\alpha_2 v_2{}^2+\rho gh_w$$

$$p_a-p_2=\rho gH+\frac{1}{2}\rho\alpha_2 v_2{}^2+\rho gh_w$$

式中：ρgh_w——两截面间流动的液体单位重量的能量损失，也称为压力损失，MPa。

由上式可知，当泵的安装高度 $H>0$ 时，等式右边的值均大于零，所以 $p_a-p_2>0$，即 $p_2<p_a$。这时，泵进油口处的绝对压力低于大气压力，形成真空，油箱中的油在其液面上大气压力的作用下被泵吸入液压系统中。

但实际工作时的真空度也不能太大，若 p_2 低于空气分离压，溶于油液中的空气就会析出；当 p_2 低于油液的饱和蒸气压时，油还会汽化，这样形成大量气泡，产生噪声和振动，影响泵和系统的正常工作，因此等式右边的三项之和不可能太大，即其每一项的值都不能不受到限制。由上述分析可知，泵的安装高度 H 越小，泵越容易吸油，所以在一般情况下，泵的安装高度 H 不应大于 0.5m。而为了减少液体的流动速度 v_2 和油管的压力损失 ρgh_w，液压泵一般应采用直径较粗的吸油管。

四、动量方程

动量方程是动量定律在流体力学中的具体应用，常用来计算液流对固体壁面的作用力。刚体力学动量定理指出，作用在物体上的外力等于物体在单位时间内的动量变化量，即

$$F=\frac{\mathrm{d}(mv)}{\mathrm{d}t} \tag{2-24}$$

对于做定常流动的液体，若忽略其可压缩性，可将 $m=\rho q\mathrm{d}t$ 代入式（2-24），并考虑到以平均流速代替实际流速会产生误差，因而引入动量修正系数 β，则可写出如下形式的动量方程

$$\boldsymbol{F}=\rho q(\beta_2\boldsymbol{v}_2-\beta_1\boldsymbol{v}_1) \tag{2-25}$$

式中 $\boldsymbol{F}$——作用在液体上所有外力的矢量和；

$\boldsymbol{v}_1$，$\boldsymbol{v}_2$——液流在前、后两个通流截面上的平均流速矢量；

β_1，β_2——动量修正系数，紊流时 $\beta=1$，层流时 $\beta=4/3$，为简化计算通常均取 $\beta=1$；

ρ，q——液体的密度和流量。

式（2-25）为矢量方程，使用时应根据具体情况将式中的各个矢量分解为指定方向的投影值，再列出该方向上的动量方程。例如在 x 指定方向的动量方程可写成如下形式

$$F_x=\rho q(\beta_2 v_{2x}-\beta_1 v_{1x}) \tag{2-26}$$

注意：利用上式求得的是液体受到固体壁面的力，而工程问题中往往要求的是液流对固体壁面的作用力，即动量方程中 F 的反作用力 F'，称为稳态液动力。

【例 2-3】 如图 2-17 所示滑阀，图（a）、（b）中液体流动方向相反。试计算在两种情况下阀芯所受轴向稳态液动力。

解：取滑阀进、出油口之间的液体为研究对象。

对于图 2-17（a），由式（2-26）可得研究对象的轴向受到阀芯的作用力为

$$F=\rho q(\beta_2 v_{a2}\cos\theta-\beta_1 v_{a1}\cos 90^\circ)=\rho q\beta_2 v_{a2}\cos\theta\text{(方向向右)}$$

相应阀芯所受的稳态液动力为

$$F'=-F=-\rho q\beta_2 v_{a2}\cos\theta\ \text{(方向向左)}$$

对于图 2-17 (b)，由式 (2-26) 可得研究对象的轴向受到阀芯的作用力为

$$F=\rho q(\beta_2 v_{a2}\cos 90^\circ-\beta_1 v_{a1}\cos\theta)=-\rho q\beta_1 v_{a1}\cos\theta\text{(方向向右)}$$

相应阀芯所受的稳态液动力为

$$F'=-F=-\rho q\beta_1 v_{a1}\cos\theta\ \text{(方向向左)}$$

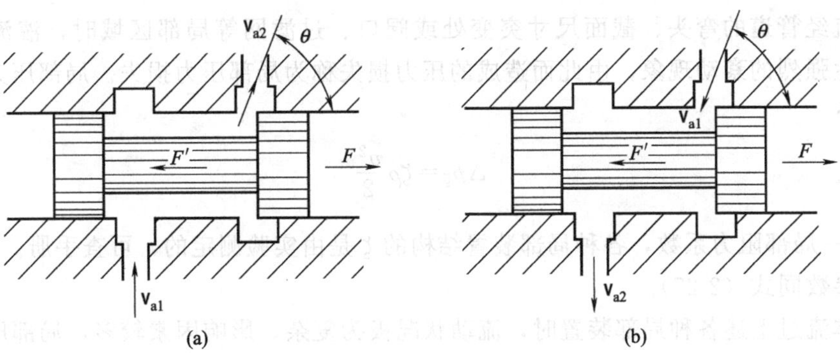

图 2-17 滑阀阀芯上的稳态液动力

从以上分析可知，滑阀阀芯所受稳态液动力总是使有射流的阀口趋于关闭。同时还可发现，流量愈大，速度愈高，其稳态液动力也愈大，所以，大流量的换向阀需要大的控制作用力。

第四节 液体流动时的压力损失

实际液体在管道中流动时，因其具有黏性而产生摩擦力，故有能量损失。另外，液体在流动时会因管道尺寸或形状变化而产生撞击和出现旋涡，也会造成能量损失。在液压管路中能量损失表现为液体的压力损失，这样的压力损失可分为两种：一种是沿程压力损失；一种是局部压力损失；在设计液压系统时要尽量减小压力损失，从而提高系统效率，减小由此带来的温升。

一、沿程压力损失

液体在等径直管中流动时因摩擦而产生的压力损失称为沿程压力损失，该损失与液体的流动状态有关。

1. 层流时的沿程压力损失

层流时的沿程压力损失的计算公式如下

$$\Delta p_\lambda=\lambda\frac{l}{d}\times\frac{\rho v^2}{2} \tag{2-27}$$

式中 λ——沿程阻力系数，实际计算时，对金属管取 $\lambda=75/Re$，橡胶管取 $\lambda=80/Re$；

l——管道的长度；

d——管道的直径；

ρ——液压油的密度；

v——液压油在管道中的流速。

2. 紊流时的沿程压力损失

紊流时计算沿程压力损失的公式与上式相同。不同的是此时的 λ 不仅与雷诺数有关，还与管壁的粗糙度有关，即 $\lambda=f(Re,\ \Delta/d)$。式中 Δ 为管壁的绝对粗糙度，它与管径 d 的比值 Δ/d 称为相对粗糙度。

对于光滑管，$\lambda=0.3164Re^{-0.25}$；对于粗糙管，λ 的值可以根据不同的 Re 和 Δ/d 从相关手册或图表中查出。

二、局部压力损失

液体流经管道的弯头、截面尺寸突变处或阀口、过滤网等局部区域时，液流会产生旋涡，并发生强烈的紊动现象，由此而造成的压力损失称为局部压力损失。局部压力损失的计算公式如下

$$\Delta p_{\zeta}=\zeta\rho\frac{v^2}{2} \tag{2-28}$$

式中 ζ——局部阻力系数，各种局部装置结构的 ζ 是由实验测定的，可查手册。

其他参数同式 (2-27)。

当液体流过上述各种局部装置时，流动状况极为复杂，影响因素较多，局部压力损失值不易从理论上进行分析计算，因此，局部压力损失的阻力系数一般要通过实验来确定。

液体流过各种阀类的局部压力损失也可以用式 (2-28) 计算，但因阀内的通道结构复杂，按式 (2-28) 计算比较困难，故阀类元件局部压力损失 Δp_{ζ} 可按下式计算。

$$\Delta p_{\zeta}=\Delta p_{n}\left(\frac{q}{q_{n}}\right)^2 \tag{2-29}$$

式中 Δp_{n}——阀在额定流量下的压力损失（可从阀的产品样本或设计手册中查出）；

q_{n}——阀的额定流量；

q——阀的实际流量。

三、管路系统总的压力损失

整个管路系统的总压力损失应为所有沿程压力损失和所有局部压力损失之和，即

$$\sum\Delta p=\sum\Delta p_{\lambda}+\sum\Delta p_{\zeta} \tag{2-30}$$

注意：在两个局部阻力区之间的直管长度应大于 $(10\sim20)d$。

在液压系统中，绝大部分压力损失将转变为热能，造成系统温升增高，泄漏增大，以致影响系统的工作性能。从计算压力损失的公式可以看出，压力损失与流量、流速以及液体阻力有紧密的关系。减小流速、缩短管道长度、减少管道截面的突变、提高管道内壁的加工质量等，都可使压力损失减小。其中流速对其影响为最大，故液体在管路系统中的流速不应过高。但流速太低也会使管路和阀类元件的尺寸加大，并使成本增高。因此合理选择液体的流速在液压系统设计中显得尤其重要。

管路系统总的压力损失的计算过程总结如下。

【例 2-4】 在图 2-18 所示液压系统中，已知泵的流量 $q=1.5\times10^{-3}\mathrm{m^3/s}$，液压缸无杆腔的面积 $A=8\times10^{-3}\mathrm{m^2}$，负载 $F=30000\mathrm{N}$，回油腔压力近似为零，液压缸进油管的直径 $d=20\mathrm{mm}$，总长即为管的垂直高度 $H=5\mathrm{m}$，进油路总的局部阻力系数 $\zeta=7.2$，液压油的密度 $\rho=900\mathrm{kg/m^3}$，工作温度下的运动黏度 $\nu=46\mathrm{mm^2/s}$。试求：

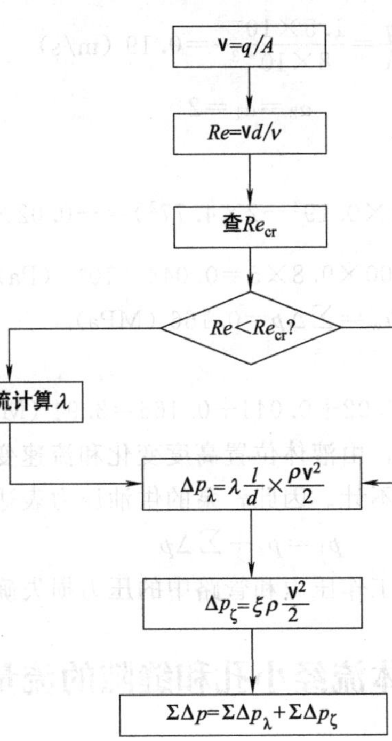

(1) 进油路的压力损失；

(2) 泵的供油压力。

解：(1) 求进油路压力损失　进油管内流速

$$v_1=\frac{q}{\frac{\pi}{4}d^2}=\frac{4\times 1.5\times 10^{-3}}{\pi\times(20\times 10^{-3})^2}=4.77\ (\mathrm{m/s})$$

则

$$Re=\frac{v_1 d}{\nu}=\frac{4.77\times 20\times 10^{-3}}{46\times 10^{-6}}=2074<2320，为层流$$

沿程阻力系数

$$\lambda=\frac{75}{Re}=\frac{75}{2074}=0.036$$

故进油路的压力损失为

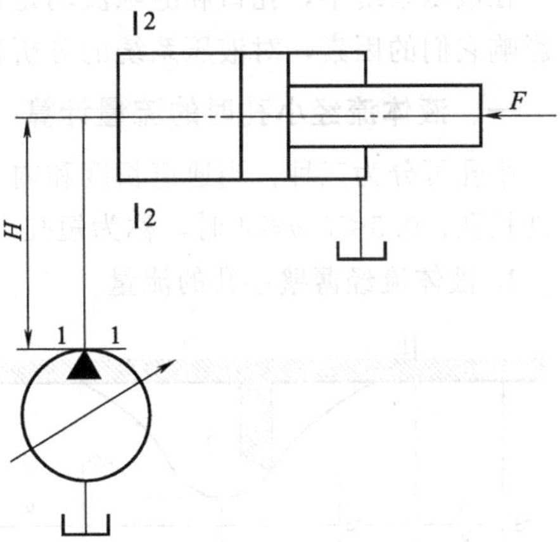

图 2-18　液压系统示意图

$$\sum\Delta p=\lambda\frac{l}{d}\times\frac{\rho v_1{}^2}{2}+\xi\frac{\rho v_1{}^2}{2}=\left(0.036\times\frac{5}{20\times 10^{-3}}+7.2\right)\times\frac{900\times 4.77^2}{2}$$

$$=0.166\times 10^6\ (\mathrm{Pa})=0.166\mathrm{MPa}$$

(2) 求泵的供油压力　对泵的出口油管断面 1—1 和液压缸进口后的断面 2—2 之间列出伯努利方程

$$\frac{p_1}{\rho g}+\frac{\alpha_1 v_1{}^2}{2g}+h_1=\frac{p_2}{\rho g}+\frac{\alpha_2 v_2{}^2}{2g}+h_2+h_w$$

$$p_1=p_2+\frac{1}{2}\rho(\alpha_2 v_2{}^2-\alpha_1 v_1{}^2)+\rho g(h_2-h_1)+\rho g h_w$$

$$p_2=\frac{F}{A}=\frac{30000}{8\times 10^{-3}}=3.75\times 10^6\quad(\mathrm{Pa})=3.75\mathrm{MPa}$$

$$v_2=\frac{q}{A}=\frac{1.5\times10^{-3}}{8\times10^{-3}}=0.19\ (\text{m/s})$$

$$\alpha_2=\alpha_1=2$$

则

$$\frac{1}{2}\rho(\alpha_2 v_2{}^2-\alpha_1 v_1{}^2)=\frac{1}{2}\times900\times(2\times0.19^2-2\times4.77^2)=-0.02\times10^6\ \ (\text{Pa})=-0.02\text{MPa}$$

$$\rho g(h_2-h_1)=\rho gH=900\times9.8\times5=0.044\times10^6\ \ (\text{Pa})=0.044\text{MPa}$$

$$\rho g h_w=\sum\Delta p=0.166\ (\text{MPa})$$

故泵的供油压力为

$$p_1=3.75-0.02+0.044+0.166=3.94\ (\text{MPa})$$

由本例可看出：在液压系统中，由液体位置高度变化和流速变化引起的压力变化量，相对来说比较小，故此两项可以忽略不计。因此，泵的供油压力表达式可以简化为

$$p_1=p_2+\sum\Delta p \tag{2-31}$$

即泵的供油压力由执行元件的工作压力和管路中的压力损失确定。

第五节　液体流经小孔和缝隙的流量计算

在液压系统中，孔口和缝隙流动是最常见的。研究液体在孔口和缝隙中的流动规律，了解影响它们的因素，对液压系统的分析和设计都很有意义。

一、液体流经小孔时的流量计算

小孔可分为三种：当通道长度和内径之比 $l/d\leqslant0.5$ 时，称为薄壁小孔；$l/d>4$ 时，称为细长孔；$0.5<l/d\leqslant4$ 时，称为短孔。

1. 液体流经薄壁小孔的流量

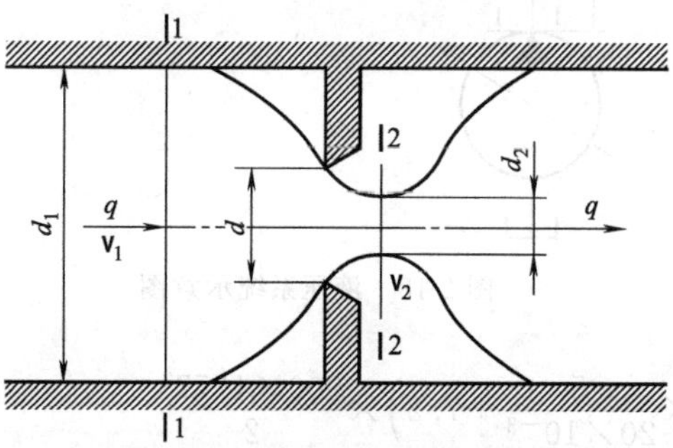

图 2-19　流体流经薄壁小孔的情况

图 2-19 为液体流经薄壁小孔的情况。当液体从薄壁小孔流出时，在惯性力的作用下向中心汇集而发生收缩现象，离孔口约 $d/2$ 处收缩至最小，然后开始扩散。对于圆形薄壁小孔，当 $D/d\geqslant7$ 时，液流的收缩不受孔前通道内壁的影响，这时的收缩称为完全收缩；反之，孔前通道内壁对收缩程度有影响的收缩，称为不完全收缩。

对孔前通道断面 1—1 和收缩断面 2—2 之间的液体列出伯努力方程

$$p_1+\rho gh_1+\frac{1}{2}\rho\alpha_1 v_1{}^2=p_2+\rho gh_2+\frac{1}{2}\rho\alpha_2 v_2{}^2+\rho g h_w$$

式中，$h_1=h_2$，$v_1\ll v_2$，$\alpha_2=1$，局部损失 $\rho g h_w=\Delta p_\zeta=\zeta\rho\frac{v_2^2}{2}$，整理上式后得

$$v_2=\frac{1}{\sqrt{1+\zeta}}\sqrt{\frac{2}{\rho}(p_1-p_2)} \tag{2-32}$$

由此可得通过薄壁孔口的流量公式为

$$q=A_2v_2=C_qA\sqrt{\frac{2}{\rho}\Delta p} \tag{2-33}$$

式中　A_2——收缩断面面积，由实验测定；

A——孔口通流截面的面积，$A=\pi d^2/4$；

C_q——流量系数。

C_q的数值可由实验确定。当液体完全收缩（$D/d\geqslant7$）时，$C_q=0.61\sim0.62$；当液体不完全收缩（$D/d<7$）时，$C_q=0.7\sim0.8$。

薄壁小孔因其沿程压力损失很小，其能量损失只涉及局部损失，因此通过薄壁孔口的流量与黏度无关，即流量对油温的变化不敏感，因此薄壁小孔适合作节流元件。

2. 液体流经短孔的流量

液体流经短孔的流量计算仍可用薄壁小孔的流量计算公式，只是流量系数不同，一般取$C_q=0.82$。短孔比薄壁小孔加工容易，因此特别适合要求不高的节流阀用。

3. 液体流经细长孔的流量

液体流经细长孔时，由于液体内摩擦力的作用较突出，故多为层流。细长孔的流量计算公式为

$$q_v=\frac{\pi d^4\Delta p}{128\mu l} \tag{2-34}$$

从上式可发现，流经细长孔的流量会随液体黏度变化（油温变化和油液氧化等都会引起其黏度变化）而变化。

上述三种小孔的流量公式，可以综合地用如下通式来表达

$$q_v=CA\Delta p^m \tag{2-35}$$

式中　C——由节流孔形状、尺寸和液体性质决定的系数，对细长孔，$C=d^2/(32\mu l)$；对薄壁孔和短孔，$C=C_q\sqrt{2/\rho}$；

A——小孔通流截面面积；

Δp——小孔两端压力差；

m——由小孔长径比决定的指数，薄壁孔，$m=0.5$；短孔，$0.5<m<1$；细长孔，$m=1$。

二、液体流经缝隙时的流量计算

液压元件（因为相互间有相对运动）之间都存在缝隙（或称为间隙），流过缝隙的油液流量就是泄漏量。了解影响泄漏量的因素是十分必要的。缝隙流量计算包括压差流动和剪切流动。

1. 平行平板缝隙流量

平行平板缝隙间的液体流动情况如图 2-20 所示。设缝隙的长、宽、高分别为 l、b、h，且 $l\gg h$、$b\gg h$，液体通过缝隙的流动通常为层流。

(1) 压差流动　液体在压差 $\Delta p=p_1-p_2$ 作用下通过缝隙的流动，称为压差流动。在压差 $\Delta p=p_1-p_2$作用下，通过平行平板缝隙的流量为

$$q=\frac{bh^3}{12\mu l}\Delta p \tag{2-36}$$

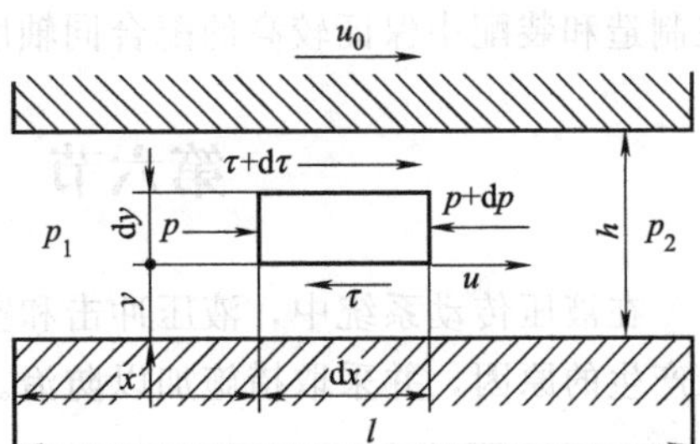

图 2-20　平行平板缝隙示意图

(2) 剪切流动　压差为零时，液体仅在平板运动 u_0 作用下通过缝隙的流动，称为剪切流动。其值为

$$q=\frac{u_0}{2}bh \tag{2-37}$$

(3) 总流量

$$q_v=\frac{bh^3}{12\mu l}\Delta p\pm\frac{u_0}{2}bh \tag{2-38}$$

当 u_0 的方向与压差流动的方向相同时取"+"号，反之取"−"号。

2. 环形缝隙流量

(1) 同心环形缝隙　如图 2-21 所示，当 $h/r\ll1$ 时，同心环形缝隙的流量为

$$q_v=\frac{\pi dh^3}{12\mu l}\Delta p\pm\frac{u_0}{2}\pi dh \tag{2-39}$$

(2) 偏心环形缝隙　实际上，圆柱体与孔的配合很难保持同心，往往存在一定的偏心距 e，如图 2-22 所示。其流量表达式为

$$q_v=\frac{\pi dh^3}{12\mu l}\Delta p(1+1.5\varepsilon)\pm\frac{u_0}{2}\pi dh \tag{2-40}$$

式中　ε——偏心率，$\varepsilon=e/h$；

h——同心时的缝隙量。

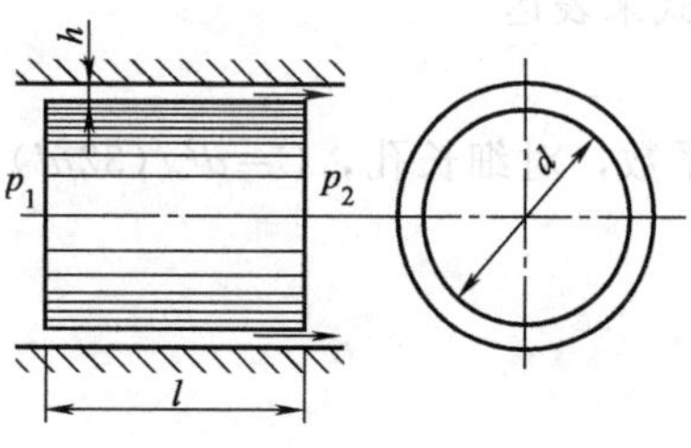

图 2-21　同心环形缝隙示意图

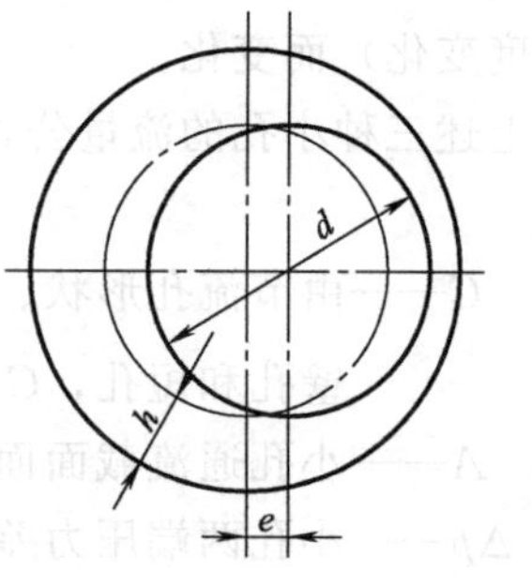

图 2-22　偏心环形缝隙示意图

由式 (2-40) 可知，同心环形缝隙的流量公式是偏心环形缝隙的流量公式在 $\varepsilon=0$ 时的特例。当完全偏心时，即 $e=h$，$\varepsilon=1$，此时

$$q_v=2.5\frac{\pi dh^3}{12\mu l}\Delta p\pm\frac{u_0}{2}\pi dh \tag{2-41}$$

由式 (2-41) 可知，在不考虑剪切流量时，完全偏心时的流量是同心时的 2.5 倍。因此在制造和装配中保证较高的配合同轴度是非常必要的。

第六节　液压冲击和空穴现象

在液压传动系统中，液压冲击和空穴现象会给系统带来不利影响，因此需要了解这些现象产生的原因，并采取措施加以防治。

一、液压冲击

在液压系统中，常常由于某些原因而使液体压力突然急剧上升，形成很高的压力峰值，

这种现象称为液压冲击。

1. 液压冲击产生的原因

在阀门突然关闭或液压缸快速制动等情况下，液体在系统中的流动会突然受阻。这时，由于液流的惯性作用，液体就从受阻端开始，迅速将动能逐层转换为压力能，因而产生了压力冲击波；此后，又从另一端开始，将压力能逐层转换为动能，液体又反向流动；然后，又再次将动能转换为压力能，如此反复地进行能量转换。由于这种压力波的迅速往复传播，便在系统内形成压力振荡。实际上，由于液体受到摩擦力，而且液体自身和管壁都有弹性，不断消耗能量，才使振荡过程逐渐衰减并趋向稳定。

2. 液压冲击的危害

① 巨大的瞬时压力峰值使液压元件，尤其是液压密封件遭受破坏。

② 系统产生强烈振动及噪声，并使油温升高。

③ 使压力控制元件（如压力继电器、顺序阀等）产生误动作，造成设备故障及事故。

系统中出现液压冲击时，液体瞬时压力峰值可以比正常工作压力大好几倍。液压冲击会损坏密封装置、管道或液压元件，还会引起设备振动，产生很大噪声。有时，液压冲击使某些液压元件（如压力继电器、顺序阀等）产生误动作，影响系统正常工作，甚至造成事故。

3. 减小液压冲击的措施

① 延长阀门关闭时间和运动部件的制动时间。实践证明，运动部件的制动时间大于0.3s时，液压冲击就可大为减轻。

② 限制管道中液体的流速和运动部件的运动速度。在机床液压系统中，管道中液体的流速一般应限制在4.5m/s以下，运动部件的运动速度一般不宜超过10m/min。

③ 适当加大管道直径，尽量缩短管路长度。

④ 在液压元件中设置缓冲装置（如液压缸中的缓冲装置），或采用软管以增加管道的弹性。

⑤ 在液压系统中设置蓄能器或安全阀。

二、空穴现象

在流动的液体中，如果某处的压力低于空气分离压时，原先溶解在液体中的空气就会分离出来，从而导致液体中出现大量的气泡，这种现象称为空穴（气穴）现象；如果液体中的压力进一步降低到饱和蒸气压时，液体将迅速汽化，产生大量蒸气泡，使空穴现象更加严重。

空穴现象多发生在阀口和液压泵的进口处。由于阀口的通道狭窄，液流的速度增大，压力则下降，容易产生空穴。当泵的安装高度过高、吸油管直径太小、吸油管阻力太大或泵的转速过高，都会造成进口处真空度过大，而产生空穴现象。

1. 空穴现象的危害

① 液体在低压部分产生空穴后，到高压部分气泡又重溶解于液体中，周围的高压液体迅速填补原来的空间，形成无数微小范围内的液压冲击，这将引起噪声、振动等有害现象。

② 液压系统受到空穴引起的液压冲击而造成零件的损坏。另外，由于析出空气中有游离氧，对零件具有很强的氧化作用，引起元件的腐蚀，这些称为汽蚀作用。

③ 空穴现象使液体中带有一定量的气泡，从而引起流量的不连续及压力的波动，严重时甚至断流，使液压系统不能正常工作。

2. 减少空穴和汽蚀危害的措施

① 减小孔口或缝隙前后的压力降。一般希望孔口或缝隙前后的压力比 $p_1/p_2<3.5$。

② 降低泵的吸油高度，适当加大吸油管直径，限制吸油管的流速，尽量减小吸油管路中的压力损失（如及时清洗过滤器或更换滤芯等）。对于自吸能力差的泵要安装辅助泵供油。

③ 管路要有良好的密封，防止空气进入。

④ 提高液压零件的抗汽蚀能力，采用耐蚀能力强的金属材料、减小零件表面粗糙度值等。

本章小结

本章重点是液压油的物理特性，其中黏度和可压缩性是油液的最重要特性。对于黏性、黏度、牛顿内摩擦定律、动力黏度、运动黏度、相对黏度、黏度指数、压缩系数和体积弹性模量等必须重点掌握。要注意油液的牌号是以 40℃时的运动黏度值为命名依据的。对其他知识如油液类型、品种及相关特性，液压系统对油液的要求，油液选择原则，使用和管理应有一定的了解。

重点掌握液体动力学的三个基本方程：连续性方程、伯努利方程和动量方程的应用；液体流动时压力损失的计算、小孔和缝隙的流量特性等也是重点内容；了解液压冲击和气穴现象产生的原因、危害及控制措施。

习 题

一、判断题

1. 通常把既无黏性又不可压缩的液体称为理想液体。 （ ）
2. 真空度是以绝对真空为基准来测量的液体压力。 （ ）
3. 连续性方程表明恒定流动中，液体的平均流速与流通圆管的直径大小成反比。 （ ）
4. 流经薄壁小孔的流量与液体的密度和黏度有关。 （ ）
5. 重力作用下的静止液体的等压面是水平面。 （ ）
6. 作用在活塞上的推力越大，活塞的运动速度就越快。 （ ）
7. 油液流经无分支管道时，横截面积较大的截面通过的流量就越大。 （ ）
8. 液压系统某处有几个负载并联时，则压力的大小取决于克服负载的各个压力值中的最大值。 （ ）
9. 液压缸活塞运动速度只取决于输入流量的大小，与压力无关。 （ ）
10. 液体流动时，其流量连续性方程是能量守恒定律在流体力学中的一种表达形式。 （ ）
11. 理想流体伯努力方程的物理意义是：在管内做稳定流动的理想流体，在任一截面上的压力能、势能和动能可以互相转换，但其总和不变。 （ ）
12. 雷诺数是判断层流和紊流的依据。 （ ）
13. 薄壁小孔因其通流量与油液的黏度无关，即对油温的变化不敏感，因此，常用作调节流量的节流器。 （ ）
14. 流经缝隙的流量随缝隙值的增加而成倍增加。 （ ）

二、选择题

1. 黏度指数高的油，表示该油（ ）。

A. 黏度较大

B. 黏度因压力变化而改变较大

C. 黏度因温度变化而改变较小

D. 黏度因温度变化而改变较大

2. 液压传动中所用的油液，随着油液温度的升高，其黏度将（ ）

A. 不变 B. 略有上升

C. 显著上升 D. 显著下降

3. 油液特性的错误提法是（ ）。

A. 在液压传动中，油液可近似看成不可压缩

B. 油液的黏度与温度变化有关，油温升高，黏度变大

C. 黏性是油液流动时，内部产生摩擦力的性质

D. 低压液压传动中，压力的大小对油液的流动性影响不大，一般不予考虑

4. 活塞有效作用面积一定时，活塞的运动速度取决于（ ）。

A. 液压缸中油液的压力 B. 负载阻力的大小

C. 进入液压缸的流量 D. 液压泵的输出流量

5. 静止油液中（ ）。

A. 任何一点所受的各个方向的压力都不相等

B. 油液压力的方向不总是垂直于受压表面

C. 当一处受到压力作用时，将通过油液传递到连通器的任意点上，而且其压力值处处相等

D. 内部压力不能传递动力

6. 雷诺数 $Re=\rho vDH/\mu$ 值比较大时说明惯性力起主导作用，这样的液体呈（ ）。

A. 层流状态 B. 紊流状态

7.（ ）的压力关系表达式是正确的。

A. 绝对压力＝大气压力＋相对压力

B. 绝对压力＝大气压力－表压力

8. 当小孔的通道长度 l 与孔径 d 之比大于（ ）时称为细长孔。

A. 0.5 B. 1 C. 2 D. 4

三、填空题

1. 国家新标准规定的液压油液牌号是在______温度下的______黏度的平均值。

2. 作用在液体内部所有质点上的力大小与受作用的液体质量成正比，这种力称为______。

3. 作用在所研究的液体外表面上并与液体表面积成正比的力称为______。

4. 液体体积随压力变化而改变。在一定温度下，每增加一个单位压力，液体体积的相对变化值，称为______。

5. 液体流动中，任意一点上的运动参数不随时间变化的流动状态称为定常流动，又称______。

6. 伯努利方程是以液体流动过程中的流动参数来表示______守恒的一种数学表达式，即为能量方程。

7. 液压系统中的压力，即常说的表压力，指的是______压力。

8. 雷诺数大说明______力起主导作用，这样的液流呈______流状态；雷

诸数小说明__________力起主导作用，液流呈__________流状态。

9. 液体在管道中流动由于存在液阻，就必须多消耗一部分能量克服前进道路上的阻力，这种能量消耗称为__________损失；液流在等断面直管中流动时，由于具有黏性，各质点间的运动速度不同，液体分子间及液体与管壁之间产生摩擦力，为了克服这些阻力，产生的损失称为__________损失。液体在流动中，由于遇到局部障碍而产生的阻力损失称为__________损失。

10. 液体质点没有横向脉动，互不干扰，做定向而不混杂的有层次的运动，称为__________流运动，在液体流速大于某一数值后，液体除交错混乱的沿某一方向运动外，还有一个脉动的横向速度，这种运动称为__________流运动。

11. 液压系统正常工作时，压力取决于__________，速度取决于__________。

12. 液体在直管中流动时，主要产生__________压力损失；在变直径管、弯管中流动时，主要产生__________压力损失。

13. 节流阀通常采用薄壁小孔，其原因是通过它的流量与__________无关，使流量受__________的变化较小。

14. 某一元件的工作状态突变引起油压急剧上升，一瞬间突然产生很高的压力峰值，同时发生急剧的压力升降交替的阻尼波动过程称为__________。

15. 在液流中，由于压力降低到有气泡形成的现象统称为__________现象。

四、简答题

1. 什么是动力黏度、运动黏度和相对黏度？
2. 液压油的选用应考虑哪几个方面？
3. 简述静止油液的压力具备的两个特性？
4. 什么是压力？压力有哪几种表示方法？它们之间有什么关系？
5. 解释如下概念：定常流动、非定常流动、通流截面、流量、平均流速。
6. 什么是液体的层流和紊流？
7. 简述伯努利方程的物理意义。该方程的理论式和实际式有什么区别？
8. 简述圆管层流时通流截面上流速的分布特点。
9. 管路中的压力损失有哪几种？其值与哪些因素有关？

五、计算题

1. 如图 2-23 所示，有一直径为 d、质量为 m 的活塞浸在液体中，并在力 F 的作用下处于静止状态。若液体的密度为 ρ，活塞浸入的深度为 h，试确定液体在测压管内的上升高度。

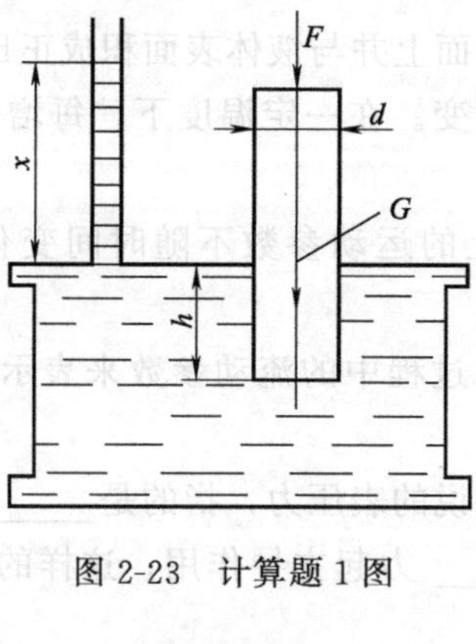

图 2-23　计算题 1 图

2. 某压力控制阀如图 2-24 所示，当 $p_1=6\text{MPa}$ 时，阀动作，$d_1=10\text{mm}$，$d_2=15\text{mm}$，$p_2=0.5\text{MPa}$，试求：

(1) 弹簧的预压力 F_s。

(2) 当弹簧刚度 $K=10\text{N/mm}$ 时的弹簧预压缩量 x。

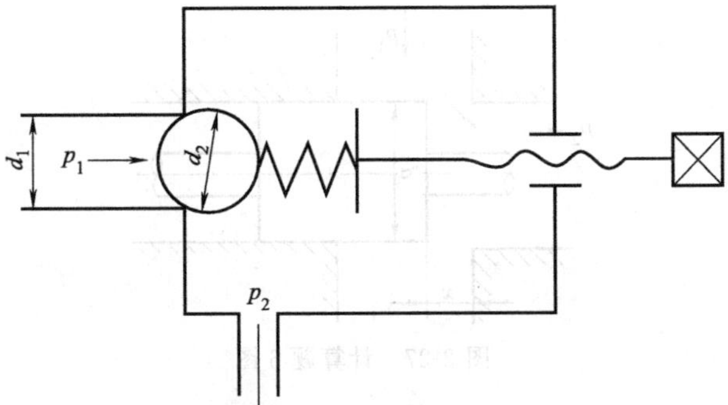

图 2-24　计算题 2 图

3. 如图 2-25 所示，用一倾斜管道输送油液，已知 $h=15\text{m}$，$p_1=0.45\text{MPa}$，$p_2=0.25\text{MPa}$，$d=10\text{mm}$，$L=20\text{m}$，$\rho=900\text{kg/m}^3$，运动黏度 $\nu=45\times10^{-6}\text{m}^2/\text{s}$，求流量 Q。

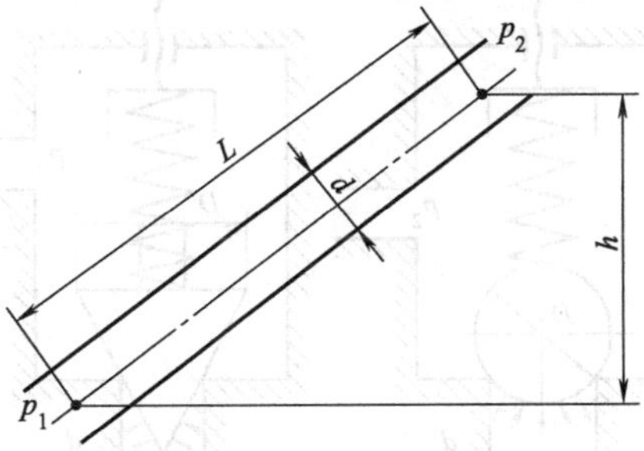

图 2-25　计算题 3 图

4. 有一阀门，测得入口压力 $p_1=0.25\text{MPa}$，出口压力 $p_2=0.06\text{MPa}$，当通过阀门的流量 $Q=132\ \text{L/min}$ 时，求阀门的开口面积。

5. 如图 2-26 所示，已知某液压系统输出流量为 25 L/min，吸油管直径为 25mm，油液密度为 900kg/m^3，运动黏度为 $20\text{mm}^2/\text{s}$，液压泵吸油口距油箱液面的高度 $H=0.4\text{m}$，若

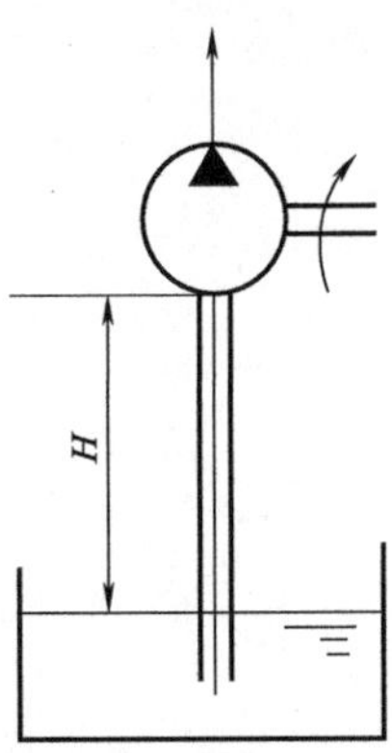

图 2-26　计算题 5 图

仅考虑吸油管中的沿程损失，试求液压泵入口处的真空度。

6. 如图 2-27 所示的圆柱滑阀，已知阀芯直径 $d=2$cm，进口压力 $p_1=9.8$MPa，出口压力 $p_2=0.9$MPa，油液密度 $\rho=900$kg/m^3，流量系数 $C_q=0.65$，阀口开度 $x=0.2$cm，求通过阀口的流量。

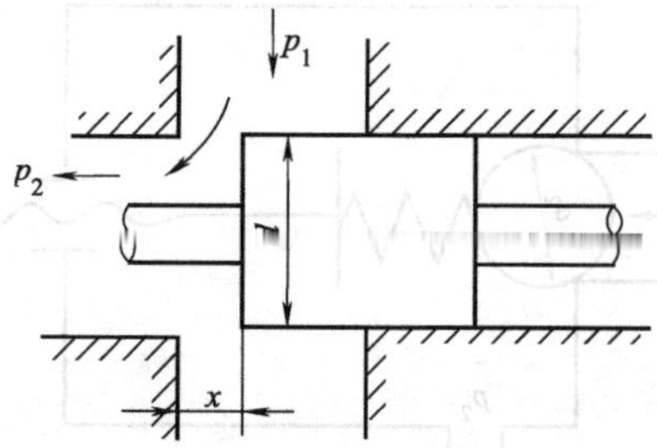

图 2-27　计算题 6 图

7. 如图 2-28 所示的两种安全阀，阀芯的形状分别为球形和圆锥形，阀座孔直径 $d=10$mm，钢球和锥阀的最大直径 $D=15$mm。当油液压力 $p_1=10$MPa 时，压力油克服弹簧力顶开阀芯而溢油，溢油腔有背压 $p_2=0.5$MPa，试求两阀弹簧的预紧力。

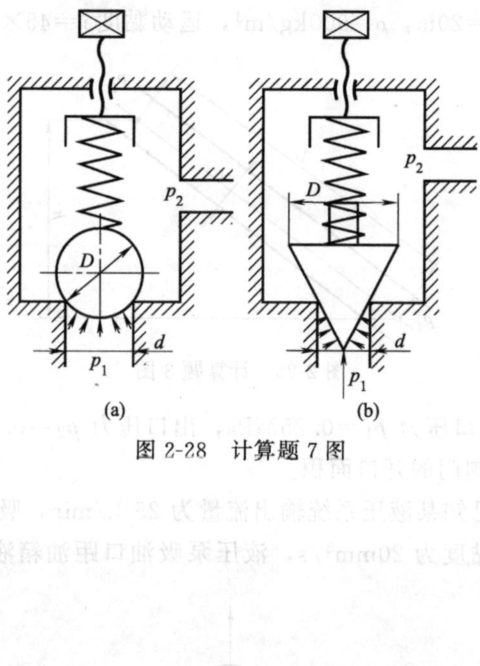

图 2-28　计算题 7 图

第三章 液压泵和液压马达

学习目标：

① 掌握液压泵和液压马达的工作原理、主要性能参数及液压泵和液压马达的分类；

② 掌握齿轮泵的工作原理、结构特点、使用中易出现的问题及应用；

③ 掌握单作用、双作用叶片泵、限压式变量叶片泵的工作原理和结构特点及应用；

④ 掌握轴向柱塞泵和径向柱塞泵的工作原理、结构特点及应用；

⑤ 掌握液压泵和液压马达的正确选用。

第一节 概 述

在液压系统中，液压泵和液压马达都是能量转换装置，液压泵是液压系统的动力元件，将原动机的机械能转换成液体的压力能，为液压系统提供动力。液压马达是一种执行元件，将液压能转换为机械能，输出转矩和转速。它们都是液压系统的重要组成部分。

液压系统中使用的液压泵和液压马达都是容积式的，其工作原理是利用密封工作腔的容积变化来产生压力能（液压泵）或输出机械能（液压马达）。从原理上讲液压泵和液压马达是互逆的，从外部结构上来看二者基本相同，但由于功用不同，它们的实际结构是有差别的。

液压泵和液压马达的图形符号及能量转换关系如图 3-1 所示，图 3-1（a）为液压泵，图 3-1（b)为液压马达。

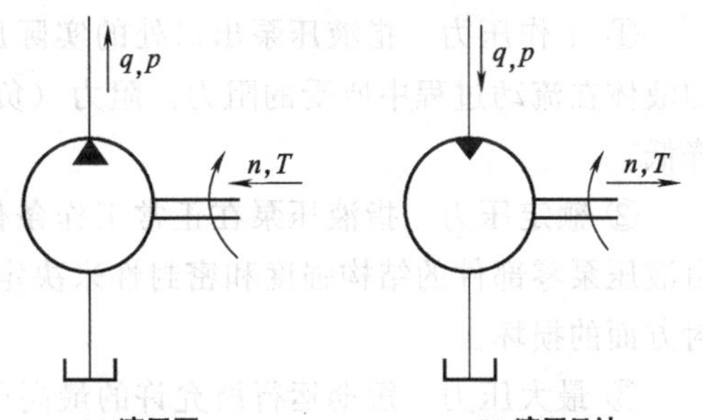

图 3-1 泵和马达的能量转换关系

一、液压泵和液压马达的基本工作原理

1. 液压泵的基本工作原理

图 3-2 所示的是液压泵的工作原理图，泵体 3 和柱塞 2 构成一个密封容积 a，偏心轮 1 由原动机带动旋转，当偏心轮由图示位置顺时针旋转半周时，柱塞在弹簧 4 的作用下向右移动，密封容积逐渐增大，形成局部真空，油箱内的油液在大气压作用下，顶开单向阀 6 进入密封腔中，实现吸油；当偏心轮继续再转半周时，它推动柱塞向左移动，密封容积逐渐减小，油液受柱塞挤压而产生压力，使单向阀 6 关闭，油液顶开单向阀 5 而输入系统，实现压油。如果偏心轮不断地旋转，液压泵就会不断地完成吸油和压油动作，因此就会连续不断地向液压系统供油。

上述液压泵是通过密封容积的变化来完成吸油和压油的，其排油量的大小取决于密封腔的容积变化值，因而这种液压泵又称为容积式泵。

由上述分析可知，液压泵正常工作必备的条件如下。

① 具有密封的工作腔，且密封工作腔的容积发生周期性变化，使得当密封工作腔容积增大时，形成一定的真空度完成吸油；密封工作腔容积减小时，油液受到挤压实现压油。

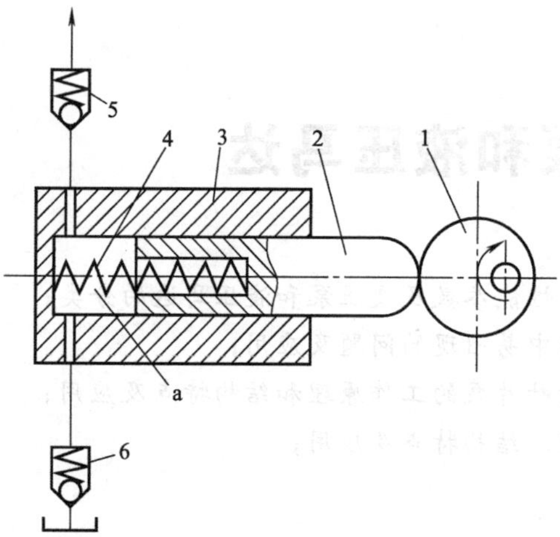

图 3-2　液压泵的工作原理图
1—偏心轮；2—柱塞；3—泵体；
4—弹簧；5,6—单向阀

② 需要有相应的配油机构，使得吸、压油过程对应的区域隔开。

③ 吸油过程中，油箱必须与大气相通。

2. 液压马达的基本工作原理

液压马达和液压泵在结构上基本相同，并且也是靠密封容积的变化来工作的。从工作原理和能量转换的角度来说，液压泵和液压马达是可逆工作的液压元件，即向液压泵输入压力油时，便可使其变成液压马达带动负载工作，其轴输出转矩和转速。但由于二者的任务和要求有所不同，故在实际结构上只有少数泵能作为马达使用。

常见的液压马达也有齿轮式、叶片式和柱塞式等几种主要形式，由于液压马达和液压泵在工作原理上是互逆的，故对于液压马达的工作原理在后面章节讲不同类型泵的工作原理时一起讲解，在此不再赘述。

二、液压泵和液压马达的主要性能参数

1. 液压泵性能参数

(1) 压力

① 工作压力　指液压泵出口处的实际压力值。工作压力值取决于液压泵输出到系统中的液体在流动过程中所受的阻力。阻力（负载）增大，则工作压力升高；反之，则工作压力降低。

② 额定压力　指液压泵在正常工作条件下可连续运转的最高压力。额定压力值的大小由液压泵零部件的结构强度和密封性来决定。超过这个压力值，液压泵有可能发生机械或密封方面的损坏。

③ 最大压力　短期运行所允许的最高压力，一般为额定压力的 1.1 倍。

压力分级如表 3-1 所示。

表 3-1　压力分级表

压力分级	低压	中压	中高压	高压	超高压
压力/MPa	≤2.5	>2.5～8	>8～16	>16～32	>32

(2) 排量和流量

① 排量 V　指在无泄漏情况下，液压泵转一转所能排出的油液体积。可见，排量的大小只与液压泵中密封工作容腔的几何尺寸和个数有关。排量的常用单位是 mL/r。

② 理论流量 q_{Vt}　指在无泄漏情况下，液压泵单位时间内输出油液的体积。其值等于泵的排量 V 和泵轴转速 n 的乘积，即

$$q_{Vt}=Vn \tag{3-1}$$

③ 实际流量 q_V　指单位时间内液压泵实际输出油液的体积。由于泵工作过程中存在内部泄漏量 Δq_V（泵的工作压力越高，泄漏量越大），使得泵的实际流量小于泵的理论流

量，即

$$q_V = q_{Vt} - \Delta q_V \tag{3-2}$$

显然，当液压泵处于卸荷（压力卸荷）状态时，这时输出的实际流量近似为理论流量。

④ 额定流量 泵在额定转速和额定压力下输出的实际流量。

(3) 效率与功率 液压泵在实际工作中是有能量损失的，这种损失包括容积损失和机械损失。

① 容积损失 主要是液压泵内部泄漏造成的流量损失。容积损失的大小用容积效率 η_{PV} 表示，即

$$\eta_{PV} = \frac{q_V}{q_{Vt}} = \frac{q_{Vt} - \Delta q}{q_{Vt}} = 1 - \frac{\Delta q}{q_{Vt}} \tag{3-3}$$

② 机械损失 指液压泵内流体黏性和机械摩擦造成的转矩损失。若液压泵的理论转矩和实际转矩分别为 T_t 和 T_i，转矩损失为 ΔT，机械损失的大小可用机械效率 η_{Pm} 表示，即

$$\eta_{Pm} = \frac{T_t}{T_i} = \frac{T_i - \Delta T}{T_i} = 1 - \frac{\Delta T}{T_i} \tag{3-4}$$

③ 输入功率 P_i 驱动液压泵的电动机功率，即

$$P_i = 2\pi n T_i \tag{3-5}$$

④ 输出功率 P_0 液压泵实际输出功率可用泵的实际工作压力 p 和实际供油流量 q_V 的乘积表示，即

$$P_0 = p q_V \tag{3-6}$$

⑤ 总效率 η_P 泵的实际输出功率 P_0 与驱动泵的输入功率 P_i 之比，也等于容积效率和机械效率的乘积，即

$$\eta_P = \frac{P_0}{P_i} = \frac{p q_V}{2\pi n T_i} = \eta_{PV} \eta_{Pm} \tag{3-7}$$

2. 液压马达性能参数

(1) 转速

① 理论转速 n_t 指在无泄漏情况下，液压马达单位时间内转动的圈数。其值等于泵的输出流量 q_V 和马达的理论排量 V_t 之比，即

$$n_t = \frac{q_V}{V_t} \tag{3-8}$$

② 实际转速 n 指单位时间内液压马达实际转动的圈数。由于液压系统工作过程中存在内部泄漏量，使得液压马达的实际转速小于液压马达的理论转速，若液压马达的容积效率为 η_{MV}，则实际转速为

$$n = \eta_{MV} n_t \tag{3-9}$$

③ 最低转速 是指在额定负载下不出现爬行现象的最低转速。转速过低会使输出转矩和转速产生较大脉动。

④ 最高转速 是指在额定负载下可连续正常运转的最高转速。

(2) 效率与功率 液压马达在实际工作中是有能量损失的，这种损失包括容积损失和机械损失。

① 容积损失 主要是液压马达内部泄漏造成的流量损失。容积损失的大小用容积效率 η_{MV} 表示，即

$$\eta_{MV}=\frac{q_{Vt}}{q_V}=\frac{q_V-\Delta q}{q_V}=1-\frac{\Delta q}{q_V} \tag{3-10}$$

② 机械损失　指液压马达内流体黏性和机械摩擦造成的转矩损失。机械损失的大小用机械效率 η_{Mm} 表示，即

$$\eta_{Mm}=\frac{T_0}{T_t}=\frac{T_t-T_0}{T_t}=1-\frac{\Delta T}{T_t} \tag{3-11}$$

③ 输入功率 P_i

$$P_i=pq_V \tag{3-12}$$

④ 输出功率 P_0

$$P=2\pi n_M T_0 \tag{3-13}$$

⑤ 总效率 η_m　液压马达的实际输出功率 P_0 与输入功率 P_i 之比，也等于容积效率和机械效率的乘积，即

$$\eta_m=\frac{P_0}{P_i}=\frac{2\pi n_M T_0}{pq_V}=\eta_{MV}\eta_{Mm} \tag{3-14}$$

液压马达的其他性能参数如压力、排量、流量等与液压泵同类参数有相似的涵义。其原则差别在于：在液压泵中它们是输出参数，在液压马达中则是输入参数。

总结起来，液压泵和液压马达的功率、效率关系可用图 3-3 来表示。

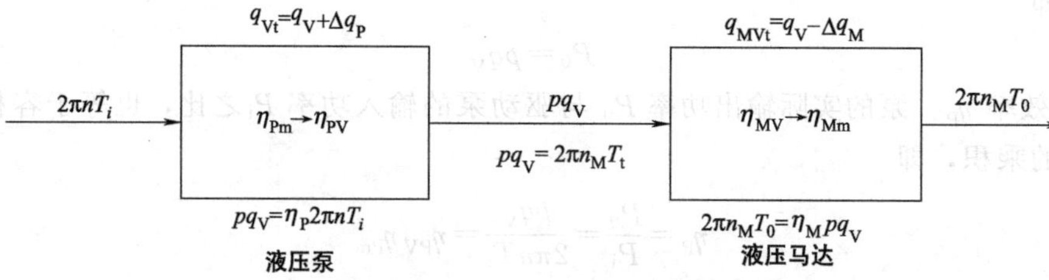

图 3-3　液压泵和液压马达的功率、效率关系图

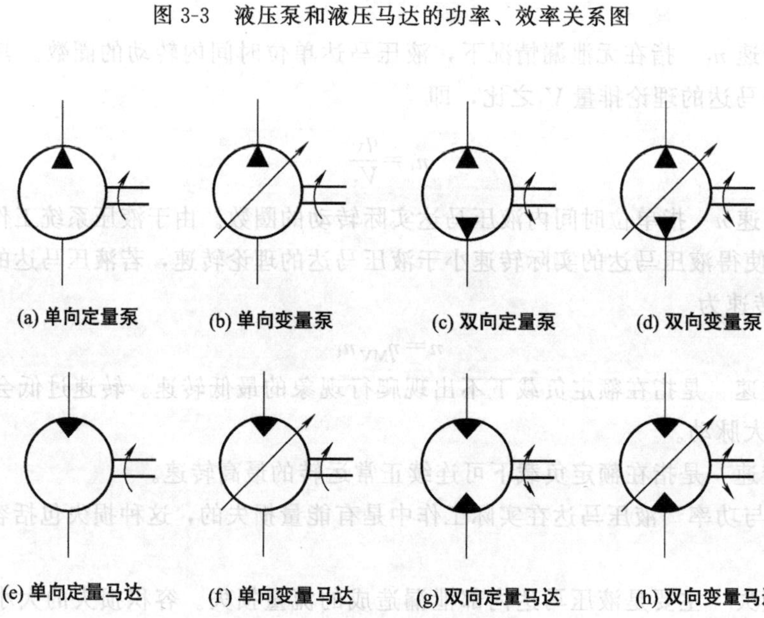

图 3-4　液压泵和液压马达的图形符号

三、液压泵和液压马达的类型及图形符号

液压泵种类很多，若按液压泵的结构形式，可分为齿轮泵、叶片泵、柱塞泵和螺杆泵等。若按液压泵的输出流量能否调节，可分为定量泵和变量泵。若按液压泵的额定压力的高低，又可分为低压泵、中压泵和高压泵。

液压马达和液压泵在结构上相似，因而常用液压马达也可分为齿轮式、叶片式、柱塞式和其他形式。按照转速的不同，液压马达可分为高速和低速两大类。一般认为额定转速高于500 r/min 的属于高速马达；额定转速低于 500 r/min 的属于低速马达。

按照排量可否调节，液压泵和液压马达均可分为定量和变量两大类。按照使用时是否能够换向，液压泵和液压马达均可分为单向和双向两大类。

液压泵和液压马达的图形符号如图 3-4 所示。

第二节　齿轮泵与齿轮马达

齿轮泵是一种常用的液压泵，一般做成定量泵。它具有结构简单、制造方便、价格低廉、体积小、重量轻、自吸性能好、对油的污染不敏感、工作可靠、便于维护修理等优点；其缺点是流量脉动大、噪声大、排量不可调。

按结构不同，齿轮泵分为外啮合齿轮泵和内啮合齿轮泵。因为外啮合齿轮泵应用最广泛，故本节将着重介绍外啮合齿轮泵的工作原理、结构特点和使用维护方面的知识。

一、外啮合齿轮泵

1. 工作原理

外啮合齿轮泵的工作原理如图 3-5 所示。在泵体内有一对模数相同、齿数相等的齿轮，齿轮两侧由端盖盖住（图中未画出）。泵体、端盖和齿轮之间形成了密封腔，而啮合齿轮的接触线又把它们分隔为两个互不相通的吸油腔和压油腔。当齿轮按图示箭头方向旋转时，右侧吸油腔内的轮齿相继脱开啮合，使密封容积逐渐增大，形成局部真空，油箱中的油液在大气压力作用下被吸入吸油腔内，并充满轮齿间隙。随着齿轮的回转，吸入轮齿间隙的油液被带到左侧。左侧压油腔内轮齿不断进入啮合，使密封容积不断减小，油液从齿间被挤出而输送到系统。

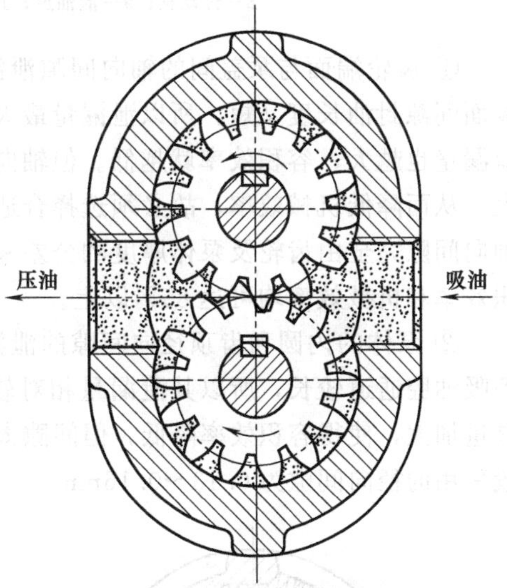

图 3-5　外啮合齿轮泵的工作原理

2. 典型结构

图 3-6 为外啮合齿轮泵中最常用的 CB-B 型齿轮泵的结构简图。它主要由一对几何参数完全相同的主动齿轮和从动齿轮、传动轴、泵体、前泵盖、后泵盖等主要零件组成。

3. 外啮合齿轮泵结构存在的问题

（1）泄漏　液压泵中构成密封工作容积的零件要做相对运动，因此存在着配合间隙。由于液压泵吸、压油腔之间存在压力差，其配合间隙必然产生泄漏，泄漏影响液压泵的性能。外啮合齿轮泵压油腔的压力油主要通过以下 3 条途径泄漏到吸油腔。

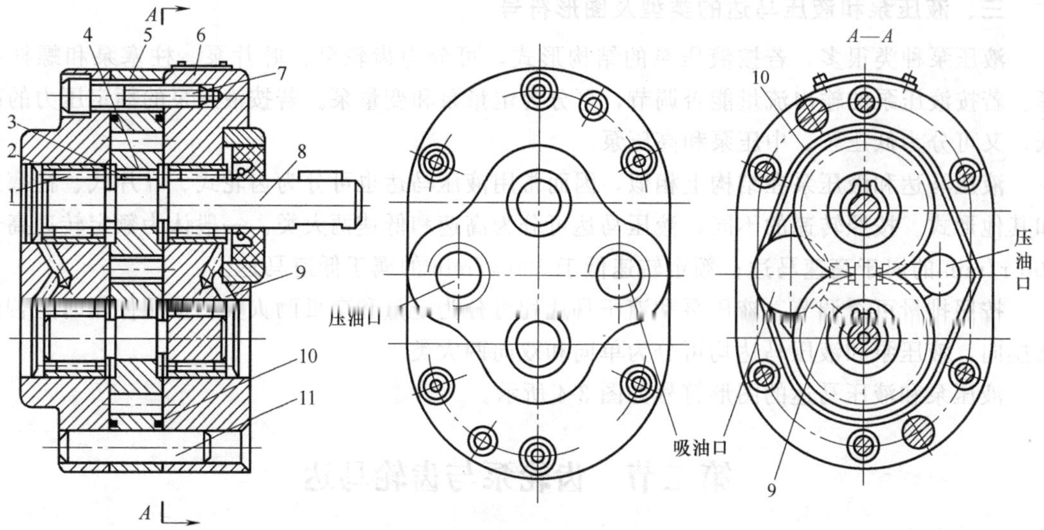

图 3-6　CB-B 型齿轮泵的结构简图

1—滚针轴承；2—后端盖；3—键；4—主动齿轮；5—泵体；6—前端盖；7—螺钉；8—传动轴；9—泄油道；10—卸荷槽；11—定位销；12—从动齿轮

① 齿轮端面与泵盖间的轴向间隙泄漏　齿轮端面与前后泵盖之间的端面间隙较大，此端面间隙封油长度又短，所以泄漏量最大，占总泄漏量的 70%～75%。可见轴向间隙越大，泄漏量也越大，容积效率就越低。但轴向间隙过小，会造成齿轮端面与泵盖间的机械摩擦加大，从而降低机械效率，故必须选择合适的轴向间隙。常用的 CB 型齿轮泵在装配时，泵的轴向间隙完全由齿轮及泵体厚度的公差来确定，一般轴向间隙为 0.01～0.04mm，该泵的容积效率和机械效率均可达 85%以上。

② 泵体的内圆和齿顶径向间隙的泄漏　由于齿轮转动方向与泄漏方向相反，且压油腔到吸油腔通道较长，所以其泄漏量相对较小，占总泄漏量的 10%～15%。该间隙太大，泄漏量加大，使得容积效率降低，但间隙太小会使齿轮与泵体发生接触而增加机械摩擦，故一般采用的径向间隙为 0.13～0.16mm。

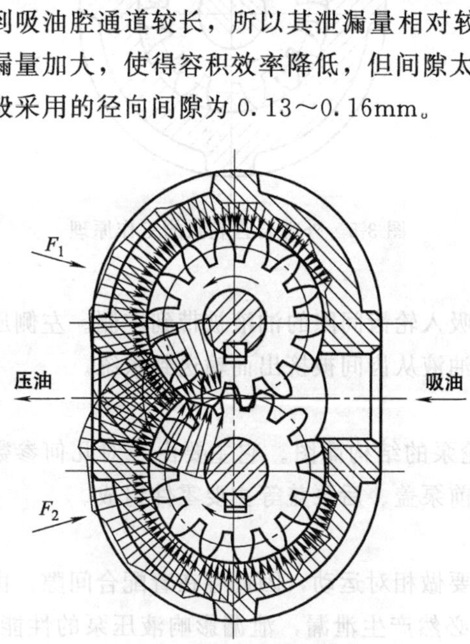

图 3-7　齿轮泵的径向受力图

③ 齿面啮合处间隙的泄漏　由于齿形误差会造成沿齿宽方向接触不好而产生间隙，使压油腔与吸油腔之间造成泄漏。这部分泄漏量很少，约占总泄漏量的 5%。

由此可知，齿轮泵油液泄漏量较大，其额定工作压力不高，一般用于中、低压场合。要想提高齿轮泵的额定压力并保证较高的容积效率，首先要解决端面间隙的泄漏问题。

(2) 径向力不平衡　在齿轮泵中，作用在齿轮外圆上的压力是不相等的，如图 3-7 所示。齿轮周围压力不一致，使齿轮轴受力不平衡。压油腔压力愈高，齿轮轴受力愈大。从液压泵的进油口沿齿顶圆圆周到出油口，齿和齿之间的油压从压油口到吸油口按递减规律分布，这些力的合力构成了一个不平衡的径向力。其带来的危害是加重了轴承的磨损，增大内部泄漏，并加速了齿顶与泵体之间的磨损，影响了泵的寿命。

为了减小这个不平衡的径向力，CB型齿轮泵常采用缩小压油口的尺寸的方法，从而减少了受压力油作用的齿数，缩小了压力油作用面积，使径向力随之减小。由于该不平衡径向力不可能完全消除，因此轴在该力作用下会产生变形，故常采用适当加大齿轮轴和轴承的承载能力、适当增大径向间隙等办法来解决。

(3) 困油现象　为了保证齿轮传动的平稳性，保证吸、压油腔严格地隔离以及齿轮泵供油的连续性，根据齿轮啮合原理，就要求齿轮的重叠系数 ε 大于1（一般取 $\varepsilon=1.05\sim1.3$），这样在齿轮啮合中，在前一对齿轮退出啮合之前，后一对齿轮已经进入啮合。在两对齿轮同时啮合的时段内，就有一部分油液困在两对齿轮所形成的封闭油腔内，既不与吸油腔相通，也不与压油腔相通。这个封闭容腔先随齿轮转动逐渐减小以后又逐渐增大。减小时会使被困油液受挤压而产生高压并从缝隙中流出，导致油液发热，同时也使轴承受到不平衡负载的作用；封闭容腔的增大会造成局部真空，使溶于油液中的气体分离出来，产生气穴现象，这就是齿轮泵的困油现象，如图3-8所示。困油现象使齿轮泵产生强烈的噪声和汽蚀，影响、缩短其工作的平稳性和寿命。

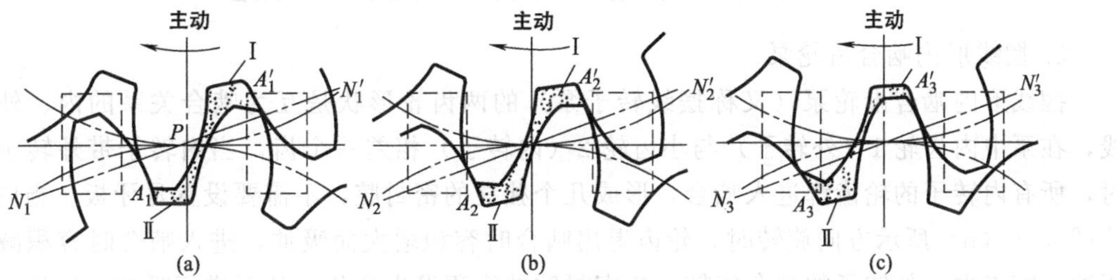

图3-8　齿轮泵的困油现象

消除困油的方法通常是在两端盖板上开一对矩形卸荷槽（图3-9中的虚线所示）。开卸荷槽的原则是：当封闭容腔减小时，让卸荷槽与泵的压油腔相通，这样可使封闭容腔中的高压油排到压油腔中去；当封闭容腔增大时，使卸荷槽与泵的吸油腔相通，使吸油腔的油及时补入到封闭容腔中，从而避免产生真空，这样使困油现象得以消除。在开卸荷槽时，必须保证齿轮泵吸、压油腔任何时候不能通过卸荷槽直接相通，否则将使泵的容积效率降低很多。

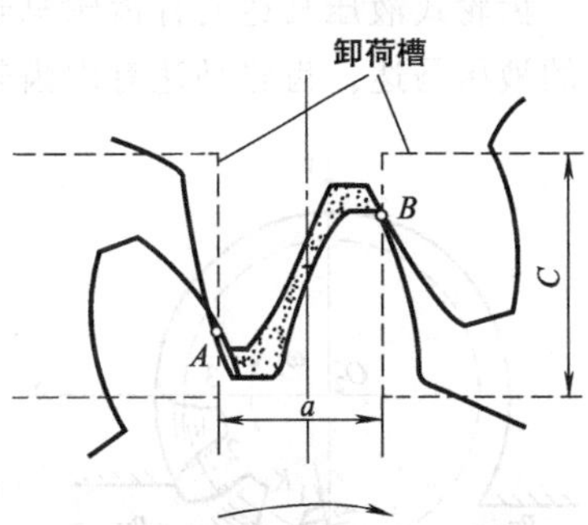

图3-9　齿轮泵的困油卸荷槽

二、内啮合齿轮泵

内啮合齿轮泵结构紧凑、体积小、重量轻，啮合的重合度大，传动平稳，噪声小，流量脉动小。但齿形加工复杂，价格较高。

内啮合齿轮泵有渐开线齿形和摆线齿形两种。其工作原理和主要特点与外啮合齿轮泵相同，只是两个齿轮的大小不一样，且相互偏置，小齿轮是主动轮，小齿轮带动内齿轮以各自的中心同方向旋转。

1. 渐开线形内啮合齿轮泵

渐开线形内啮合齿轮泵的两齿轮形状是互为啮合关系的内外圆渐开线，在泵中小齿轮和内齿轮之间要装一块月牙板 3，以便把吸油腔 4 和压油腔 5 隔开。当小齿轮带动内齿轮转动时，左半部齿轮退出啮合，形成真空，进行吸油。进入油槽的油液被带到压油腔，右半部齿轮进入啮合将油挤出，从压油口排油。内啮合齿轮泵的工作原理见图 3-10（a）所示。

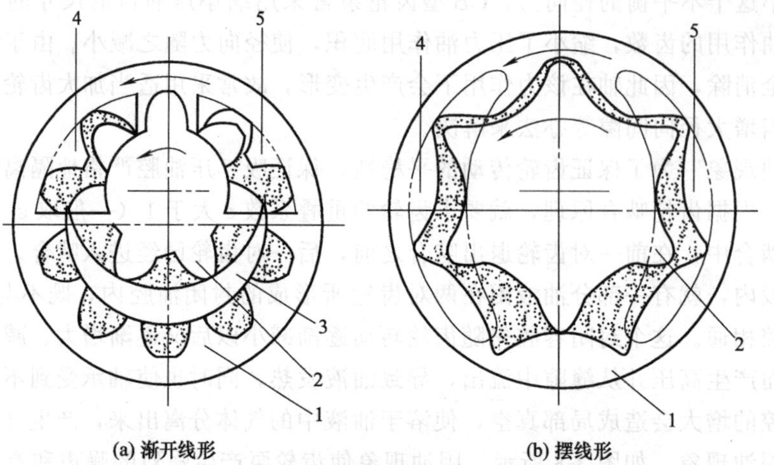

图 3-10　内啮合齿轮泵的工作原理

1—内齿轮；2—小齿轮；3—月牙板；4—吸油腔；5—压油腔

2. 摆线形内啮合齿轮泵

摆线形内啮合齿轮泵（又称摆线转子泵）的两齿轮形状是互为啮合关系的内、外圆摆线，在泵中内齿轮 1（外转子）与小齿轮 2（内转子）相差一个齿，当内转子带外转子转动时，所有内转子的轮齿都进入啮合，形成几个独立的密封腔，不需要设置月牙板。当内转子按图 3-10（b）所示方向旋转时，轮齿退出啮合时容积增大而吸油，进入啮合时容积减小而压油。随着内、外转子的啮合旋转，各密封腔的容积发生变化，从而进行吸油和压油。

三、齿轮马达

1. 工作原理

齿轮式液压马达简称齿轮马达，它是利用密封在壳体内的两个及两个以上齿轮啮合而工作的液压马达。齿轮马达有内齿轮马达、外齿轮马达之分。外齿轮马达通常是利用一对外齿轮啮合而工作的；内齿轮马达是利用一个内齿轮与一个以上的外齿轮啮合而工作的，有固定转子渐开线式马达和行星转子摆线式马达两种。如不加特别说明的齿轮马达即为外齿轮马达。齿轮马达与齿轮泵在结构上也极为相似。这里仅介绍外齿轮马达。

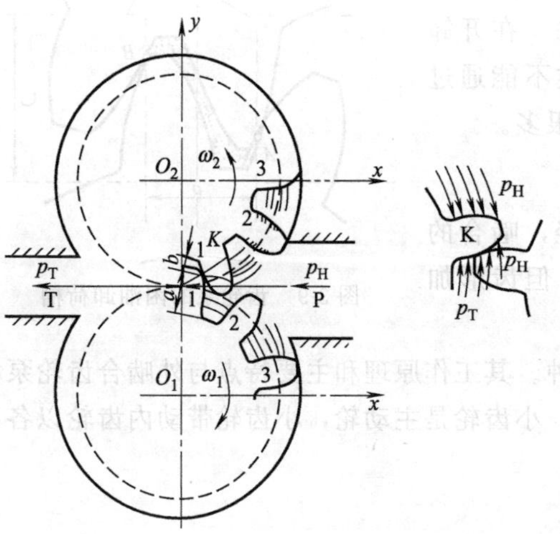

图 3-11　外啮合齿轮马达的工作原理

外齿轮马达除进、出液口尺寸相等外，在结构上与齿轮泵是一致的，如图 3-11 所示。

设齿轮马达的齿轮 1 的 1 号齿与齿轮 2 的 1 号齿在 K 点啮合。K 点到齿轮 1 根部的间距为 a，到齿轮 2 根部的间距为 b，从进油口 P 供入高压油液压力为 p_H；两齿轮的齿宽为 B；齿轮 1 的 2 号齿在高压油液内，两侧径向液压力平衡，1 号齿在高压油液中的浸距为 a，而齿轮 1 的 3 号齿在高压液内浸距为齿高 h，故产生顺时针方向转矩 T_1 为

$$T_1 = p_H B(h-a)R_1 \tag{3-15}$$

同理，齿轮 2 产生的逆时针方向转矩 T_2 为

$$T_2 = p_H B(h-b)R_2 \tag{3-16}$$

在上述转矩作用下，齿轮 1 顺时针转动，齿轮 2 逆时针转动，高压侧的轮齿逐渐脱离啮合，密封容积变大，高压油液不断进入；低压侧的轮齿逐渐进入啮合，密封容积变小，低压油液不断被排出，齿轮马达做连续回转运动。

2. 结构特点

① 齿轮马达的进、回油通道对称布置，孔径相同，以使齿轮马达正反转时性能相同；

② 为减少转动脉动，齿轮马达的齿数比齿轮泵的齿数多；

③ 为了减小摩擦损失，改善启动性能，齿轮马达多采用滚动轴承。

四、齿轮泵常见故障、原因及排除方法

齿轮泵的常见故障、原因及排除方法见表 3-2。

表 3-2 齿轮泵常见故障、原因及排除方法

故障现象	原　因	排除方法
噪声大	过滤器阻塞	清除过滤器上污物
	吸油位置太高或油箱中油位太低	降低泵的安装高度或加油至油位线
	泵体与泵盖密封不好，有空气吸入	研磨泵体与泵盖的结合面，注意密封性
	油封损坏	检查油封情况，若损坏则应更换
	油液黏度太高	选用合适黏度的液压油
	泵与电动机同轴度差	重新安装，达到技术要求
输油量不足或压力升不高	电动机旋转方向不对，造成泵不吸油	改变电动机的旋转方向
	连接处有泄漏，引起空气混入	紧固连接处的螺钉，严防泄漏
	油液黏度太高	选用合适黏度的液压油
	过滤器或管道堵塞	清除污物，定期更换油液
	轴向间隙与径向间隙过大	修复或更换泵的机件
	压力阀中的阀芯移动不灵活	检查压力阀，使阀芯在阀体中移动灵活
泵严重发热（超过65℃）	油液黏度过高	选用适当的液压油
	油箱太小，散热不好	加大油箱容积或增设冷却器
	泵的径向间隙或轴向间隙过小	调整间隙或调整齿轮
	卸荷方法不当或泵带压溢流时间太长	改进卸荷方法或减少泵带压溢流时间
	油在油管中流速过高，压力损失过大	加粗油管，调整系统布局
外泄漏	泵盖上的回油孔堵塞	清洗回油孔
	泵盖与密封圈配合过松	调整配合间隙
	密封圈失效或装配不当	更换密封圈或重新装配
	零件密封面划痕严重	修磨或更换零件

第三节 叶片泵和叶片马达

叶片泵和其他液压泵相比，具有体积小、重量轻、运转平稳、输出流量均匀、噪声小等优点，在各种加工流水线、自动线、注塑机、液压机及部分工程机械的高压系统中得到广泛使用。

按其工作原理，叶片泵可分为单作用式叶片泵和双作用式叶片泵两类。其中，单作用式主要作变量泵，双作用式作定量泵。

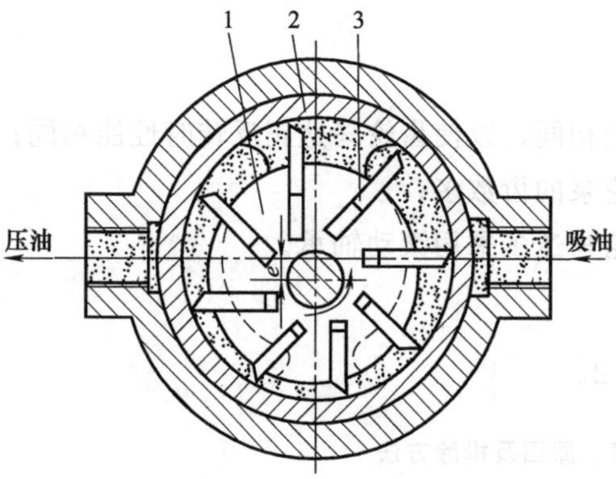

图 3-12 单作用叶片泵的工作原理

1—转子；2—定子；3—叶片

一、单作用叶片泵

1. 工作原理

图 3-12 所示为单作用叶片泵工作原理。单作用叶片泵是由转子 1、定子 2、叶片 3 和配油盘（图中虚线所示）等零件组成。定子的内表面是圆形的，转子与定子之间有一偏心距 e，配油盘只开一个吸油窗口和一个压油窗口。当转子转动时，由于离心力作用，叶片顶部始终压在定子内圆表面上。这样，两相邻叶片间就形成了密封容腔。显然，当转子按图示箭头方向旋转时，图中右侧的密封容腔容积增大，是吸油腔，左侧的密封容腔容积减小，是压油腔，它们容积的变化分别对应着吸油和压油过程。容积不变的区域称为封油区。由于在转子每转一周的过程中，每个密封容腔完成吸油、压油各一次，因此称为单作用式叶片泵。单作用式叶片泵的转子受不平衡液压力的作用，故又称为非卸荷式叶片泵。

上述工作原理表明，改变定子与转子偏心距的方向也就改变了泵的吸、压油口，即原来的吸油口变成压油口，原来的压油口变成吸油口；改变上述偏心距的大小意味着改变了泵的排量。当偏心距为零时，密封容腔不会有容积变化，因此也就不具备液压泵的工作条件了。

2. 结构特点

（1）定子和转子相互偏置　改变定子和转子之间的偏心距，可以调节泵的流量。

（2）径向液压力不平衡　由于单作用叶片泵的这一特点，使泵的工作压力受到限制，所以这种泵不适于高压。

（3）叶片底部　单作用叶片泵叶片底部的油液是自动切换的，即当叶片在压油区时，其底部通压力油；在吸油区时则与吸油腔相通。因此，叶片上、下的液压力是平衡的，有利于减少叶片与定子间的磨损。

（4）叶片倾角　由于叶片上、下的液压力是平衡的，叶片的向外运动主要依靠其旋转时所受到的离心惯性力，因此叶片后倾一个角度更有利于叶片在离心惯性力作用下向外伸出。

二、双作用叶片泵

1. 工作原理

图 3-13 所示为双作用叶片泵的工作原理。双作用叶片泵也是由转子、定子、叶片和配油盘（图中虚线所示）等零件组成。与单作用叶片泵不同，它的转子 3 和定子 1 是同心的，

定子内表面由两段半径为 R 的大圆弧面、两段半径为 r 的小圆弧面以及连接圆弧面的四段过渡曲面共计八段曲面拼合而成。当转子沿图示箭头方向转动时，叶片 4 在离心力和通往叶片底部压力油的共同作用下紧贴在定子的内表面上，在相邻叶片之间形成密封容腔。显然，左上角和右下角的密封容腔容积逐渐变大，所在的区域是吸油区，故 5 为吸油口；右上角和左下角的密封容腔容积逐渐变小，所在的区域是压油区，故 2 为压油口。在吸油区和压油区上，配油机构提供了相应的吸油窗口和压油窗口（图中虚线所示），并用封油区将吸油区和压油区隔开。可以看出，当转子转一转时，每个工作容腔完成吸油、压油动作各两次，所以称为双作用式叶片泵。这种泵的两个吸、压油区是径向对称分布的，所以作用在转子上的液压力是径向平衡的。显然，这种泵的排量是不可调的，只能做成定量泵。

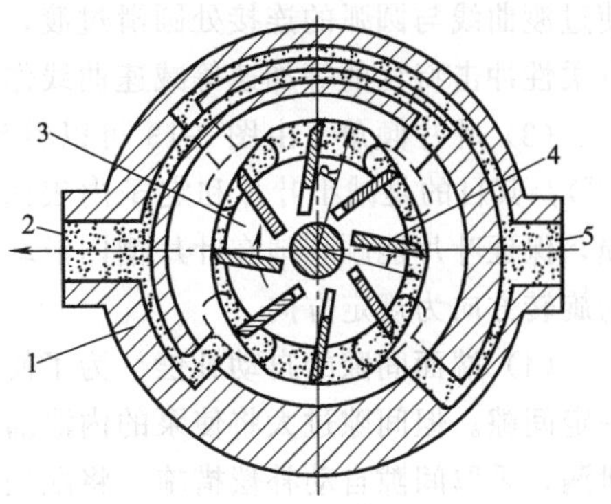

图 3-13　双作用叶片泵的工作原理

1—定子；2—压油口；3—转子；4—叶片；5—吸油口

双作用叶片泵不仅能保证作用在转子上的径向力平衡，而且运转平稳、输油量均匀、噪声小。但它的结构较复杂、吸油特性差、对油液的污染较敏感，一般用于中压液压系统。

2. 典型结构

图 3-14 为双作用式叶片泵中最常用的 YB_1 型叶片泵的结构简图。它主要由定子、转子、叶片、配油盘、传动轴、泵体等主要零件组成。

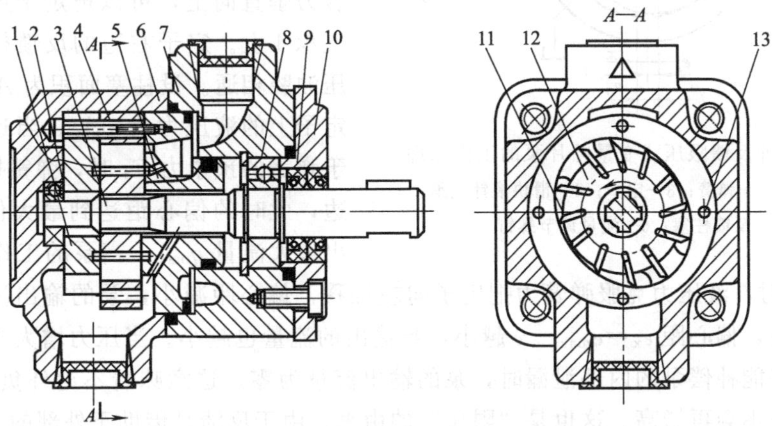

图 3-14　YB_1 型叶片泵的结构简图

1—左配油盘；2，8—深沟球轴承；3—传动轴；4—定子；5—右配油盘；6—后泵体；7—前泵体；9—密封圈；10—盖板；11—叶片；12—转子；13—长螺钉

3. 结构特点

(1) 径向液压力平衡　定子、转子同心，吸、压油口对称分布，转子和轴承所受到的径向压力是平衡的，所以这种泵又称为平衡式叶片泵。

(2) 定子曲线　定子内表面的曲线由两段长半径圆弧和两段短半径圆弧以及四段过渡曲线组成。理想的过渡曲线应使叶片在槽中滑动时的径向运动速度和加速度变化均匀，而且应使过渡曲线与圆弧的连接处圆滑过渡，以减小冲击和噪声。目前双作用叶片泵多见于使用具有柔性冲击特性的等加速等减速曲线作为过渡曲线。

(3) 叶片倾角　由图 3-13 可以看到，叶片顺着转子旋转方向前倾一个角度 θ（通常为 13°），其目的是减小叶片和定子内表面接触时的压力角，从而减少叶片和定子间的摩擦磨损，保证叶片能顺利地在叶片槽内滑动，因此，在使用双作用叶片泵时，应确保驱动电动机的旋转方向为规定方向。

(4) 端面间隙的自动补偿　为了使转子和叶片能自由旋转，它们与配油盘两端面应保持一定间隙。但间隙过大将使泵的内泄漏增加，容积效率降低。为了提高工作压力，减少端面泄漏，采取间隙自动补偿措施，将配油盘的外侧与压油腔连通，使配油盘在液压推力作用下压向转子。泵的工作压力高，配油盘就会更加贴紧转子，因此可实现对转子端面间隙的自动补偿。

三、限压式变量叶片泵

1. 工作原理

图 3-15 所示为外反馈限压式变量叶片泵的工作原理。转子 1 的中心 O 是固定的，定子 3（中心为 O_1）可以左右移动。它在限压弹簧 2 的作用下被推向右端，使定子和转子中心之间有一个偏心距 e_x。当转子按图示箭头方向转动时，上部为压油区，下部为吸油区。由于配油盘上的吸油、压油窗口是关于泵的中心线对称的，所以压力油的合力垂直向上，可以把定子压在滑块滚针支承 4 上。定子右边的反馈柱塞 5 与泵的压油腔相通。设柱塞面积为 A_x，则作用在定子上的液压力为 pA_x。当这个液压力小于弹簧的预紧力 F_s 时，弹簧把定子推向右边，此时的偏心距达到最大值 e_{max}，泵输出最大流量 q_{max}。当泵的工作压力升高使得 $pA_x > F_s$ 时，液压力克服弹簧力把定子向左推移，偏心距减小，泵的输出流量也随之减小。压力越高，偏心距 $e_x = e_{max} - x$ 越小，泵输出的流量也越小。当压力增大到偏心距所产生的流量刚好能补偿泵的内部泄漏时，泵的输出流量为零。这意味着不论外负载如何增加，泵的输出压力不会再增高。这也是“限压”的由来。由于反馈是借助于外部的反馈柱塞实现的，故称为外反馈。

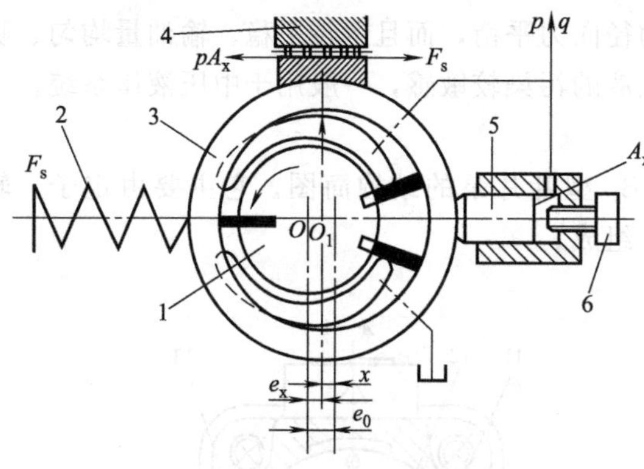

图 3-15　外反馈限压式变量叶片泵的工作原理

1—转子；2—弹簧；3—定子；4—滑块滚针支承；5—反馈柱塞；6—流量调节螺钉

当作用在定子上的液压力 $pA_x < F_s$ 时，即 $p < p_B$（图 3-16），弹簧把定子推向右边，偏心距达到最大值 e_{max}，泵输出最大流量 q_{max}，此时泵不变量。

当 $pA_x = F_s$ 时，即泵的供油压力 $p = p_B$，此时，泵开始变量。$p_{min} = p_B = \dfrac{F_s}{A_x}$。

当 $pA_x > F_s$ 时，即泵的供油压力在 $p_B \sim p_C$（图 3-16）之间，定子将左移，移动量为 x，偏心距为 $e_{max} - x$，此时 $pA_x = F_s + Kx$。

当 $p = p_C$ 时，$x \approx e_{max}$，此时泵的供油压力为最大，其值为 $p_{max} = p_C = \dfrac{F_s + Ke_{max}}{A_x}$

外反馈限压式变量叶片泵的流量-压力曲线如图3-16所示。

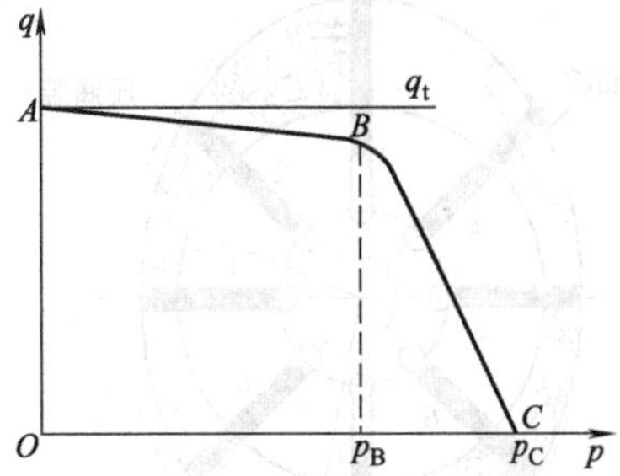

图 3-16　外反馈限压式变量叶片泵的流量-压力曲线

2. 典型结构

图 3-17 为 YBX 型外反馈限压式变量叶片泵的结构简图。它主要由定子、转子、叶片、弹簧、反馈柱塞、调整螺钉、滑块、泵轴、泵体等主要零件组成。

3. 结构特点

① 限压式变量叶片泵的叶片倾角与单作用叶片泵的叶片倾角相同，即叶片倾角沿转子径向向后倾斜 θ 角。

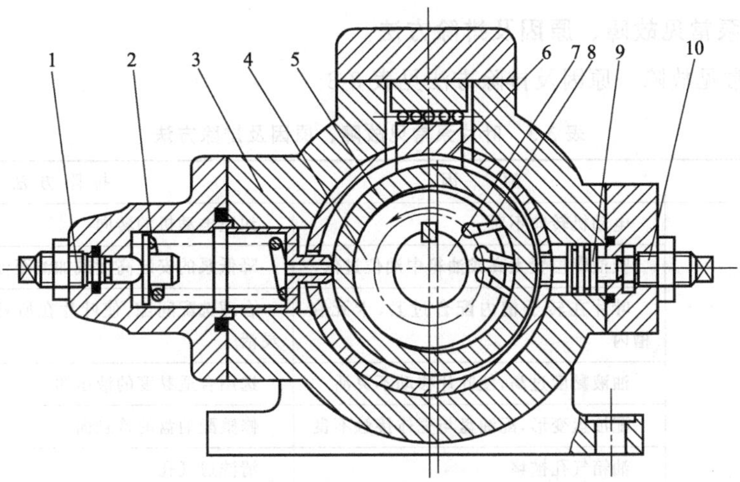

图 3-17　YBX 型外反馈限压式变量叶片泵的结构简图

1—预紧力调整螺钉；2—限压弹簧；3—泵体；4—转子；5—定子；6—滑块；7—泵轴；8—叶片；9—反馈柱塞；10—最大偏心调整螺钉

② 限压式变量叶片泵的配油盘使处于压油区的叶片底部通压油腔，处于吸油区的叶片底部通吸油腔。这样使叶片顶部与底部液压作用力基本平衡，避免了双作用定量叶片泵在吸油区因液压作用力径向不平衡而导致定子内表面严重磨损的问题。

③ 根据理论分析，当叶片数为奇数时，限压式变量叶片泵瞬时流量脉动小，而双作用叶片泵的叶片数为偶数时流量脉动小。所以限压式变量叶片泵的叶片数通常为 15 片左右。

四、叶片式液压马达

1. 工作原理

叶片式液压马达简称叶片马达，它是利用叶片受高压油作用产生转矩而工作的液压马达。常用的叶片马达是双作用叶片马达，双作用叶片马达的工作原理如图 3-18 所示。当压力为 p 的油液从配油窗口进入相邻叶片间的密封工作腔时，位于进油腔的叶片 2、6 因两面所受的压力相同，故不产生转矩。位于回油腔的叶片 4、8 也同样不产生转矩。而位于封油区的叶片 3、7 和 1、5 因一面受进油的高压作用，另一面受回油的低压作用，故可产生转矩，且叶片 3、7 的转矩方向与叶片 1、5 相反，但因叶片 3、7 的承压面积大、转矩大，因此转子沿着叶片 3、7 的转矩方向做逆时针方向旋转。叶片 1、5 和 3、7 产生的转矩差就是

图 3-18 双作用叶片马达的工作原理

叶片马达的理论输出转矩。当定子的长短径差越大、转子的直径越大以及输入的油压越高时，叶片马达的输出转矩也越大。当改变输油方向时，叶片马达可反转。

2. 结构特点

① 叶片底部有弹簧，保证在初始条件下叶片能紧贴在定子内表面上，以形成密封工作腔，否则进油腔和回油腔相通，无法形成油压，也无法输出转矩。

② 叶片槽是径向的，可以双向旋转。

③ 在壳体中装有两个单向阀，使叶片底部能始终通压力油（让叶片和定子内表面压紧）而不受叶片马达回转方向的影响。

五、叶片泵常见故障、原因及排除方法

叶片泵的常见故障、原因及排除方法见表 3-3。

表 3-3 叶片泵常见故障、原因及排除方法

故障现象	原　因	排 除 方 法
不吸油	电动机转向不对	纠正电动机的转向
	吸油管位置太高或油箱中油位过低	降低泵的安装高度或加油至油位线
	叶片在转子槽内配合过紧，卡死在槽内	合理选配间隙，使叶片在所处的转子槽内移动灵活
	油液黏度过高，使叶片移动不灵活	选用合适黏度的液压油
	配油盘变形，配油盘与壳体接触不良	修整配油盘的接触面
	油箱气孔被堵	清洗通气孔
	泵及吸油管密封不严	检查连接处和结合面的密封性并紧固
输油量不足或压力升不高	各连接处密封不严，吸入空气	检查吸油口及各连接处是否泄漏，紧固各连接处
	个别叶片移动不灵活	对不灵活的叶片应单槽配研
	轴向间隙和径向间隙过大	修复或更换油管零件
	叶片和转子装反	重新装配、纠正转子和叶片的方向
	配油盘内孔磨损	严重损坏时需更换
	转子槽和叶片的间隙过大	根据转子槽单配叶片
	叶片和定子内表面接触不良	定子磨损一般在吸油腔，对于双作用叶片泵，可翻转 180°装上，在对称位置重新加工定位孔
	吸油不通畅	清洗过滤器，定期更换油液
噪声和振动大	有空气侵入	详细检查吸油管路和油封的密封情况及油面的高度是否正常
	吸油不通畅	清洗过滤器，定期更换油液至要求量
	油液黏度过高	选用合适的液压油
	联轴器的安装同轴度不好或松动	调节同轴度至要求范围内，并将螺钉紧固好
	轴的密封圈过紧	适当调整密封圈，使之松紧适度
	油箱的气孔被堵	清洗通气孔
	泵的轴承或内部零件磨损严重	拆开修复或更换

第四节 柱塞泵和柱塞马达

柱塞泵是通过柱塞在柱塞孔内往复运动时密封工作容积的变化来实现吸油和排油的。由于柱塞与缸体内孔均为圆柱表面，滑动表面配合精度高，所以这类泵的特点是泄漏小、容积效率高，可以在高压下工作，且在结构上易于实现流量调节。其缺点是结构复杂、价格高、加工精度和日常维护要求较高、对油液的污染较敏感。

柱塞泵按柱塞排列的方向不同，可分为轴向柱塞泵和径向柱塞泵，轴向柱塞泵的柱塞平行于缸体中心线；径向柱塞泵的柱塞与缸体中心线垂直。

轴向柱塞泵又可分为斜盘式轴向柱塞泵和斜轴式轴向柱塞泵两类。

一、斜盘式轴向柱塞泵

1. 工作原理

斜盘式轴向柱塞泵的工作原理如图 3-19 所示，它主要由缸体 1、配油盘 2、柱塞 3、斜盘 4 等组成。斜盘与缸体轴线倾斜一个角度 γ，斜盘和配油盘固定不动，缸体由轴带动旋转，柱塞沿圆周均匀分布在缸体内，在底部弹簧的作用下，柱塞头部始终紧贴斜盘。当缸体按图示箭头方向逆时针旋转时，由于斜盘和弹簧的共同作用，迫使柱塞在缸体内做往复运动，进行吸油和压油。当缸体转角从 π 至 2π 时（自下而上），柱塞向外伸出，柱塞底部的密封腔容积增大，通过吸油盘的吸油窗口 a 吸油；当缸体转角从 0 至 π 时（自上而下），柱塞被斜盘推入缸体，使密封腔容积减小，通过配油盘的压油窗口 b 压油。如改变斜盘倾角 γ 的大小，就能改变柱塞的行程长度，也就改变了泵的排量。如果改变斜盘倾角的方向，就能改变吸、压油方向，这时就成为双向变量轴向柱塞泵。

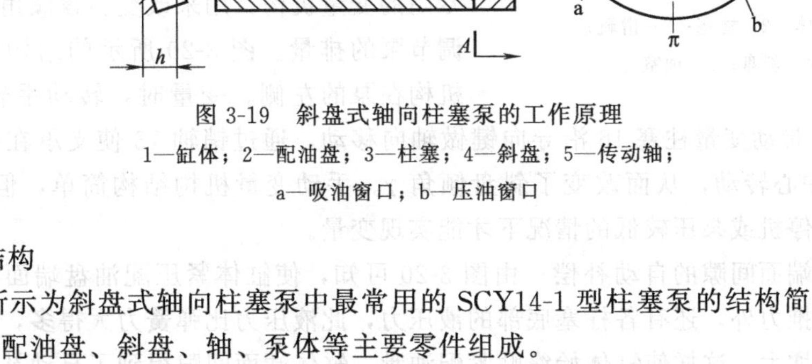

图 3-19 斜盘式轴向柱塞泵的工作原理

1—缸体；2—配油盘；3—柱塞；4—斜盘；5—传动轴；
a—吸油窗口；b—压油窗口

2. 典型结构

图 3-20 所示为斜盘式轴向柱塞泵中最常用的 SCY14-1 型柱塞泵的结构简图。它主要由缸体、柱塞、配油盘、斜盘、轴、泵体等主要零件组成。

3. 结构特点

(1) 滑靴结构　在斜盘式轴向柱塞泵中，各柱塞以球形头部直接接触斜盘而滑动，这种泵称为点接触式轴向柱塞泵。该泵在工作过程时，由于柱塞球头与斜盘平面理论上为点接触，因而接触应力大，极易磨损。故一般轴向柱塞泵都在柱塞头部装一滑靴，如图 3-21 所

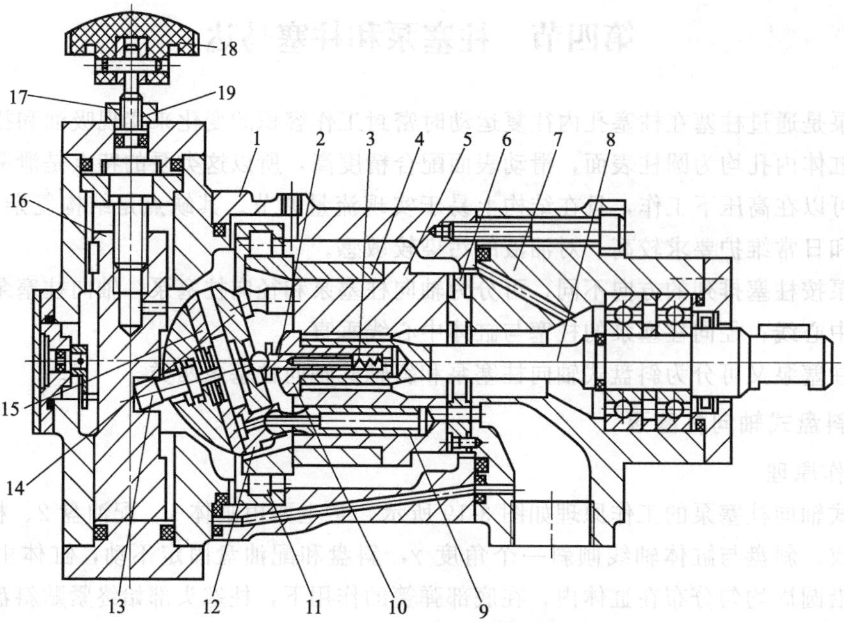

图 3-20　SCY14-1 型柱塞泵的结构简图

1—泵体；2—内套；3—中心弹簧；4—缸套；5—缸体；6—配油盘；7—前泵体；
8—轴；9—柱塞；10—套筒；11—轴承；12—滑履；13—销轴；14—压盘；
15—倾斜盘；16—变量柱塞；17—丝杠；18—手轮；19—螺母

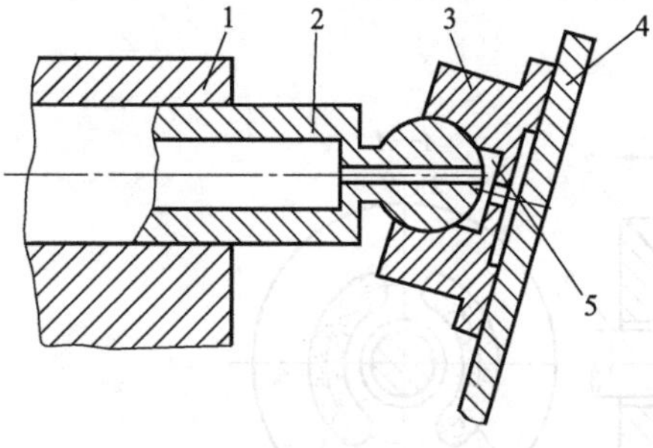

图 3-21　滑靴的静压支承原理

1—缸体；2—柱塞；3—滑靴；
4—斜盘；5—油室

示，其目的是将点接触改为面接触。滑靴是按静压轴承原理设计的，缸体 1 中的压力油经过柱塞 2 球头中间的小孔流入滑靴 3 油室，使滑靴和斜盘 4 间形成液体润滑，大大减小了相对运动零件表面的磨损，改善了柱塞头部和斜盘的接触情况，有利于提高轴向柱塞泵的压力和其他参数，使其在高压、高速下工作。

(2) 变量机构　在变量轴向柱塞泵中均设置有专门的变量机构，用来改变斜盘倾角 γ 的大小，以调节泵的排量。图 3-20 所示的结构中，手动变量机构在泵的左侧。变量时，转动手轮 18，使丝杠 17 随之转动，带动变量柱塞 16 沿导向键做轴向移动，通过销轴 13 使支承在变量壳体上的斜盘 15 绕其中心转动，从而改变了斜盘倾角 γ。手动变量机构结构简单，但操纵力较大，通常只能在泵停机或泵压较低的情况下才能实现变量。

(3) 缸体端面间隙的自动补偿　由图 3-20 可知，使缸体紧压配油盘端面的作用力，除中心弹簧 3 的推力外，还有各柱塞底部的液压力，此液压力比弹簧力大得多，而且随泵的工作压力增大而增大。这样使缸体始终贴紧配油盘，缸体端面间隙得到了自动补偿，提高了泵的容积效率。

二、斜轴式轴向柱塞泵

图 3-22 为斜轴式轴向柱塞泵的工作原理。传动轴 5 的轴线相对于缸体 3 有倾角 γ，柱塞

2与传动轴圆盘之间用相互铰接的连杆4相连。当传动轴5沿图示箭头方向旋转时，连杆4就带动柱塞2连同缸体3一起绕缸体轴线旋转，柱塞2同时也在缸体的柱塞孔内做往复运动，使柱塞孔底部的密封腔容积不断发生增大和缩小的变化，通过配油盘1上的窗口a和b实现吸油和压油。与斜盘式轴向柱塞泵相比较，斜轴式轴向柱塞泵由于缸体所受的不平衡径向力较小，故结构强度较高，可以有较高的设计参数，其缸体轴线与驱动轴的夹角γ较大，变量范围较大。但外形尺寸较大，结构也较复杂。目前，斜轴式轴向柱塞泵的使用相当广泛。在变量形式上，斜盘式轴向柱塞泵靠斜盘摆动变量，斜轴式轴向柱塞泵则为摆缸变量，因此，后者变量系统的响应较慢。

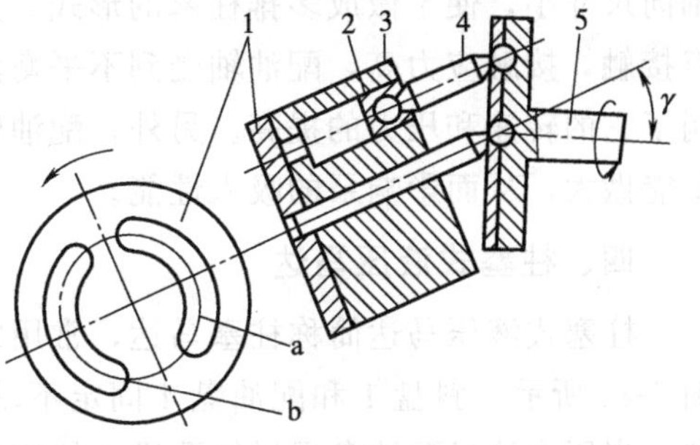

图3-22　斜轴式轴向柱塞泵的工作原理

1—配油盘；2—柱塞；3—缸体；4—连杆；5—传动轴；a—吸油窗口；b—压油窗口

三、径向柱塞泵

1. 工作原理

径向柱塞泵的工作原理如图3-23所示。它主要由定子1、转子（缸体）2、柱塞3、配油轴4等组成。柱塞径向均匀布置在转子中，衬套紧配在转子孔内，转子和定子之间有一个偏心距e，配油轴固定不动。当转子按图示箭头方向旋转时，上半周的柱塞在离心力作用下外伸，柱塞底部密封腔容积增大，形成局部真空，油液经配油轴上的a孔再经b腔吸入；下半周的柱塞则受定子内表面的推压作用而缩回，柱塞底部的密封腔容积减小，油液从c腔经d孔压出。移动定子以改变偏心距的大小，便可改变柱塞的行程，从而改变排量。若改变偏心距的方向，则可改变吸、压油的方向。因此，径向柱塞泵可以做成单向或双向变量泵。

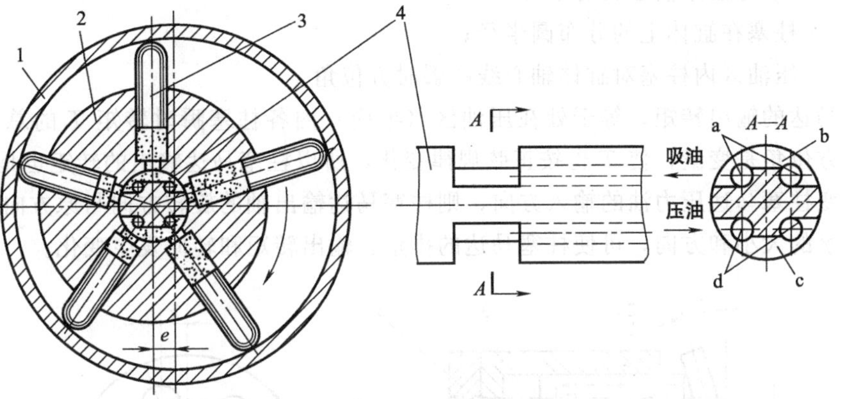

图3-23　径向柱塞泵的工作原理

1—定子；2—转子；3—柱塞；4—配油轴

2. 径向柱塞泵的特点

由于柱塞在缸体中径向移动速度是变化的，而各个柱塞在同一瞬时径向移动速度也不一样，所以径向柱塞泵的瞬时流量是脉动的，经多次实验得知，柱塞数为奇数要比柱塞数为偶数的瞬时流量脉动小得多，所以径向柱塞泵采用柱塞个数为奇数，一般为5个或7个。

径向柱塞泵的特点是制造工艺性好（主要配合面为圆柱面），变量容易，工作压力较高，轴向尺寸小，便于做成多排柱塞的形式。其缺点是径向尺寸大，旋转惯性大，柱塞与定子为点接触，接触应力高，配油轴受到不平衡液压力作用，易磨损，泄漏间隙不能补偿，这些限制了它的转速和压力的提高。另外，配油轴中的吸、排油流道的尺寸受到配油轴尺寸的限制不能做大，从而影响泵的吸入性能。

四、柱塞式液压马达

柱塞式液压马达简称柱塞马达，常用的柱塞马达是轴向式，轴向柱塞马达的工作原理如图 3-24 所示。斜盘 1 和配油盘 4 固定不动，缸体 3 及其内的柱塞 2 可绕缸体的水平轴线旋转。当压力油经配油盘通过缸孔进入柱塞底部时，柱塞受油压作用而向外顶出，紧紧压在斜盘面上，这时斜盘对柱塞的反作用力为 F。由于斜盘有一倾斜角 γ，所以 F 可分解为两个分力，一个是轴向分力 F_x，平行于柱塞轴线，并与柱塞底部油压力平衡；另一个分力是 F_y，垂直于柱塞轴线。它们的计算值分别为

$$F_x = p\frac{\pi}{4}d^2 \tag{3-17}$$

$$F_y = F_x\tan\gamma = p\frac{\pi}{4}d^2\tan\gamma \tag{3-18}$$

式中 p——油液压力；

d——柱塞直径；

γ——斜盘倾角。

分力 F_y 对缸体轴线产生力矩，带动缸体旋转。缸体再通过主轴（图中未画出）向外输出转矩和转速，成为柱塞马达。由图 3-23 可见，处于压油区（半周）内每个柱塞上的 F_y 对缸体产生的瞬时转矩 T 为

$$T = F_y h = F_y R\sin\alpha \tag{3-19}$$

式中 h——F_y 与缸体轴心线的垂直距离；

R——柱塞在缸体上的分布圆半径；

α——压油区内柱塞对缸体轴心线的瞬时方位角。

柱塞马达的输出转矩，等于处在压油区（半周）内各柱塞瞬时转矩 T 的总和。由于柱塞的瞬时方位角是变量，使 T 也按正弦规律变化，所以柱塞马达输出的转矩也是脉动的。

若改变柱塞马达压力油的输入方向，则柱塞马达输出轴的旋转方向与原方向相反；改变斜盘倾角 γ 的大小和方向，可使柱塞马达的排量、输出转矩和转向发生变化。

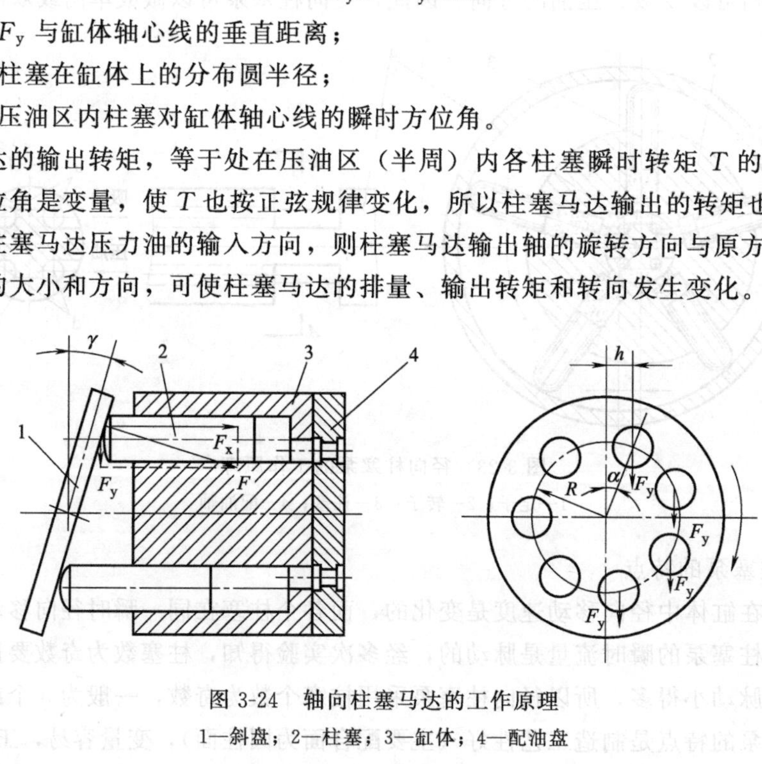

图 3-24 轴向柱塞马达的工作原理

1—斜盘；2—柱塞；3—缸体；4—配油盘

五、柱塞泵常见故障、原因及排除方法

柱塞泵的常见故障、原因及排除方法见表 3-4。

表 3-4 柱塞泵常见故障、原因及排除方法

故障现象	原 因	排 除 方 法
流量不足或不排油	变量结构失灵或斜盘实际倾角太小	修复调整变量机构
	回程盘损坏而使泵无法自吸	更换回程盘
	中心弹簧断裂使柱塞回程不够或不能回程，缸体与配油盘间失去间隙	更换中心弹簧
输出压力不足	缸体与配油盘之间，柱塞与缸孔之间严重磨损	修磨接触面，重新调整间隙或更换配油盘和柱塞等
	外泄漏	紧固各连接处，更换油封
变量机构失灵	控制油路上的小孔被堵塞	净化液压油，用压力油冲洗控制油路的小孔
	变量机构中的活塞或弹簧心轴卡死	若机械卡死应研磨修复，若油液污染应净化油液

第五节 螺 杆 泵

螺杆泵实质上是一种外啮合摆线齿轮泵，主要用于对流量、压力的均匀性和工作平稳性有较高要求的精密机床液压系统。按其螺杆数有双螺杆泵、三螺杆泵、四螺杆泵和五螺杆泵等；按螺杆的横截面分有摆线齿形、摆线-渐开线齿形和圆形齿形 3 种不同形式的螺杆泵。

因为三螺杆泵应用最广泛，故本节将着重介绍三螺杆泵的工作原理和结构特点方面的知识。

一、工作原理

螺杆泵的工作原理如图 3-25 所示，螺杆泵中由于主动螺杆 3 和从动螺杆 1 的螺旋面在垂直于螺杆轴线的横截面上是一对共轭摆线齿轮，故又称为摆线螺杆泵。螺杆泵的工作机构是由互相啮合且装于定子内的 3 根螺杆组成的，中间一根为主动螺杆，由电动机带动，旁边两根为从动螺杆，另外还有前、后端盖等主要零件。螺杆的啮合线把主动螺杆和从动螺杆的

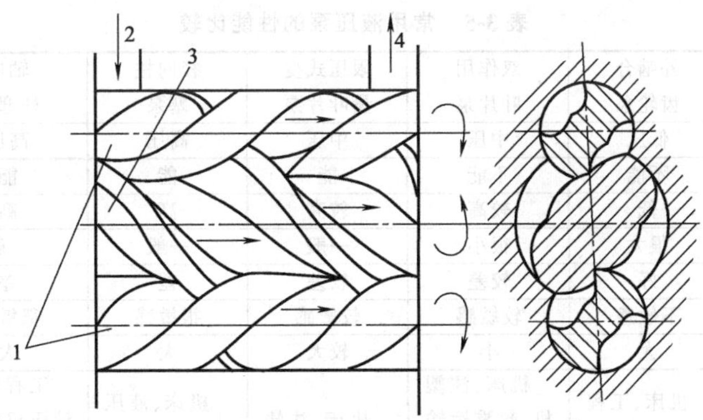

图 3-25 螺杆泵的工作原理

1—从动螺杆；2—吸油口；3—主动螺杆；4—压油口

螺旋槽分割成多个相互隔离的密封腔。随着螺杆的旋转，这些密封工作腔一个接一个地在左端形成，不断地从左到右移动。主动螺杆每转一周，每个密封工作腔便移动一个螺旋导程。因此，在左端，密封工作腔容积逐渐增大，进行吸油；而在右端，密封工作腔容积逐渐减小，进行压油。随着螺杆的转动和啮合，这些密封空间在泵的吸入端不断形成，将吸入室中的液体封入其中，并自吸入室沿螺杆轴向连续地推移至排出端，将封闭在各空间中的液体不断排出，犹如一螺母在螺纹回转时被不断向前推进，这就是螺杆泵的基本工作原理。

由此可知，螺杆直径愈大，螺旋槽愈深，螺杆泵的排量就愈大；螺杆愈长，吸油口 2 和压油口 4 之间的密封层次愈多，螺杆泵的额定压力就愈高。

二、螺杆泵的特点

① 无困油现象，工作平稳，理论上流量无脉动。

② 结构简单，转动惯量小，可采用较高的转速。

③ 容积效率高，额定压力高。一般容积效率可达 95%，额定工作压力可达 20MPa。

④ 密封面积大，对油液的污染不敏感。

⑤ 螺杆形状复杂，加工精度高，需要专用设备。

第六节　液压泵和液压马达的选用

液压泵是液压系统提供一定流量和压力的油液动力元件，液压马达是将油液的压力能转变成机械能并驱动负载对外做功的执行元件，它们都是液压系统中的核心元件，合理地选择液压泵和液压马达对于降低液压系统的能耗、提高系统的效率、降低噪声、改善工作性能和保证系统的可靠工作都十分重要。

一、液压泵的选用

液压泵的选用主要考虑以下三个方面的因素：使用性能、价格和维修。液压泵的选用主要包括以下内容：液压泵的类型和规格型号。

1. 液压泵类型的选用

根据液压系统的工作压力、对运动平稳性的要求、环境条件和价格等因素综合考虑来选择。一般低压系统选齿轮泵，中压系统选叶片泵，高压系统选柱塞泵。

表 3-5 列出了常用液压泵的性能比较，供选用时参考。

表 3-5　常用液压泵的性能比较

性能	外啮合齿轮泵	双作用叶片泵	限压式变量叶片泵	径向柱塞泵	轴向柱塞泵	螺杆泵
输出压力	低压	中压	中压	高压	高压	低压
流量调节	不能	不能	能	能	能	不能
效率	低	较高	较高	高	高	较高
输出流量脉动	很大	很小	一般	一般	一般	最小
自吸特性	好	较差	较差	差	差	好
对油的污染敏感性	不敏感	较敏感	较敏感	很敏感	很敏感	不敏感
噪声	大	小	较大	大	大	最小
应用范围	机床、工程机械、农机、航空等	机床、注塑机、起重运输机械，工程机械等	机床、注塑机等	机床、液压机、船舶机械等	工程机械、锻压机械、起重运输、矿山机械等	精密机床液压系统、工程机械等

一般在负载小、功率小的机械设备中，可用齿轮泵、双作用叶片泵；精度较高的机械设备（如磨床）可用螺杆泵、双作用叶片泵；在负载较大并有快速和慢速工作行程的机械设备（如组合机床）中，可使用限压式变量叶片泵；对负载大、功率大的机械设备（如龙门刨床、拉床），可使用柱塞泵；而在机械设备的辅助装置，如送料、夹紧等不重要的地方，可使用价廉的齿轮泵。

2. 液压泵规格型号的选用

根据液压系统的工作压力选择泵的额定压力，根据液压系统所需的流量选择泵的额定流量。

(1) 液压泵的工作压力　液压泵的工作压力 p_B 应满足液压系统中执行元件所需的最大工作压力 p_{max}，即

$$p_B \geqslant K p_{max} \tag{3-20}$$

式中　K——系统压力损失系数，一般取 $K=1.1\sim1.5$。

(2) 液压泵的流量　液压泵的流量 q_{VB}应满足液压系统中执行元件所需的最大流量之和 $\sum q_{Vmax}$，即

$$q_{VB} \geqslant K \sum q_{Vmax} \tag{3-21}$$

式中　K——系统泄漏系数，一般取 $K=1.2\sim1.3$。

3. 配套电动机的选用（即选择配套电动机的功率）

$$P=\frac{pq}{\eta_B}\quad (\text{kW}) \tag{3-22}$$

式中　p——液压泵的输出压力，MPa；

q——液压泵的输出流量，L/s；

η_B——液压泵的工作效率。

二、液压马达的选用

由于液压马达和液压泵在结构上相似，因此上述关于液压泵的选用原则也适用于液压马达。一般来说，齿轮马达结构简单，价格便宜，常用于负载转矩不大，速度平稳性要求不高的场合，如研磨机、风扇等。叶片马达转动惯量小，动作灵敏，但容积效率不高，机械特性软，适用于中速以上，负载转矩不大，要求频繁启动和换向的场合，如磨床工作台、机床操作系统等。轴向柱塞马达容积效率高，应用范围大，且低速稳定性好，用于负载转矩较小，有变速要求的场合，如起重机械、内燃机车数控机床等。

本章小结

液压泵是液压传动课程中比较重要的内容，本章主要讲述了以下问题。

① 液压泵的概念、分类和基本工作原理。基本工作原理可简要概括为高、低压腔要隔开、密封容积可变化及相应配流方法。分析液压泵的密封容积构成及转动时密封容积变化规律是分析各种液压泵工作原理的基本方法。

② 液压泵基本参数计算液压泵的常用计算参数如下。

输入功率　$P_i=2\pi n T_i$

输出功率　$P_0=pq_V$

总效率　$\eta_P=\dfrac{P_0}{P_i}=\dfrac{pq_V}{2\pi n T_i}=\eta_{PV}\eta_{Pm}$

③ 外啮合齿轮泵的密封容积由齿廓线、壳体内表面及前后端盖构成，啮合线将高、低压腔隔开，轮齿脱离啮合侧密封容积变大而吸油；轮齿进入啮合侧密封容积变小而压油。主要问题有泄漏、困油和径向液压力不平衡。内啮合齿轮泵工作原理可参照外啮合齿轮泵分析。

④ 单作用式叶片泵和双作用式叶片泵的密封容积由两相邻叶片、定子的表面、转子外表面及配油盘构成。单作用叶片泵和双作用叶片泵的叶片相对缸体外伸时完成吸油，相对缸体退回时完成压油。单作用式叶片泵叶片相对旋向后倾是为了解决位于吸油腔的叶片伸出问题；双作用式叶片泵的叶片相对旋向前倾是为了解决位于高压腔的叶片退回问题。限压式变量叶片泵的转子是固定的，依靠定子的位置变化调节几何排量，有外反馈和内反馈两种方式，流量-压力曲线的特点是：在一定压力范围内，输出流量呈现定量泵特性，达到某一定压力时，流量线性减少，直至为零，而工作压力达到最大值，这种工况适于作保压卸载系统的液压泵。

⑤ 轴向柱塞泵的密封容积由柱塞和缸体构成。对于斜盘式轴向柱塞泵，通常假定斜盘法线指向右部的斜上方，柱塞在从下部死点向上部死点过渡过程中逐步伸出，密封容积变大而吸油；从上死点向下死点过渡过程中，柱塞在斜盘作用下逐步退回，密封容积变小而压油。反向旋转时吸、压油腔交换。斜盘倾角方向变化也可引起吸、压油腔交换。调节斜盘倾角 γ，可调节几何排量。

斜轴柱塞泵工作原理是驱动轴盘通过固连在其端面上的连杆拨动缸体转动，使柱塞在缸体内做往复运动而吸油和压油的。斜盘泵和斜轴泵靠配油盘配油。

⑥ 径向柱塞泵密封容积同样由柱塞和缸体构成。它是靠转子（缸体）与壳体（定子）的偏距 e 使柱塞在缸体内做往复运动而工作的。柱塞伸出和缩回与叶片泵的叶片相似。径向柱塞泵通常采用配油轴或配油阀配油。

⑦ 对于液压马达，在分析工作原理时，一定要找出可使液压马达转动的液压力产生的转矩，密封容积变大时密封腔进入高压油，密封容积变小时密封腔排出低压油。对于典型液压马达应掌握其结构原理。

本章的主要内容可概括为各种常见液压泵结构原理、几何排量及有关变量原理。

习题

一、判断题

1. 因存在泄漏，因此输入液压马达的实际流量大于其理论流量，而液压泵的实际输出流量小于其理论流量。（ ）

2. 液压泵的容积效率与液压泵的泄漏量有关，而与液压泵的转速无关。（ ）

3. 流量可改变的液压泵称为变量泵。（ ）

4. 定量泵是指输出流量不随泵的输出压力改变的泵。（ ）

5. 当液压泵的进、出口压力差为零时，泵输出的流量即为理论流量。（ ）

6. 齿轮泵的吸油腔就是轮齿不断进入啮合的那个腔。（ ）

7. 双作用叶片泵每转一周，每个密封容积就完成两次吸油和压油。（ ）

8. 单作用叶片泵转子与定子中心重合时，可获得稳定大流量的输油。（ ）

9. 对于限压式变量叶片泵，当泵的压力达到最大时，泵的输出流量为零。（ ）

10. 双作用叶片泵既可作为定量泵使用，又可作为变量泵使用。（ ）

11. 双作用叶片泵因两个吸油窗口、两个压油窗口是对称布置，因此作用在转子和定子

上的液压径向力平衡，轴承承受径向力小、寿命长。（　）

12. 双作用叶片泵的转子叶片槽根部全部通压力油是为了保证叶片紧贴定子内环。（　）

13. 配油轴式径向柱塞泵的排量 q 与定子相对转子的偏心距成正比，改变偏心距即可改变排量。（　）

14. 液压泵产生困油现象的充分且必要的条件是：存在闭死容积且容积大小发生变化。（　）

15. 液压马达与液压泵从能量转换观点上看是互逆的，因此所有的液压泵均可以用来作液压马达使用。（　）

二、选择题

1. 对于液压泵来说，在正常工作条件下，按实验标准规定连续运转的最高压力称为泵的（　）。

A. 额定压力　B. 最高允许压力　C. 工作压力

2. 液压泵的理论输入功率（　）它的实际输出功率；而液压马达的理论输出功率（　）其输入功率。

A. 大于　B. 等于　C. 小于

3. 液压泵单位时间内排出油液的体积称为泵的流量。泵在额定转速和额定压力下的输出流量称为（　）；在没有泄漏的情况下，根据泵的几何尺寸计算而得到的流量称为（　），它等于排量和转速的乘积。

A. 实际流量　B. 理论流量　C. 额定流量

4. 不能成为双向变量泵的是（　）。

A. 双作用叶片泵　B. 单作用叶片泵

C. 轴向柱塞泵　D. 径向柱塞泵

5. 为了使齿轮泵的齿轮平稳地啮合运转、吸压油腔严格地密封以及均匀连续地供油，必须使齿轮啮合的重叠系数 ε（　）1。

A. 大于　B. 等于　C. 小于

6. 对齿轮泵内部泄漏影响最大的因素是（　）间隙。

A. 端面（轴向）　B. 径向　C. 齿轮啮合处（啮合点）

7. 外啮合齿轮泵吸油口比压油口做得大，其主要原因是（　）

A. 防止困油　B. 增加吸油能力

C. 减少泄漏　D. 减小径向不平衡力

8. 在叶片马达中，叶片的安置方向应为（　）。

A. 前倾　B. 后倾　C. 径向

9. 双作用叶片泵配油盘上的三角槽是为使（　）。

A. 叶片底部和顶部的液体压力相平衡

B. 吸油区过渡到密封容积进入压油区时，避免压力突变，减少流量脉动

C. 转子和叶片能自由旋转，使它们与配油盘之间保持一定的间隙

D. 叶片在转子槽中做径向运动时速度没有突变，而减少泵的冲击

10. 双作用叶片泵从转子径向力平衡考虑，叶片数 Z 应选（　）；单作用叶片泵的叶片数常选（　），以使流量均匀。

A. 奇数　　B. 偶数　　C. 奇、偶数任意

11. 双作用叶片泵的叶片常（　）安装；而叶片马达中的叶片则需（　）安装。

A. 前倾　　B. 后倾　　C 径向

12.（　）叶片泵运转时，存在不平衡的径向力；（　）叶片泵运转时，不平衡径向力相抵消，受力情况较好。

A. 单作用　　B. 双作用

13. 直杆式轴向柱塞泵，脉动程度随柱塞数的（　）而下降。奇数柱塞泵的脉动程度远（　）具有相邻偶数柱塞的泵的脉动程度。

A. 增加　　B. 减少　　C. 大于　　D. 小于

14. 当限压式变量泵工作压力 $p>p_{拐点}$ 时，随着负载压力上升，泵的输出流量（　）。

A. 增加　　B. 呈线性规律衰减

C. 呈双曲线规律衰减　　D. 基本不变

三、填空题

1. 液压泵是一种能量转换装置，它将__________转换为__________，是液压传动系统中的__________元件。

2. 液压泵是靠__________的变化来实现__________和__________的，所以称为容积泵。

3. 对于液压泵来说，实际流量总是__________理论流量；实际输入转矩总是__________其理论上所需要的转矩。

4. 液压马达是__________元件，输入的是压力油，输出的是__________和__________。

5. 泵每转一圈，由其几何尺寸计算而得到的排出液体的体积，称为泵的__________。

6. 对于泵来说流量是变量，不同的泵，其__________不同，但选定适当的__________可获得相等的流量。

7. 齿轮泵工作时，缸孔在过渡中要经历“容积在封死状态下变化”的过程称为__________。为了消除这种现象，通常采用__________的办法。

8. 齿轮泵中每一对齿完成一次啮合过程就排一次油，实际在这一过程中，压油腔容积的变化率每一瞬时是不均匀的，因此，会产生__________。

9. 外啮合齿轮泵中，最为严重的泄漏途径是__________。

10. 单作用叶片泵转子每转一周，完成吸、排油各__________次，改变__________的大小，可以改变它的排量，因此称其为__________量泵。

11. 双作用叶片泵一般为__________量泵；单作用叶片泵一般为__________量泵。

12. 轴向柱塞泵主要由驱动轴、斜盘、柱塞、缸体和配油盘五大部分组成。改变__________，可以改变油泵的排量 V。

四、简答题

1. 简述液压泵工作的必要条件。

2. 从能量的观点来看，液压泵和液压马达有什么区别和联系？从结构、工作原理上来看，液压泵和液压马达又有什么区别和联系？

3. 液压泵的工作压力取决于什么？液压泵的工作压力和额定压力有什么区别？

4. 通常所说的压力升高会使流量减少，是否正确？试简单说明。

5. 什么是齿轮泵的困油现象？如何消除？

6. 齿轮泵压力提高主要受到哪些因素影响？

7. 双作用叶片泵和限压式变量叶片泵在结构上有何区别？

8. 叶片泵中的叶片为什么不是径向安装的，而要倾斜一个角度？

9. 哪些液压泵可以做成变量泵？说明其变量原理。

10. 试比较各类液压泵性能上的异同点。

五、计算题

1. 叶片泵转速 $n=1500$r/min，输出压力 6.3MPa 时输出流量为 53L/min，测得泵轴消耗功率为 7kW，当泵空载时，输出流量为 56L/min，求该泵的容积效率和总效率。

2. 液压马达排量 $q_m=250$mL/r，入口压力为 9.8MPa，出口压力为 0.49MPa，其总效率 $\eta=0.9$，容积效率 $\eta_{mV}=0.92$，当输入流量为 22L/min 时，试求：

(1) 液压马达的输出转矩；

(2) 液压马达的输出转速。

3. 一液压泵的机械效率 $\eta_{Pm}=0.92$，泵的转速 $n=950$r/min 时的理论流量为 $Q_r=160$L/min，若泵的工作压力 $p=2.95$MPa，实际流量 $Q=152$L/min。试求：

(1) 液压泵的总效率；

(2) 液压泵在上述工况所需的电动机功率；

(3) 驱动液压泵所需的转矩。

4. 某液压泵输出油压 $p=10$MPa，转速 $n=1450$r/min，液压泵的排量 $V_p=46.2$mL/r，容积效率为 0.95，总效率为 0.9。求液压泵的输出功率 P_1 和驱动该液压泵所需电动机的功率 P_2。

5. 液压泵的额定流量为 100L/min，额定压力为 2.5MPa，当转速为 1450r/min 时，机械效率为 0.9. 由实验测得，当液压泵出口压力为零时，流量为 106L/min，压力为 2.5MPa 时，流量为 100.7L/min。

求：(1) 液压泵的容积效率。

(2) 如液压泵的转速下降到 500r/min，在额定压力下工作时，估算液压泵的流量为多少？

(3) 上述两种转速下液压泵的驱动功率。

6. 已知轴向柱塞泵的额定压力为 $p=16$MPa，额定流量 $Q=330$L/min，设液压泵的总效率为 $\eta=0.9$，机械效率为 $\eta_m=0.93$。求：

(1) 驱动液压泵所需的额定功率；

(2) 计算液压泵的泄漏流量。

第四章　液　压　缸

学习目标：

① 熟悉液压缸的类型和特点；

② 掌握活塞式、柱塞式液压缸的结构特点及应用；

③ 掌握组合式液压缸的结构、原理及应用。

液压缸和前述的液压马达同属于液压传动系统中的执行元件。从能量转换角度来看，它将液体的压力能转换为机械能，驱动工作部件实现直线往复运动或往复摆动。在生产实际中对各种运动的控制一般需要准确地把握力、速度或者位移。因而掌握液压缸的工作原理，以及输出力、速度的规律，对于更好地研究液压系统有着十分重要的作用。

第一节　液压缸的类型

液压缸有多种类型，按其结构形式不同，液压缸可以分为活塞缸、柱塞缸、摆动缸和组合缸四类。活塞缸和柱塞缸实现往复运动，输出推力和速度，摆动缸则能实现小于 360°的往复摆动，输出转矩和角速度，组合缸具有较特殊的结构和功用。

液压缸按液体压力的作用方式，又可分为单作用液压缸和双作用液压缸。单作用液压缸是利用液体压力产生的推力推动活塞向一个方向运动，反向复位靠外力来实现。双作用液压缸则是利用液体压力产生的推力推动活塞做正反两个方向的运动。其详细分类可见表 4-1。

表 4-1　常见液压缸的种类及特点

分类	名称	符号	说　明
单作用液压缸	单活塞杆式液压缸	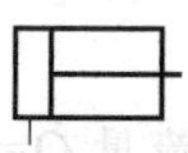	活塞仅单向运动，返回行程是利用自重或负荷将活塞推回
	双活塞杆式液压缸	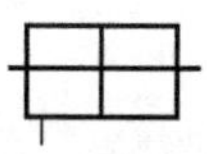	活塞的两侧都装有活塞杆，只能向活塞一侧供给压力油，返回行程通常利用弹簧力、重力或外力
	柱塞式液压缸	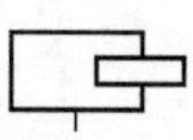	柱塞仅单向运动，返回行程是利用自重或负荷将柱塞推回
双作用液压缸	单活塞杆式液压缸	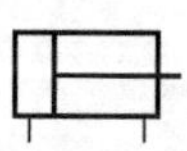	单边有杆，双向液压驱动，双向推力但速度不相等
	双活塞杆式液压缸	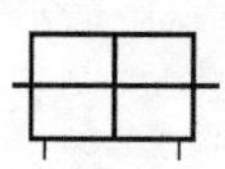	双向有杆，双向液压驱动，可实现等速往复运动
摆动式液压缸	摆动式液压缸		输出轴直接输出转矩，往复回转的角度小于 360°，也称摆动马达

续表

分类	名称	符号	说　明
组合式液压缸	伸缩缸	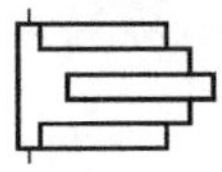	它以短缸获得长行程。用液压油由大到小逐节推出，靠外力由小到大逐节缩回
	增压缸	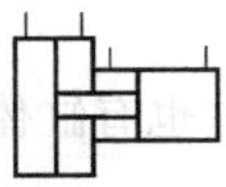	由低压力活塞缸(左)驱动，使柱塞缸(右)获得高压油源
	增速缸	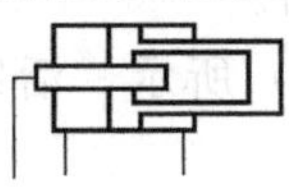	能在不增加泵流量的前提下，提高运动部件的运动速度，可实现快进、工进和快退的工作循环
	齿条活塞缸	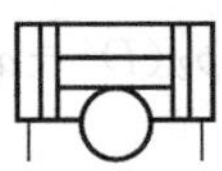	活塞往复运动经装在一起的齿条驱动齿轮获得往复回转运动

下面分别介绍几种常用的液压缸。

一、活塞式液压缸

根据其使用要求不同，活塞式液压缸可分为双活塞杆式液压缸和单活塞杆式液压缸两种。

1. 双活塞杆式液压缸

图 4-1 所示为双活塞杆式液压缸的工作原理，活塞两端都有活塞杆伸出。根据安装方式不同可分为缸筒固定式和活塞杆固定式两种。

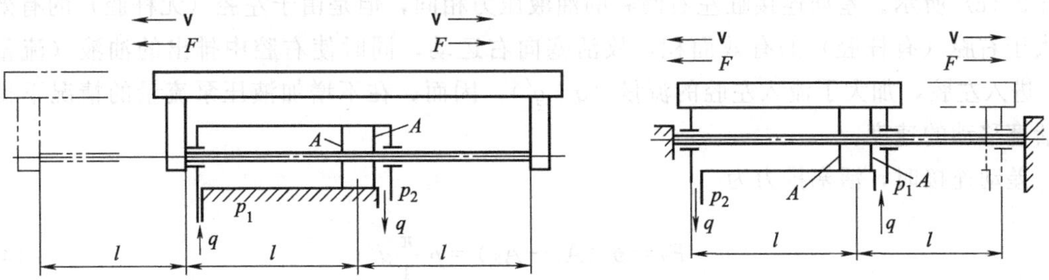

(a) 缸筒固定式　(b) 活塞杆固定式

图 4-1　双活塞杆式液压缸

图 4-1 (a) 所示为缸筒固定式的双活塞杆式液压缸。它的进、出油口布置在缸筒两端，活塞通过活塞杆带动工作台移动，当活塞的有效行程为 l 时，整个工作台的运动范围为 $3l$，所以机床占地面积大，一般适用于小型机床。当工作台行程要求较长时，可采用图 4-1 (b) 所示的活塞杆固定形式。这时，缸体与工作台相连，活塞杆通过支架固定在机床上，动力由缸体传出。这种安装形式中，工作台的移动范围只等于液压缸有效行程 l 的 2 倍，因此占地面积小。进、出油口可以设置在固定不动的空心活塞杆的两端，也可以设置在缸筒两端（使用软管连接）。

由于双活塞杆式液压缸两端的活塞杆直径通常是相等的，因此它左、右两腔的有效面积也相等，当分别向左、右腔输入相同的压力和流量的油液时，液压缸左、右两个方向的推力和速度相等。当活塞的直径为 D，活塞杆的直径为 d，液压缸进、出油腔的压力为 p_1 和 p_2，输入流量为 q 时，双杆活塞缸的推力 F 和速度 v 为

$$F=A(p_1-p_2)=\frac{\pi}{4}(D^2-d^2)(p_1-p_2) \tag{4-1}$$

$$v=q/A=\frac{4q}{\pi(D^2-d^2)} \tag{4-2}$$

式中　A——活塞的有效作用面积。

2. 单活塞杆式液压缸

如图 4-2 所示，活塞只有一端带活塞杆，单杆液压缸也有缸体固定和活塞杆固定两种形式，但它们的工作台移动范围都是活塞有效行程的 2 倍。

(1) 当无杆腔进油、有杆腔回油时，如图 4-2 (a) 所示，活塞的推力 F_1 和运动速度 v_1，分别为

$$F_1=(p_1A_1-p_2A_2)=\frac{\pi}{4}[p_1D^2-p_2(D^2-d^2)] \tag{4-3}$$

$$v_1=q/A_1=\frac{4q}{\pi D^2} \tag{4-4}$$

(2) 当有杆腔进油、无杆腔回油时　如图 4-2 (b) 所示，活塞的推力 F_2 和运动速度 v_2，分别为

$$F_2=(p_1A_2-p_2A_1)=\frac{\pi}{4}[p_1(D^2-d^2)-p_2D^2] \tag{4-5}$$

$$v_2=q/A_2=\frac{4q}{\pi(D^2-d^2)} \tag{4-6}$$

(3) 差动连接　单活塞杆式液压缸在其左右两腔都接通高压油时称为“差动连接”，如图 4-2 (c) 所示。差动连接缸左右两腔的油液压力相同，但是由于左腔（无杆腔）的有效面积大于右腔（有杆腔）的有效面积，故活塞向右运动，同时使右腔中排出的油液（流量为 q'）进入左腔，加大了流入左腔的流量 ($q+q'$)，因而，在不增加液压泵流量的情况下提高了活塞移动的速度。

差动连接时，活塞推力为

$$F_3=p_1(A_1-A_2)=p\frac{\pi}{4}d^2 \tag{4-7}$$

差动连接时，若活塞的运动速度为 v_3，则进入无杆腔的流量为 $q_1=v_3A_1$，有杆腔的出油量为 $q'=v_3A_2$，因为 $q_1=q+q'$，则

$$q_1=v_3\frac{\pi D^2}{4}=q+v_3\frac{\pi(D^2-d^2)}{4}$$

所以，活塞的运动速度为

$$v_3=\frac{4q}{\pi d^2} \tag{4-8}$$

由公式比较可看出：单杆液压缸当无杆腔进油时，活塞可获得较小的速度和较大的推力，而当有杆腔进油时，活塞可获得较大的速度和较小的推力，差动连接时活塞可获得更大的运动速度，如果在机床液压系统中通过控制阀来实现三种不同的进油方式时，通常可实现工作台的快速进给（差动连接）→工作进给（无杆腔进油）→快速退回（有杆腔进油）的进给工作循环。

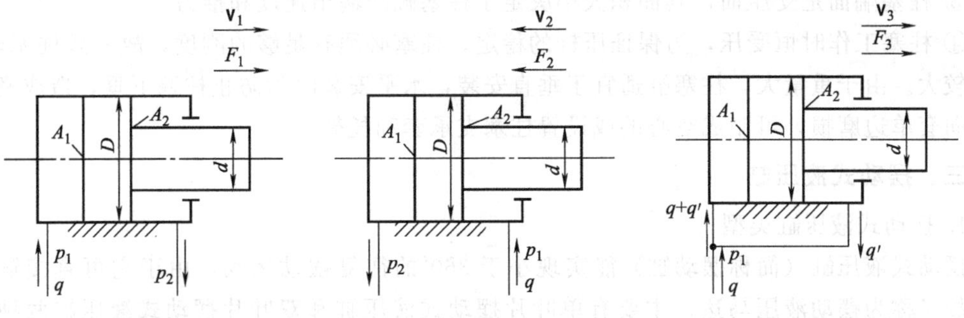

图 4-2　双作用单杆式活塞缸

二、柱塞式液压缸

1. 柱塞式液压缸的工作原理

如图 4-3（a）所示，柱塞式液压缸（简称柱塞缸）由缸筒、柱塞、导套、密封圈和压盖等零件组成，柱塞和缸筒内壁不接触，因此缸筒内孔不需精加工，工艺性好，成本低。柱塞式液压缸是单作用的，它的回程需要借助自重或弹簧等其他外力来完成，如果要获得双向运动，可将两柱塞式液压缸成对使用，如图 4-3（b）所示。柱塞缸的柱塞端面是受压面，其面积大小决定了柱塞缸的输出速度和推力，为保证柱塞缸有足够的推力和稳定性，一般柱塞较粗，重量较大，水平安装时易产生单边磨损，故柱塞缸适宜于垂直安装使用。为减轻柱塞的重量，有时制成空心柱塞。

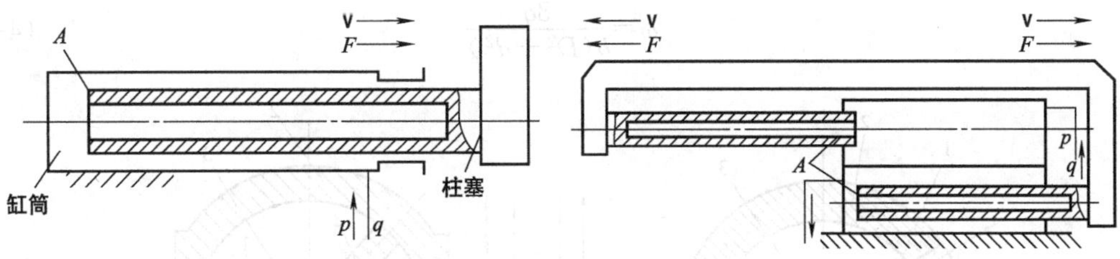

图 4-3　柱塞式液压缸

这种液压缸中的柱塞和缸筒不接触，运动时由缸盖上的导向套来导向，因此缸筒的内壁不需精加工，特别适用于行程较长的场合。

若柱塞直径为 d，则柱塞缸输出的推力和速度各为

$$F=pA=p\frac{\pi}{4}d^2 \tag{4-9}$$

$$v=\frac{4q}{\pi d^2} \tag{4-10}$$

2. 柱塞式液压缸的主要特点

① 柱塞缸是单作用液压缸，即靠液压力只能实现一个方向的运动，回程要靠自重（垂直放置时）或其他外力。因此，为了得到双向运动，柱塞缸常成对使用，如图 4-3（b）所示。

② 由于柱塞与导向套配合，与缸筒不接触，故缸筒内壁只需粗加工，甚至可以不加工，故工艺性好，成本低，特别适用于行程较长的场合。

③ 柱塞端面是受压面，其面积大小决定了柱塞缸的输出速度和推力。

④ 柱塞工作时恒受压，为保证压杆的稳定，柱塞必须有足够的刚度，故一般柱塞较粗，重量较大。由于重量大，柱塞缸适宜于垂直安装，水平安装时为防止柱塞下垂，造成密封件和导向套单边磨损，可制成空心的或设置柱塞支承套和托架。

三、摆动式液压缸

1. 摆动式液压缸类型

摆动式液压缸（简称摆动缸）能实现小于360°的往复摆动运动，由于它可直接输出转矩，故又称为摆动液压马达，主要有单叶片摆动式液压缸和双叶片摆动式液压缸两种结构形式。

图4-4所示为摆动式液压缸，主要由定子块、缸体、摆动轴、叶片、左、右支承盘和左、右盖板等主要零件组成。两个工作腔之间的密封靠叶片和隔板外缘所嵌的框形密封件来保证，定子块固定在缸体上，叶片和摆动轴固定在一起，当两油口相继通以压力油时，叶片即带动摆动轴做往复摆动。

2. 转矩和角速度

图4-4（a）所示为单叶片式摆动缸，图4-4（b）所示为双叶片式摆动缸。当叶片的宽度为b、缸的内径为D、输出轴的直径为d、进油压力为p、流量为q且不计回油腔压力，摆动式液压缸输出转矩T和回转角速度ω为

$$T=\frac{p(D^2-d^2)b}{8} \tag{4-11}$$

$$\omega=\frac{8q}{b(D^2-d^2)} \tag{4-12}$$

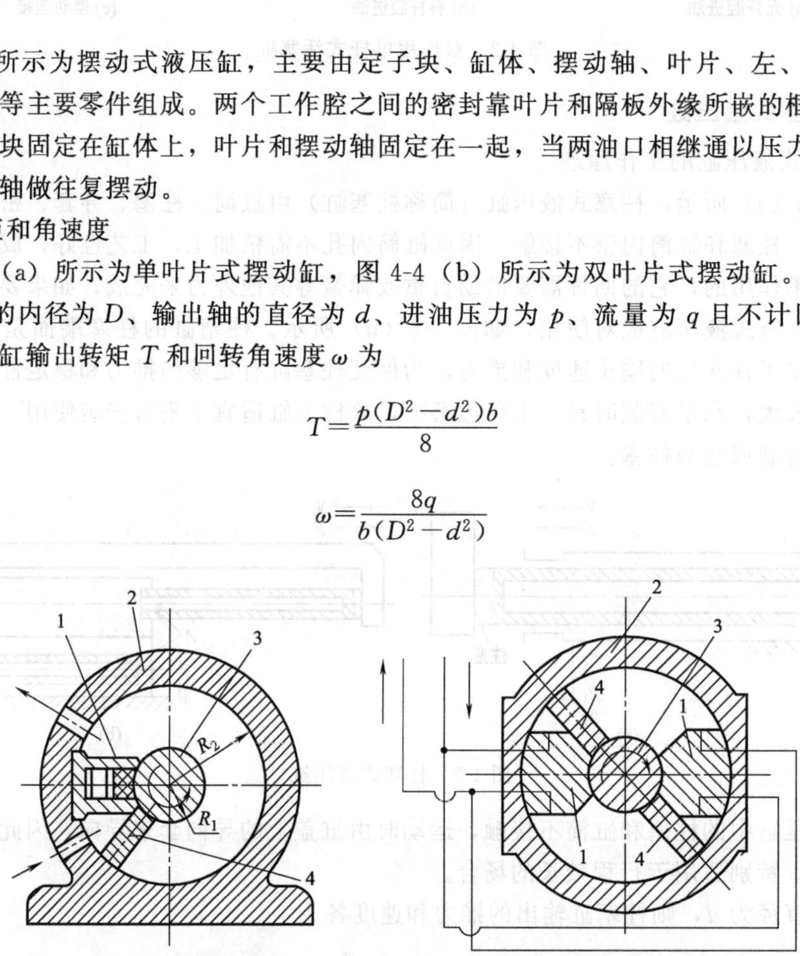

图4-4 摆动式液压缸

1—定子挡块；2—缸体；3—摆动轴；4—叶片

单叶片摆动式液压缸的摆角一般不超过280°，双叶片摆动式液压缸的摆角一般不超过150°。当输入压力和流量不变时，双叶片摆动式液压缸摆动轴输出转矩是相同参数单叶片摆动式液压缸的2倍，而摆动角速度则是单叶片的1/2。

摆动缸结构紧凑，输出转矩大，但密封困难，一般只用于中、低压系统中往复摆动、转位或间歇运动的地方。

四、组合式液压缸

1. 伸缩缸

图 4-5 所示为伸缩式液压缸的结构图，它由两级（或多级）活塞缸套装而成，主要组成零件有缸体、活塞、套筒活塞等。

缸体两端有进、出油口 A 和 B。当 A 口进油、B 口回油时，先推动套筒活塞 3 向右运动，由于套筒活塞的有效作用面积大，所以运动速度低而推力大。套筒活塞右行至终点时，二级活塞 4 在压力油的作用下继续向右运动，因其有效作用面积小，所以运动速度快，但推力小。套筒活塞 3 既是一级活塞，又是二级活塞的缸体，有双重作用（多级时，前一级缸的活塞就是后一级缸的缸套）。若 B 口进油，A 口回油，则二级活塞 4 先退回至终点，然后套筒活塞 3 才退回。

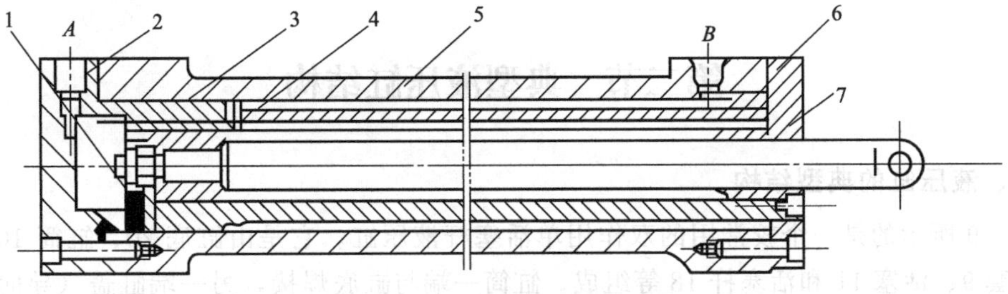

图 4-5 伸缩式液压缸的结构图

1—压板；2,6—端盖；3—套筒活塞（一级活塞）；4—二级活塞；5—缸体；7—套筒活塞端盖

2. 增压缸

图 4-6 所示为由活塞缸和柱塞缸组合而成的增压缸，用以使液压系统中的局部区域获得高压。在这里活塞缸中活塞的有效工作面积大于柱塞的有效工作面积，所以向活塞缸无杆腔送入低压油时，可以在柱塞缸得到高压油，它们之间的关系为

$$p_1\frac{\pi}{4}D^2=p_2\frac{\pi}{4}d^2 \tag{4-13}$$

$$p_2=\left(\frac{D}{d}\right)^2 p_1=Kp_1 \tag{4-14}$$

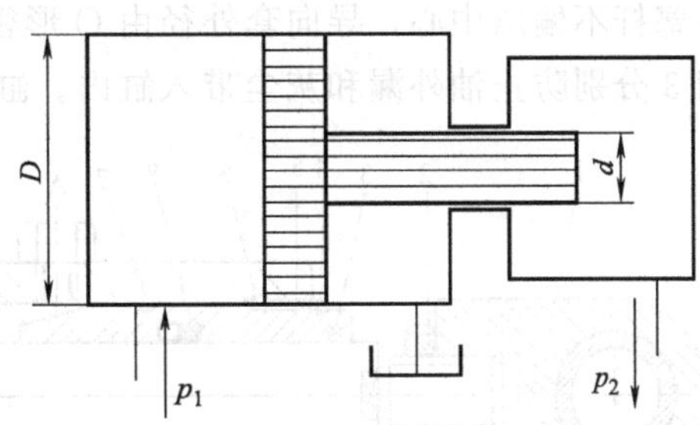

图 4-6 增压缸

式中 K——增压比，$K=\frac{D^2}{d^2}$。

由式（4-14）可知，当 $D=2d$ 时，$p_2=4p_1$，即压力增大 4 倍。单作用增压缸只能单方向间歇增压，若要连续增压就需采用双作用式增压缸。具体应用将在第七章第三节增压回路中讲述。

3. 增速缸

如图 4-7 所示，增速缸是由活塞缸和柱塞缸复合而成。增速缸能在不增加泵流量的前提下，提高运动部件的运动速度。利用增速缸可实现快进、工进和快退的工作循环。具体应用将在第七章第一节增速回路中讲述。

4. 齿条活塞缸

如图 4-8 所示，齿条活塞缸由带有齿条杆的双活塞缸和齿轮齿条机构组成，活塞往复移动经齿轮齿条机构变成齿轮轴往复转动，它多用于自动线、组合机床等转位或分度机构中。

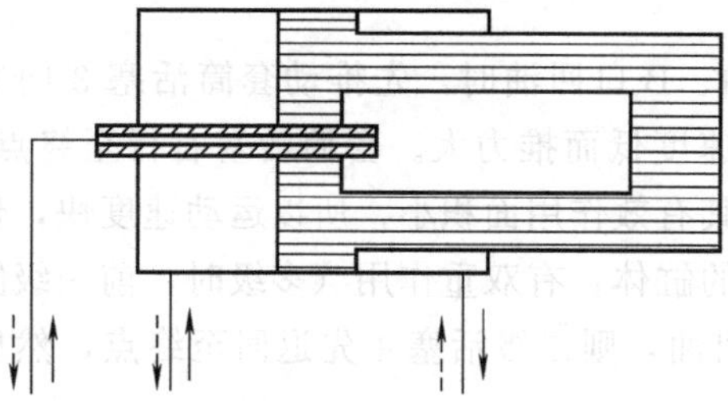

图 4-7　增速缸

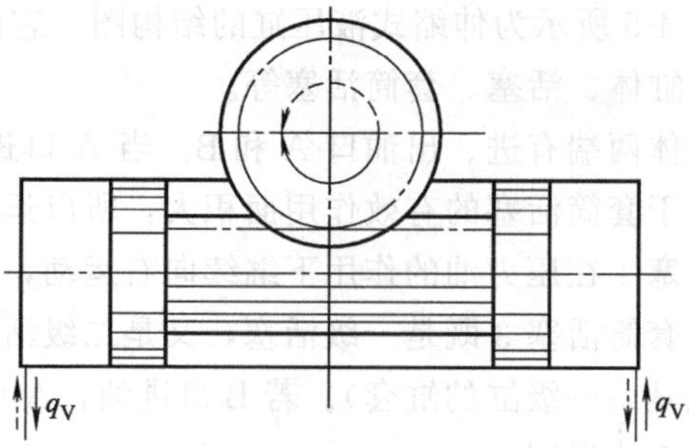

图 4-8　齿条活塞缸

第二节　典型液压缸结构

一、液压缸的典型结构

图 4-9 所示的是一个较常用的双作用单活塞杆液压缸。它是由缸底 20、缸筒 10、缸盖兼导向套 9、活塞 11 和活塞杆 18 等组成。缸筒一端与缸底焊接，另一端缸盖（导向套）与缸筒用卡键 6、套 5 和弹簧挡圈 4 固定，以便拆装检修，两端设有油口 A 和 B。活塞 11 与活塞杆 18 利用卡键 15、卡键帽 16 和弹簧挡圈 17 连在一起。活塞与缸孔的密封采用的是一对 Y 形密封圈 12，由于活塞与缸孔有一定间隙，采用由尼龙制成的耐磨环（又叫支承环）13 定心导向。活塞杆 18 和活塞 11 的内孔由 O 形密封圈 14 密封。较长的导向套 9 则可保证活塞杆不偏离中心，导向套外径由 O 形密封圈 7 密封，而其内孔则由 Y 形密封圈 8 和防尘圈 3 分别防止油外漏和灰尘带入缸内。缸与杆端销孔与外界连接，销孔内有尼龙衬套抗磨。

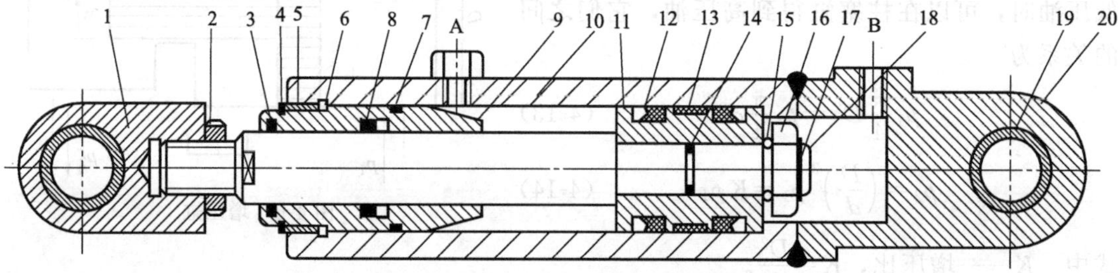

图 4-9　双作用单活塞杆液压缸

1—耳环；2—螺母；3—防尘圈；4,17—弹簧挡圈；5—套；6,15—卡键；
7,14—O 形密封圈；8,12—Y 形密封圈；9—缸盖兼导向套；10—缸筒；
11—活塞；13—耐磨环；16—卡键帽；18—活塞杆；19—衬套；20—缸底

二、液压缸各部分的结构形式

从上面所述的液压缸典型结构中可以看到，液压缸的结构基本上可以分为缸体组件（缸筒与缸盖等）、活塞组件（活塞与活塞杆等）、密封装置、缓冲装置和排气装置 5 个部分，现分述如下。

1. 缸体组件

缸体组件与活塞组件构成密封的容腔，承受油压，因此缸体组件要有足够的强度、较高的表面精度和可靠的密封性。缸体组件指的是缸筒与缸盖，其使用材料、连接方式与工作压力有关，当工作压力 $p<10\text{MPa}$ 时使用铸铁缸筒；当工作压力 $10\text{MPa}\leqslant p<20\text{MPa}$ 时，使用无缝钢管；$p\geqslant 20\text{MPa}$ 时，使用铸钢或锻钢。

（1）法兰连接式　如图 4-10（a）所示，其特点是结构简单、加工方便、连接可靠，但要求缸筒端部有足够的壁厚，用以安装螺栓或旋入螺钉。缸筒端部一般用铸造、镦粗或焊接方式制成粗大的外径。

（2）半环连接式　如图 4-10（b）所示，其特点是工艺性好、连接可靠、结构紧凑，但削弱了缸筒强度。这种连接常用于无缝钢管缸筒与缸盖的连接中。

（3）螺纹连接式　如图 4-10（c）所示，其特点是体积小、重量轻、结构紧凑，但缸筒端部结构复杂，常用于无缝钢管或铸钢的缸筒上。

（4）拉杆连接式　如图 4-10（d）所示，其特点是结构简单，工艺性好、通用性强，但端盖的体积和重量较大，拉杆受力后会变形，影响密封效果，适用于长度较小的中低压缸。

（5）焊接连接式　如图 4-10（e）所示，其特点是强度高，制造简单，但焊接时易引起缸筒变形，且无法拆卸。

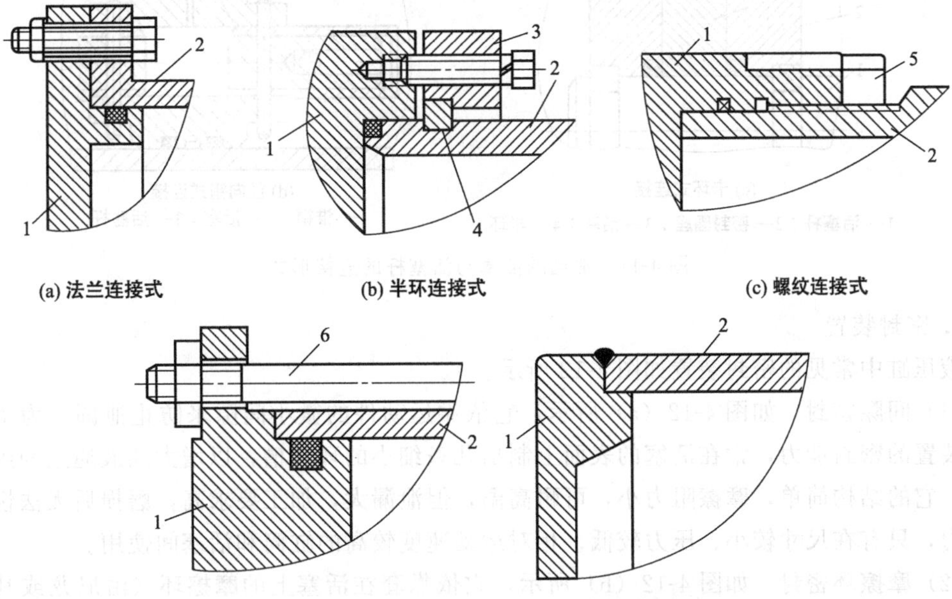

(a) 法兰连接式　(b) 半环连接式　(c) 螺纹连接式

(d) 拉杆连接式　(e) 焊接连接式

图 4-10　缸筒与缸盖结构

1—缸盖；2—缸筒；3—压板；4—半环；5—防松螺母；6—拉杆

2. 活塞组件

活塞组件由活塞、活塞杆和连接件等组成。活塞一般用耐磨铸铁制造而成，活塞杆不论空心的还是实心的，大多用钢料制造而成。活塞和活塞杆的连接方式很多，但无论采用哪种连接方式，都必须保证连接可靠。整体式和焊接式活塞结构简单，轴向尺寸紧凑，但损坏后需整体更换。

（1）螺母连接　如图 4-11（a）所示，其特点是结构简单、装拆方便、连接可靠，适用尺寸范围广，但需备有螺母防松装置。

（2）卡环式连接　如图 4-11（b）、（c）所示，其特点是强度高，但结构复杂，装拆不便，多用于高压大负载和振动较大的场合。

（3）径向销式连接　如图 4-11（d）所示，其特点是加工容易，装配简单，但承载能力小，且需要有必要的防止脱落措施。

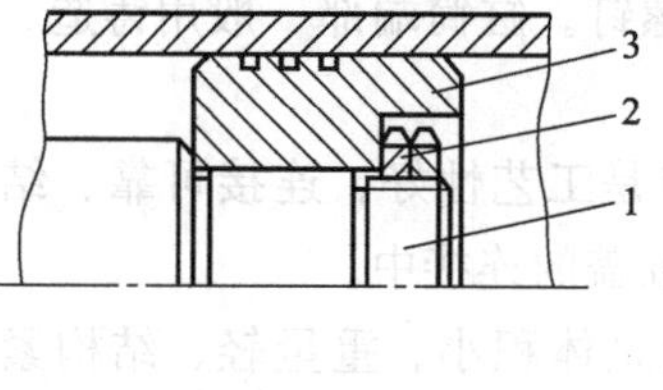

(a) 螺母连接

1— 活塞杆；2— 螺母；3— 活塞

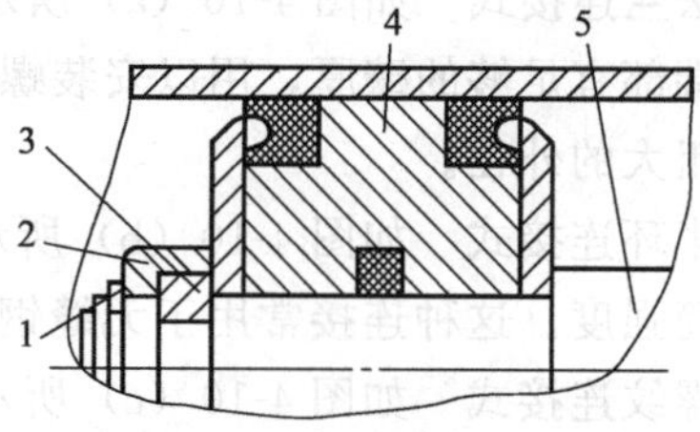

(b) 卡环式连接

1— 弹簧卡；2— 轴套；
3— 半环；4— 活塞；5— 活塞杆

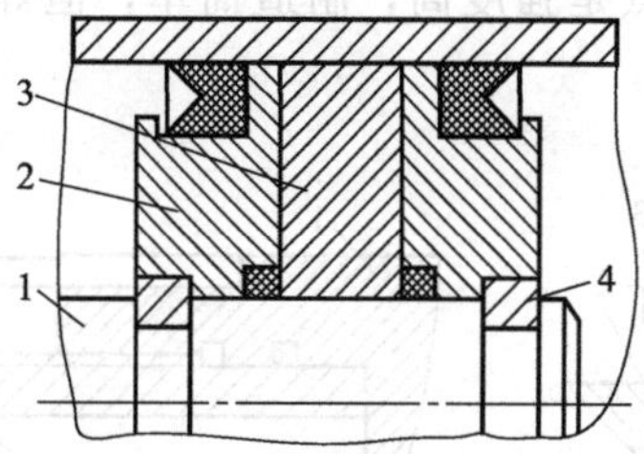

(c) 卡环式连接

1— 活塞杆；2— 密封圈座；3— 活塞；4— 半环

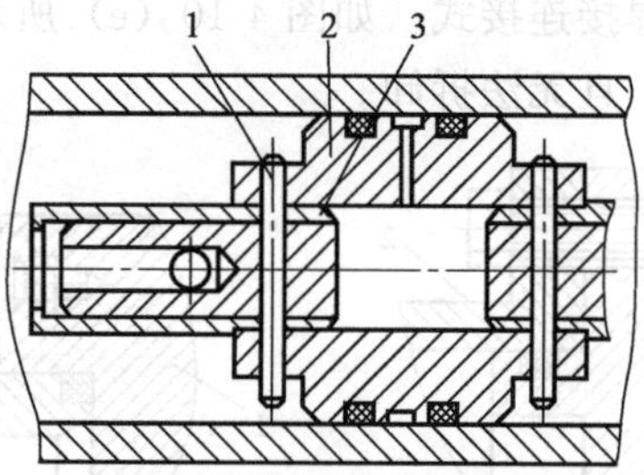

(d) 径向销式连接

1— 锥销；2— 活塞；3— 活塞杆

图 4-11　常见的活塞与活塞杆的连接形式

3. 密封装置

液压缸中常见的密封装置如图 4-12 所示。

（1）间隙密封　如图 4-12（a）所示，它依靠运动件的微小间隙来防止泄漏。为了提高这种装置的密封能力，常在活塞的表面上制出几条细小的环形槽，以增大油液通过间隙时的阻力。它的结构简单，摩擦阻力小，可耐高温，但泄漏大，加工要求高，磨损后无法恢复原有能力，只有在尺寸较小、压力较低、相对运动速度较高的缸筒和活塞间使用。

（2）摩擦环密封　如图 4-12（b）所示，它依靠套在活塞上的摩擦环（由尼龙或其他高分子材料制成）在 O 形密封圈弹力作用下贴紧缸壁而防止泄漏。这种密封效果较好，摩擦阻力较小且稳定，可耐高温，磨损后有自动补偿能力，但加工要求高，装拆较不便，适用于缸筒与活塞之间的密封。

（3）O 形圈密封　如图 4-12（c）所示，它是由耐油橡胶制成的截面为圆形的圆环，具有良好的密封性能，且结构紧凑，运动件的摩擦阻力小、装卸方便、容易制造、价格便宜，故在液压系统中应用广泛。

（4）Y 形圈密封　如图 4-12（d）所示，它由纯耐油橡胶或多层夹织物橡胶压制而成，利用橡胶或塑料的弹性使各种截面的环形圈贴紧在静、动配合面之间来防止泄漏。它结构简单，制造方便，磨损后有自动补偿能力，性能可靠，在缸筒与活塞之间、缸盖与活塞杆之间、活塞与活塞杆之间、缸筒与缸盖之间都能使用。

对于活塞杆外伸部分来说，由于它很容易把脏物带入液压缸，使油液受污染，使密封件磨损，因此常需在活塞杆密封处增添防尘圈，并放在向着活塞杆外伸的一端。

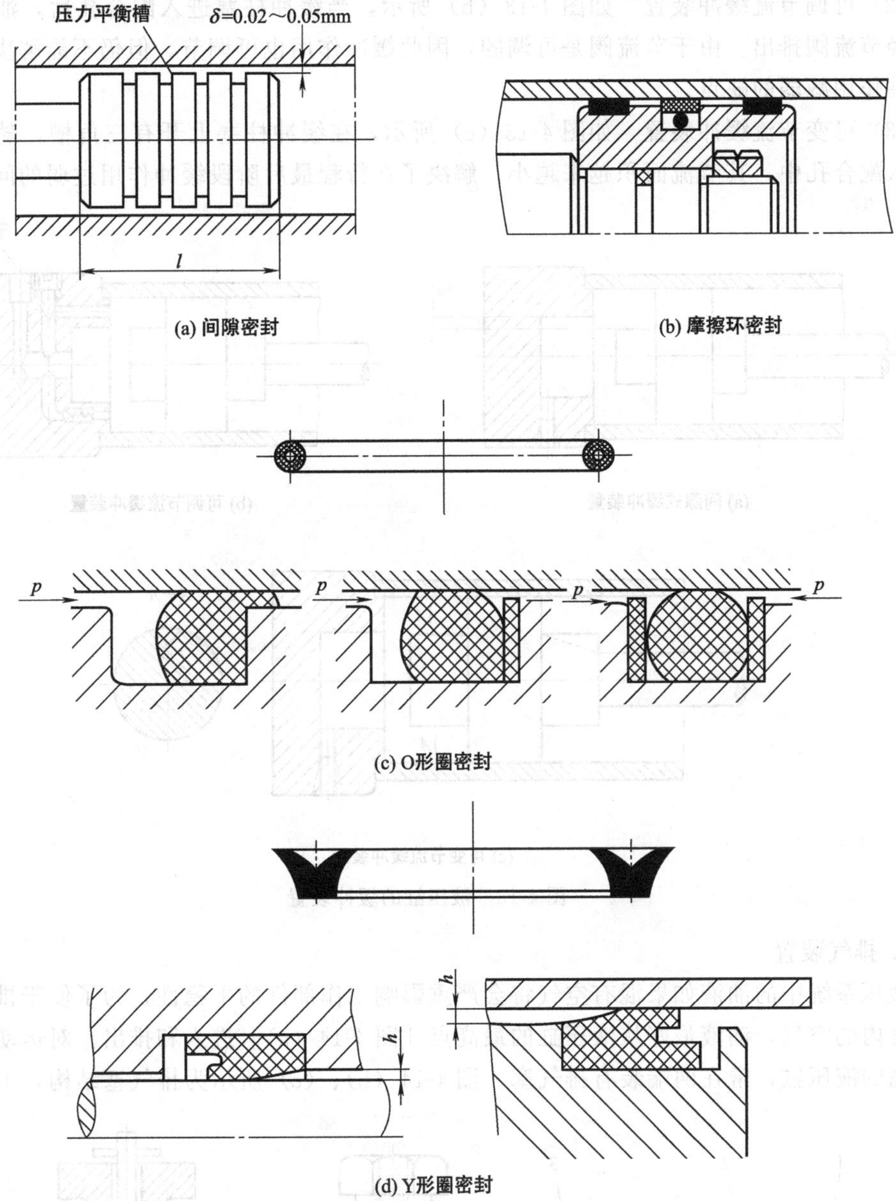

图 4-12 密封装置

4. 缓冲装置

液压缸一般都设置缓冲装置，特别是对于大型、高速的液压缸。为了防止活塞在行程终点和缸盖相互撞击，引起噪声、冲击，必须设置缓冲装置。

缓冲装置的工作原理是利用活塞或缸筒在其走向行程终端时封住活塞和缸盖之间的部分油液，强迫油液从小孔或细缝中挤出，以产生很大的阻力，使工作部件受到制动，逐渐减慢运动速度，达到避免活塞和缸盖相互撞击的目的。

（1）间隙式缓冲装置 如图 4-13（a）所示，当缓冲柱塞进入与其相配的缸盖的内孔时，孔中的液压油只能通过间隙δ排出，使活塞速度降低。由于配合间隙不变，随着活塞运动速度的降低，缓冲作用会逐渐减弱。

(2) 可调节流缓冲装置　如图4-13 (b) 所示，当缓冲柱塞进入配合孔后，油腔中的油只能经节流阀排出。由于节流阀是可调的，因此缓冲作用也可调节，但仍不能解决速度降低后缓冲作用减弱的缺点。

(3) 可变节流缓冲装置　如图4-13 (c) 所示，在缓冲柱塞上开有三角槽，随着柱塞逐渐进入配合孔中，其节流面积越来越小，解决了在行程最后阶段缓冲作用过弱的问题。

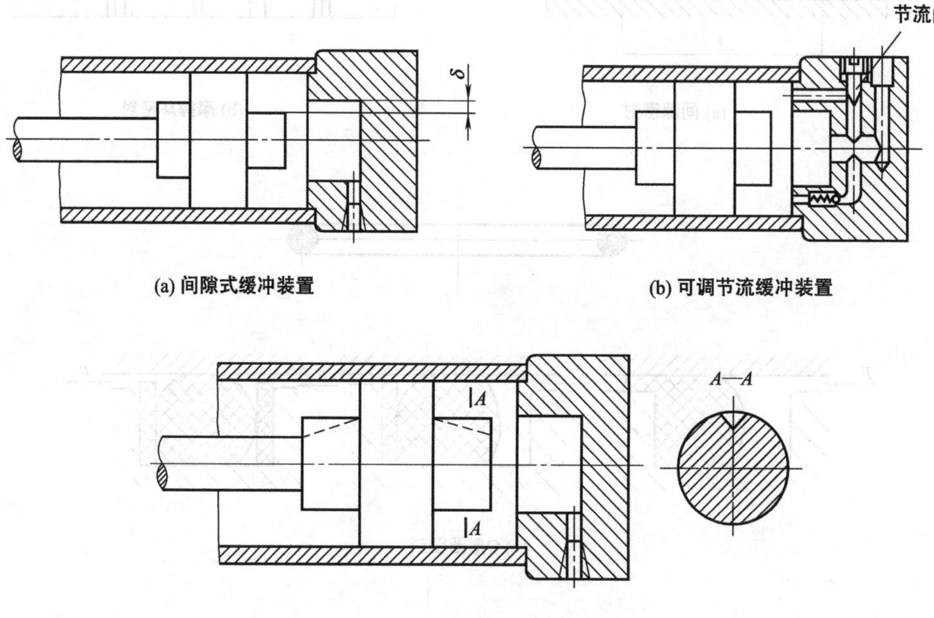

(a) 间隙式缓冲装置　(b) 可调节流缓冲装置

(c) 可变节流缓冲装置

图4-13　液压缸的缓冲装置

5. 排气装置

液压系统中的油液如果混有空气将会严重影响工作部件的平稳性，为了便于排除积留在液压缸内的空气，油液最好从液压缸的最高点［图4-14 (a)］进入和排出。对运动平稳性要求较高的液压缸，常在两端装有排气塞。图4-14 (b)、(c) 所示为排气塞结构，工作前拧开

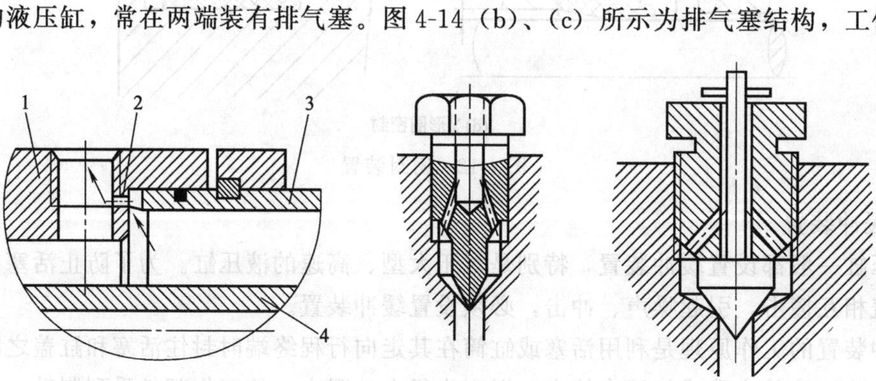

(a)　(b)　(c)

图4-14　排气装置

1—缸盖；2—放气小孔；3—缸体；4—活塞杆

排气塞，使活塞全行程空载往返数次，空气即可通过排气塞排出。空气排净后，拧紧排气塞，再进行工作。

三、液压缸常见故障及处理

液压缸常见故障及处理见表 4-2。

表 4-2 液压缸常见故障及处理

故障现象	故障原因	排除方法
运动部件速度达不到或不运动	装配精度或安装精度超差	检查、保证达到规定的安装精度
	活塞密封圈损坏，缸内泄漏严重	更换密封圈
	间隙密封的活塞、缸壁磨损严重，内泄漏多	修研缸内孔，重配新活塞
	缸盖处密封圈摩擦力过大	适当调松压盖螺钉
	活塞杆处密封圈磨损严重或损坏	调整压盖螺钉或更换密封圈
运动部件产生爬行	活塞杆液压缸端盖密封圈压得太死	调整压盖螺钉(不漏油即可)
	液压缸中进入空气未排尽	利用排气装置排气，无排气装置可在空载下反复动作若干次
运动部件换向有冲击	活塞杆与运动部件连接不牢固	检查并紧固连接螺栓
	不在缸端部换向，缓冲装置不起作用	在油路上设背压阀
冲击声	液压缸缓冲装置失灵	进行检修和调整

本章小结

液压缸是液压系统中非常重要的一个部分，读者在学习时，应掌握如下内容。

① 液压执行元件是将液压能转换成机械能的装置。常用的有液压马达和液压缸。液压马达输出转矩和转速；液压缸输出推力与直线运动速度。

② 液压缸的概念及基本计算：对于活塞缸和柱塞缸主要是力和速度的计算；对于摆动缸主要是角速度和输出转矩的计算。

③ 对于液压缸，应掌握单作用、双作用、单出杆和双出杆液压缸的概念及其计算公式。差动液压缸是一种特殊结构和特定连接方式的单杆活塞式双作用液压缸。差动连接（伸出）时，按柱塞直径为 d 的柱塞式液压缸进行有关计算；非差动伸出行程和返回行程时，各种计算与单杆活塞式液压缸是完全一致的。

④ 对于活塞缸，应掌握其基本结构：一般由缸体组件、活塞组件、密封装置及缓冲装置、排气装置五大部分所组成。

习 题

一、判断题

1. 液压缸是把液体的压力能转换成机械能的能量转换装置。 （ ）

2. 双活塞杆液压缸又称为双作用液压缸，单活塞杆液压缸又称为单作用液压缸。
（ ）

3. 液压缸差动连接可以提高活塞的运动速度，并可以得到很大的输出推力。 （ ）

4. 差动连接的单出杆活塞液压缸，可使活塞实现快速运动。 （ ）

二、选择题

1. 单出杆活塞式液压缸的特点是（　　）。

A. 活塞两个方向的作用力相等

B. 活塞有效作用面积为活塞杆面积的 2 倍时，工作台往复运动速度相等

C. 其运动范围是工作行程的 3 倍

D. 常用于实现机床的快速退回及工作进给

2. 液压缸差动连接工作时的作用力是（　　）

A. $F=p\dfrac{\pi}{2}(D^2-d^2)$　　B. $F=p\dfrac{\pi}{2}d^2$

C. $F=p\dfrac{\pi}{4}(D^2-d^2)$　　D. $F=p\dfrac{\pi}{4}d^2$

3. 某一差动连接的单杆液压缸，若其活塞进、退运动速度相等，则其活塞与活塞杆直径之比为（　　）。

A. $\sqrt{2}:1$　　B. 2∶1　　C. 4∶1　　D. 1.5∶1

三、填空题

1. 液压缸是将________能转变为________能，用来实现直线往复运动的________元件。

2. 一个双出杆液压缸，若将缸体固定在床身上，活塞杆和工作台相连，其运动范围为活塞有效行程的________倍。若将活塞杆固定在床身上，缸体与工作台相连时，其运动范围为液压缸有效行程的________倍。

3. 液压缸的结构可分为________、________、________、________和________五个部分。

4. 液压缸中常用的密封形式有________、________、________和________等。

四、简答题

1. 液压缸的作用是什么？有哪些类型？

2. 简述柱塞式液压缸的特点。

3. 举例说明：在液压传动系统中“工作压力取决于负载”。

4. 举例说明：在液压传动系统中“流量决定速度”。

5. 为什么要在液压缸中设置缓冲装置？简述它的原理以及常用的缓冲装置。

五、计算题

1. 试计算分析单杆活塞缸差动连接时无杆腔的受力及活塞伸出速度。

2. 如图 4-15 所示，液压泵驱动两个液压缸串联工作。已知两缸结构尺寸相同，缸筒内径 $D=90$mm，活塞杆直径 $d=60$mm，负载力 $F_1=F_2=10000$N，液压泵输出流量 $Q=25$L/min，不计损失，求泵的输出压力及两液压缸的运动速度。

3. 如图 4-16 所示，液压泵驱动两个并联液压缸。已知活塞 A 重 10000N，活塞 B 重 5000N，两活塞面积均为 100cm^2。若输出流量为 $Q=5$L/min，试求两液压缸的动作压力及运动速度。

4. 向一差动连接液压缸供油，液压油的流量 q，压力 p。当活塞杆直径变小时，其活塞运动速度 v 及作用力 F 将如何变化？要使 $v_3/v_2=2$，则活塞与活塞杆直径比应为多少？（其中 v_3 表示差动连接时向右的运动速度，v_2 表示有杆腔进油时的退回速度）。

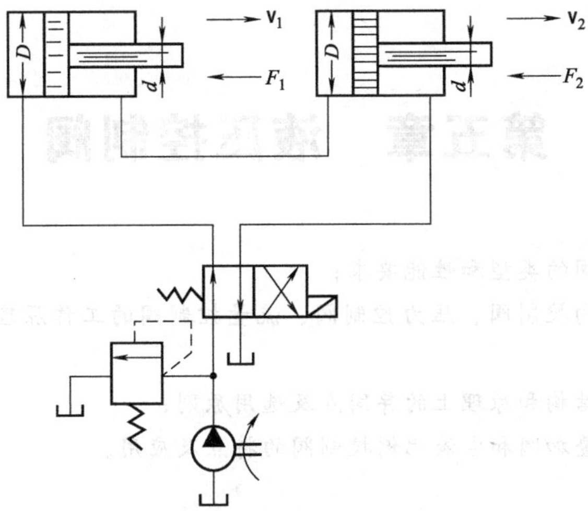

图 4-15　计算题 2 图

5. 在图 4-17 所示的双向差动回路中，A_A、A_B、A_C 分别代表液压缸左、右腔及柱塞缸的有效工作面积，q_P 为液压泵输出流量。如 $A_A > A_B$，$A_B + A_C > A_A$，试求活塞向左和向右移动时的速度的表达式。

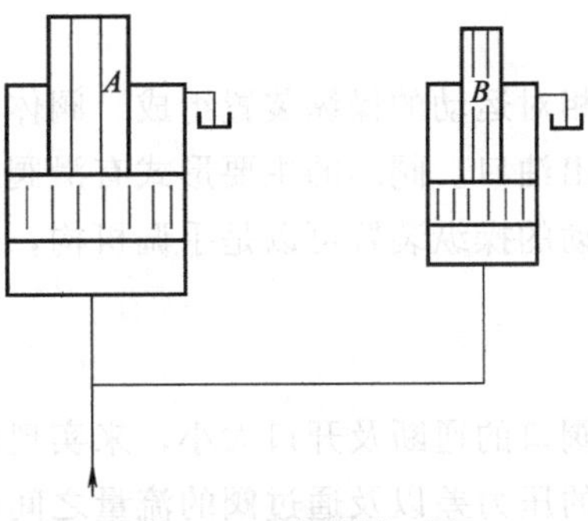

图 4-16　计算题 3 图

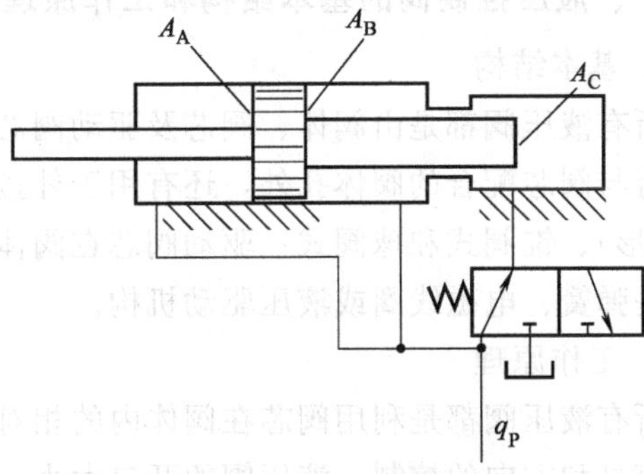

图 4-17　计算题 5 图

6. 有一双出杆活塞式液压缸，要求活塞杆运动速度 $v=5\text{cm/s}$，当活塞直径 $D=10\text{cm}$，活塞杆直径为活塞直径的 0.7 倍时，求所需流量 q（L/min）。

7. 如图 4-18 所示，缸筒固定，柱塞运动，柱塞直径为 12cm。若输入液压油的压力为 $p=5\text{MPa}$，输入流量为 $q=10\text{L/min}$。试求缸中柱塞伸出的速度及所驱动的负载大小（不计摩擦损失和泄漏）。

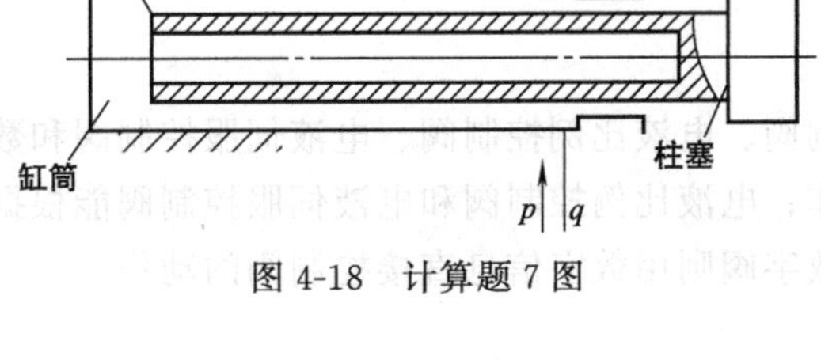

图 4-18　计算题 7 图

第五章　液压控制阀

学习目标：

① 熟悉液压控制阀的类型和性能要求；

② 掌握常用的方向控制阀、压力控制阀、流量控制阀的工作原理、结构特点、职能符号及应用；

③ 掌握各种阀在结构和原理上的异同点及选用原则；

④ 了解插装阀、叠加阀和电液比例控制阀的特点及应用。

第一节　概　述

在液压系统中，液压控制阀是用来控制油液的压力、流量和流动方向，从而控制液压执行元件的启动、停止、运动方向、速度和作用力等，以满足液压设备对各种工况的要求。

一、液压控制阀的基本结构和工作原理

1. 基本结构

所有液压阀都是由阀体、阀芯及驱动阀芯在阀体内做相对运动的操纵装置组成。阀体上除了有与阀芯配合的阀体孔外，还有用于外接油管的进、出油口。阀芯的主要形式有滑阀式（圆柱形）、锥阀式和球阀式；驱动阀芯在阀体内做相对运动的操纵装置可以是手调机构，也可以是弹簧、电磁线圈或液压驱动机构。

2. 工作原理

所有液压阀都是利用阀芯在阀体内的相对运动来控制阀口的通断及开口大小，来实现压力、流量和方向的控制。液压阀的开口大小、进、出口间的压力差以及通过阀的流量之间的关系都符合小孔流量公式（$q=CA\Delta p^{m}$），只是各种阀控制的参数各不相同而已。

二、液压控制阀的分类

1. 按用途分

分为方向控制阀、压力控制阀和流量控制阀。这三类控制阀还可根据需要互相组合成为组合阀（如单向顺序阀、电磁溢流阀），使得其结构紧凑、连接简单，并提高了效率。

2. 按操纵方式分

分为手动、机动、电动、液动和电液动。各类操纵方式还可以组合成机液、电液等控制形式。

3. 按控制方式分

分为定值或开关控制阀、电液比例控制阀、电液伺服控制阀和数字阀。开关控制阀调定后只能在调定状态下工作；电液比例控制阀和电液伺服控制阀能根据输入信号连续地或按比例地控制系统的参数；数字阀则用数字信息直接控制阀的动作。

4. 按连接方式分

分为管式、板式、叠加式和插装式。管式连接又称螺纹式连接，阀的油口用螺纹管接头

或法兰和管道及其他元件连接，并由此固定在管路上，适用于元件较少的简单系统；板式连接阀的各油口均布置在同一安装面上，并用螺钉固定在与阀有对应油口的连接板上，再用管接头与管道及其他元件连接。板式连接方便，应用较广；叠加式连接阀的上下面为连接结合面，各油口分别在这两个面上，且同规格阀的油口连接尺寸相同。每个阀除其自身的功能外，还起油路通道的作用，阀相互叠装便构成回路，不需管道连接，故结构紧凑，压力损失很小；插装式连接阀无单独的阀体，由阀芯、阀套等组成的单元插装在插装块体的预制孔中，用连接螺纹或盖板固定，并通过块内通道把各插装式阀连通组成回路，插装块体起到阀体和管路的作用，这是适应液压系统集成化而发展起来的一种新型安装连接方式。

三、液压控制阀的性能参数

各种不同的液压阀有不同的性能参数，但是共同的性能参数有：公称通径和额定压力。

(1) 公称通径　代表阀通流能力的大小，对应于阀的额定流量。与阀进、出油口相连接的油管规格应与阀的通径相一致。阀工作时的实际流量应小于或等于其额定流量，最大不得大于额定流量的1.1倍。

(2) 额定压力　表示液压阀长期工作所允许的最高工作压力。对于压力控制阀，实际最高工作压力有时还与阀的调压范围有关；对于换向阀，实际最高工作压力还可能受其功率的限制。

四、对液压控制阀的要求

液压系统对液压控制阀有以下基本要求。

① 动作灵敏，使用可靠，工作时冲击和振动小，噪声小，使用寿命长；

② 流体通过液压阀时，压力损失小；阀口关闭时，密封性好，内泄漏少，无外泄漏；

③ 所控制的参量（压力或流量）稳定，受外部干扰时变化量小；

④ 结构紧凑，安装、调整、使用、维护方便，通用性好。

第二节　方向控制阀

方向控制阀的作用是控制流体的流动方向。它利用阀芯和阀体之间的相对运动来实现油路的接通或断开，以满足系统的要求。方向控制阀包括单向阀和换向阀两类。

一、单向阀

1. 普通单向阀

普通单向阀通常简称为单向阀，其作用是只允许液流单方向流动，不允许反向倒流。按连接方式不同可分为管式单向阀（管式阀）和板式单向阀（直角式）两种结构，如图5-1所示。单向阀主要由阀体、阀芯、弹簧等零件组成。

当压力油从阀体左端的进油口 P_1 流入时，若 P_1 油液对阀芯的作用力大于阀芯右端油液作用力，并且能够克服弹簧力时，则阀芯右移，阀口打开，油液经阀口、阀芯上的径向孔a和轴向孔b，从出油口 P_2 流出。当油液从阀体右端的通口 P_2 流入时，P_2 油液和弹簧力一起使阀芯锥面压紧在阀座上，使阀口关闭，油液不能通过。图5-1 (c) 所示的是单向阀的图形符号。

单向阀在液压系统中主要用于分隔油路，使油路“正向导通、反向截止”，所以要求单向阀正向液流通过时压力损失要小，反向截止时密封性要好。因此单向阀中的弹簧仅起到复位作用，刚度较小，故开启压力很小，一般是0.03～0.05MPa。

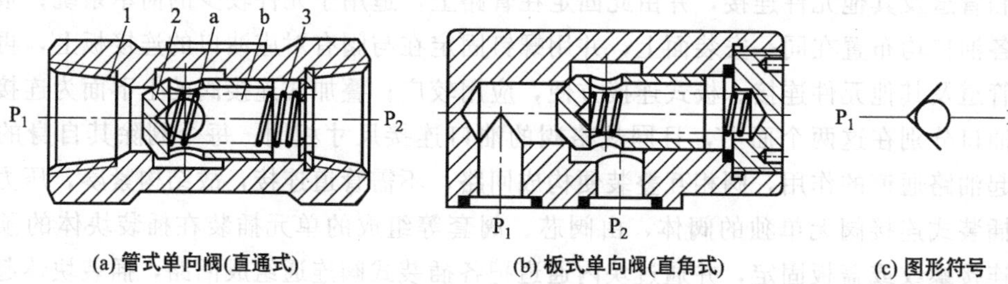

图 5-1 单向阀

1—阀体；2—阀芯；3—弹簧

单向阀若安装在液压泵出口，则起到对液压泵反向保护的作用，一方面防止系统的压力影响泵的正常工作，另一方面停机时防止液体经泵流回油箱，如图 5-2（a）所示；若安装在两条不同的油路之间，则起到分隔油路、防止相互干扰的作用，如图 5-2（b）所示；若安装在液压缸的回油路上，则起到产生背压以稳定执行机构运动速度的作用。此时则需换上刚度较大的弹簧，使其开启压力达到 0.2～0.6MPa，如图 5-2（c）所示。

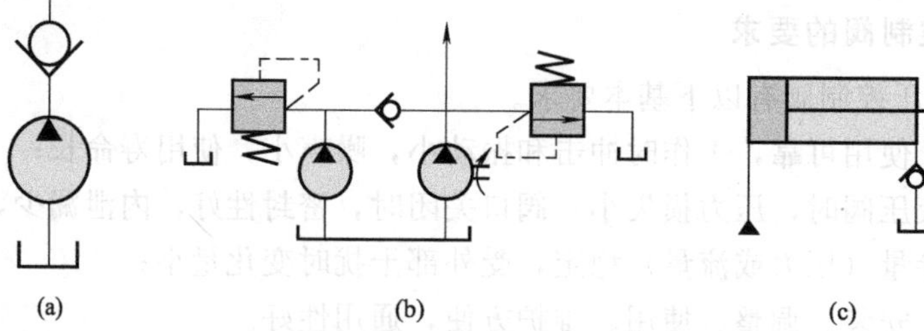

图 5-2 单向阀的应用

2. 液控单向阀

液控单向阀允许液体单向通过、反向时关闭或按预定液压控制信号开启。图 5-3（a）所示为液控单向阀的结构原理图，它是由单向阀和液控装置两部分组成。当控制口 K 不通压力油时，其作用和普通单向阀相同，油液只能正向流动，反向截止。当控制口 K 通入压力油时，活塞 1 被推向右边，克服弹簧弹力、液压力等阻力，通过顶杆 2 推动阀芯 3 右移，阀口打开，油液正、反向均可流动，具体流向视两端压力大小而定。

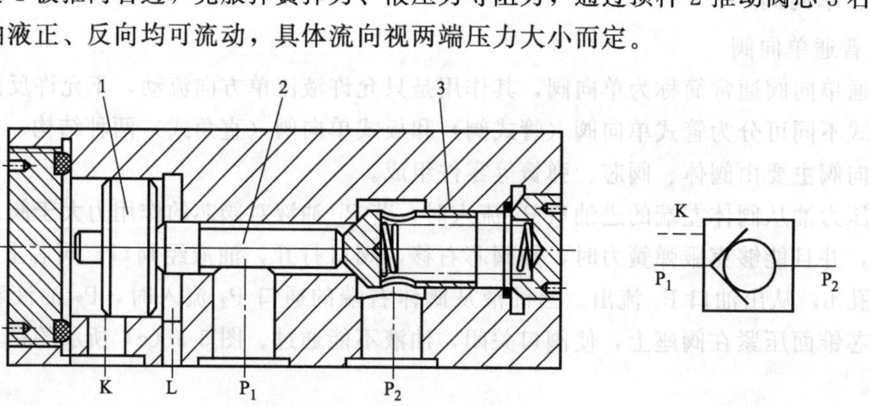

图 5-3 液控单向阀

1—活塞；2—顶杆；3—阀芯

图 5-3（a）中，K 口需要的最小控制压力为工作压力的 30%～50%时方可正常工作。液控单向阀控制口不工作时，应使其和油箱相通，否则控制活塞不能复位，单向阀反向不能截止液流。图 5-3（b）所示是液控单向阀的图形符号。

液控单向阀具有良好的反向密封性，故常用于保压、锁紧和平衡等回路，具体应用将在第七章第三节压力控制回路中讲述。

二、换向阀

1. 工作原理

换向阀是利用阀芯在阀体中的相对位置的变化，使各流体通路之间实现接通或断开以改变流动方向，从而控制执行元件的启动、停止或运动方向。

图 5-4（a）为目前应用最广的滑阀式换向阀的工作原理图。图示状态下，液压缸两腔不通压力油，活塞处于停止状态。当阀芯左移时，P 口和 A 口连通，B 口和 T 口连通，则压力油从 P 口经 A 口通入液压缸的左腔，液压缸右腔的油液经 B 口至 T 口流回油箱，液压缸活塞向右运动；反之，当阀芯右移时，P 口和 B 口连通，A 口和 T 口连通，活塞向左运动。该滑阀式换向阀的图形符号如图 5-4（b）所示。

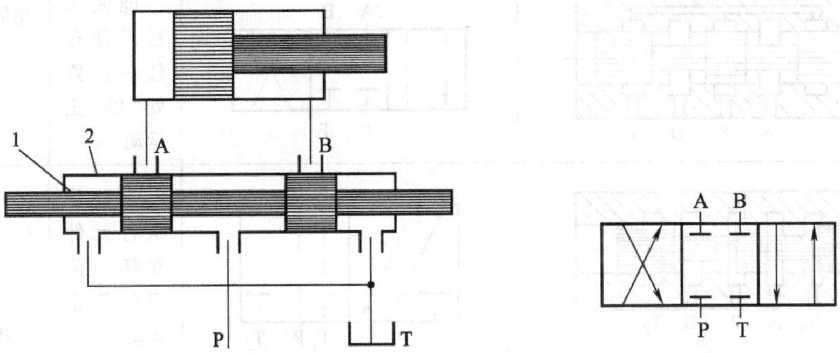

(a) 工作原理图　　(b) 图形符号

图 5-4　滑阀式换向阀

2. 分类

换向阀的种类很多，其分类见表 5-1。

表 5-1　换向阀的分类

分类方法	类型
按阀芯结构类型	滑阀式、锥阀式和球阀式等
按阀的工作位置数和通路数	二位二通、二位三通、二位四通、二位五通、三位四通、三位五通等
按阀的操纵方式	手动、机动(行程)、电磁动、液动、电液动等
按阀的安装方式	管式、板式、法兰式
按阀芯的定位方式	钢球定位式和弹簧复位式

3. 图形符号及使用场合

表 5-2 列出了常见的滑阀式换向阀的结构原理图、图形符号及使用场合。

换向阀的图形符号说明如下。

① 用方格数表示阀的工作位置数，有几个方格就代表几位阀；

② 在一个方格内，箭头或堵塞符号与方格的交点数为阀的通路数，有几个交点就是几通阀，箭头表示两油口相通，但不表示实际流向；“⊥”表示此油口截止（堵塞）；

表 5-2　常见滑阀式换向阀的结构原理图、图形符号及使用场合

名称	结构原理图	图形符号	使用场合
二位二通	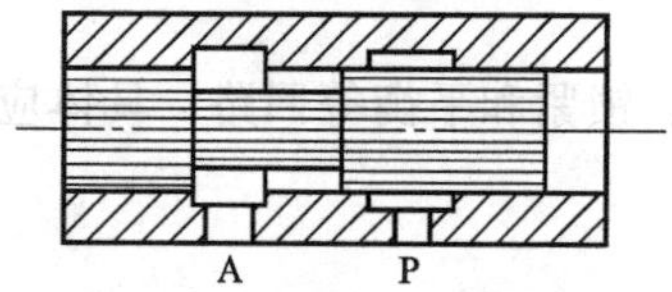	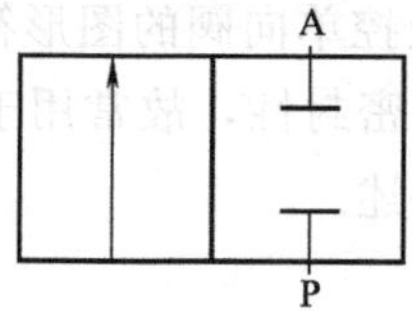	控制油路的接通与切断（相当于一个开关）
二位三通	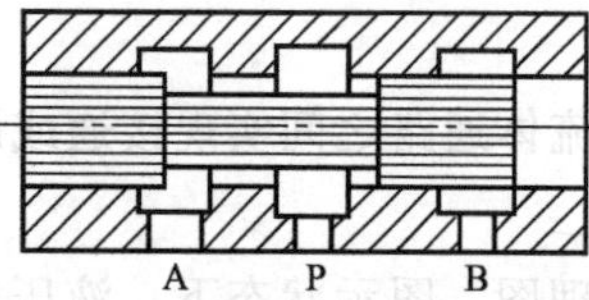	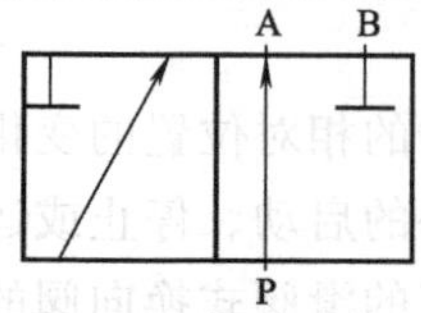	控制液流方向（从一个方向变换成另一个方向）
二位四通	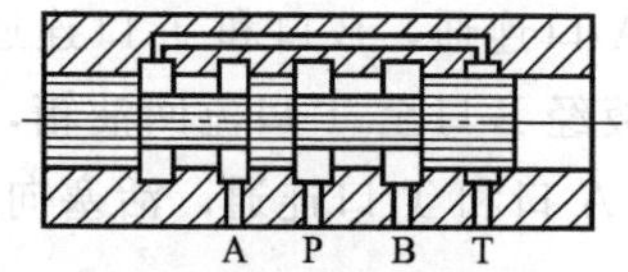	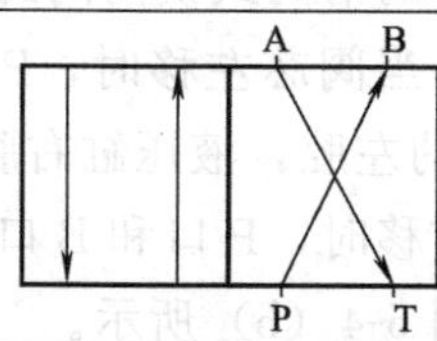	不能使执行元件在任一位置处停止运动 执行元件正反向运动时回油方式相同
三位四通	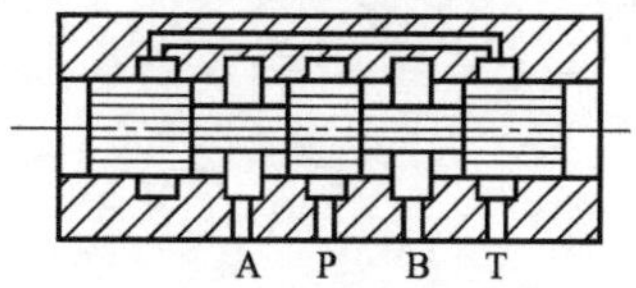	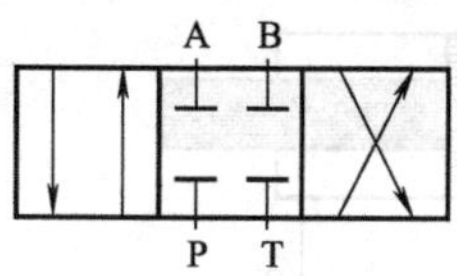	能使执行元件在任一位置处停止运动 执行元件正反向运动时回油方式相同
二位五通	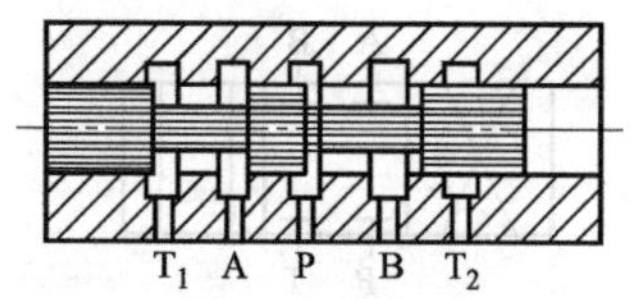	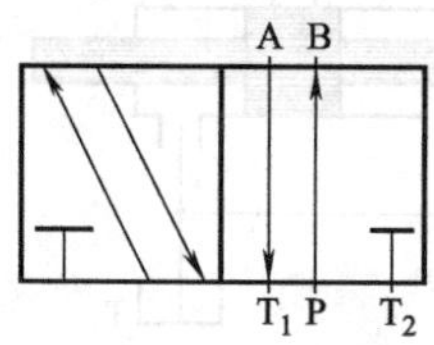	不能使执行元件在任一位置处停止运动 执行元件正反向运动时可以得到不同的回油方式
三位五通	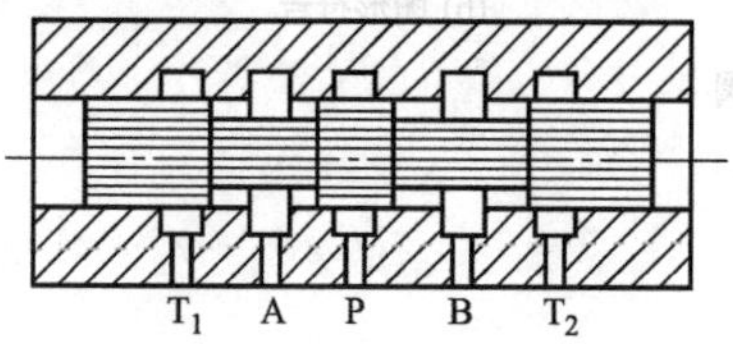	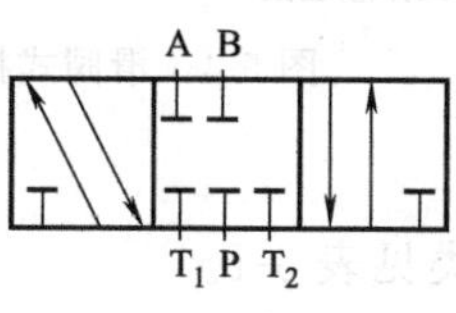	能使执行元件在任一位置处停止运动 执行元件正反向运动时可以得到不同的回油方式

③ P 表示阀的进油口，T 表示回油口，A、B 表示控制油口，常与液压缸或液压马达相连；

④ 控制方式和复位弹簧的符号画在方格的两侧；

⑤ 当换向阀没有受到操纵力作用时各油口的连接方式称为常态位。二位二通换向阀有常开型和常闭型两种，常开型的常态位两油口是连通的，常闭型的常态位两油口是不通的。在液压系统原理图上，换向阀的图形符号与油路的连接应画在常态位上。三位阀的中位、二位阀与弹簧相连的那个方格为常态位。

4. 三位阀的中位机能

换向阀处于常态位置时，其各油口的连通方式称为滑阀机能。三位换向阀的常态位为中位，因此，三位换向阀的滑阀机能又称为中位机能。不同机能的三位阀，阀体通用，仅阀芯台肩结构、尺寸及内部通孔情况有区别。表 5-3 列出了常见的中位机能的结构原理、机能代号、图形符号及机能特点和作用。

表 5-3 三位四通换向阀中位机能的结构原理
机能代号、图形符号及机能特点和作用

中位机能	结构简图	中位符号	中位油口的状态和特点
O	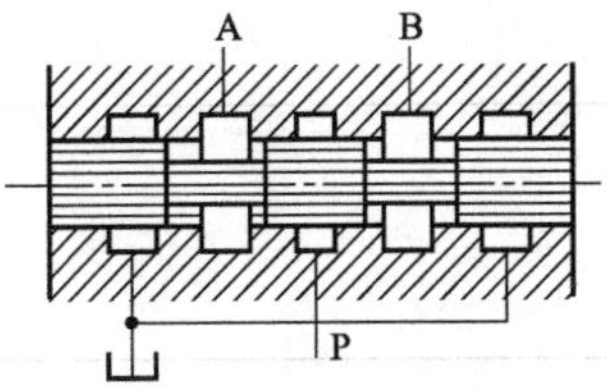	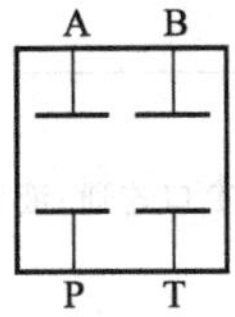	P、A、B、T口全部封闭；液压泵不卸荷，系统保持压力，执行元件闭锁；可用于多个换向阀并联工作
H	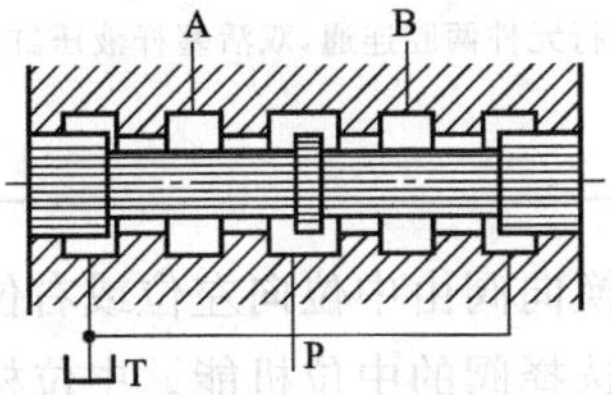	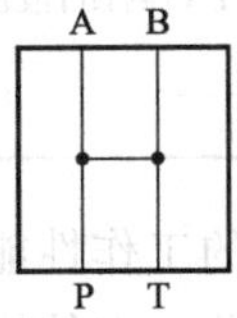	P、A、B、T口全部连通；液压泵卸荷，执行元件两腔连通，处于浮动状态，在外力作用下可移动
Y	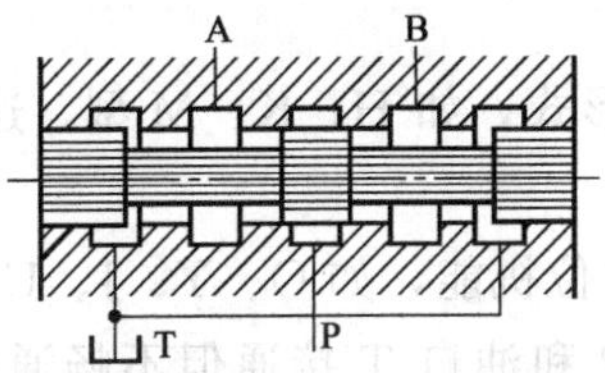	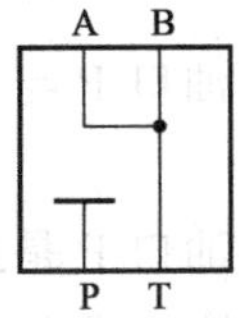	P口封闭，A、B、T口连通；液压泵不卸荷，执行元件两腔连通，处于浮动状态，在外力作用下可移动
P	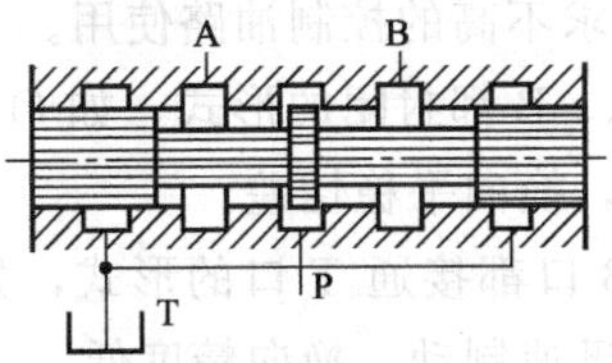	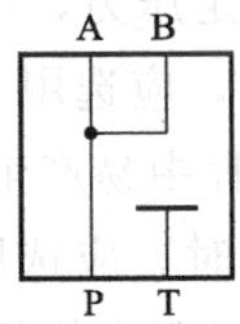	P、A、B口连通，T口封闭；液压泵与执行元件两腔相通，可以实现液压缸的差动连接
M	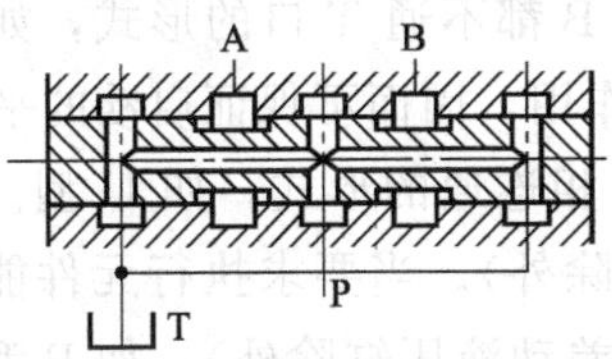	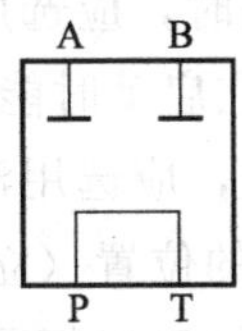	P、T口连通，A、B口封闭；液压泵卸荷，执行元件处于闭锁状态

其他中位机能

中位机能	中位符号	中位油口的状态和特点
K	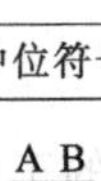	P、A、T口连通，B口封闭；液压泵卸荷
X	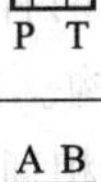	P、A、B、T口处于半开启状态；液压泵基本卸荷，但仍保持一定的压力
J	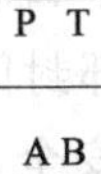	P、A口封闭，B、T口连通；液压泵不卸荷

续表

中位机能	中位符号	中位油口的状态和特点
C		P、A口连通,B、T口封闭;液压泵的出口和执行元件的A腔相连
N		P、B口封闭,A、T口连通;液压泵不卸荷
U		A、B口连通,P、T口封闭;液压泵不卸荷,执行元件两腔连通,双活塞杆液压缸和液压马达处于浮动状态

中位机能不仅直接影响液压系统的工作性能，而且在换向阀由中位向左位或右位转换时对液压系统的工作性能也有影响。因此，在使用时应合理选择阀的中位机能。中位机能的选用原则如下。

① 当系统有卸荷要求时，应选用油口P与T畅通的形式，如H、K、M型。这时液压泵可卸荷。

② 当系统有保压要求时，可选用油口P是封闭式的中位机能，如O、Y、J、U、N型。这时一个液压泵可用于多缸的液压系统，或者选用油口P和油口T接通但不畅通的形式，如X型中位机能。这时系统能保持一定压力，可供压力要求不高的控制油路使用。

③ 当系统对换向精度要求较高时，应选用工作油口A、B都封闭的形式，如O、M型。这时液压缸的换向精度高，但换向过程中易产生液压冲击，换向平稳性差。

④ 当系统对换向平稳性要求较高时，应选用A口、B口都接通T口的形式，如Y型。这时换向平稳性好，冲击小，但换向过程中执行元件不易迅速制动，换向精度低。

⑤ 若系统对启动平稳性要求较高时，应选用油口A、B都不通T口的形式，如O、C、P、M型。这时液压缸某一腔的油液在启动时能起到缓冲作用，因而可保证启动的平稳性。

⑥ 当系统要求执行元件能浮动时，应选用油口A、B相连通的形式，如U型。这时通过某些机械装置按需要改变执行元件的位置（立式液压缸除外）。当要求执行元件能在任意位置上停留时，应选用A、B油口都与P口相通的形式（差动液压缸除外），如P型。这时液压缸左、右两腔作用力相等，液压缸不动。

5. 常见的换向阀

(1) 手动换向阀　手动换向阀是用手动杠杆操纵阀芯移动，来改变阀的工作位置，控制液体流动的方向。手动换向阀阀芯的定位方式有弹簧复位式和钢球定位式两种结构。图5-5(a)为弹簧复位式手动换向阀，左端为操纵手柄，右端为弹簧自动复位机构。推动手柄1向右，阀芯2向左移动。此时，P口和B口相通，A口经阀芯轴向孔与T口相通；推动手柄1向左，阀芯2向右移动。此时，P口和A口相通，B口经阀芯轴向孔与T口相通；放开手柄1，阀芯2在弹簧3的作用下自动回复中位，这时P、T、A、B口全部封闭（即图示位置）。这种换向阀适用于动作频繁、工作持续时间短的场合，其操作比较安全，常用于工程机械。

如果将该阀阀芯右端弹簧3的部位改为图5-5(b)的形式，即可成为钢球定位式手动

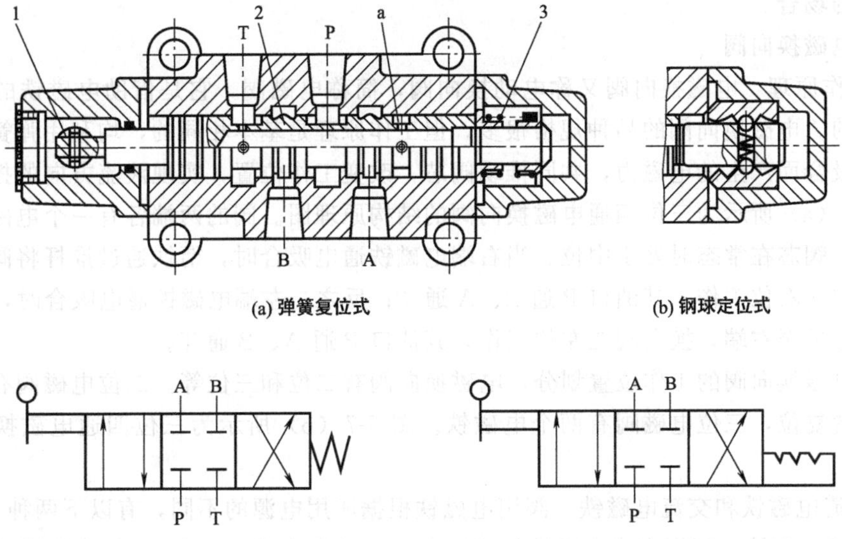

(a) 弹簧复位式　(b) 钢球定位式

(c) 图形符号(弹簧复位式)　(d) 图形符号(钢球定位式)

图 5-5　手动换向阀

1—手柄；2—阀芯；3—弹簧

换向阀。钢球定位式是当操纵手柄拨动阀芯时，阀芯可以借助弹簧和钢球保持在左、中、右任何一个位置上。这种结构主要应用于机床、液压机、船舶及工程机械。图 5-5 (c)、(d) 为其图形符号。

(2) 机动换向阀　机动换向阀又称行程换向阀，它是借助于运动部件上的行程挡块（或凸轮）推动滚轮使阀芯移动来实现换向的。机动换向阀一般只有二位，可以是二通、三通、四通等形式。

图 5-6 (a) 是二位二通机动换向阀的结构原理图，它由滚轮 1、阀芯 2、弹簧 3、阀体等主要部件组成。在图示位置上，阀芯 2 在弹簧 3 的推力作用下，处在最上端位置，把进油口 P 与出油口切断。当行程挡块将滚轮压下时，P 口、A 口接通；当行程挡块脱开滚轮时，阀芯在其底部弹簧的作用下又恢复到初始位置。图 5-6 (b)是该阀的图形符号。

机动换向阀结构简单，动作可靠，换向精度高，改变挡块斜面的角度（或凸轮外廓的形状）便可改变阀芯移动的速度，因而可以调节换向过程的时间。但这种阀要安放在它的操纵件旁，不能安装在液压站上，因此连接管路较长，并使整个液压装置不够紧凑。常用于要求换向性能好、

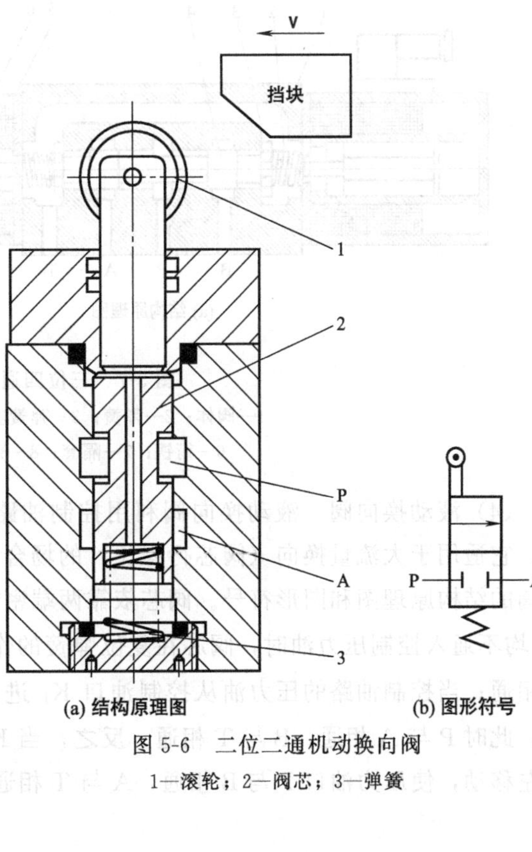

(a) 结构原理图　(b) 图形符号

图 5-6　二位二通机动换向阀

1—滚轮；2—阀芯；3—弹簧

布置方便的场合。

（3）电磁换向阀

① 工作原理 电磁换向阀又称电动换向阀，简称电磁阀，它是借助电磁铁的吸力推动阀芯移动的。电磁换向阀的品种规格很多，但工作原理是基本相同的，均利用弹簧力与电磁铁的通电吸合而产生的电磁力，共同推动阀芯，改变工作位置，实现液流方向的控制。

图 5-7（a）所示为三位四通电磁换向阀的结构原理图。阀的两端各有一个电磁铁和一个对中弹簧，阀芯在常态时处于中位。当右端电磁铁通电吸合时，衔铁通过推杆将阀芯推至左端，换向阀在右位工作，其油口 P 通 B、A 通 T；反之，左端电磁铁通电吸合时，衔铁通过推杆将阀芯推至右端，换向阀在左位工作，其油口 P 通 A、B 通 T。

根据电磁换向阀的工作位置划分，电磁换向阀有二位和三位等。二位电磁阀有一个电磁铁，靠弹簧复位，三位电磁阀有两个电磁铁。图 5-7（b）所示为三位四通电磁换向阀的图形符号。

② 直流电磁铁和交流电磁铁 阀用电磁铁根据所用电源的不同，有以下两种。

a. 交流电磁铁 阀用交流电磁铁的使用电压一般为交流 220V，电气线路配置简单，交流电磁铁启动力较大，换向时间短。但换向冲击大，工作时温升高（故其外壳设有散热筋）；当阀芯卡住时，电磁铁因电流过大易烧坏，可靠性较差，切换频率不允许超过 30 次/min；使用寿命较短。

b. 直流电磁铁 电磁铁一般使用 24V 直流电压，因此需要专用直流电源。其优点是不会因铁芯卡住而烧坏（故其圆筒形外壳上没有散热筋），体积小，工作可靠，允许切换频率为 120 次/min，换向冲击小，使用寿命较长，但启动力比交流电磁铁小。

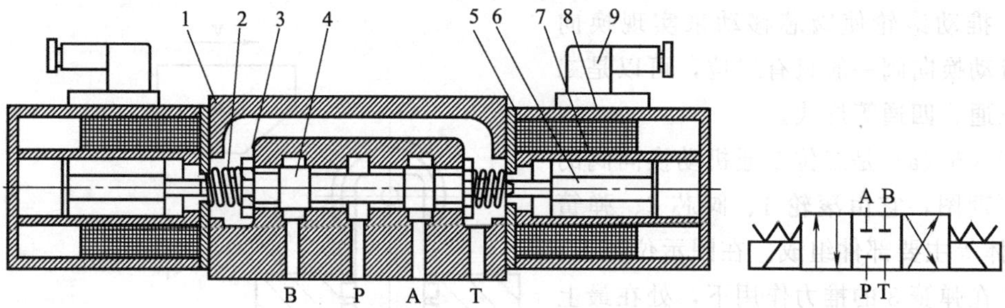

(a) 结构原理图 (b) 图形符号

图 5-7 三位四通电磁换向阀

1—阀体；2—弹簧；3—弹簧座；4—阀芯；5—线圈；6—衔铁；7—隔套；8—壳体；9—插头组件

（4）液动换向阀 液动换向阀利用控制油路的作用力控制阀芯改变工作位置、实现换向。它适用于大流量换向（阀芯行程长）的场合。图 5-8（a）、（b）所示为三位四通液动换向阀的结构原理图和图形符号。阀芯依靠两端密封腔中油液的压差来移动，当控制油口 K_1、K_2 均不通入控制压力油时，阀芯在复位弹簧的作用下处于中位，此时油口 P、A、B、T 互不相通；当控制油路的压力油从控制油口 K_1 进入滑阀左腔时，K_2 接通回油，阀芯向右移动，此时 P 与 A 相通，B 与 T 相通。反之，当 K_2 接通控制压力油时，K_1 接通回油，阀芯向左移动，使压力油口 P 与 B 相通，A 与 T 相通。

液压操纵可给予阀芯很大的推力，因此液动换向阀适用于压力高、流量大、阀芯移动行程长的场合。在液动换向阀的控制油路上往往装有可调的单向节流阀（称阻尼器），以便分别调节换向阀阀芯在两个方向上的运动速度，改善换向性能。阻尼器和液动换向阀可连成一体，也可独立。

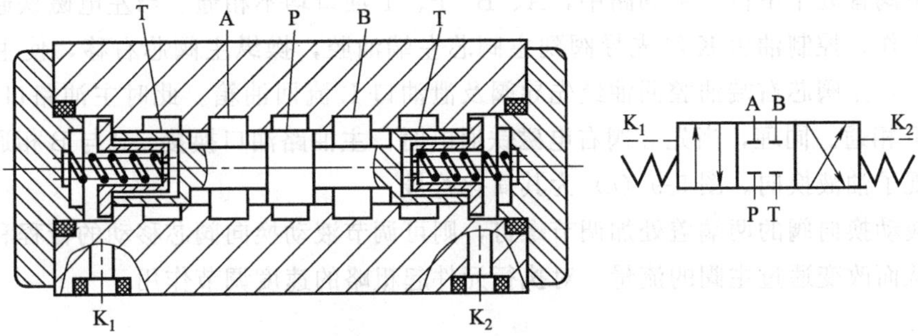

(a) 结构原理图　　(b) 图形符号

图 5-8　三位四通液动换向阀

（5）电液换向阀　电液换向阀是由一个普通的电磁换向阀和液动换向阀组合而成的。其中电磁换向阀起先导阀的作用，它通过电磁铁的通电和断电，改变控制油路的方向，继而推动液动换向阀的阀芯移动。液动换向阀是主阀，它在控制油液的作用下，改变阀芯的位置，使油路换向。为保证主阀芯在先导电磁铁都断电时由弹簧作用回到中位，先导电磁阀的中位

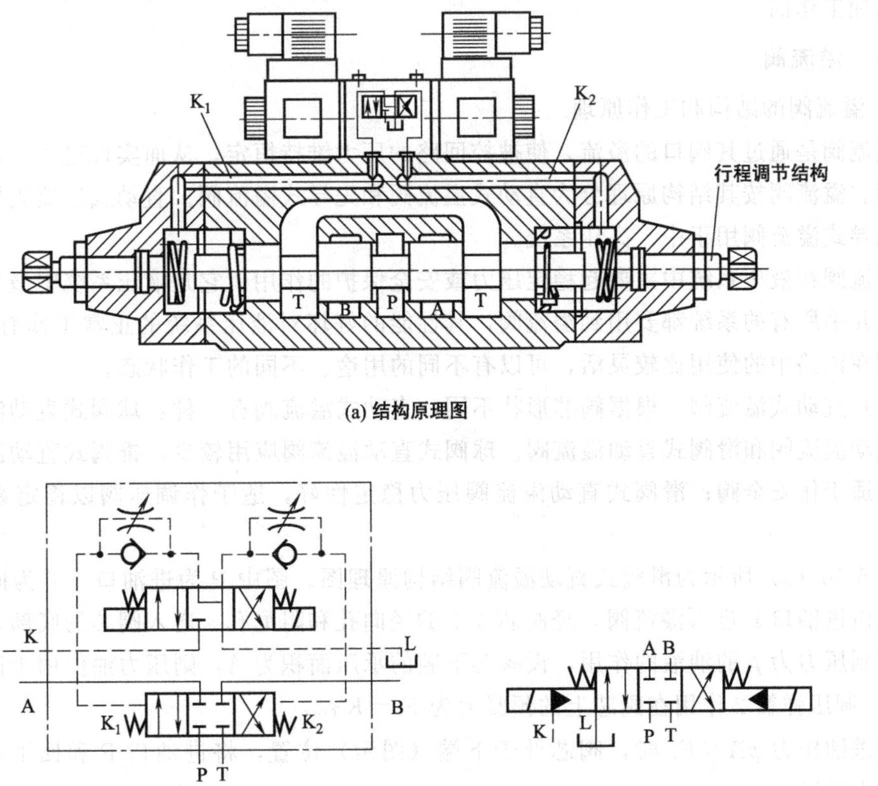

(a) 结构原理图

(b) 详细符号　　(c) 简化符号

图 5-9　三位四通电液换向阀

机能应是 Y 型。由于控制油液的流量不必很大，因而可实现以小容量的电磁阀来控制大通径的液动换向阀。

图 5-9 (a) 所示为三位四通电液换向阀的结构原理图。上面是电磁阀（先导阀），下面是液动阀（主阀）。其工作原理可用详细图形符号加以说明，如图 5-9 (b) 所示。常态时，先导阀和主阀皆处于中位，主油路中，A、B、P、T 油口均不相通。当左电磁铁通电时，先导阀左位工作，控制油由 K 经先导阀到主阀芯左端油腔，操纵主阀芯右移，使主阀也切换至左位工作，主阀芯右端油腔回油经先导阀及泄油口 L 流回油箱。此时主油路口 P 与 A 相通、B 与 T 相通。同理，当先导阀右电磁铁通电时，主油路油口换接，P 与 B 相通、A 与 T 相通，实现了油液换向。图 5-9 (c) 为其简化符号。

若在液动换向阀的两端盖处加调节螺钉，则可调节液动换向阀芯移动的行程和各主阀口的开度，从而改变通过主阀的流量，对执行元件起粗略的速度调节作用。

第三节　压力控制阀

压力控制阀简称压力阀。它包括用来控制液压系统的压力或利用压力变化作为信号来控制其他元件动作的阀类。按其功能和用途可分为溢流阀、减压阀、顺序阀和压力继电器等，其中溢流阀、减压阀用来控制液压系统中液压力；顺序阀、压力继电器可以利用液压力作为其动作或发出信号的依据。这类阀的共同点：都是利用作用在阀芯上的液压力和弹簧力相平衡的原理工作的。

一、溢流阀

1. 溢流阀的结构和工作原理

溢流阀是通过其阀口的溢流，使被控回路的压力维持恒定，从而实现稳压、调压或限压的作用。溢流阀按其结构原理分为直动式溢流阀和先导式溢流阀。直动式溢流阀用于低压系统，先导式溢流阀用于中、高压系统。

溢流阀在液压系统中主要起稳定压力或安全保护的作用。它是液压系统中最重要的元件之一，几乎所有的系统都要用到溢流阀，其性能的好坏对液压系统的正常工作有重大影响。溢流阀在油路中的使用比较灵活，可以有不同的用途、不同的工作状态。

(1) 直动式溢流阀　根据阀芯形状不同，直动式溢流阀有三种：球阀式直动溢流阀、锥阀式直动溢流阀和滑阀式直动溢流阀。球阀式直动溢流阀应用较少；锥阀式直动溢流阀动作灵敏，适于作安全阀；滑阀式直动溢流阀压力稳定性好，适于作调压阀以稳定系统的工作压力。

图 5-10 (a) 所示为滑阀式直动溢流阀结构原理图。图中 P 为进油口，T 为回油口，被控油液由进油口 P 进入溢流阀，经阀芯 3 上的径向孔和阻尼孔 a 通入阀芯的底部，阀芯的下端便受到压力为 p 的油液的作用，设阀芯下腔的承压面积为 A，则压力油作用于该面上的力为 pA。调压弹簧 2 作用在阀芯上的预紧力为 $F_s=Kx_0$。

当进油压力 $pA<F_s$ 时，阀芯处于下端（图示）位置，将进油口 P 和回油口 T 隔开，即不产生溢流。

随着进油压力升高，当 $pA=F_s$ 时，阀芯即将开启，这一状态的压力称为开启压力 p_k，即

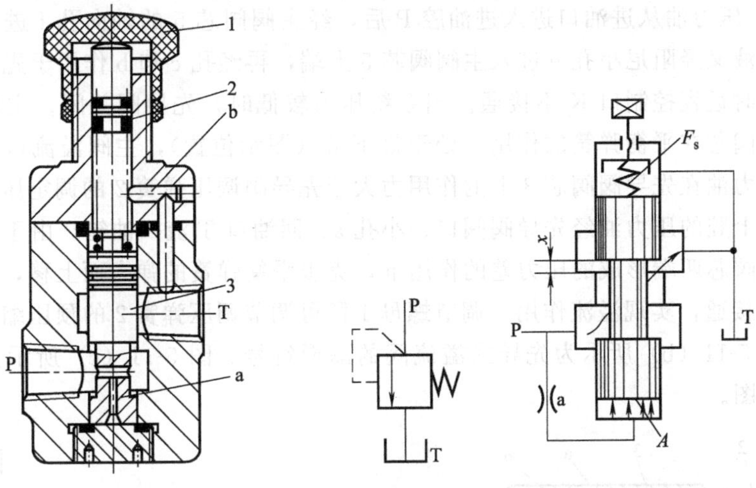

(a) 结构原理图　(b) 图形符号　(c) 原理示意图

图 5-10　直动式溢流阀

1—螺母；2—弹簧；3—阀芯

$$p_k = F_s / A \tag{5-1}$$

当进口压力继续升高，使 $pA > F_s$ 时，阀芯上移，弹簧进一步被压缩，进油口 P 和回油口 T 相通，溢流阀开始溢流。阀芯处于一个新的平衡位置，当溢流阀稳定工作时，若不考虑阀芯的自重、摩擦力和液动力的影响，则阀芯上的受力平衡方程为

$$p = K(x_0 + \Delta x)/A \tag{5-2}$$

式中　p——进油腔压力；

K——弹簧刚度；

x_0——弹簧的预压缩量；

Δx——弹簧的附加压缩量（阀口开度）。

当通过溢流阀的流量改变时，阀口开度也改变，但因阀芯的移动量很小，所以作用在阀芯上的弹簧力变化也很小，因此式（5-2）和式（5-1）基本相等，即当有油液流过溢流阀口时，溢流阀进口处的压力基本保持定值。

调节螺母 1 可以改变弹簧的预压缩量 x_0，便可调节阀口的开启压力 p_k，从而调节控制阀的进口压力，故此弹簧称为调压弹簧。阻尼小孔 a 的作用是增加液阻以减小滑阀因移动过快而引起的振动，提高阀的工作稳定性。泄油口 b 可将泄漏到弹簧腔的油液引到回油口 T。

这种溢流阀因压力油直接作用于阀芯，故称直动式溢流阀。直动式溢流阀一般只能用于低压、小流量的场合，当控制较高压力和较大流量时，需要刚度较大的调压弹簧，不但手动调节困难，而且溢流阀口开度（调压弹簧附加压缩量）略有变化便引起较大的压力变化。直动式溢流阀的最大调整压力为 2.5MPa。图 5-10（b）所示为直动式溢流阀的图形符号，也是溢流阀的一般符号。图 5-10（c）为直动式溢流阀的原理示意图。

（2）先导式溢流阀　先导式溢流阀由主阀和先导阀两部分组成。先导阀的结构和工作原理与直动式溢流阀相同，是一个小规格锥阀，先导阀内的弹簧用来调定主阀的溢流压力。主阀控制溢流量，主阀的弹簧不起调压作用，仅仅是为了克服摩擦力使主阀芯及时复位而设置的，故该弹簧称为复位弹簧。

先导式溢流阀常见的结构如图 5-11～图 5-13 所示。图 5-11 为一级同心先导式溢流阀

（Y 型）结构。压力油从进油口进入进油腔 P 后，经主阀阀芯 5 的轴向孔 f 进入主阀阀芯的下端，同时油液又经阻尼小孔 e 进入主阀阀芯 5 上端，再经孔 c 和 b 作用于先导阀的先导阀阀芯 3 上，此时远程控制口 K 不接通。当系统压力较低时，先导阀关闭，主阀阀芯两端压力相等，主阀阀芯在平衡弹簧的作用下处于最下端（图示位置），主阀溢流口封闭。当系统压力升高，压力油在先导阀阀芯 3 上的作用力大于先导阀调压弹簧 2 的调定压力时，先导阀被打开，主阀上腔的压力油经先导阀阀口、小孔 a、回油口 T 流回油箱。由于阻尼小孔 e 的作用，在主阀阀芯两端形成的压力差的作用下，克服平衡弹簧的弹力而上移，主阀溢流阀口开启，P 和 T 接通，实现溢流作用。调节螺母 1 即可调节调压弹簧 2 的预压缩量，从而调整系统压力。图 5-11（b）所示为先导式溢流阀的图形符号。图 5-11（c）所示为先导式溢流阀的原理示意图。

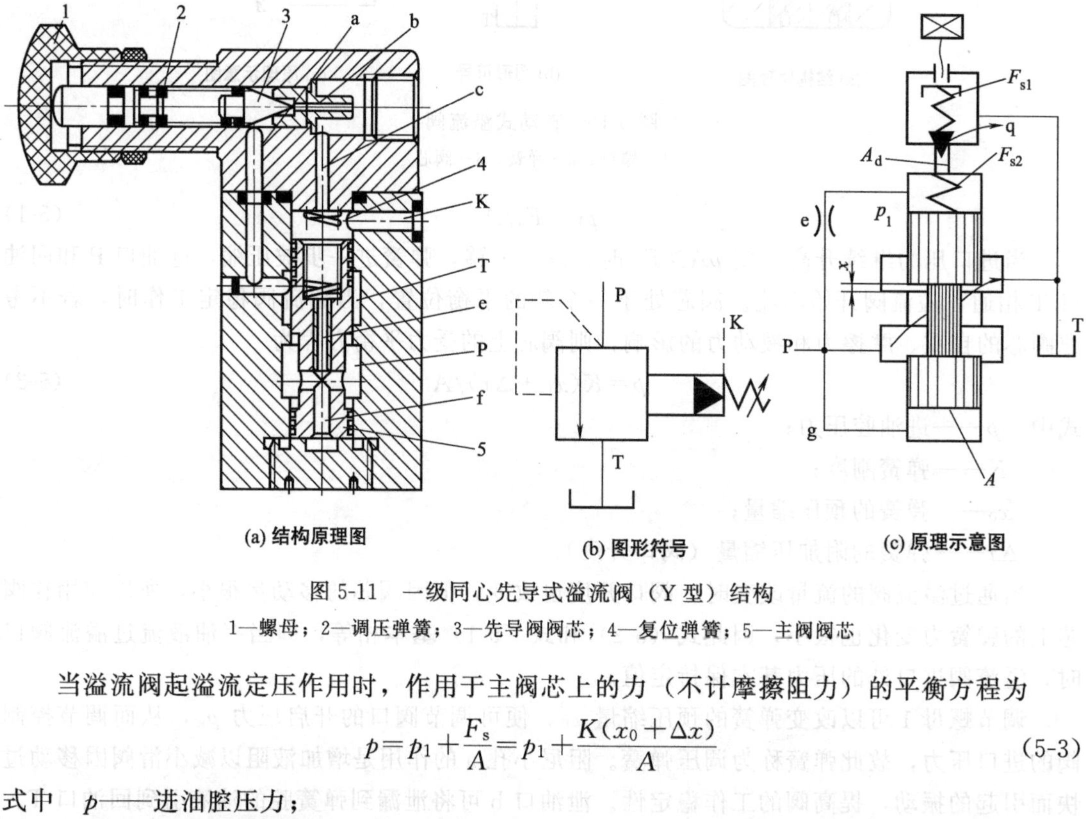

图 5-11 一级同心先导式溢流阀（Y 型）结构

1—螺母；2—调压弹簧；3—先导阀阀芯；4—复位弹簧；5—主阀阀芯

当溢流阀起溢流定压作用时，作用于主阀芯上的力（不计摩擦阻力）的平衡方程为

$$p=p_1+\frac{F_s}{A}=p_1+\frac{K(x_0+\Delta x)}{A} \tag{5-3}$$

式中 p——进油腔压力；

p_1——主阀阀芯上腔的压力；

A——主阀阀芯的端面积；

F_s——复位弹簧的作用力；

K——主阀阀芯弹簧刚度；

x_0——弹簧的预压缩量；

Δx——弹簧的附加压缩量。

从式（5-3）可见，由于上腔存在压力 p_1，所以复位弹簧 4 的刚度很小，F_s 的变化也较小，p_1 基本上是定值。先导式溢流阀在溢流量变化较大时，阀口可以上下波动，但进口处的压力 p 变化则较小，这就克服了直动式溢流阀的缺点。同时，先导阀的阀孔一般做得较小，调压弹簧 2 的刚度也不大，因此调压比较轻便。这种阀振动小、噪声低、压力稳定，但要先导阀和主阀都动作以后才能起控制压力的作用，因此不如直动式溢流阀响应快。先导式溢流阀适用于中、高压系统。

在上述的分析中，先导阀的远程控制口 K 是封闭的，如图 5-11 (a) 所示。如果利用 K 口，可以完成以下特定功用。

① 远程调压　将 K 口接到另一个直动式溢流阀的进油口，可以利用该直动式溢流阀（称为远程调压阀）进行远程调压。这时远程调压阀就代替了先导阀工作，调节远程调压阀的弹簧力，就可以调节先导式溢流阀主阀的工作压力。远程调压阀的调定压力必须小于本身先导弹簧的调定压力，否则远程调压阀将不起作用。如果使用换向阀连接几个远程调压阀，可实现多级调压功能。

② 使液压泵卸荷　K 口直接通油箱。这时压力 p_1 近似为零。由于主阀弹簧很软，只要进油口有压力 p，即可使主阀阀芯处于最高位置，阀口完全打开，P 口与 T 口相通，泵输出油液全部流回油箱，且系统压力很低，实现卸荷（溢流阀的应用部分会详细讲解）。

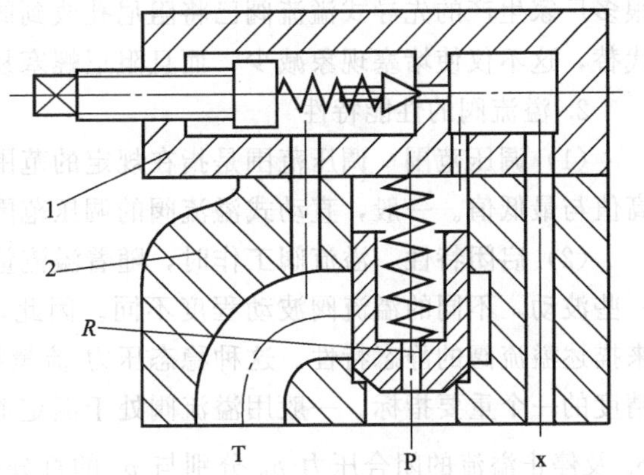

图 5-12　二级同心先导式溢流阀

1—先导阀；2—主阀；R—阻尼孔；x—控制口

如图 5-12、图 5-13 所示，当先导式溢流阀的进口接压力油时，压力油除直接作用在主阀阀芯的下端外，还经过主阀阀芯内的阻尼孔引到先导阀阀芯的前端，对先导阀阀芯形成一个液压力，若液压力小于先导阀阀芯另一端的弹簧力，先导阀关闭，主阀内腔为密闭静止容腔，主阀阀芯上、下两腔压力相等，主阀阀芯在复位弹簧的作用下处

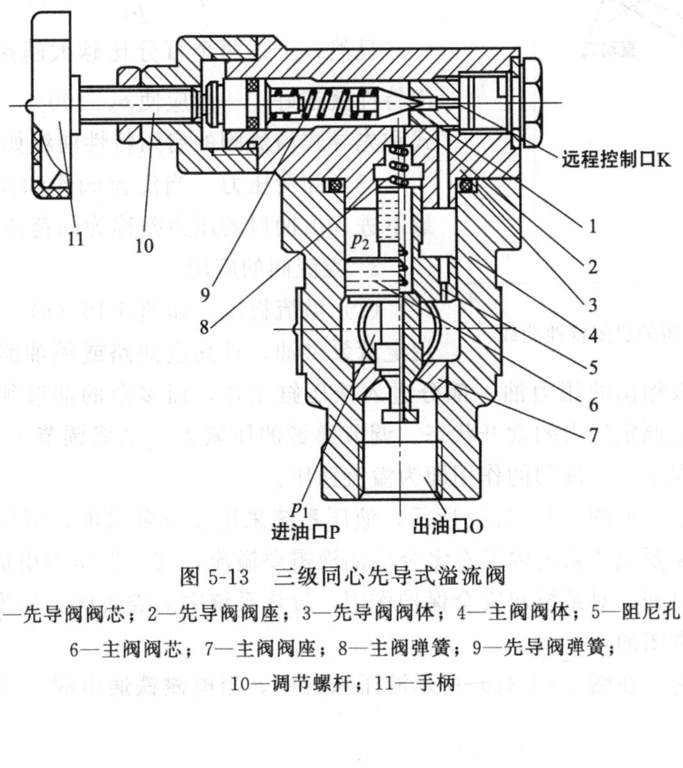

图 5-13　三级同心先导式溢流阀

1—先导阀阀芯；2—先导阀阀座；3—先导阀阀体；4—主阀阀体；5—阻尼孔；6—主阀阀芯；7—主阀阀座；8—主阀弹簧；9—先导阀弹簧；10—调节螺杆；11—手柄

于最下端位置，主阀阀口关闭。随着进口压力增大，作用在先导阀阀芯上的液压力随之增大，当该液压力大于弹簧力时，先导阀阀口开启，油液经主阀阀芯内的阻尼孔、先导阀开口和回油口T流回油箱。这时由于阻尼孔的作用而产生了压力降，使主阀阀芯上部的油压 p_1 小于下部的油压 p。当压差（$p-p_1$）足够大时，压力差形成的向上液压力克服主阀弹簧的弹力推动主阀阀芯上移，主阀阀口开启，溢流阀进口压力油经过主阀阀口溢流回油箱。调节手柄可调节主阀弹簧的压紧力，从而调定了液压系统的压力。

主阀阀芯的开启利用了阀芯两端的压力差，该压力差即液流流经阻尼孔的压力损失。由于流经阻尼孔的流量很小，为了形成足够开启阀芯的压力差，阻尼孔一般为细长小孔，因此工作时易出现堵塞现象，而一旦堵塞则会导致主阀阀口常开，导致溢流阀无法调压。因此，很多厂家生产的先导式溢流阀已将阻尼孔改到阀体上，由两个孔径稍大、长度稍短的阻尼孔代替，这不仅使堵塞现象减少，而且阻尼螺塞易于更换调整。

2. 溢流阀的性能特性

(1) 调压范围　调压范围是指在规定的范围内进行调整时，系统压力能被稳定控制的最高值与最低值。一般，直动式溢流阀的调压范围较小，先导式溢流阀的调压范围较大。

(2) 启闭特性　溢流阀工作时，随着溢流量 q 的变化，系统压力（被控压力）p 会产生一些波动，不同的溢流阀波动程度不同。因此，一般用溢流阀稳定工作时的压力-流量特性来描述溢流阀的静态特性。这种稳态压力-流量特性又称“启闭特性”。它是衡量溢流阀定压精度的一个重要指标，一般用溢流阀处于额定流量、调定压力 p_s 时，开始溢流的开启压力 p_k 及停止溢流的闭合压力 p_b 分别与 p_s 的百分比来衡量，前者称为开启比 $\bar{p}_k$，后者称为闭合比 $\bar{p}_b$，即

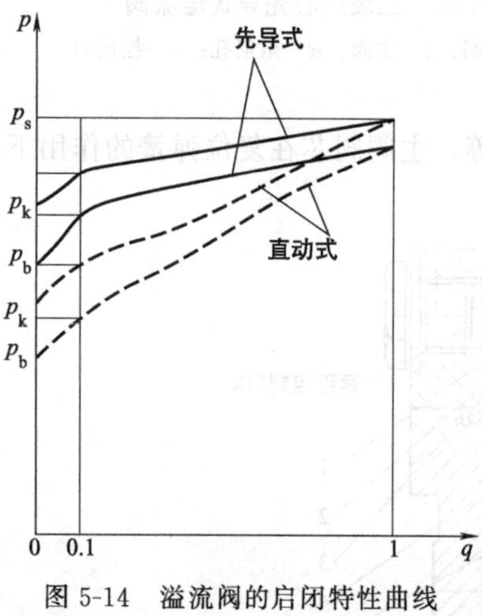

图 5-14　溢流阀的启闭特性曲线

$$\bar{p}_k=\frac{p_k}{p_s}\times 100\% \quad (5\text{-}4)$$

$$\bar{p}_b=\frac{p_b}{p_s}\times 100\% \quad (5\text{-}5)$$

显然，上述两个百分比越大越接近，溢流阀的启闭特性就越好，一般应使 $\bar{p}_k\geqslant 90\%$，$\bar{p}_b\geqslant 85\%$。直动式和先导式溢流阀的启闭特性曲线如图5-14所示。

(3) 卸荷压力　当溢流阀作卸荷阀用时，额定流量下进、出油口的压力差称为卸荷压力。

3. 溢流阀的应用

(1) 溢流稳压　如图5-15 (a) 所示，液压系统采用定量泵供油，且其进油路或回油路上设置节流阀或调速阀，使液压泵输出的压力油一部分进入液压缸工作，而多余的油液须经溢流阀流回油箱，溢流阀处于其调定压力的常开状态。调节弹簧的压紧力，也就调节了系统的工作压力，因此，在这种情况下，溢流阀的作用即为溢流稳压。

(2) 安全保护　如图5-15 (b) 所示，液压系统采用变量泵供油，液压泵供油量随负载大小自动调节至需要值，系统内没有多余的油液需要溢流，其工作压力由负载决定。溢流阀只有在过载时才打开，对系统起安全保护作用，故该系统中的溢流阀又称为安全阀，且系统正常工作时它是常闭的。

(3) 使泵卸荷　在图5-15 (c) 所示液压系统中，当电磁铁通电时，先导式溢流阀的远

程控制口与油箱连通，相当于先导阀的调定值为零，此时其主阀阀芯在进油口压力很低时即可迅速抬起，使泵卸荷，以减少能量损耗与泵的磨损。

(4) 远程调压 在图 5-15 (d) 所示液压系统中，当换向阀的电磁铁不通电时，其右位工作，先导式溢流阀的外控口与低压调压阀连通，当溢流阀主阀阀芯上腔的油压达到调压阀的调整压力时，主阀阀芯即可抬起溢流（其先导阀不再起调压作用），即实现远程调压。

(5) 多级调压 图 5-15 (e) 所示的液压系统是多级调压系统，左图是借助先导式溢流阀的远程遥控口来实现多级调压的，先导式溢流阀的远程控制口并联了 4 条支路，控制各电磁铁的得、失电状态，可实现四级压力控制。图中，先导式溢流阀 1 与调压阀 2、3、4 的调定压力都不相同，且阀 1 调压最高。右图是利用溢流阀的串联来实现多级调压的，泵的出口连接了 4 个串联的电磁换向阀和溢流阀，控制电磁铁的得、失电状态，可实现不同溢流阀控制系统压力实现多级调压。

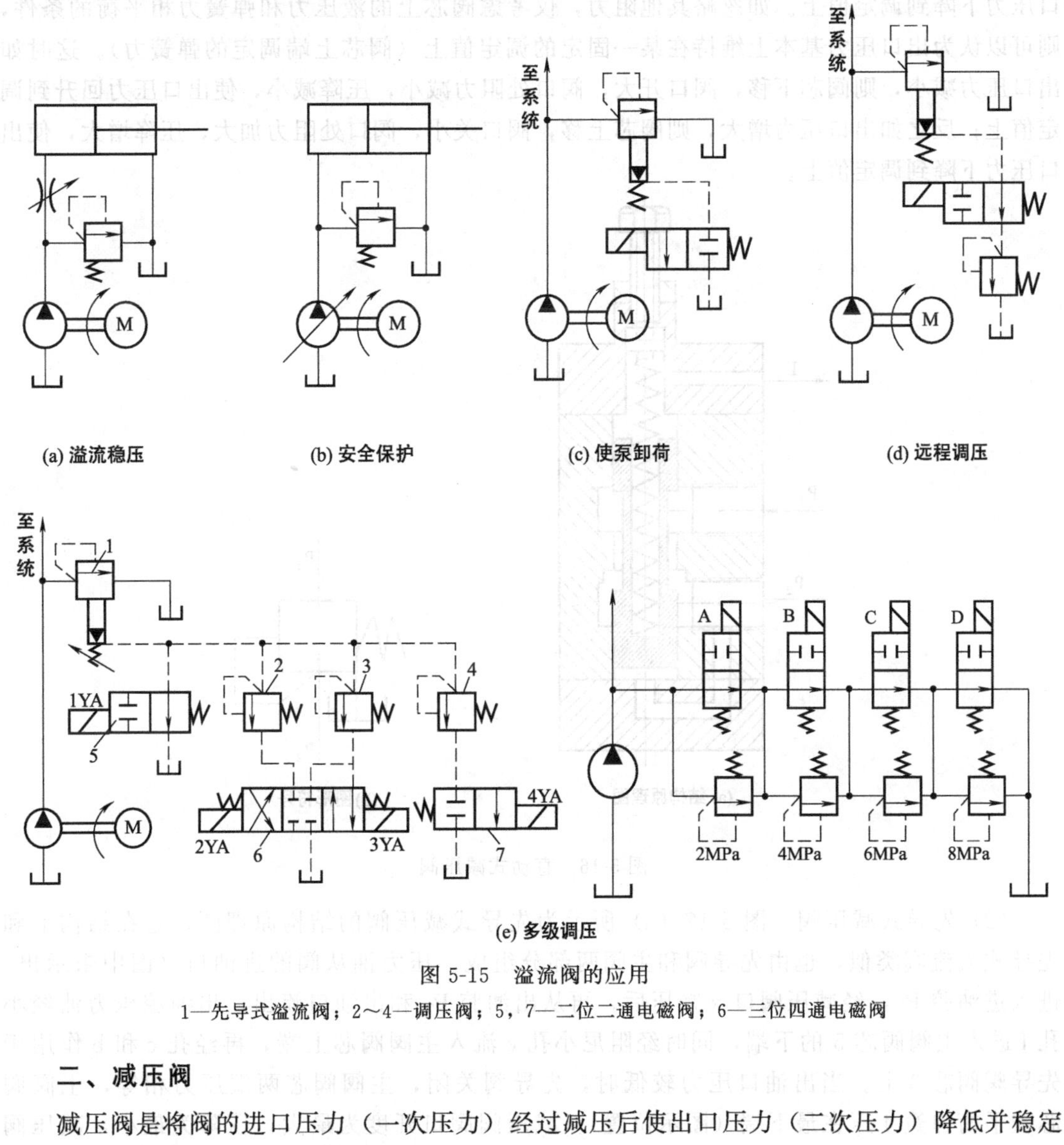

图 5-15 溢流阀的应用

1—先导式溢流阀；2～4—调压阀；5，7—二位二通电磁阀；6—三位四通电磁阀

二、减压阀

减压阀是将阀的进口压力（一次压力）经过减压后使出口压力（二次压力）降低并稳定

的一种阀。减压阀的作用是控制出口压力，根据调节规律不同，减压阀可分为以下三种类型。

① 定值减压阀 在出口获得低于进口压力的稳定压力。

② 定差减压阀 保持进、出油口之间的压力差不变。

③ 定比减压阀 保持进、出油口之间的压力比不变。

由于定值减压阀最为常用，故可直接称为减压阀。下面将详细介绍定值减压阀。

1. 减压阀的结构和工作原理

减压阀按其结构原理分为直动式减压阀和先导式减压阀两种。

(1) 直动式减压阀 图 5-16 (a) 所示为直动式减压阀的工作原理图，图 5-16 (b) 所示为直动式或一般减压阀的图形符号。当阀芯处在原始位置上时，阀口是打开的，阀的进、出口连通，阀芯由出口处的压力控制，出口压力未达到调定压力时阀口全开，没有减压作用；当出口压力达到调定压力时，阀芯上移，阀口关小，阀口处液阻加大，压降增大，使出口压力下降到调定值上。如忽略其他阻力，仅考虑阀芯上的液压力和弹簧力相平衡的条件，则可以认为出口压力基本上维持在某一固定的调定值上（阀芯上端调定的弹簧力）。这时如出口压力减小，则阀芯下移，阀口开大，阀口处阻力减小，压降减小，使出口压力回升到调定值上；反之如出口压力增大，则阀芯上移，阀口关小，阀口处阻力加大，压降增大，使出口压力下降到调定值上。

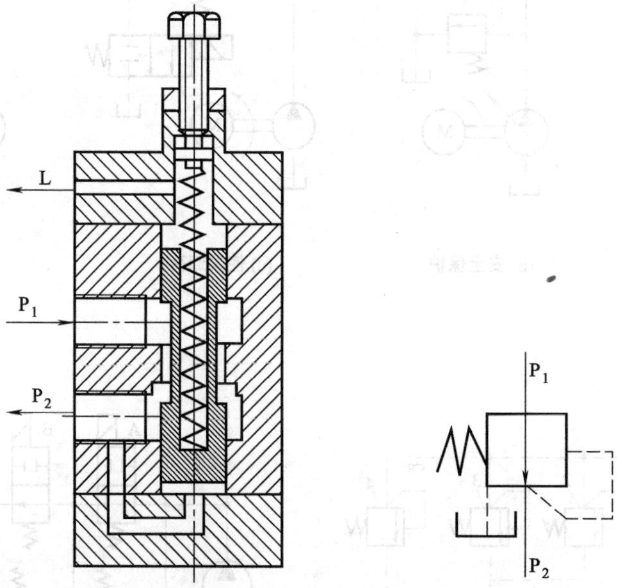

(a) 结构原理图

(b) 图形符号

图 5-16 直动式减压阀

(2) 先导式减压阀 图 5-17 (a) 所示为先导式减压阀的结构原理图。它在结构上和先导式溢流阀类似，也由先导阀和主阀两部分组成。压力油从阀的进油口（图中未示出）进入进油腔 P_1，经减压阀口 x 减压后，再从出油腔 P_2 和出油口流出。出油腔压力油经小孔 f 进入主阀阀芯 5 的下端，同时经阻尼小孔 e 流入主阀阀芯上端，再经孔 c 和 b 作用于先导阀阀芯 3 上。当出油口压力较低时，先导阀关闭，主阀阀芯两端压力相等，主阀阀芯被平衡弹簧 4 压在最下端（图示位置），减压阀阀口开度为最大，压降为最小，减压阀不起减压作用。当出油口压力达到先导阀的调定压力时，先导阀开启，此时 P_2 腔的部分压力油经孔 e、孔 c、孔 b、先导阀口、孔 a 和泄漏口 L 流回油箱。由于阻尼小孔 e 的作用，主阀阀芯两端产生压力差，主阀阀芯便在此压力差作用下克服平衡弹簧的弹力上移，减压阀阀口减小，使出油口压力降低至调定压力。由于外界干扰（如负载变化）使出油口压力变化时，减压阀将会自动调整减压阀阀口的开度以保持出油压力稳定。调节螺母 1 即可调节调压弹簧 2 的预压缩量，从而调定减压阀出油口压力。一般先导式减压阀的调压范围为 2.5～8.0MPa，适用于中、低压系统。图 5-17（b）所示为先导式减压阀的图形符号。

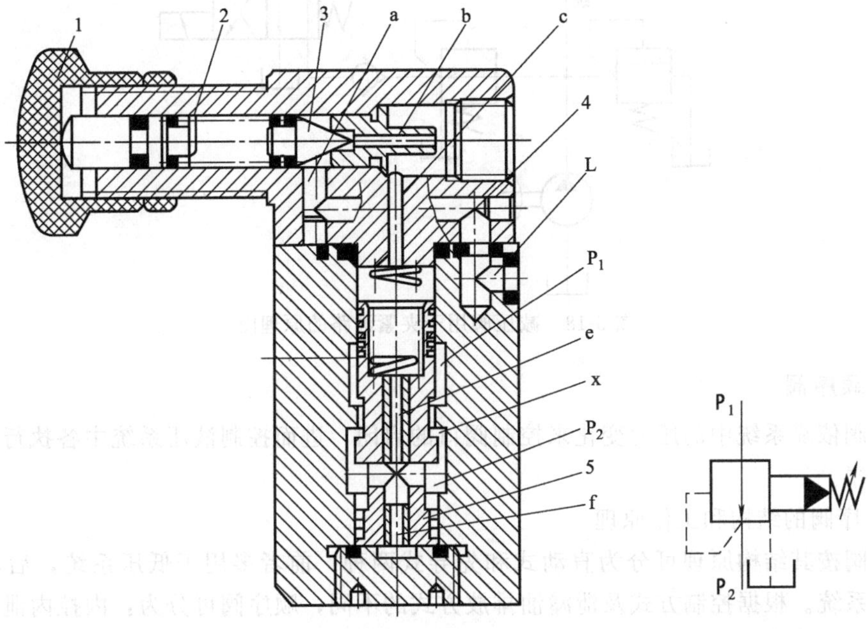

(a) 结构原理图　(b) 图形符号

图 5-17 先导式减压阀

1—螺母；2,4—弹簧；3—先导阀阀芯；5—主阀阀芯

与溢流阀相同的是，减压阀也可以利用先导阀的遥控口接远程调压阀来实现远程控制或多级减压。

比较减压阀和溢流阀可知，两者的结构相似，调节原理也相似，其主要差别如下。

① 减压阀为出口压力控制，保证出口压力为定值；溢流阀为进口压力控制，保证进口压力恒定。

② 常态时减压阀阀口常开，溢流阀阀口常闭。

③ 减压阀串联在系统中，其出口油液通执行元件，因此泄漏油需单独引回油箱（外泄）；溢流阀并联在系统中，其出口直接接回油箱，因此其泄漏油通过内部通道引至出口（内泄）。

2. 减压阀的应用

减压阀常用于降低系统某一支路油液的压力，使该二次油路的压力稳定且低于系统的调定压力，如夹紧油路、润滑油路和控制油路。必须说明的是，减压阀出口压力还与出口的负载有关，若因负载建立的压力低于调定压力，则出口压力由负载决定，此时减压阀不起减压作用。

图 5-18 所示的是减压阀用于夹紧油路的原理图，液压泵除供给主油路压力油外，还经分支路上的减压阀为夹紧缸提供较泵供油压力低的稳定压力油，其夹紧力大小由减压阀来调节控制。

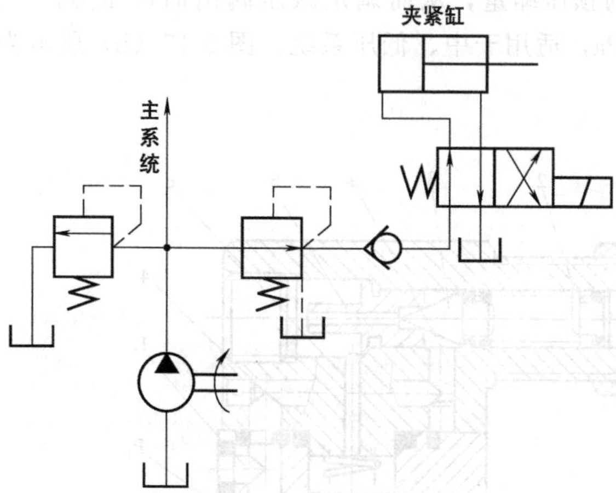

图 5-18 减压阀用于夹紧油路的原理图

三、顺序阀

顺序阀依靠系统中的压力变化来控制阀口的启闭，进而控制液压系统中各执行元件动作的先后顺序。

1. 顺序阀的结构和工作原理

顺序阀按其结构原理可分为直动式和先导式两种。前者多用于低压系统，后者多用于中、高压系统。根据控制方式及泄漏油排放方式的不同，顺序阀可分为：内控内泄式、外控内泄式（可用作背压阀或平衡阀）、内控外泄式（可用作顺序阀）、外控外泄式（可用作卸荷阀）。

(1) 直动式顺序阀 图 5-19 (a) 所示为直动式顺序阀结构原理图。常态下，进油口 P_1 与出油口 P_2 不通。进口油液经阀体 3 和下盖 1 上的油道流到控制活塞 2 的底部，当进口油液压力低于弹簧 5 的调定压力时，阀口关闭。当进口压力高于弹簧调定压力时，控制活塞在油液压力作用下克服弹簧力将阀芯 4 顶起，使 P_1 与 P_2 相通，压力油便可经阀口流出。弹簧腔的泄漏油从泄油口 L 流回油箱。因顺序阀的控制油液直接从进油口引入，故称为内控外泄式顺序阀。

若将外泄口 L 堵塞，出油口接油箱，则弹簧腔与出油口相通，构成内控内泄式顺序阀。若将图 5-19 (a) 中的下盖 1 旋转 90°安装，切断原控油路，将外控口 K 的螺塞取下，接通控制油路，则阀的开启由外部压力油控制，便构成外控外泄式顺序阀。若再将上盖 6 旋转 180°安装，并将外泄口 L 堵塞，则弹簧腔与出油口相通，构成外控内泄式顺序阀，其图形符号如图 5-19 (b) 所示。

用一个单向阀和顺序阀并联可组成单向顺序阀。这种阀的特点是当液流反向流动时，可从单向阀顺利通过，而不受顺序阀的限制。

综上所述，顺序阀实质上是一个控制压力可调的二位二通液动阀。为了尽量减小其阀口

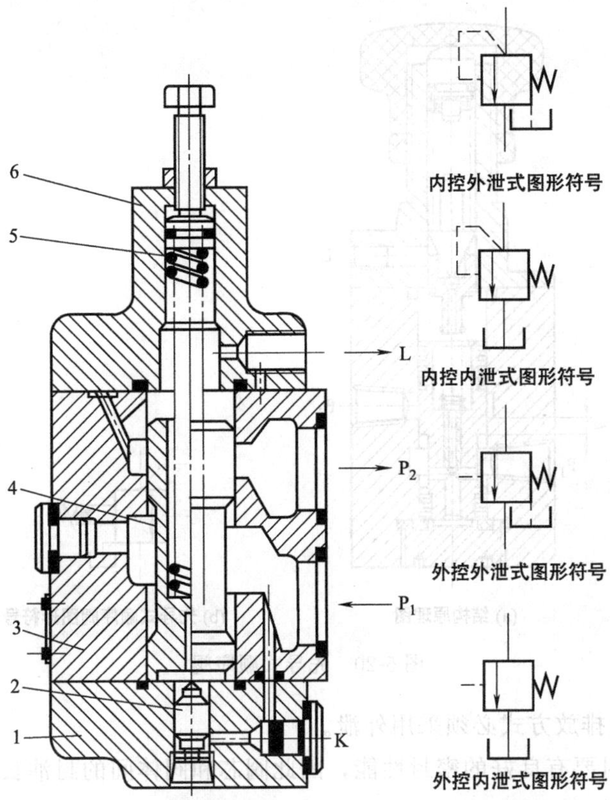

(a) 结构原理图　　(b) 图形符号

图 5-19　直动式顺序阀

1—下盖；2—控制活塞；3—阀体；4—阀芯；5—弹簧；6—上盖

的压力损失，使开启压力和闭合压力尽量接近调定压力，顺序阀调压弹簧的刚度要尽量小。对于直动式顺序阀，过分减小其调压弹簧的刚度是比较困难的，通过的流量越大，工作压力越高，弹簧刚度就越大。因此，直动式顺序阀一般只用于低压小流量系统中。对于高压大流量系统，应当采用先导式顺序阀。

(2) 先导式顺序阀　图 5-20 所示为先导式顺序阀的一种典型结构，它由一个先导阀（微型调压阀）和一个主阀（顺序阀）组合而成。先导阀的结构和溢流阀中的先导阀完全一样，主阀（顺序阀）由主阀阀芯、主阀平衡弹簧、主阀阀体和底座组成。

先导式顺序阀与先导式溢流阀的结构大体相似，其工作原理也基本相同，这里就不再详述。先导式顺序阀同样也有内控外泄、外控外泄和外控内泄等几种不同的控制方式，以备不同的场合选用。

先导式顺序阀最大的缺点是外泄漏量过大。因先导阀是按顺序动作需要的压力调整的，当执行元件完成顺序动作后，压力将继续升高，使先导阀的阀口开得很大，导致油液从先导阀处大量外泄，因此在小流量液压系统中不宜使用这种结构的顺序阀。

比较顺序阀和溢流阀可知，两者的结构相似，调节原理也相似，其主要差别如下。

① 溢流阀出油口接油箱；顺序阀的出油口接执行元件。

② 溢流阀打开时，进口油压基本上保持在调定压力值；而顺序阀打开后，进油口的油液压力可以继续升高。

③ 由于溢流阀出油口接油箱，其泄漏油排放方式可采用内泄；而顺序阀出油口油液为

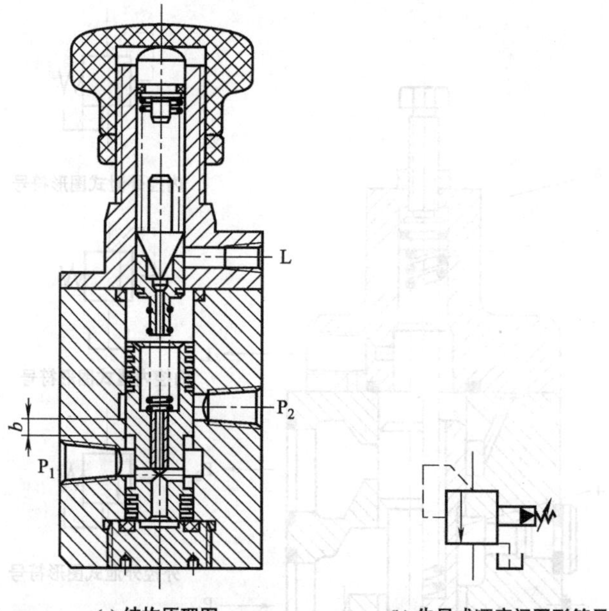

(a) 结构原理图　(b) 先导式顺序阀图形符号

图 5-20　先导式顺序阀

压力油时，其泄漏油排放方式必须采用外泄。

④ 顺序阀关闭时要有良好的密封性能，因此阀芯和阀体间的封油长度较溢流阀长。

2. 顺序阀的应用

(1) 控制多个执行元件的顺序动作　如图 5-21 (a) 所示，若要求 A 缸先动，B 缸后动，通过顺序阀的控制可以实现。顺序阀在 A 缸进行动作时处于关闭状态，当 A 缸到终点时，油液压力升高，达到顺序阀的调定压力后，顺序阀打开，从而实现 B 缸移动。

(2) 与单向阀组成平衡阀　为保证垂直安装的液压缸不因自重而自动下落，可将单向阀与顺序阀并联构成的单向顺序阀接入油路，如图 5-21 (b) 所示。此单向顺序阀又称为平衡阀。这里，顺序阀的开启压力要足以支撑运动部件的重量。当换向阀处于中位时，液压缸即

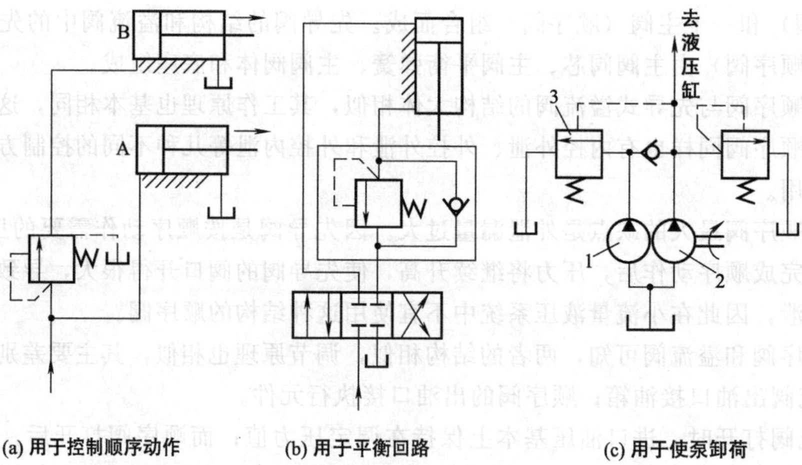

(a) 用于控制顺序动作　(b) 用于平衡回路　(c) 用于使泵卸荷

图 5-21　顺序阀的应用

1，2—泵；3—外控式顺序阀

可悬停。

(3) 控制双泵系统中的大泵卸荷　如图 5-21 (c) 所示，泵 1 为大流量泵，泵 2 为小流量泵，两泵并联。当系统液压缸快速运动时，泵 1 输出的油液和泵 2 输出的油液一起流往液压缸，使液压缸快速运动；当液压缸慢速工进时，缸进油路压力升高，外控式顺序阀 3 被打开，泵 1 即卸荷，泵 2 单独向系统供油以满足工进的流量要求。

四、压力继电器

压力继电器是将油液的压力信号转变为电信号的转换元件。当油液压力达到压力继电器的调定压力时即发出电信号，以控制电磁铁、电磁离合器、继电器等元件动作，使油路卸载、换向、执行元件实现顺序动作或关闭电动机使系统停止工作，起安全保护作用等。

压力继电器按结构特点可分为柱塞式压力继电器、弹簧管式压力继电器和膜片式压力继电器等。

图 5-22 (a) 所示为最常用的单触点柱塞式压力继电器的结构原理图。压力油从油口 P 进入压力继电器，作用在柱塞 1 底部，当系统压力达到调定压力时，作用在柱塞上的液压力克服弹簧力，推动顶杆 2 上移，使微动开关 4 的触点闭合，发出电信号。调节螺钉 3 可改变弹簧的压缩量，相应就调节了发出电信号时的控制油压力。当系统压力降低时，在弹簧力作用下，柱塞下移，压力继电器复位切断电信号。压力继电器发出电信号时的压力称为开启压力，切断电信号时的压力称为闭合压力。由于摩擦力的作用，开启压力高于闭合压力，其差值称为单触点柱塞式压力继电器的灵敏度，差值小则灵敏度高。图 5-22 (b) 为单触点柱塞式压力继电器的图形符号。

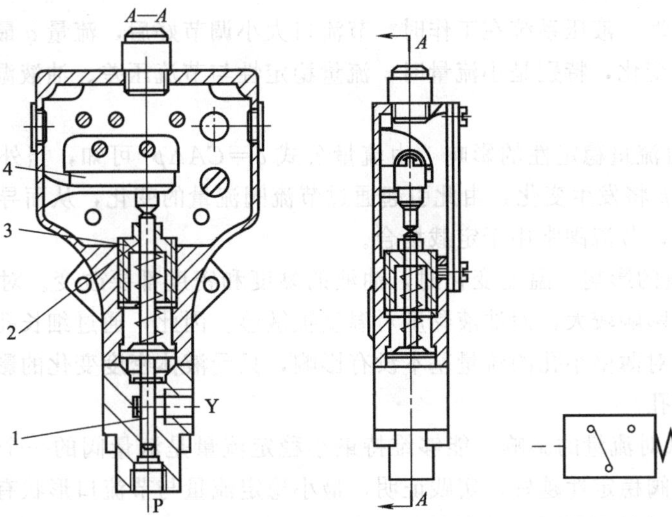

(a) 结构原理图　　(b) 图形符号

图 5-22　单触点柱塞式压力继电器

1—柱塞；2—顶杆；3—螺钉；4—微动开关

柱塞式压力继电器由于采用比较成熟的弹性元件——弹簧，因此它的优点是工作可靠、寿命长、成本低，因为它的压力腔容积变化比较大，因此不易受压力波动的影响。它的缺点是液压力直接与弹簧力平衡，弹簧刚度较大，因此重复精度和灵敏度较低，误差为调定压力的 1.5％～2.5％。

第四节 流量控制阀

流量控制阀简称流量阀，它通过改变阀通流面积的大小来调节液阻和输出流量，从而控制执行元件的运动速度。常用的流量控制阀有节流阀、调速阀、溢流节流阀和分流集流阀。

对流量阀的主要要求是：具有足够的流量调节范围，能获得较低的最小稳定流量，温度和压力变化对流量的影响小，调节方便，泄漏小。

一、节流阀

1. 流量控制原理

（1）节流口的流量特性　节流口的流量特性决定于节流口的结构形式。由于实际应用中的节流口既不是薄壁孔也不是细长孔，故其流量特性介于薄壁孔和细长孔之间，可以综合地用下式表示

$$q=CA\Delta p^{m} \tag{5-6}$$

式中 C——由节流口形状、液流状态、油液性质等因素决定的系数，具体数值由实验得出；

A——节流口的通流面积，m^2；

Δp——节流口前后的压力差，Pa；

m——节流口指数，$m=0.5\sim1$，薄壁孔 $m=0.5$，细长孔 $m=1$。

由式（5-6）可知，当系数 C、压力差 Δp 和指数 m 一定时，只要改变节流口面积 A，就可调节通过阀口的流量。

（2）流量稳定性　液压系统在工作时，节流口大小调节好后，流量 q 最好稳定不变，但实际上流量总会有变化，特别是小流量时，流量稳定性与节流压差、油液温度以及节流口形状等有关。

① 压差变化对流量稳定性的影响　由流量公式 $q=CA\Delta p^{m}$ 可知，当外负载变化时，节流阀前后的压差 Δp 将发生变化，由此引起通过节流阀流量的变化，从而导致执行元件运动速度的变换。因此，节流阀常用于定载场合。

② 温度对流量的影响　温度变化时，油液的黏度和密度都要改变。对于细长孔，通过它的流量受黏度的影响较大，而油液黏度对温度很敏感。因此，通过细长孔的流量对温度变化很敏感。而温度对薄壁小孔的流量基本没有影响，只受液体密度变化的影响，故精密节流阀大都采用薄壁小孔。

③ 节流口形状对流量的影响　能够维持最小稳定流量是流量阀的一个重要性能，该值越小，表示该流量阀稳定性越好。实践证明，最小稳定流量与节流口形状有关，截面水力半径 R 越大，则阀在小流量下的稳定性越好。节流口的形式很多，图 5-23 所示为常见的几种。图（a）为偏心式节流口，在阀芯上开有一个截面为三角形（或矩形）的偏心槽，当转动阀芯时，就可以调节通流截面大小而调节流量。图（c）为针阀式节流口，针阀阀芯做轴向移动时，改变环形通流截面积的大小，从而调节了流量。这两种形式的节流口结构简单，制造容易，但节流口容易堵塞，流量不稳定，适用于性能要求不高的场合。图（b）为轴向三角槽式节流口，在阀芯端部开有一个或两个斜的三角沟槽，轴向移动阀芯时，通过改变三角槽通流截面积的大小，可调节流量。图（d）为周向缝隙式节流口，阀芯上开有狭缝，油液可以通过狭缝流入阀芯内孔，然后由左侧孔流出，转动阀芯就可以改变缝隙的通流截面积。图

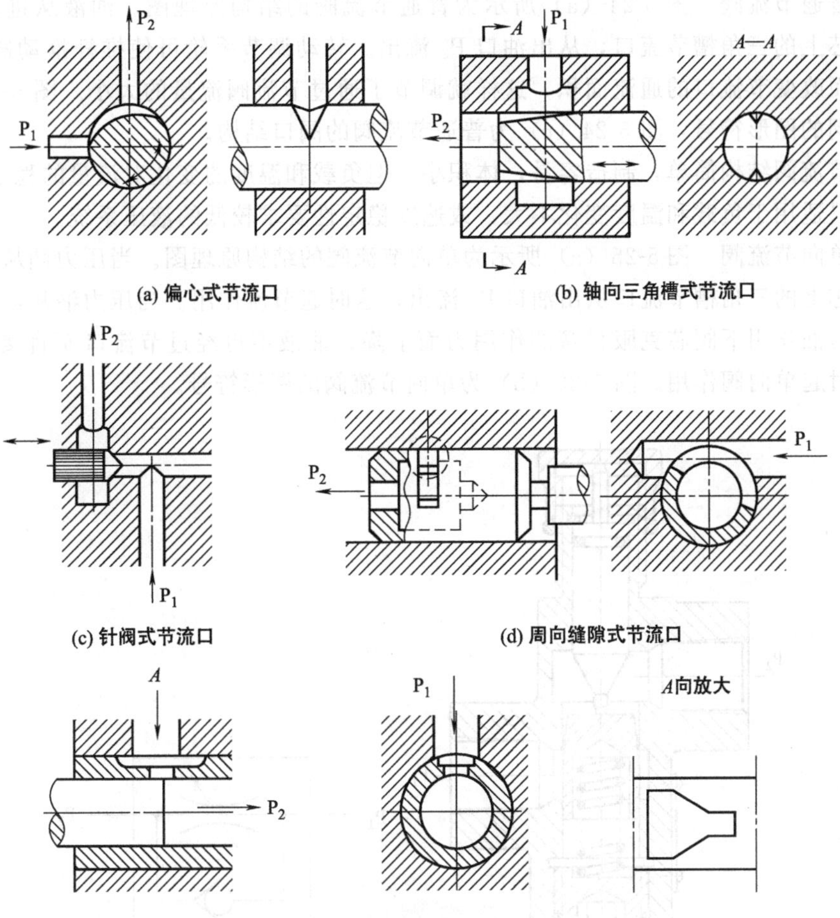

图 5-23　常见节流口形式

(e) 为轴向缝隙式节流口，在套筒上开有轴向缝隙，轴向移动阀芯即可改变缝隙的通流面积大小，以调节流量。这三种节流口性能较好，尤其是轴向缝隙式节流口，其节流通道厚度可薄到 0.07～0.09mm，可以得到较小的稳定流量。

2. 节流阀的典型结构

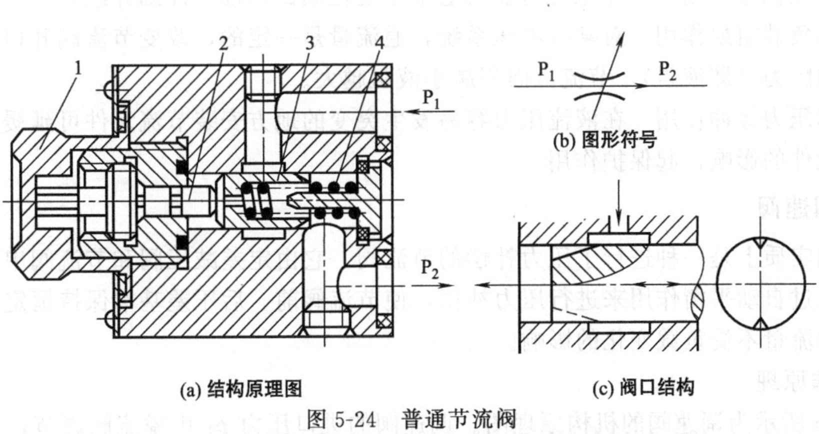

图 5-24　普通节流阀

1—调节手轮；2—推杆；3—阀芯；4—弹簧

(1) 普通节流阀　图 5-24 (a) 所示为普通节流阀的结构原理图。油液从进油口 P_1 进入，经阀芯上的三角槽节流口，从出油口 P_2 流出。转动调节手轮可使推杆推动阀芯做轴向移动，从而改变节流口的通流面积，这样就调节了通过节流阀流量的大小。图 5-24 (b) 为普通节流阀的图形符号，图 5-24 (c) 为普通节流阀的阀口结构。

普通节流阀结构简单，制造容易，体积小，但负载和温度的变化对流量的稳定性影响较大，因此只适用于负载和温度变化不大，或速度稳定性要求较低的液压系统。

(2) 单向节流阀　图 5-25 (a) 所示为单向节流阀的结构原理图。当压力油从油口 P_1 进入，经阀芯上的三角槽节流口从出油口 P_2 流出，这时起节流作用。当压力油从油口 P_2 进入时，在压力油作用下阀芯克服弹簧的作用力而下降，油液不再经过节流口而直接从油口 P_1 流出，这时起单向阀作用。图 5-25 (b) 为单向节流阀的图形符号。

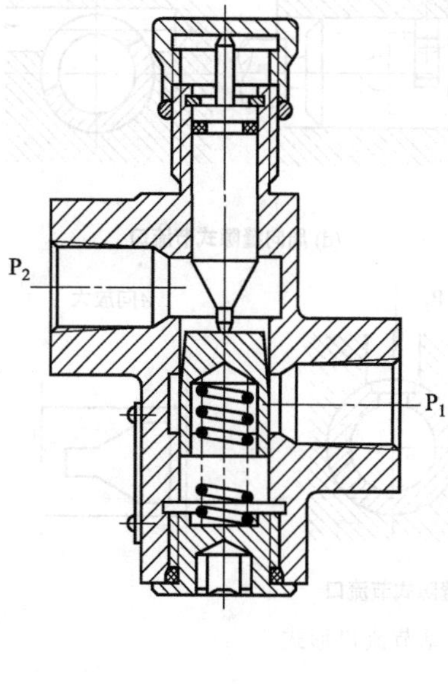

(a) 结构原理图

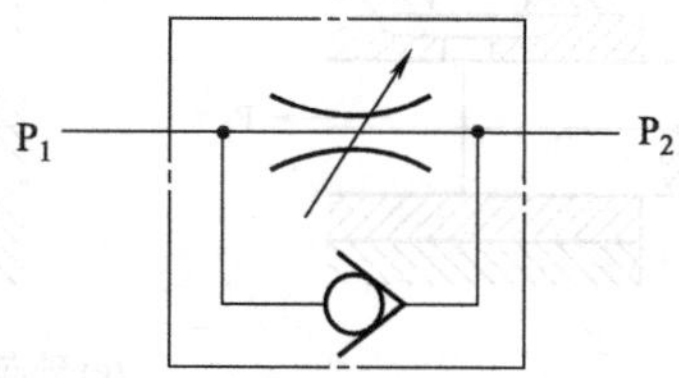

(b) 图形符号

图 5-25　单向节流阀

3. 节流阀的应用

(1) 节流调速作用　调速原理将在第七章速度控制回路部分详细介绍。

(2) 起负载阻尼作用　对某些液压系统，通流量是一定的，改变节流阀开口面积将改变液体流动的阻力 (即液阻)，节流口面积越小液阻越大。

(3) 起压力缓冲作用　在液流压力容易发生突变的地方安装节流元件可延缓压力突变对后续液压元件的影响，起保护作用。

二、调速阀

调速阀实质上是一种进行了压力补偿的节流阀。它由定差减压阀和节流阀串联而成。定差减压阀通过自动平衡作用来进行压力补偿，使节流阀前、后压差基本保持恒定，从而使通过节流阀的流量不受负载变化的影响。

1. 工作原理

图 5-26 所示为调速阀的机构原理图。调速阀的进口压力 p_1 由溢流阀调节，工作时基本保持恒定。压力油 p_1 进入调速阀后，先经过定差减压阀的阀口 X 后压力降为 p_2，然后经节

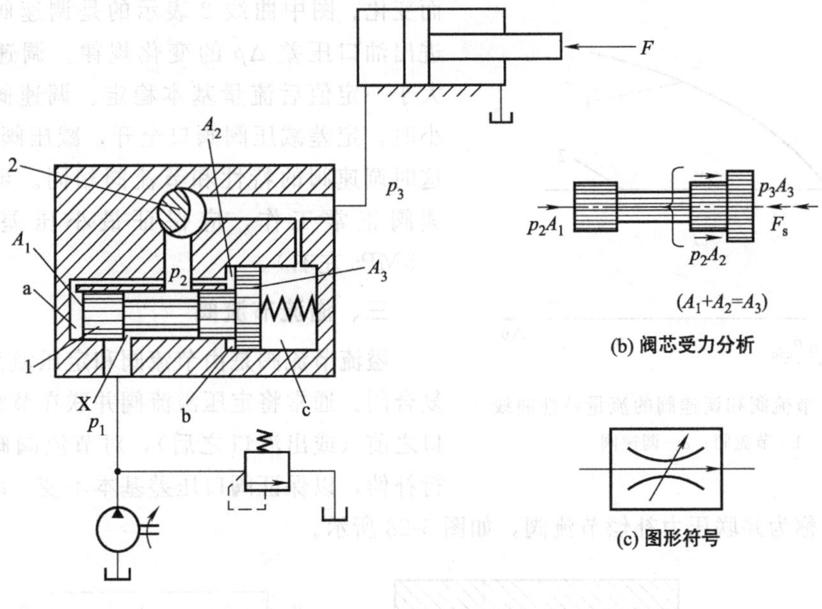

(a) 结构原理图

图 5-26 调速阀的结构原理图

1—定差减压阀阀芯；2—节流阀阀芯

流阀流出，其压力为 p_3。节流阀前点压力为 p_2 的油液经内部通道进入定差减压阀的 a 腔和 b 腔；而节流阀后点压力为 p_3 的油液经内部通道进入定差减压阀的 c 腔。当减压阀阀芯在弹簧力 F_s、液压力 p_2 和 p_3 的作用下处于某一平衡位置时（忽略摩擦力、液动力），其受力平衡方程为

$$p_2A_1+p_2A_2=p_3A_3+F_s$$

式中，A_1、A_2、A_3 分别为 a 腔、b 腔和 c 腔内液压油作用于阀芯的有效面积，且 $A_3=A_1+A_2$，故

$$p_2-p_3=\Delta p=\frac{F_s}{A_3} \tag{5-7}$$

因为弹簧刚度较低，且工作过程中减压阀阀芯位移较小，可认为弹簧力 F_s 基本保持不变，故节流阀两端压差不变，可保持通过节流阀的流量稳定。

若调速阀出口处油压 p_3 由于负载变化而增加，则作用在阀芯右端的力也随之增加，阀芯失去平衡而左移，于是开口 X 增大，液阻减小（即减压阀的减压作用减小），使 p_2 也随之增加，直到阀芯在新的位置上得到平衡为止。因此，当 p_3 增加时，p_2 也随之增加，其差值 $\Delta p=p_2-p_3$ 基本保持不变。同理，当 p_3 减小时，p_2 也随之减小，故 $\Delta p=p_2-p_3$ 仍保持不变。由于定差减压阀自动调节液阻，使节流阀前、后的压差保持不变，从而保持流量的稳定。

2. 调速阀的流量特性

图 5-27 所示为节流阀和调速阀的流量特性曲线。图中曲线 1 表示的是节流阀的流量与进、出油口压差 Δp 的变化规律。根据流量公式 $q=CA\Delta p^m$ 可知，节流阀的流量随压差变化

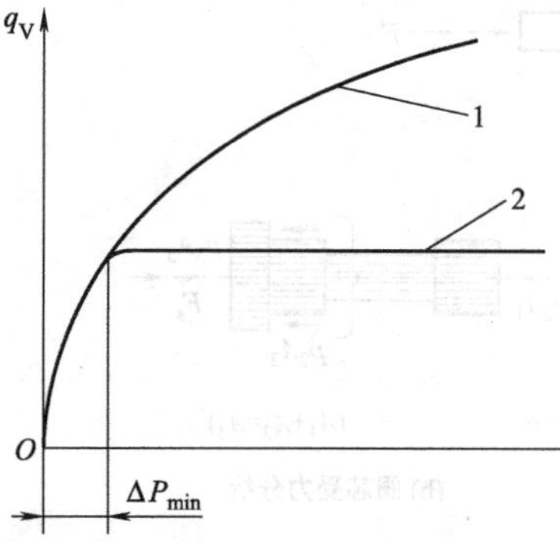

图 5-27 节流阀和调速阀的流量特性曲线

1—节流阀；2—调速阀

而变化。图中曲线 2 表示的是调速阀的流量与进出油口压差 Δp 的变化规律。调速阀在压差大于一定值后流量基本稳定。调速阀在压差很小时，定差减压阀阀口全开，减压阀不起作用，这时调速阀的特性和节流阀相同。可见要使调速阀正常工作，应保证最小压差（一般为 0.5MPa 左右）。

三、溢流节流阀

溢流节流阀是由节流阀和定压溢流阀组成的复合阀。通常将定压溢流阀并联在节流阀的进液口之前（或出液口之后），对节流阀阀口压力进行补偿，以保证阀口压差基本不变。因此这种溢流节流阀又称为并联压力补偿节流阀，如图 5-28 所示。

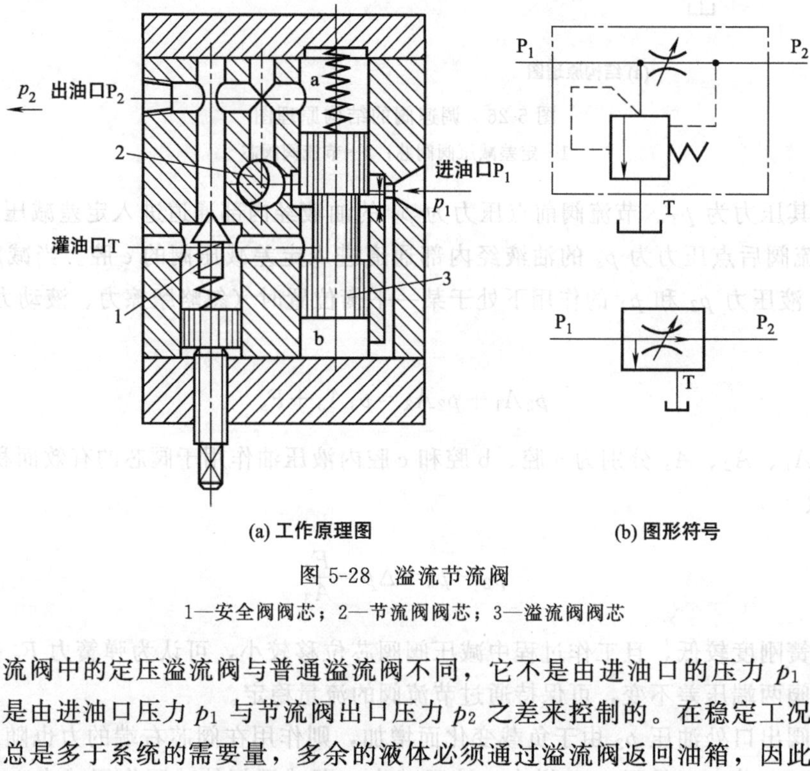

(a) 工作原理图 (b) 图形符号

图 5-28 溢流节流阀

1—安全阀阀芯；2—节流阀阀芯；3—溢流阀阀芯

溢流节流阀中的定压溢流阀与普通溢流阀不同，它不是由进油口的压力 p_1 控制溢流口的大小，而是由进油口压力 p_1 与节流阀出口压力 p_2 之差来控制的。在稳定工况时，液压泵的输出流量总是多于系统的需要量，多余的液体必须通过溢流阀返回油箱，因此溢流阀阀口总是开启的，其开口量为 x，于是由溢流阀阀芯的受力平衡方程式为

$$p_1A_1=p_2A_1+K(x+x_0)$$

可得

$$\Delta p=p_1-p_2=\frac{K(x+x_0)}{A_1} \tag{5-8}$$

式中 A_1——溢流阀阀芯两端的有效作用面积；

K——溢流阀弹簧的刚度；

x_0——溢流阀弹簧的预压缩量。

显然，由溢流阀弹簧力所决定的压差 Δp 就是节流阀阀口的压差，由上式可知 Δp 值可以近似看成常数。因此，当节流阀阀口的通流面积 A 调定时，它的通过流量 Q 也基本保持恒定。如果由于系统负载增加而使 p_2 上升，那么 Δp 就相应减小，这时溢流阀阀口随之减小，压力 p_1 上升，于是 Δp 自动回升；反之，当 p_2 减小时，则 Δp 增大，溢流阀口增大，于是 p_1 随之减小，Δp 又自动下降。并联溢流阀就是这样自动调节其入口压力 p_1（即节流阀口的入口压力），使节流阀阀口的压差 Δp 基本保持恒定，它的可能波动范围与调速阀相同。

由溢流节流阀的工作原理可知，在使用它的系统中，液压泵的输出压力不是常数，而是随系统载荷变化而改变的变量，因此系统的效率较高。另外，在使用溢流节流阀的系统中，必须设置安全阀，防止因压力 p_2 过大而损坏系统和元件。通常都将此安全阀直接装在溢流节流阀内，作成一个单一的组合元件，如图 5-28 中的1所示。

四、分流集流阀

分流集流阀用来保证多个执行元件速度同步的流量控制阀，又称为同步阀。分流集流阀包括分流阀、集流阀和分流集流阀三种不同控制类型。下面简单介绍分流阀的工作原理。

分流阀安装在执行元件的进口，保证进入执行元件的流量相等。图 5-29 所示为分流阀的结构原理图。它由两个固定节流孔 1、2、阀体 5、阀芯 6 和两个对中弹簧 7 等主要零件组成。对中弹簧保证阀芯处于中间位置，两个可变节流口 3、4 的过流面积相等（液阻相等）。阀芯的中间台肩将阀分成完全对称的左、右两部分，位于左边的油室 a 通过阀芯上的轴向小孔 c 与阀芯右端弹簧腔相通，位于右边的油室 b 通过阀芯上的另一轴向小孔 d 与阀芯左端弹簧腔相通。液压泵来油 p_p 经过液阻相等的固定节流孔 1 和 2 后，压力分别为 p_1 和 p_2，然后经可变节流口 3 和 4 分成两条并联支路Ⅰ和Ⅱ（压力分别为 p_3 和 p_4），通往两个几何尺寸完全相同的执行元件。当两个执行元件的负载相等时，两出口压力 $p_3=p_4$，则两条支路的进出口压力差相等，因此输出流量相等，两执行元件同步。

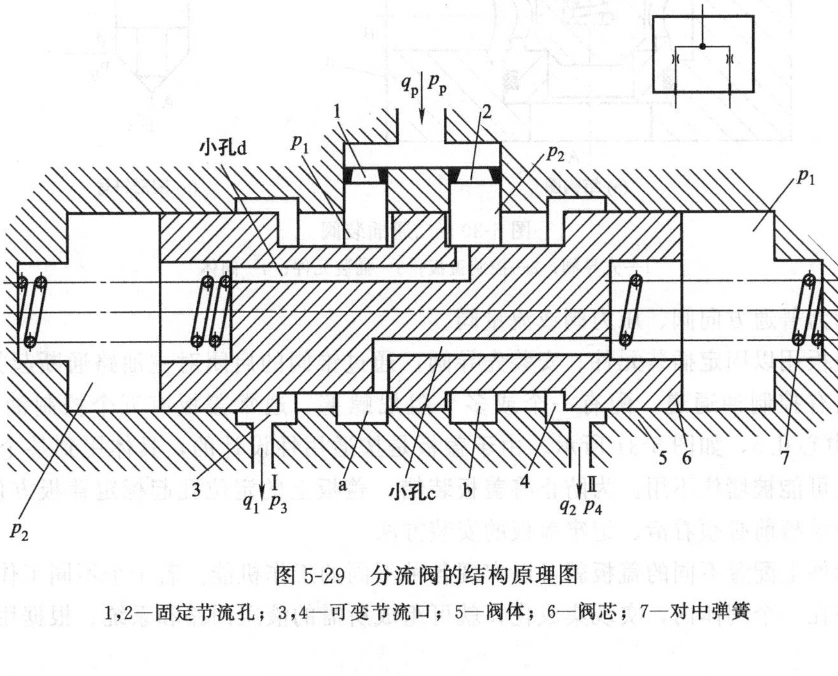

图 5-29　分流阀的结构原理图

1，2—固定节流孔；3，4—可变节流口；5—阀体；6—阀芯；7—对中弹簧若执行元件的负载变化导致出口压力 p_3 增大，势必引起 p_1 增大，使输出流量 $q_1 < q_2$，导致执行元件的速度不同步。同时由于 $p_1 > p_2$，压力差使阀芯向左移动，可变节流口 3 的通流面积增大、液阻减小，于是 p_1 减小；可变节流口 4 的通流面积减小，液阻增大，于是 p_2 增大。直至 $p_1 = p_2$，阀芯受力重新平衡，阀芯稳定在新的位置。此时，两个可变节流口的通流面积不相等，两个可变节流口的液阻也不等，但恰好能保证两个固定节流孔前后的压力差相等，保证两个出油口的流量相等，使执行元件的速度恢复同步。

第五节　二通插装阀

插装阀又称插装式锥阀或逻辑阀，是一种结构简单，标准化、通用化程度高，通油能力大，液阻小，密封性能和动态特性好的新型液压控制阀。

一、二通插装阀的基本结构

图 5-30 所示为二通插装阀。二通插装阀是将插装元件 3 插到特别设计加工的阀体 4 内，配以控制盖板 2、先导阀 1 组成的一种多功能复合阀，因每个插装元件有且只有两个主油路通道 A、B，故称为二通插装阀。阀芯正面的通道口称为 A 口，阀芯环侧面的通道口称为 B 口。

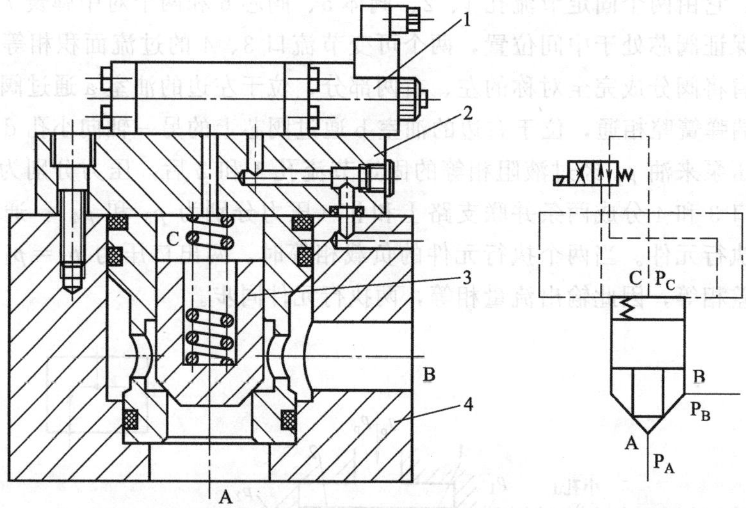

(a) 结构图　　(b) 图形符号

图 5-30　二通插装阀

1—先导阀；2—控制盖板；3—插装元件；4—阀体

先导阀为普通方向阀、压力阀或流量阀。

控制盖板用以固定插装元件、安装先导阀，通过锥阀的启闭对主油路通断起控制作用。控制盖板内有控制油通道，配有一个或多个阻尼螺塞。通常盖板有五个控制油孔 X、Y、Z_1、Z_2 和中心孔 a，如图 5-31 所示。由于盖板是按通用性设计的，具体用到某个控制油路上时有的孔可能被堵住不用。为防止将盖板装错，盖板上的定位孔起标定盖板方位的作用。另外，拆卸盖板前必须看清、记牢盖板的安装方法。

插装元件上配置不同的盖板就可以实现各种不同的工作机能。若干个不同工作机能的插装元件组装在一个阀体内，实现集成化，就可组成所需的液压回路和系统。根据用途不同插装元件分为方向阀元件、压力阀元件和流量阀元件，如图 5-32 所示。同一通径的三种组件安装尺寸相同，但阀芯的结构形式和阀套座直径不同。

阀体是嵌入插装元件、安装控制盖板和其他控制阀、沟通主油路与控制油路的基本阀体。

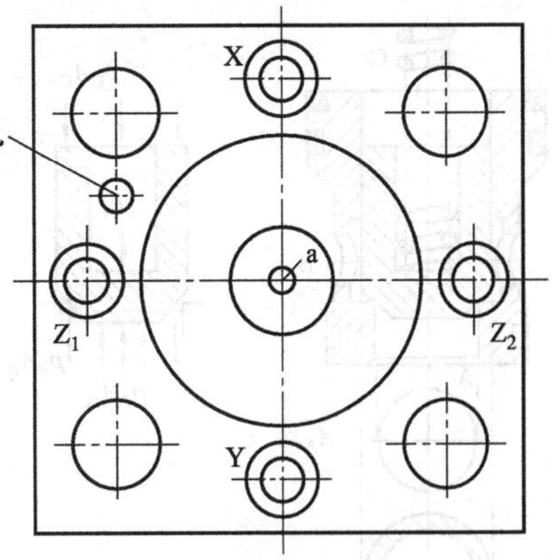

图 5-31　控制盖板

二、二通插装阀工作原理

主阀单元受力图如图 5-33 所示。其工作状态是由作用在阀芯上合力的大小和方向决定的，当不计阀芯重量和摩擦阻力时，控制阀芯动作的合力为

$$\sum F=p_{C}A_{C}-p_{A}A_{A}-p_{B}A_{B}+F_{t} \tag{5-9}$$

式中　p_A，p_B，p_C——主油路 A、B 和控制油路 C 的压力；

A_A，A_B，A_C——工作腔 A、B、C 的作用面积，且 $A_C=A_A+A_B$；

F_t——弹簧力。

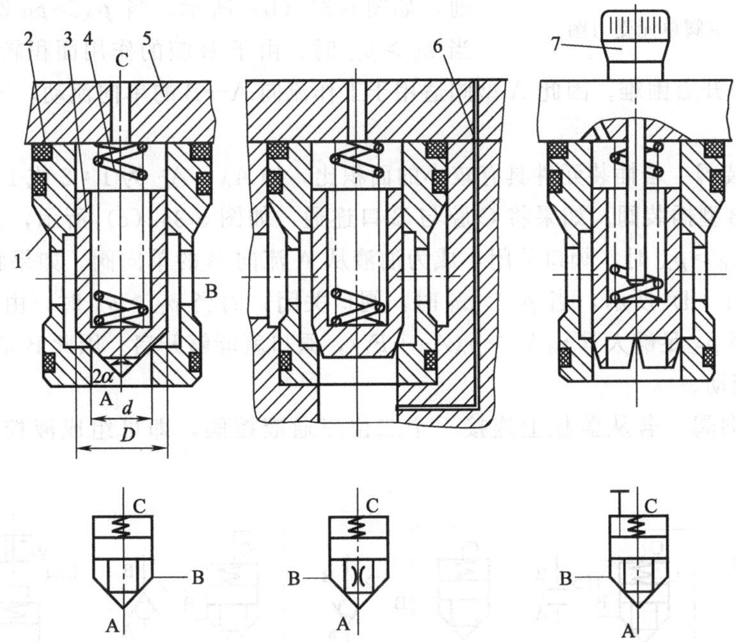

(a) 方向阀元件　(b) 压力阀元件　(c) 流量阀元件

图 5-32　插装元件结构形式

1—阀套；2—密封圈；3—阀芯；4—弹簧；

5—盖板；6—阻尼孔；7—阀芯行程调节杆

当合力为正，即 $p_CA_C+F_t>p_AA_A+p_BA_B$ 时，阀芯下移，阀口关闭；当合力为负，即 $p_CA_C+F_t<p_AA_A+p_BA_B$ 时，阀芯上移，阀口开启；当合力为零时，阀芯处于平衡位置。实际工作时，阀芯的受力状况是通过油口 C 的通油方式（由先导阀改变油口的通油方式）控制的：油口 C 通回油箱时，阀口开启；油口 C 与进油口相通时，阀口关闭。

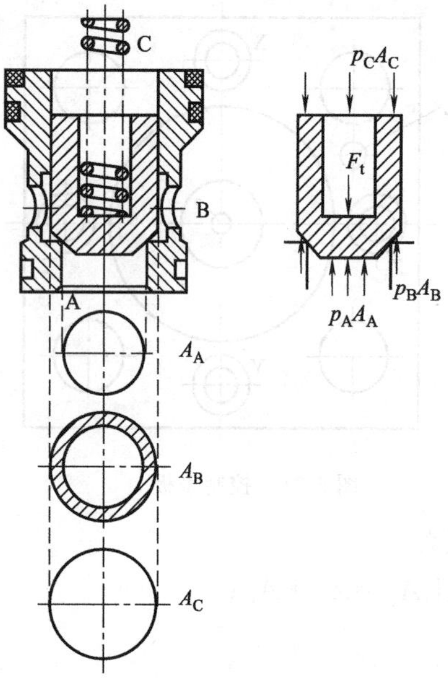

图 5-33　主阀单元受力图

三、插装阀的应用

1. 插装方向控制阀

插装方向控制阀中的先导阀是小通径的电磁换向阀。

(1) 作方向阀用　将插装元件的 C 腔（即控制盖板上的 a 孔）与 A 口或 B 口连通，即成为方向阀。连接方法不同，其导通方式也不同。

① A 型插装阀　如图 5-34（a）所示，若插装元件具有较大的面积比，如 $A_A : A_C$ 为 1∶1.1，即阀芯 A 具有较大的工作面积，其阀口直径也相应较大，此类二通插装阀称为 A 型插装阀。如果将 C 腔与 B 口连通，当 $p_A > p_B$ 时，阀芯可在压差的作用下克服弹簧力上移，阀口开启；而当 $p_B > p_A$ 时，阀口关闭，成为油液从 A 流向 B 的单向阀。如果将 C 腔与 A 口连通，如图 5-34（b）所示，当 $p_A > p_B$ 时，阀口关闭；当 $p_B > p_A$ 时，由于 B 腔的作用面积较小，阀的开启压力较高，阀口开启困难。因此 A 型阀适用于工作流向 A→B 的单向流动，不宜用于 B→A 的流动。

② B 型插装阀　若插装元件具有较小的面积比，如 $A_A : A_C$ 为 1∶2 或 1∶1.5，此类二通插装阀称为 B 型插装阀。如果将 C 腔与 B 口连通，如图 5-34（c）所示，当 $p_A > p_B$ 时，阀口开启；当 $p_B > p_A$ 时，阀口关闭，成为油液从 A 流向 B 的单向阀。如果将 C 腔与 A 口连通，如图 5-34（d）所示，当 $p_A > p_B$ 时，阀口关闭；而当 $p_B > p_A$ 时，由于 B 腔的作用面积较大，只要 p_B 足够大（$p_BA_B > p_AA_B + F_t$），阀口就能够开启。因此 B 型阀可用于工作流向 B→A 的流动。

③ 液控单向阀　若从盖板上连接一个二位三通液控阀，即可组成液控单向阀，如图 5-34（e）所示。

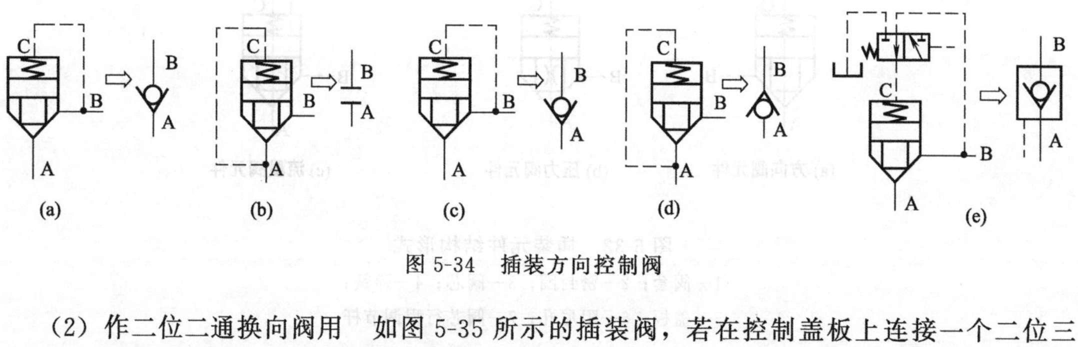

图 5-34　插装方向控制阀

(2) 作二位二通换向阀用　如图 5-35 所示的插装阀，若在控制盖板上连接一个二位三通电磁阀，即可成为二位二通电液换向阀。图 5-35（a）所示的控制压力由 A 口引出，如果先导阀电磁铁不通电时，C 腔通油箱，阀芯开启，可实现高压口向低压口的流动，即双向流动。若先导阀电磁铁通电，由图 5-34（d）可知，液流只能从 B 口向 A 口流动。

图 5-35（b）的控制压力由 B 口引出，如果先导阀电磁铁不通电，C 腔通油箱，阀芯开启，可实现双向流动。若先导阀电磁铁通电，由图 5-34（c）可知，液流只能从 A 口流向

B口。

图 5-35（c）的控制压力从A、B口同时引出，通过控制盖板带的内装梭阀进行压力比较，即控制腔C的压力始终为A、B两油口中压力较高者，故先导阀电磁铁不通电时，C腔与油箱连通，阀芯开启，可实现双向流动。先导阀电磁铁通电时，阀芯关闭，A口与B口断开。

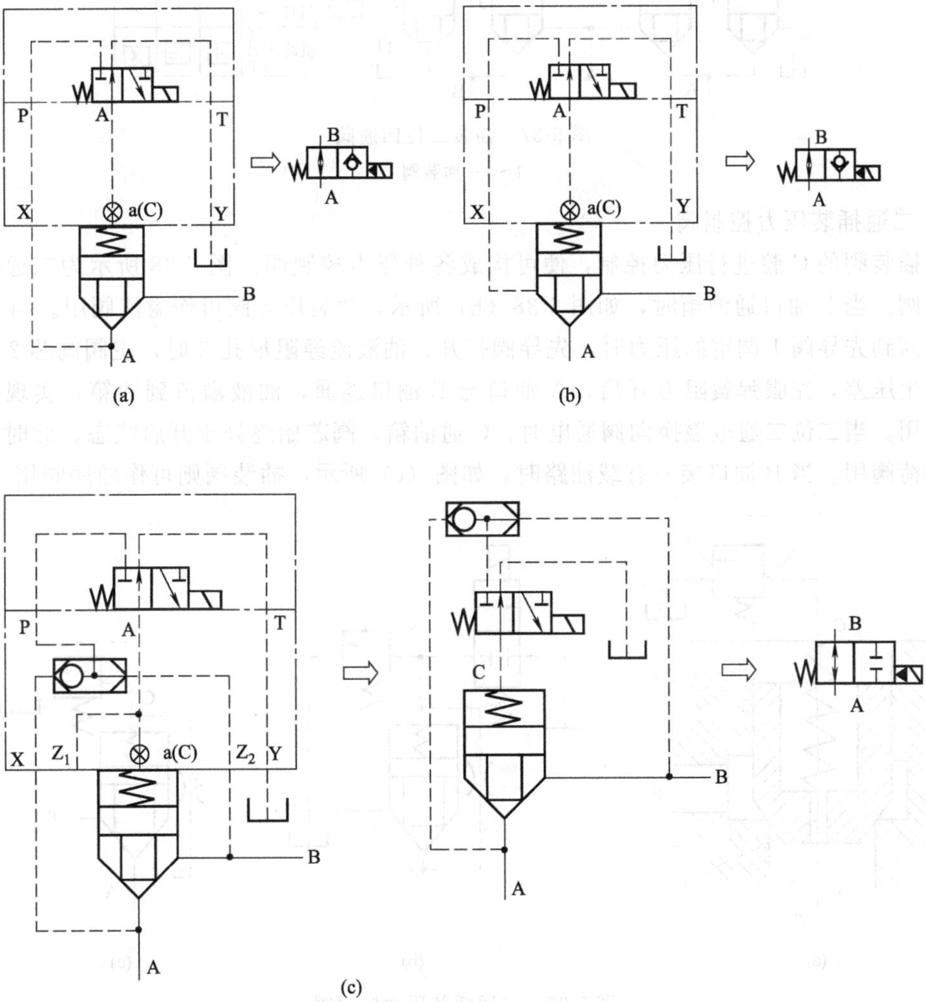

图 5-35　插装二位二通换向阀

（3）组合成三通换向阀　将两个插装阀和一个电磁先导阀组合，可构成一个二位三通阀。如图 5-36 所示，插装阀 1 的控制口与油箱连通，故 A 与 T 相通；插装阀 2 的控制口与 P 口连通，而 A 与 T 相通，故 A 与 P 断开。当电磁阀通电时，插装阀 1 的控制口与 P 连通，故 A 与 T 断开；插装阀 2 的控制口与油箱连通，故 A 与 P 相通。

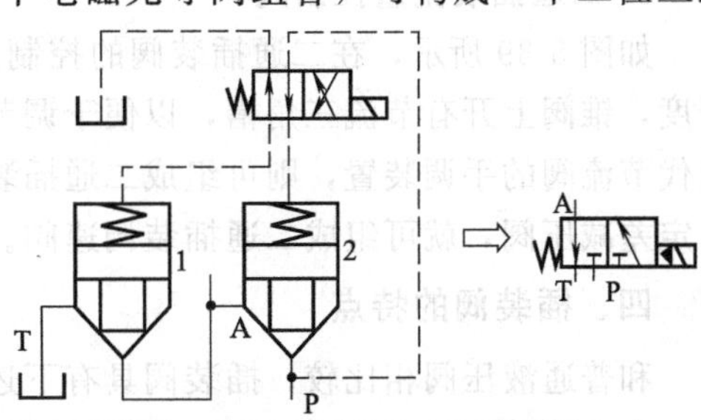

图 5-36　插装二位三通阀
1，2—插装阀

（4）组合成四通换向阀　将四个插装阀和两个电磁先导阀组合，可构成四通阀。如图

5-37所示，插装阀1、3的控制口与油箱连通，同时插装阀2、4的控制口与液压源连通。四通阀的工作状态数取决于先导换向阀的工作位置数。

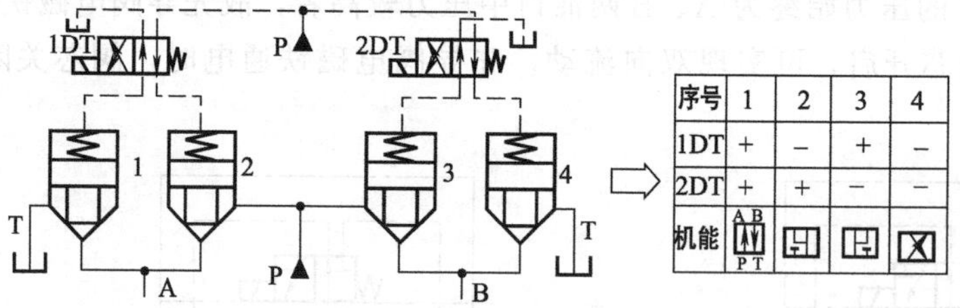

图 5-37　插装二位四通阀
1～4—插装阀

2. 二通插装压力控制阀

对插装阀的C腔进行压力控制，便可构成各种压力控制阀。图5-38所示为二通插装压力控制阀。当B油口通油箱时，如图5-38（b）所示，插装压力阀可作溢流阀用。当A油口油压升高到先导阀1调定的压力时，先导阀打开，油液流经阻尼孔3时，主阀阀芯2的上下两端产生压差，克服弹簧阻力开启，A油口与B油口连通，油液溢流到油箱，实现溢流稳压的作用。当二位二通电磁换向阀通电时，C通油箱，阀芯始终处于开启状态，此时插装阀可作卸荷阀用。当B油口接一有载油路时，如图（c）所示，插装阀则可作顺序阀用。

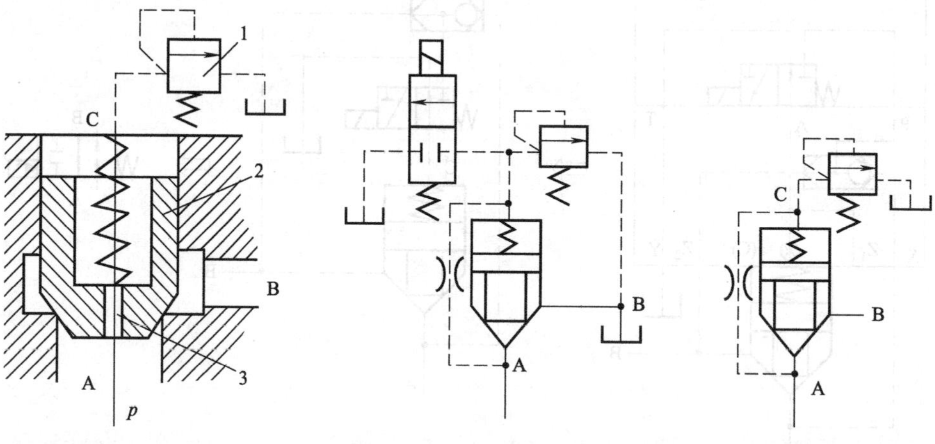

图 5-38　二通插装压力控制阀
1—先导阀；2—主阀阀芯；3—阻尼孔

3. 二通插装流量控制阀

如图5-39所示，在二通插装阀的控制盖板上增加阀芯行程调节器，以调节锥阀阀口的开度，锥阀上开有节流三角槽，以便于调节开口大小，这就构成了节流阀。若用比例电磁铁取代节流阀的手调装置，则可组成二通插装电液比例节流阀。若在二通插装节流阀前串联一个定差减压阀，就可组成二通插装调速阀。

四、插装阀的特点

和普通液压阀相比较，插装阀具有下述优点。

① 结构紧凑，通流能力强，用通径很小的先导阀与之配合，便可构成通径很多的各种二通插装阀，特别适用于大流量的场合。

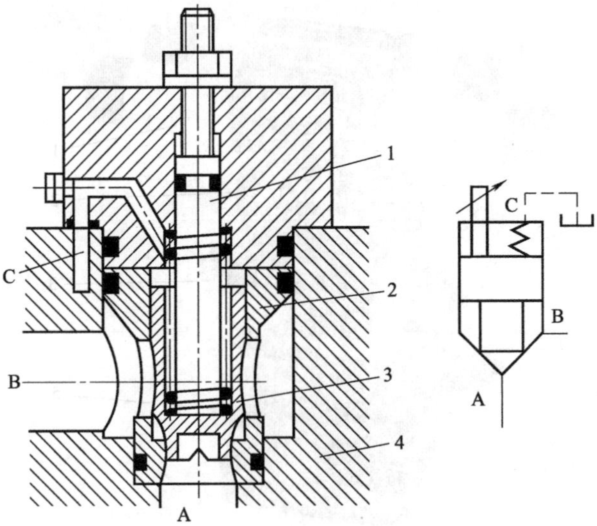

图 5-39 二通插装流量控制阀

1—阀芯行程调节器；2—阀套；3—主阀阀芯；4—阀体

② 阀芯为锥阀，动作灵敏，抗堵塞能力强。

③ 密封性好，泄漏小，便于无管连接，先导阀功率小，具有明显的节能效果。

④ 不同的阀有相同的插装主阀，一阀多能，易于实现标准化。

插装阀易实现无管化、少管化连接，目前在液压压力机、塑料成形机械、压铸机等高压大流量系统中应用广泛。

第六节 叠 加 阀

叠加阀是在板式阀集成化的基础上发展起来的一种新型液压元件，以液压操作的集成化为目的，把各种不同功能的阀积聚在一起，不需要各阀间的配管相连接的一种回路构成。在配置形式上和板式阀、插装阀截然不同。

一、叠加阀的构造

叠加阀（叠加式液压阀）的工作原理与一般液压阀基本相同，但在整体结构和连接尺寸上则不相同，自成系列，现有五个通径系列：ϕ6mm、ϕ10mm、ϕ16mm、ϕ20mm、ϕ32mm。每一种通径系列的叠加阀，其主油路通道和螺钉孔的大小、位置、数量都与相应通径的板式换向阀相同。因此，同一通径的叠加阀，只要按一定次序叠加起来，加上电磁控制换向阀（不属于叠加阀），即可组成各种典型液压系统，通常一组叠加阀的液压回路只控制一个执行器。图 5-40 所示为叠加阀装置。图 5-40（a）为叠加阀集成化构造图，图 5-40（b）为其液压系统图。若将几个安装底板块（也都具有相互连通的通道）横向叠加在一起，即可组成控制几个执行器的液压系统。

单个叠加阀的工作原理与普通阀完全相同，所不同的是每个叠加阀有四个油口 P、T、A、B，且上下贯通，阀的上下面为安装面，阀的进出油口分别在这两个面上。所有四条流道都通过每个阀，为了便于理解，要记住每条管路的流动方向，如图 5-40（c）所示。换向阀安装在最上方，对外连接的油口开在最下边的底板上。

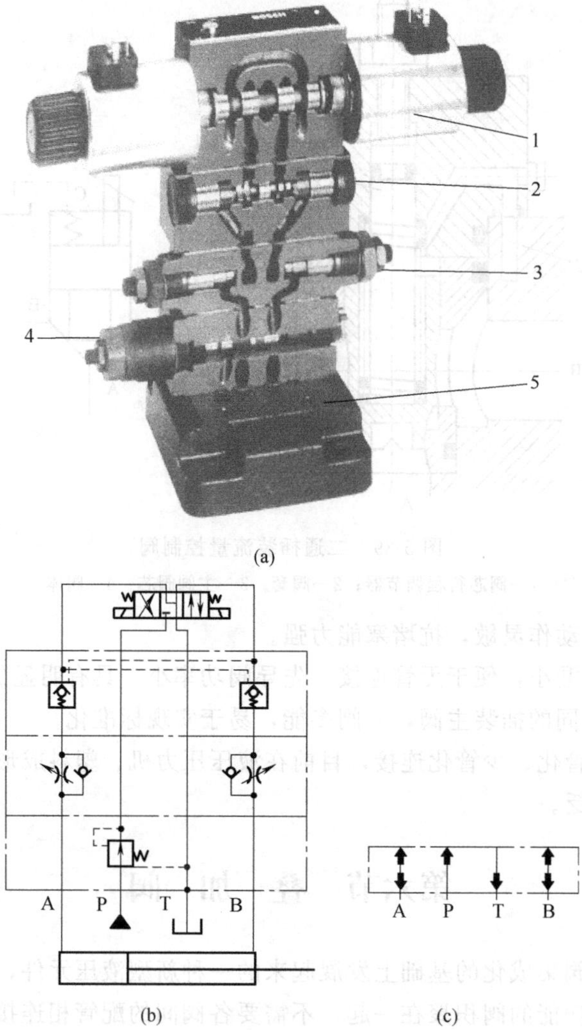

图 5-40 叠加阀装置

1—换向阀；2—叠加式双向液压锁；3—叠加式双口单向节流阀；4—叠加式减压阀；5—底板

二、叠加阀的工作原理与典型结构

图 5-41 所示为叠加式溢流阀，由主阀和先导阀组成。当油液从 P 口进入叠加式溢流阀时，一部分油液进入 e 腔，经阻尼 d 孔、a 孔作用在先导阀阀芯 3 上。当 P 口油液压力高于弹簧 2 的预调压力时，先导阀阀口开启，使主阀阀芯 7 两端形成压力差，主阀阀芯在此压差作用下克服主阀弹簧 5 的阻力开启，达到溢流稳压作用。

三、叠加阀的特点

由叠加阀组成的系统，不但节省电力、资源，而且在装置小型化、提高可靠性等方面均有许多优点，但也有缺点。

① 标准化、通用化、集成化程度高，设计、加工、装配周期短。

② 用叠加阀组成的液压系统结构紧凑，体积小，重量轻，外形整齐美观。

③ 配置灵活。由于采用了叠加、螺栓装卸方式，所以回路结构以及回路变换、追加都

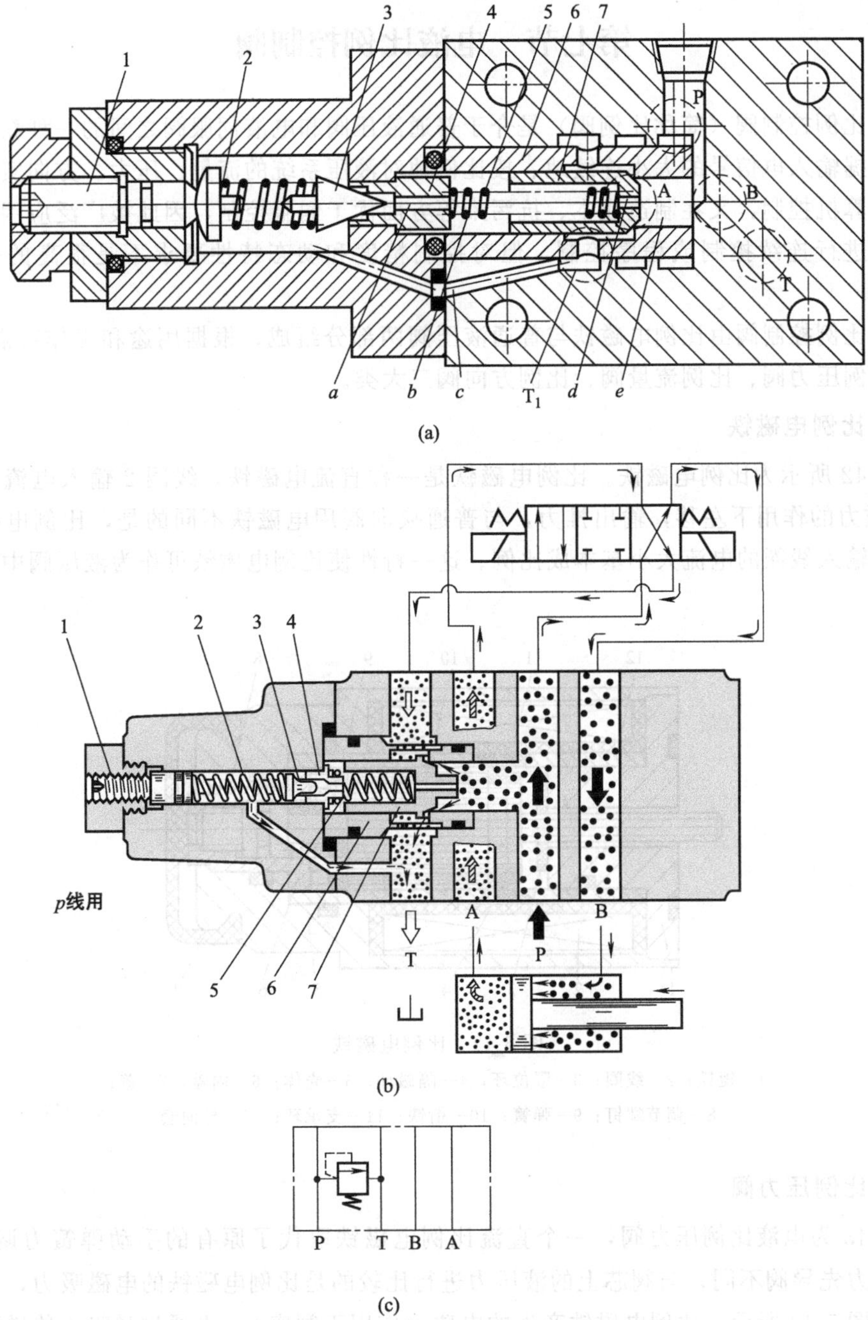

图 5-41　叠加式溢流阀

1—推杆；2—先导阀弹簧；3—先导阀阀芯；4—先导阀阀座；
5—主阀弹簧；6—主阀阀座；7—主阀阀芯

能够简单迅速地进行。

④ 因不用油管连接，接头少，压力损失小，漏油少，振动小，噪声小，动作平稳，使用安全可靠，维修容易。

⑤ 回路形式较少，通径较小，品种规格尚不能满足较复杂和大功率液压系统的需要。

第七节 电液比例控制阀

电液比例控制阀（简称比例阀）是介于普通液压阀和电液伺服阀之间的一种新阀种。它既可以根据输入电信号的大小连续地、按比例地对液压系统的流量、压力、方向实现远距离控制、计算机控制，又在制造成本、抗污染等方面优于伺服控制，因此被广泛应用于要求对液压参数进行连续控制或程序控制，但对控制精度和动态特性要求不是很高的一般工业部门。

电液比例控制阀由比例电磁铁与普通液压阀两部分组成，根据用途和工作特点的不同，可分为比例压力阀、比例流量阀、比例方向阀三大类。

一、比例电磁铁

图 5-42 所示为比例电磁铁。比例电磁铁是一种直流电磁铁，线圈 2 输入电流时，衔铁 10 在电磁力的作用下左移，输出推力，与普通换向阀用电磁铁不同的是，比例电磁铁的输出推力与输入线圈的电流大小基本成比例。这一特性使比例电磁铁可作为液压阀中的信号给定元件。

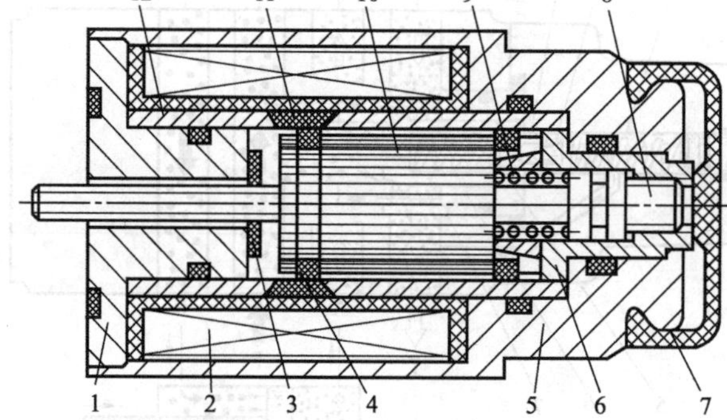

图 5-42 比例电磁铁

1—轭铁；2—线圈；3—限位环；4—隔磁环；5—壳体；6—内盖；7—盖；8—调节螺钉；9—弹簧；10—衔铁；11—支承环；12—导向套

二、比例压力阀

图 5-43 为电液比例压力阀，一个直流比例电磁铁取代了原有的手动弹簧力调节组件。与普通压力先导阀不同，与阀芯上的液压力进行比较的是比例电磁铁的电磁吸力，而不是弹簧力。如图 5-43 所示，比例电磁铁产生的电磁力作用于阀座 3，再通过弹簧 4 传递到锥阀阀芯 5 上。这里的弹簧 4 是传力弹簧，只起传递电磁力的作用，无压缩量。电磁力越大，推开锥阀阀芯的压力要求越大。只要连续地调节输入电流，就能连续地、按比例控制锥阀的开启压力 p。

这种电液比例压力阀可作为直动式压力阀使用，也可作为压力先导阀，与普通溢流阀、减压阀、顺序阀的主阀组合可构成电液比例溢流阀、电液比例减压阀和电液比例顺序阀。

三、比例流量阀

1. 无反馈比例流量阀

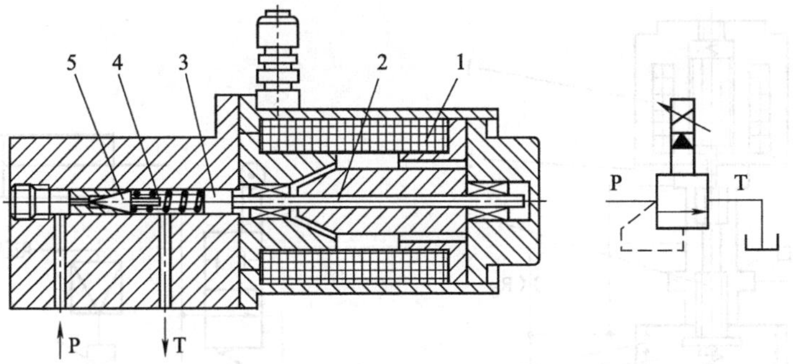

图 5-43 电液比例压力阀

1—比例电磁铁；2—推杆；3—阀座；4—弹簧；5—锥阀阀芯

图 5-44 所示为电液比例调速阀，由定差减压阀和比例节流阀组合而成。当无电信号输入时，节流阀 2 在弹簧力的作用下关闭阀口 k，输出流量为零。当有电信号输入时，比例电磁铁产生与电流大小成比例的电磁力，通过推杆 3 推动节流阀 2 的阀芯左移，阀口 k 的开度随电流大小而改变，得到与信号电流成比例的流量。

若调速阀的出口油压 p_3 由于负载变化而增加，作用在减压阀 1 阀芯左端的力也随之增加，使减压阀阀芯右移，阀口开度 x 增大，减压作用减弱，p_2 也随之增加，直到减压阀阀芯左右两侧的力在新的位置上得到平衡为止，使比例节流阀前后的压差保持不变，从而保证流量的稳定性。

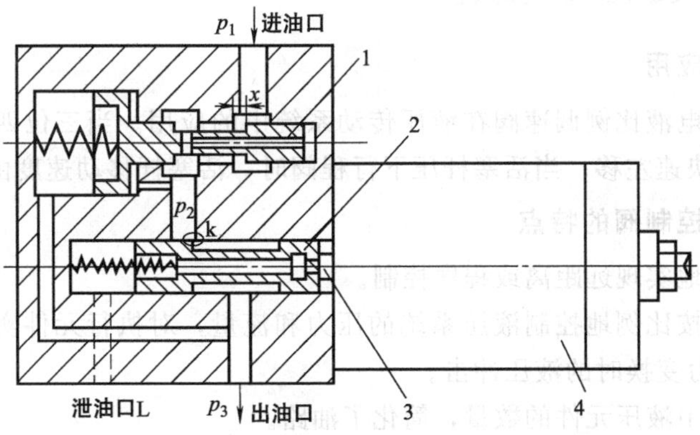

图 5-44 电液比例调速阀

1—减压阀；2—节流阀；3—推杆；4—比例电磁铁

2. 有反馈比例流量阀

图 5-45 所示为位移-力反馈型比例节流阀。当比例电磁铁 1 输入一定电流时，会产生相应的电磁力，使先导阀阀芯 3 克服反馈弹簧 5 的弹力下移，打开可变节流口，使 A 口到 B 口有油液流过。由于固定节流孔 R_1 的作用使主阀阀芯 6 的上下两端产生了压力差，即主阀芯上腔的油压 p_x 小于下腔压力 p_A。当此压力差对主阀芯所形成的作用力超过复位弹簧 4 的弹力时，主阀阀芯被抬起，打开或增大主节流口，A 口到 B 口由主节流口控制流量。同时，主阀阀芯的位移经反馈弹簧 5 转化为反馈力作用在先导阀阀芯下部，与电磁力相比较，两者相等时达到平衡。

此类电液比例流量阀不仅能保证主阀位移量的控制精度，而且主阀位移量不受比例电磁铁行程的限制，阀口开度可以设计得较大，即阀的通流能力较大。

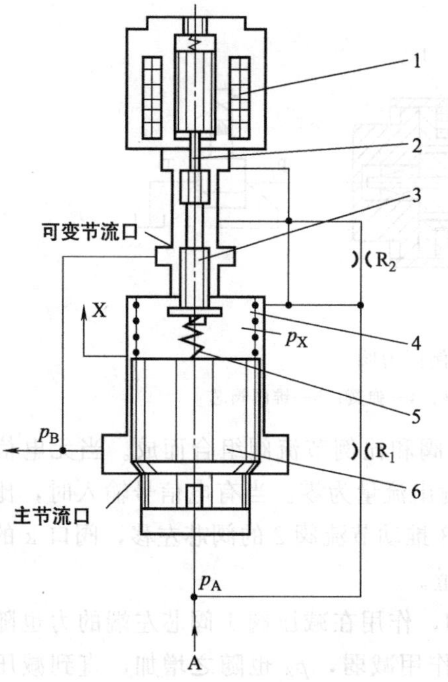

图 5-45　位移-力反馈型比例节流阀

1—比例电磁铁；2—推杆；3—先导阀阀芯；4—复位弹簧；5—反馈弹簧；6—主阀阀芯

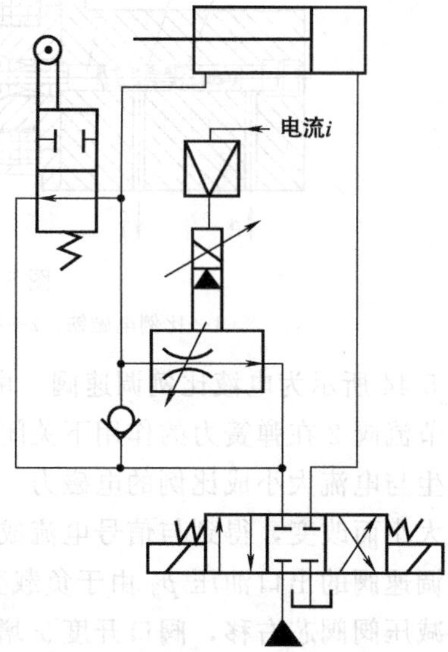

图 5-46　电液比例调速阀在液压传动系统中的应用

四、比例阀的应用

图 5-46 所示为电液比例调速阀在液压传动系统中的应用。当三位四通换向阀右侧电磁铁通电时，活塞杆快速左移；当活塞杆压下行程阀时，活塞杆移动速度由比例流量阀控制。

五、电液比例控制阀的特点

① 能够较容易地实现远距离或程序控制。

② 能连续地、按比例地控制液压系统的压力和流量，对执行元件实现位置、速度和力的控制，并减少压力变换时的液压冲击。

③ 减少了系统中液压元件的数量，简化了油路。

④ 比例阀一般都具有压力补偿性能，所以它的输出压力和流量可以不受负载变化的影响。

第八节　电液数字阀

用计算机的数字信息直接控制的液压阀，称为电液数字阀，简称数字阀。数字阀可直接与计算机接口，不需要数/模转换器。与比例阀、伺服阀相比，这种阀结构简单，工艺性好，价廉，抗污染能力强，重复性好，工作稳定可靠，功率小。故在机床、飞行器、注塑机、压铸机等领域得到了应用。由于它将计算机和液压技术紧密结合起来，因而其应用前景十分广阔。

用数字量进行控制的方法有很多，目前常用的是增量控制法和脉宽调制控制法两种。相应的按控制方式可将数字阀分为：增量式数字阀和脉宽调制式数字阀两类，当今技术较成熟的是增量式数字阀。

图 5-47 所示为增量式数字流量阀。步进电动机 1 按计算机的指令而转动，通过滚珠丝杠 2 变为轴向位移，使阀芯 3 打开阀口。该阀有两个面积梯度不同的节流口，其中右节流口 6 为非圆周通流，阀口较小；左节流口 5 为圆周通流，阀口较大。步进电动机转过一定步数时，首先打开右节流口 6，流量较小，继续移动时打开左节流口 5，流量增大，实现流量的数字控制。步进电动机转过一定的步数，相当于阀芯一定的开度，从而实现控制流量。

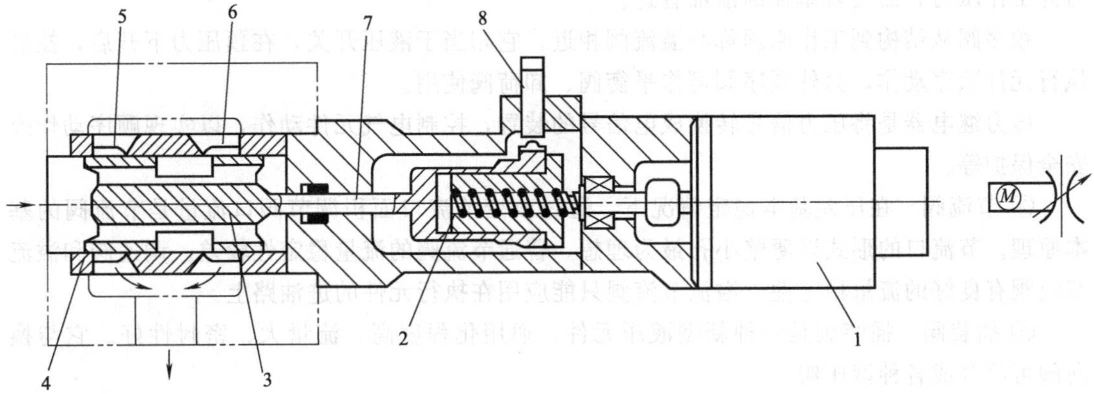

图 5-47 增量式数字流量阀

1—步进电动机；2—滚珠丝杠；3—阀芯；4—阀套；5—左节流口；6—右节流口；7—连杆；8—零位移传感器

该阀无反馈功能，但装有零位移传感器 8，在每个控制周期终了时，阀芯可在其控制下回到零位，保证了每个工作周期在相同的位置开始，使阀有较高的重复精度。

电液数字流量阀具有如下结构性能特点。

① 结构简单，工艺性好，价格较低，功耗较小，抗污染能力强；

② 便于实现自动化和远距离调节；

③ 可直接与计算机接口，不需 D/A 转换器；

④ 线性度、重复误差和分辨率均较小，工作精度高；

⑤ 死区和滞环稍大。

本章小结

液压控制阀作为液压基本回路中的核心元件，用来控制油液的压力、流量和流动方向，从而控制液压执行元件的启动、停止、运动方向、速度和作用力等，以满足液压设备对各种工况的要求。为了方便读者学习和记忆，将本章重点内容总结如下。

① 方向阀　方向阀可分为单向阀和换向阀两大类。单向阀有两类：普通单向阀和液控单向阀，前者只允许液流单向流动而反向截止；后者具有单向阀功能，施加液控信号时液流可反向通过。

换向阀用于实现油路切换和控制液流通断。换向滑阀的位数、通路数、三位换向滑阀中位机能、控制、定位、对中和复位方式等都是常用的概念。应熟练掌握根据职能符号图形分析换向滑阀实现油路切换的原理和方法。

② 压力阀　压力阀的基本工作原理是液压力与弹簧力相平衡。溢流阀是基于这一基本工作原理，在溢流状态下保持进口压力基本恒定。其主要作用有：在定量泵系统中起溢流稳压作用，在变量泵系统中起限压安全作用。在结构上溢流阀有直动式溢流阀和先导式溢流

阀。先导式溢流阀稳压性能好，并且通过它的遥控口，可实现远程调压，多级压力控制和使液压泵卸载。

减压阀有先导式减压阀和直动式减压阀。从压力控制上看，有定值、定差和定比之分。常见的减压阀为先导式定值减压阀。减压阀利用液流通过阀口形成的液阻使出口压力低于进口压力，并利用出口压力与弹簧力相平衡而保持出口压力近于恒定。它主要用于分支回路上，使分支回路获得低于主回路的稳定工作压力。在常态下，减压阀口是常开的。因出口压力为工作压力，需安装单独的泄油管道。

顺序阀从结构到工作原理都与溢流阀相近，它相当于液压开关，在预压力下开启，控制执行元件顺序动作，另外顺序阀可作平衡阀、卸荷阀使用。

压力继电器是将压力信号转换成电信号的装置，控制电气元件动作，以实现顺序动作或安全保护等。

③ 节流阀　在压差基本稳定情况下，通过改变节流口面积调节阀口流量是节流阀的基本原理。节流口的形式以薄壁小孔最为理想。普通节流阀的流量稳定性较差。调速阀和溢流节流阀有良好的流量稳定性。溢流节流阀只能应用在执行元件的进油路上。

④ 插装阀　插装阀是一种新型液压元件，通用化程度高、流量大、密封性好。它与换向阀可组合成各种液压阀。

⑤ 叠加阀　同一通径的叠加阀，按一定次序堆叠起来，再加上电磁控制换向阀，不用油管连接即可组成各种液压系统。标准化、通用化、集成化程度高，结构紧凑，占用空间小，回路增添、更改灵活迅速。

⑥ 比例阀　根据输入电信号的大小连续地、按比例地对液压系统的流量、压力、方向实现远距离控制、计算机控制。比例阀的驱动装置是比例电磁铁，主要应用在开环控制系统及闭环速度控制系统。

⑦ 数字阀　数字阀可直接与计算机接口，用计算机的数字信息直接控制，不需要数/模转换器。将普通压力阀（包括溢流阀、减压阀和顺序阀）的手动机构改用步进电动机控制，即可构成数字压力阀。步进电动机旋转时，由凸轮或丝杠等机构将角位移转换成直线位移，使弹簧压缩，从而控制压力。

习　题

一、判断题

1. 单向阀的作用是要变换液流流动方向，接通或关闭油路。（　）
2. 单向阀可以用来作背压阀。（　）
3. 溢流阀的进口压力即为系统压力。（　）
4. 先导式溢流阀的远程控制口可以使系统实现远程调压或使系统卸荷。（　）
5. 串联了定值减压阀的支路，始终能获得低于系统压力调定值的稳定的工作压力。（　）
6. 滑阀为间隙密封，锥阀为线密封，后者不仅密封性能好而且开启时无死区。（　）
7. 同一规格的电磁换向阀机能不同，可靠换向的最大压力和最大流量不同。（　）
8. 因电磁吸力有限，对液动力较大的大流量换向阀应选用液动换向阀或电液换向阀。（　）
9. 节流阀和调速阀都是用来调节流量的流量控制阀。（　）
10. 分流集流阀是用来保证多个执行元件速度同步的流量控制阀。（　）

二、选择题

1. 在下列液压阀中，(　　) 不能作为背压阀使用。

A. 单向阀　B. 顺序阀　C. 减压阀　D. 溢流阀

2. 若某三位换向阀的阀芯在中间位置时，压力油与液压缸两腔连通、回油封闭，则此阀的滑阀机能为（　　）。

A. P型　B. Y型　C. K型　D. C型

3. 使三位四通换向阀在中位工作时泵能卸荷，应采用（　）。

A. P型阀　B. Y型阀　C. M型阀

4. 为使三位四通阀在中位工作时能使液压缸闭锁，应采用（　　）。

A. O型阀　B. P型阀　C. Y型阀

5. 三位四通电液换向阀的液动滑阀为液压对中型，其先导电磁换向阀中位必须是（　　）机能。

A. H型　B. M型　C. Y型　D. P型

6. 一水平放置的双伸出杆液压缸，采用三位四通电磁换向阀，要求阀处于中位时，液压泵卸荷，且液压缸浮动。其中位机能应选用（　　）。

A. H型　B. M型　C. Y型　D. O型

7. 题图所示的图形符号表示（　　）电磁换向阀。

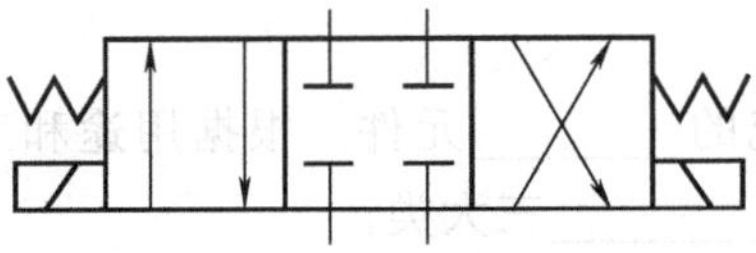

A. 三位四通　B. 四位三通　C. 三位二通

8. 溢流阀（　　）。

A. 常态下阀口是常开的

B. 阀芯随着系统压力的变动而移动

C. 进、出油口均有压力

D. 一般连接在液压缸的回油油路上

9. 以变量泵为油源时，在泵的出口并联溢流阀是为了起到（　）。

A. 溢流定压作用　B. 过载保护作用

C. 令液压缸稳定运动的作用　D. 控制油路通断的作用

10. 减压阀（　　）。

A. 常态下的阀口是常闭的

B. 出口压力低于进口压力并保持近于恒定

C. 阀芯为二节杆

D. 不能看作稳压阀

11. 在先导式减压阀工作时，先导阀的作用主要是（　　），而主阀的主要作用是（　）。

A. 减压　B. 增压　C. 调压

12. 在液压系统中，减压阀能够（　　）。

A. 用于控制油路的通断　B. 使液压缸运动平稳

C. 保持进油口压力稳定　D. 保持出油口压力稳定

13. 溢流阀的泄油形式为（　　）；减压阀的泄油形式为（　　）。

A. 内泄　　B. 外泄

14.（　　）在常态时，阀口是常开的，进、出油口相通；（　　）在常态状态时，阀口是常闭的，进、出油口不通。

A. 溢流阀　　B. 减压阀　　C．顺序阀

15. 设计液压系统时，应对系统的安全性和可靠性予以足够的重视。为防止过载，（　　）是必不可少的。为避免垂直运动部件在系统失压情况下自由下落，在回油路中增加（　　）是常用的措施。

A. 减压阀　　B. 安全阀　　C. 平衡阀　　D. 换向阀

16. 与节流阀相比较，调速阀的显著特点是（　　）。

A. 调节范围大　　B. 结构简单，成本低

C. 流量稳定性好　　D. 最小压差的限制较小

17. 液压系统的最大工作压力为10MPa，安全阀的调定压力应（　　）。

A. 等于10MPa　　B. 小于10MPa　　C. 大于10MPa

18. 用一个三位四通电磁换向阀来控制单杆活塞缸的往返运动，如果要求活塞能平稳地停在任意位置且液压泵保持高压，则应采用（　　）型中位机能。

A. H　　B. O　　C. M　　D. P

三、填空题

1. 液压控制阀是液压系统的________元件。根据用途和工作特点不同，控制阀主要可分为________、________、和________三大类。

2. 单向阀是保证通过阀的液流只向一个方向流动而不能反向流动的方向控制阀，一般由阀体、阀芯和弹簧等零件构成，其分为________和________两种。

3. 一个换向阀的完整图形符号，应具有表明__________数、__________数和在各工作位置上__________、控制方法以及复位、定位方法的符号，换向阀是用来使执行元件________。

4. 对换向阀的主要性能要求是：油路导通时，__________损失要小；油路断开时，泄漏量要小；阀芯换位时，操纵力要小，换向要平稳。

5. 三位换向阀处于中间位置时，其油口P、A、B、T间的通路有各种不同的连接形式，以适应各种不同的工作要求，将这种位置时的内部通路形式称为三位换向阀的________。

6. 压力阀是利用________和________相平衡的原理来进行工作的。

7. 直动式溢流阀是利用阀芯上端的________力直接与下端面的________力相平衡来控制溢流压力的，一般直动式溢流阀只用于________系统。

8. 实际工作时，溢流阀开口的大小是根据________________自动调整的。

9. 减压阀是利用液流通过________________产生压降的原理，使________出口压力低于进口压力，并使出口压力保持基本不变的压力控制阀。

10. 溢流阀调定的是________压力，而减压阀调定的是________压力；溢流阀采用________泄，而减压阀采用________泄。

11. 流量控制阀是通过改变节流口的________或通流通道的________来改变局部阻力的大小，从而实现对流量进行控制的。

12. 调速阀能在负载变化时使通过调速阀的________不变。

四、简答题

1. 什么是换向阀的“位”和“通”？换向阀常见的操纵方式有哪几种？

2. 能否将二位四通换向阀改成二位二通阀使用？

3. 电液换向阀的先导阀为什么采用 Y 型中位机能？能采用 O 型中位机能吗？

4. 先导式溢流阀由哪几部分组成？各起什么作用？与直动式溢流阀比较，先导式溢流阀有什么优点？

5. 先导式溢流阀主阀芯上的阻尼孔堵塞后，会出现什么现象？

6. 溢流阀阀口开启溢流时，其进口压力随溢流量变化而改变吗？

7. 按控制油来源和泄油途径的不同，顺序阀有几种形式？试分别画出其图形符号。

8. 减压阀的出口压力取决于什么？其出口压力在什么时候才基本稳定？

9. 什么是叠加阀？叠加阀有何特点？

10. 什么是电液比例阀？电液比例阀有何特点？

11. 什么是电液数字阀？电液数字阀有何特点？

五、分析题

1. 如图 5-48 所示回路，若溢流阀的调定压力为 6MPa，判断在电磁铁断电，负载无穷大或负载压力为 4MPa 时，系统的压力分别是多少？当电磁铁通电，负载压力为 4MPa 时，系统的压力又是多少？

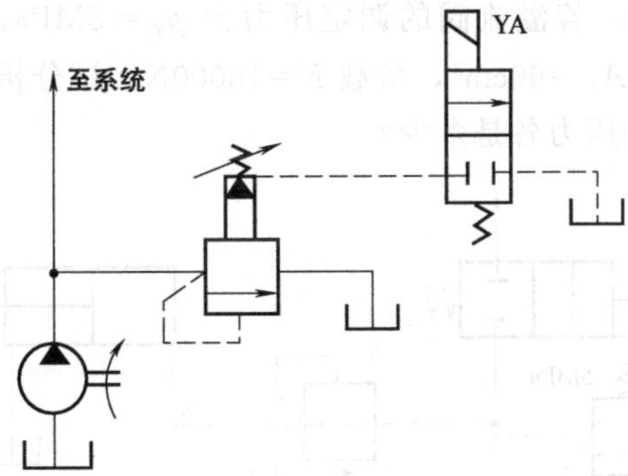

图 5-48　分析题 1 图

2. 在图 5-49 中，各溢流阀的调定压力为 $p_A=4MPa$，$p_B=2MPa$，$p_C=5MPa$，当系统

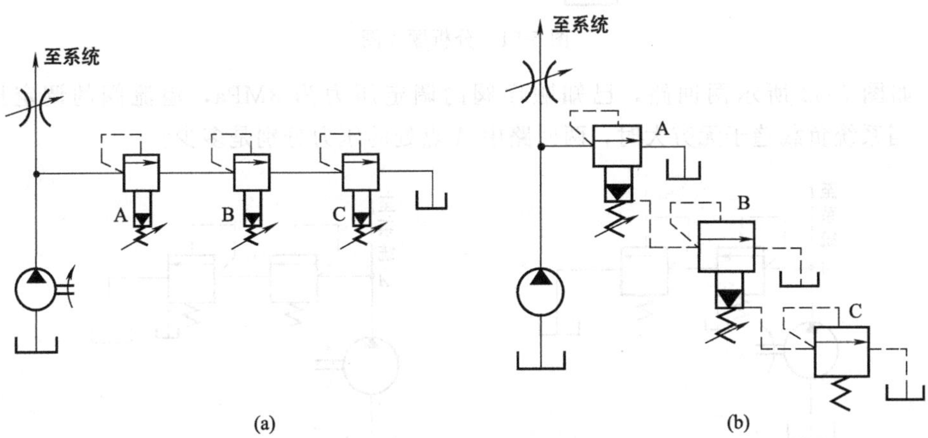

图 5-49　分析题 2 图

外负载趋于无穷大时，泵出口的压力为多少？

3. 图 5-50 为一调整回路，各阀的调整压力见图，请分析在图示位置、二位二通阀断电、二位三通阀通电时，液压泵的出口压力分别是多少？

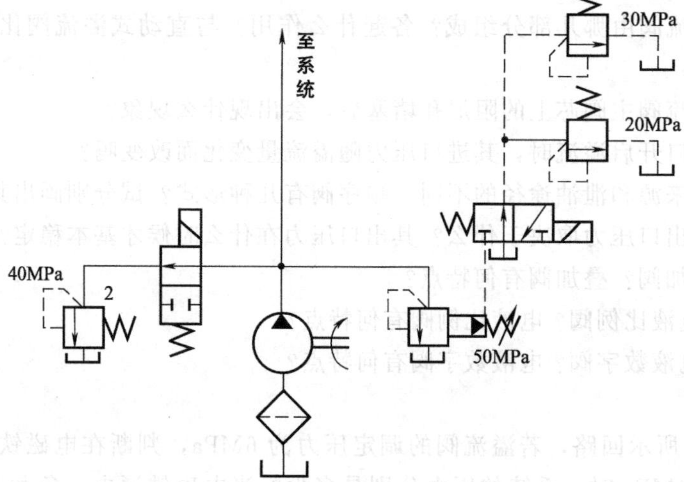

图 5-50　分析题 3 图

4. 如图 5-51 所示回路，若溢流阀的调定压力为 $p_y=5\text{MPa}$，减压阀的调定压力 $p_j=3\text{MPa}$，液压缸无杆腔面积 $A_1=60\text{cm}^2$，负载 $F=10000\text{N}$，试分析在活塞运动时和活塞运动到终点停止时 A、B 两点的压力各是多少？

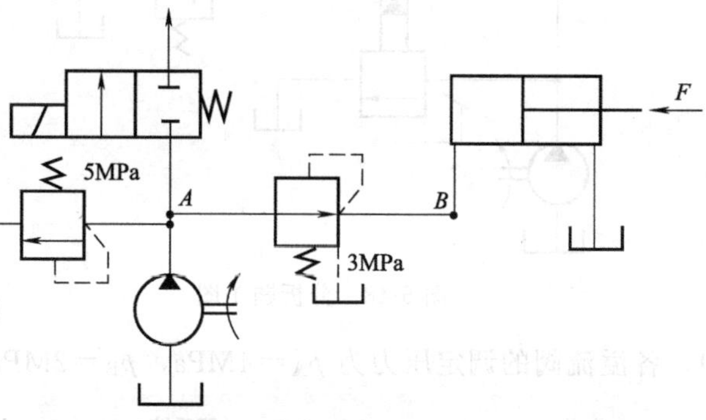

图 5-51　分析题 4 图

5. 如图 5-52 所示两回路，已知顺序阀的调定压力为 3MPa，溢流阀的调定压力为 5MPa，当系统负载趋于无穷大时，两回路中 A 点处的压力分别是多少？

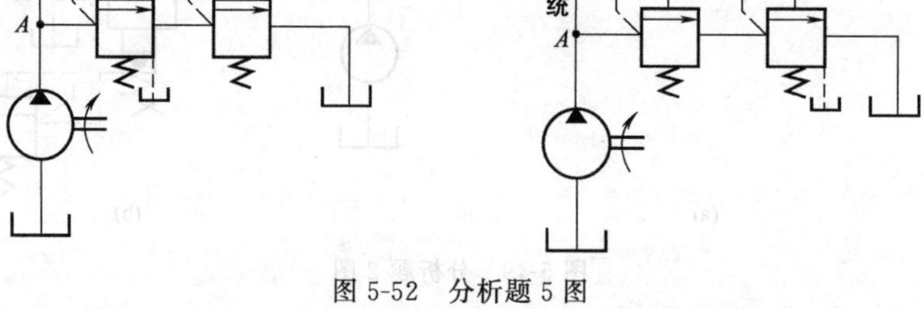

图 5-52　分析题 5 图

6. 如图5-53所示为由插装式锥阀组成方向阀的两个例子，如果在阀关闭时，A、B有压力差，试判断电磁铁得电和断电时，图（a）与图（b）所示的压力油能否开启锥阀而流动，并分析各自是作为何种换向阀使用的。

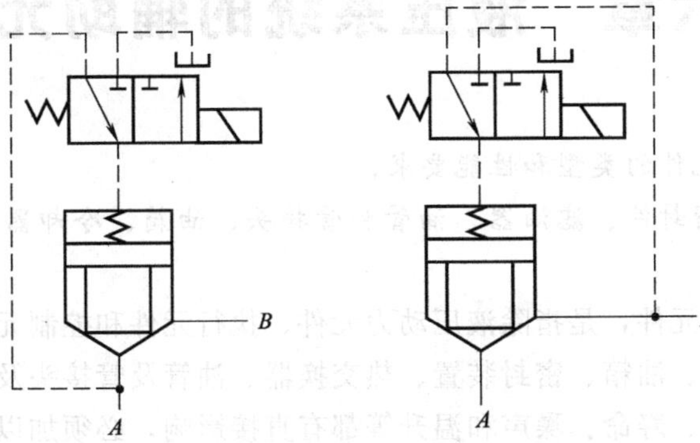

图5-53　分析题6图

第六章　液压系统的辅助元件

学习目标：

① 熟悉液压辅助元件的类型和性能要求；

② 掌握蓄能器、密封件、滤油器、油管和管接头、油箱、冷却器、加热器的结构类型及选用。

液压系统中的辅助元件，是指除液压动力元件、执行元件和控制元件以外的其他各类元件，如蓄能器、过滤器、油箱、密封装置、热交换器、油管及管接头及压力表辅件等，对系统工作的可靠性、性能、寿命、噪声和温升等都有直接影响，必须加以重视。其中除油箱需根据系统要求自行设计外，其他辅助装置都有标准产品可供选用。

第一节　蓄　能　器

在液压传动系统中，蓄能器用来储存和释放流体的压力能。它的基本作用是当系统的压力高于蓄能器内流体的压力时，系统中的流体充进蓄能器中，直到蓄能器内、外压力相等；反之，当蓄能器内流体的压力高于系统的压力时，蓄能器内的流体流到系统中去，直到蓄能器内、外压力平衡。因此，蓄能器可以在短时间内向系统提供压力流体，也可以吸收系统压力脉动。

一、蓄能器的功用

蓄能器的作用是将液压系统中的压力油储存起来，在需要时又重新放出。其主要作用表现在以下几个方面。

1. 作辅助动力源

如图 6-1 所示，在间歇工作的液压系统中，或者虽不是间歇工作，但在一个工作循环周期内，各阶段所需要的流量差别很大时，便可选择一定容量的蓄能器作为辅助液压源，以在

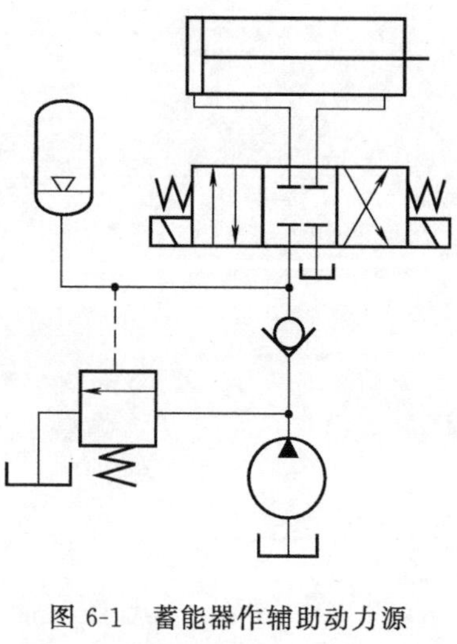

图 6-1　蓄能器作辅助动力源

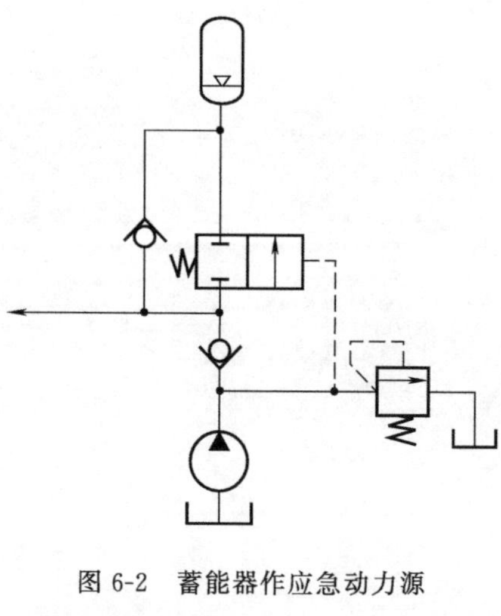

图 6-2　蓄能器作应急动力源

短时间内供应大量油液，满足系统最大流量 Q_{max}要求，而不必按最大流量 Q_{max}选择液压泵。周期性动作循环时，蓄能器可以把液压泵输出的多余压力油储存起来。当系统需要时，由蓄能器释放出来，这样可以减少液压泵的额定流量，从而减小电动机功率消耗，降低液压系统温升。

2. 作应急动力源

某些液压系统要求在液压泵发生故障或停电而供液突然中断时，仍需有一定压力的液体使执行元件继续完成必要的动作。如为了安全起见，某液压系统的液压缸活塞杆必须返回到液压缸初始位置，这种场合需要有适当的蓄能器作应急液压源。此外静压轴承供液系统、某些低速大转矩马达的牵引系统，也需要采用蓄能器作应急液压源，以保障系统更安全可靠地工作，如图 6-2 所示。

3. 补充系统泄漏，保持系统恒压

对于执行元件长时间不动作，而要保持恒定压力的系统，可用蓄能器来补偿泄漏，从而使压力恒定。如机床的夹持液压缸和轧制塑料制品的压力机系统等，采用蓄能器完成这项工作，则是最经济有效的方法，如图 6-3 所示。

4. 吸收系统脉动，缓和液压冲击

如图 6-4 所示，由于换向阀突然换向、液压泵突然停车、执行元件运动突然停止，甚至对执行元件人为地突然制动，都会使管路内液体的流动发生突然变化而产生压力冲击。虽然系统中设有安全阀，但它响应较慢，因而避免不了压力增高，其值可能达到正常值的几倍。这种压力冲击往往引起系统中的仪表、元件和密封装置发生故障、损坏甚至管道破裂，此外还会使系统产生强烈振动。在这种场合下，需在控制阀或液压缸冲击源之前安装适当的蓄能器，以吸收或缓和这种液压冲击。

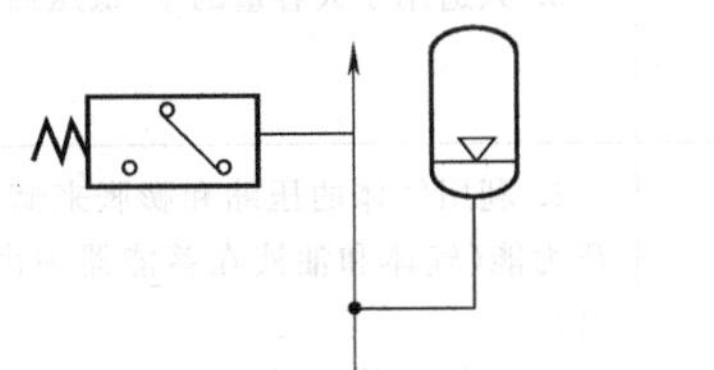

图 6-3　蓄能器补充系统泄漏，保持系统恒压

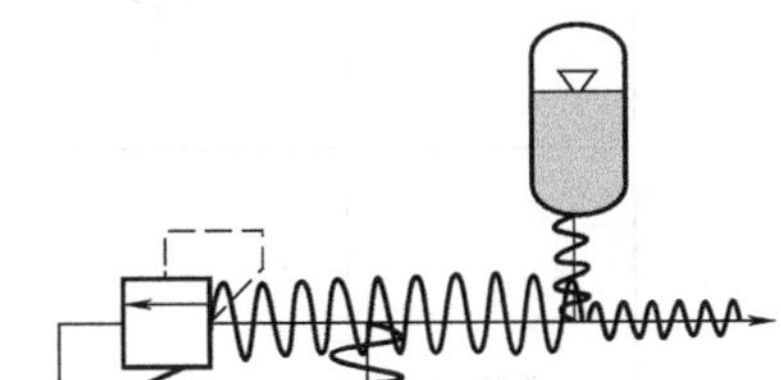

图 6-4　蓄能器吸收系统脉动，缓和液压冲击

二、蓄能器的类型和典型结构

蓄能器按结构可分为重力式蓄能器、弹簧式蓄能器和充气式蓄能器三种，它们分别把液压能转变为重物、弹簧和气体的势能而储存起来，在需要时将势能转换成液压能重新释放出来。常见蓄能器的种类和特点可参考表 6-1。

表 6-1　常见蓄能器的种类和特点

名称		结构简图	特点及说明
重力式蓄能器		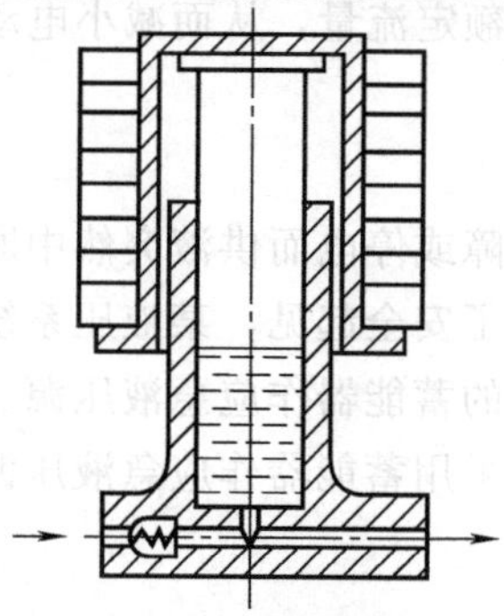	1. 利用重锤的垂直位置变化来储存、释放压力能 2. 结构简单，压力稳定，但体积庞大，笨重，运动件惯性大，反应不灵敏，密封处易漏油 3. 只供蓄能之用，常用于大型设备的液压系统
弹簧式蓄能器		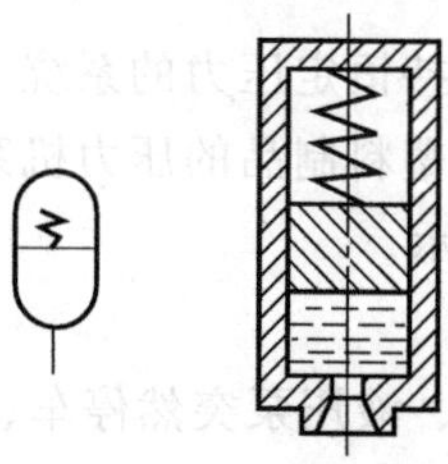	1. 利用弹簧的压缩和伸长来储存、释放压力能 2. 结构简单，反应灵敏，但容量小 3. 供小容量、低压回路缓冲之用，不适用于高压或高频的工作场合
充气式蓄能器	气瓶式蓄能器	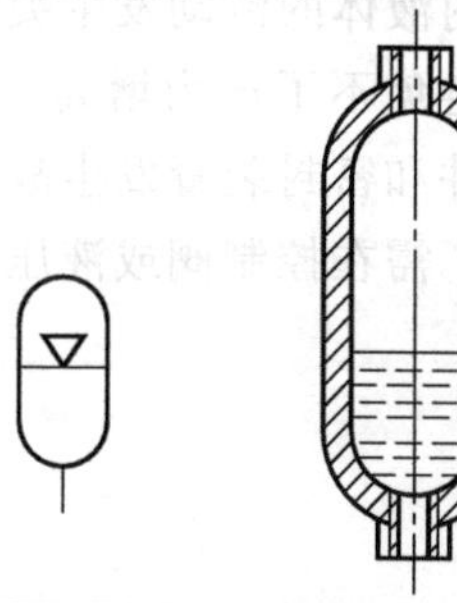	1. 利用气体的压缩和膨胀来储存、释放压力能（气体和油液在蓄能器中直接接触） 2. 容量大，惯性小，反应灵敏，轮廓尺寸小，但气体容易混入油内，影响系统工作平稳性 3. 只适用于大容量的中、低压回路
	活塞式蓄能器	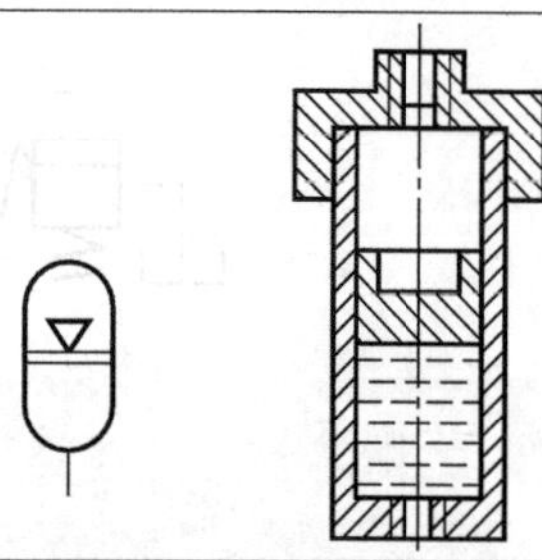	1. 利用气体的压缩和膨胀来储存、释放压力能（气体和油液在蓄能器中由活塞隔开） 2. 结构简单，工作可靠，安装容易，维护方便，但活塞惯性大，活塞和缸壁之间有摩擦，反应不够灵敏，密封要求较高 3. 用来储存能量，或供中、高压系统吸收压力脉动之用
	气囊式蓄能器	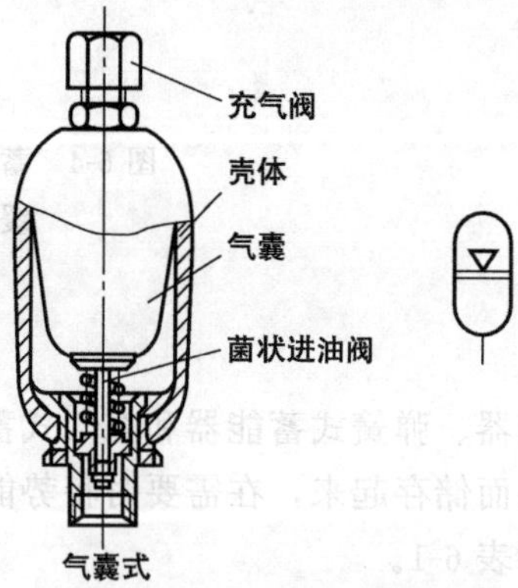	1. 利用气体的压缩和膨胀来储存、释放压力能（气体和油液在蓄能器中由气囊隔开） 2. 带弹簧的菌状进油阀使油液能进入蓄能器但防止气囊自由口被挤出，充气阀只在蓄能器工作前气囊充气时打开，蓄能器工作时则关闭 3. 结构尺寸小，重量轻，安装方便，维护容易，气囊惯性小，反应灵敏，但气囊和壳体制造都较难 4. 折合型气囊容量较大，可用来储存能量；波纹形气囊适用于吸收冲击

三、蓄能器的使用和安装

蓄能器在液压回路中的安放位置随其功用而不同，吸收液压冲击或压力脉动时宜放在冲击源或脉动源近旁；补油保压时宜放在尽可能接近相关的执行元件处。

使用蓄能器须注意如下几点。

① 充气式蓄能器中应使用惰性气体（一般为氮气），允许工作压力视蓄能器结构形式而定。

② 不同的蓄能器各有其适用的工作范围，如气囊式蓄能器的气囊强度不高，不能承受很大的压力波动，且只能在－20～70℃的温度范围内工作。

③ 气囊式蓄能器原则上应垂直安装（油口向下），只有在空间位置受限制时才允许倾斜或水平安装。

④ 用作降低噪声、吸收脉动和冲击的蓄能器应尽可能靠近冲击源。

⑤ 装在管路上的蓄能器须用支板或支架固定。

⑥ 蓄能器与管路系统之间应安装截止阀，供充气、检修时使用。蓄能器与液压泵之间应安装单向阀，防止液压泵停车时蓄能器内储存的压力油液倒流。

第二节　过　滤　器

液压系统使用的油液中会含有各种杂质。这些杂质可引起运动零件表面划伤，加速零件的磨损，寿命降低；同时杂质还会堵塞节流口和阻尼孔等缝隙以及引起滑阀卡死等，造成工作部件的运动不稳定、动作失调等故障，严重的会使液压系统无法工作。因此为保持油液的清洁对油液进行过滤是十分重要的。

一、过滤器的功用

过滤器的功能在于过滤混在液压油中的杂质，使进入液压系统中的油液的污染程度降低，保证系统正常工作。一般过滤器的过滤精度是指被过滤器阻挡的最小杂质颗粒的尺寸，若以直径 d 表示则可分为四级：粗（$d \geqslant 0.1$mm）、普通（$d \geqslant 0.01$mm）、精密（$d \geqslant 0.005$mm）、特精（$d \geqslant 0.001$mm）。

二、对过滤器的要求

过滤器的种类很多，对于一般液压系统在选择过滤器时，应考虑使油液中杂质的颗粒尺寸小于液压元件缝隙尺寸；对于精密液压系统，则应选择过滤精度很高的过滤器。对过滤器的一般要求如下。

① 有足够的过滤精度，即能阻挡一定大小的杂质。

② 通油性能好，即当油液通过时，在产生一定压降的情况下，单位过滤面积通过的油量要大，一般安装在液压泵吸入口的滤网，其过滤能力应为液压泵容量的 2 倍以上。

③ 过滤材料应有一定的力学性能，不致因受油的压力而损坏。

④ 在一定的温度下，应有良好的耐蚀性和足够的寿命。

⑤ 清洗、维修方便，容易更换过滤材料。

三、过滤器的类型及特点

按滤芯的材料和结构形式，过滤器可分为网式过滤器、线隙式过滤器、纸质滤芯式过滤器、烧结式过滤器及磁性过滤器等。按过滤器安放的位置不同，还可以分为吸滤器、压滤器和回油过滤器，考虑到泵的自吸性能，吸油过滤器多为粗滤器。

1. 网式过滤器

图 6-5 所示为网式过滤器，其滤芯以铜网为过滤材料，在周围开有很多孔的塑料或金属筒形骨架上，包着一层或两层铜丝网，其过滤精度取决于铜网层数和网孔的大小。这种过滤器结构简单，通流能力大，清洗方便，但过滤精度低，一般用于液压泵的吸油口。

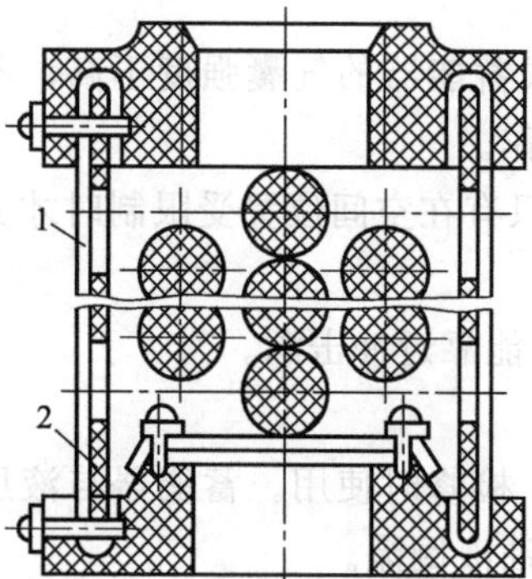

图 6-5　网式过滤器

1—铜丝网；2—圆筒

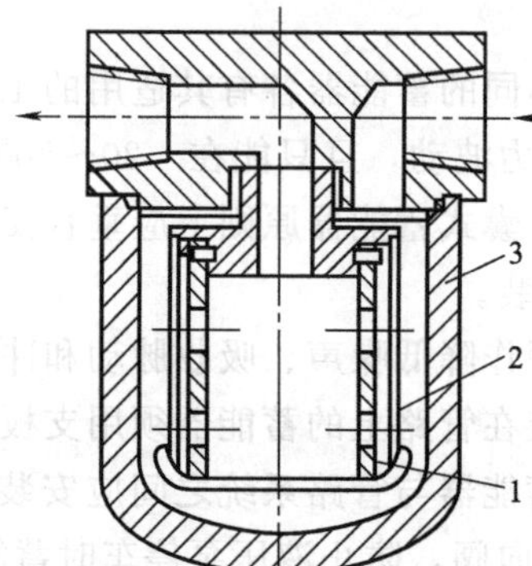

图 6-6　线隙式过滤器

1—芯架；2—滤芯；3—壳体

2. 线隙式过滤器

线隙式过滤器如图 6-6 所示，用钢线或铝线密绕在筒形骨架的外部来组成滤芯，依靠铜丝间的微小间隙滤除混入液体中的杂质。其结构简单，通流能力大，过滤精度比网式过滤器高，但不易清洗，多为回油过滤器。

3. 纸质滤芯式过滤器

纸质滤芯式过滤器如图 6-7 所示，其滤芯为平纹或波纹的酚醛树脂或木浆微孔滤纸制成的纸芯，将纸芯围绕在带孔的镀锡铁制的骨架上，以增大强度。为增加过滤面积，纸芯一般做成折叠形。其过滤精度较高，一般用于油液的精过滤，但堵塞后无法清洗，须经常更换滤芯。

4. 烧结式过滤器

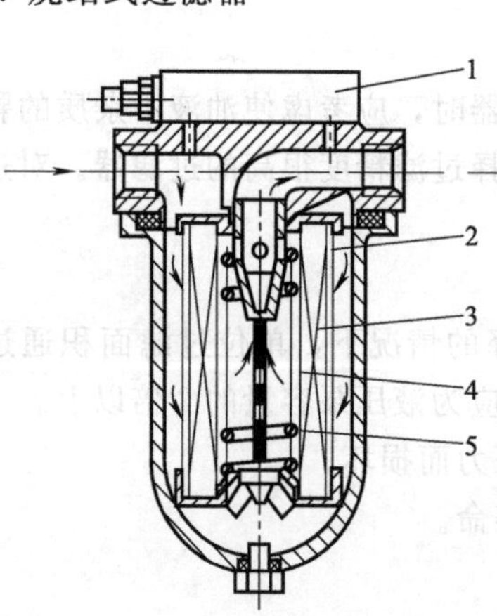

图 6-7　纸质滤芯式过滤器

1—堵塞状态发信装置；2—滤芯外层；

3—滤芯中层；4—滤芯里层；5—支承弹簧

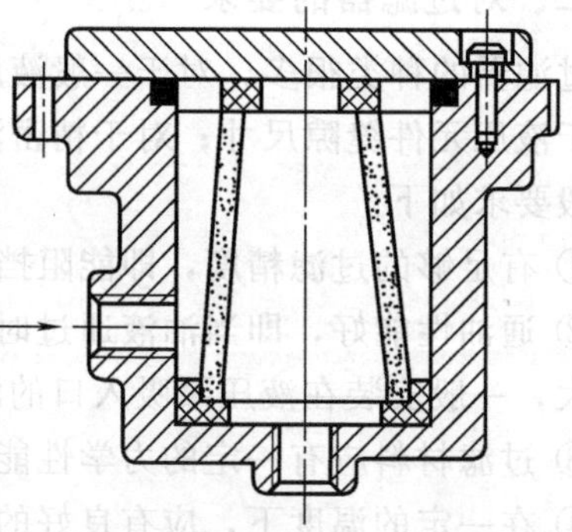

图 6-8　烧结式过滤器

烧结式过滤器如图 6-8 所示，其滤芯用金属粉末烧结而成，利用颗粒间的微孔来挡住油液中的杂质通过。其滤芯能承受高压，耐蚀性好，过滤精度高，适用于要求精滤的高压、高温液压系统。

5. 磁性过滤器

磁性过滤器是利用磁铁来吸附油液中的铁质微粒。简易的磁性过滤器由几块磁铁组成。由于这种过滤器对其他弱磁性杂质不起作用，所以常与其他滤芯组成组合滤芯，制成复式过滤器。

四、过滤器的选用安装及图形符号

1. 过滤器的选用安装

（1）泵入口的吸油粗滤器　用来保护泵，使其不致吸入较大的机械杂质，根据泵的要求，可用粗的或普通精度的过滤器，为了不影响泵的吸油性能，防止发生气穴现象，过滤器的过滤能力应为泵流量的 2 倍以上，压力损失不得超过 0.035MPa，如图 6-9（a）所示。

（2）泵出口油路上的高压过滤器　如图 6-9（b）所示，这种安装主要用来滤除进入液压系统的污染杂质，一般采用过滤精度为 10～15μm 的过滤器。它应能承受油路上的工作压力和冲击压力，其压力降应小于 0.35MPa，并应有安全阀或堵塞状态发信装置，以防泵过载和滤芯损坏。

（3）系统回油路上的低压过滤器　可滤去油液流入油箱以前的污染物，为液压泵提供清洁的油液。因回油路压力很低，可采用滤芯强度不高的精过滤器，并允许过滤器有较大的压力降，如图 6-9（c）所示。

（4）安装在系统的支路上　如图 6-9（d）所示，可以在液压系统支路上安装小规格的

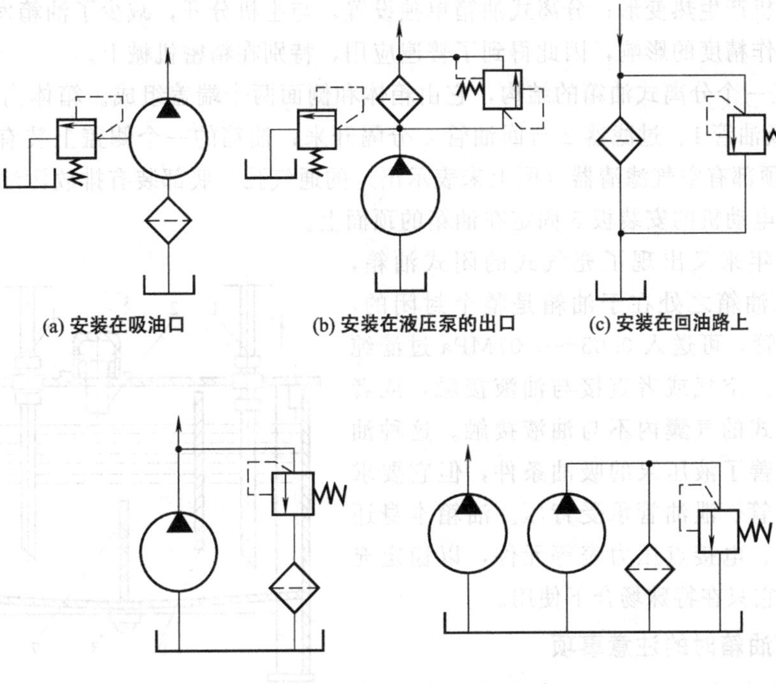

(a) 安装在吸油口　(b) 安装在液压泵的出口　(c) 安装在回油路上

(d) 安装在系统的支路上　(e) 单独过滤

图 6-9　过滤器的安装位置

过滤器，系统工作时只需通过液压泵全部流量的 20%～30%，这样既不会给主油路造成压降，过滤器也不必承受系统的压力。

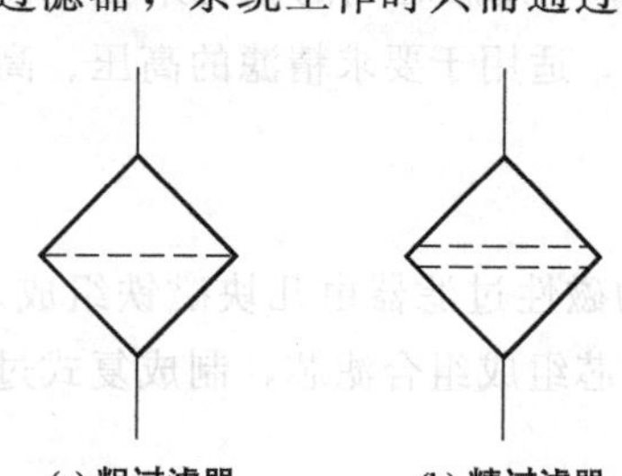

图 6-10 过滤器的图形符号

(5) 单独过滤系统 如图 6-9 (e) 所示，大型液压系统可专设一个由液压泵和过滤器组成的独立过滤回路。液压系统中除了整个系统所需的过滤器外，还常常在一些重要元件（如伺服阀、精密节流阀等）的前面单独安装一个专用的精过滤器来确保它们正常工作。

安装过滤器时应注意，一般过滤器只能单向使用，即进、出口不可互换。

2. 过滤器的图形符号

过滤器的图形符号如图 6-10 所示。

第三节 油 箱

一、油箱的功用

油箱的功用主要是储存油液，此外还起着散发油液中热量（在周围环境温度较低的情况下则是保持油液中热量）、释出混在油液中的气体、沉淀油液中污物等作用。

二、油箱的典型结构

液压系统中的油箱有整体式和分离式两种。整体式油箱利用主机的内腔作为油箱，这种油箱结构紧凑，各处漏油易于回收，但增加了设计和制造的复杂性，维修不便，散热条件不好，且会使主机产生热变形；分离式油箱单独设置，与主机分开，减少了油箱发热和液压源振动对主机工作精度的影响，因此得到了普遍应用，特别在精密机械上。

图 6-11 是一个分离式油箱的结构，它由箱体和侧面两个端盖组成。箱体内装有隔板 7、9，将液压泵吸油管 1、过滤器 2 与回油管 4 分隔开来；油箱的一个侧盖上装有注油器和油位计 6，油箱顶部有空气滤清器（图上未表示出）的通气孔，底部装有排放污油的放油阀 8。安装液压泵和电动机的安装板 5 固定在油箱的顶面上。

此外，近年来又出现了充气式的闭式油箱，它不同于开式油箱之处在于油箱是整个封闭的，顶部有一充气管，可送入 0.05～0.07MPa 过滤纯净的压缩空气。空气或者直接与油液接触，或者被输入蓄能器式的气囊内不与油液接触。这种油箱的优点是改善了液压泵的吸油条件，但它要求系统中的回油管、泄油管承受背压。油箱本身还须配置安全阀、电接点压力表等元件，以稳定充气压力，因此它只在特殊场合下使用。

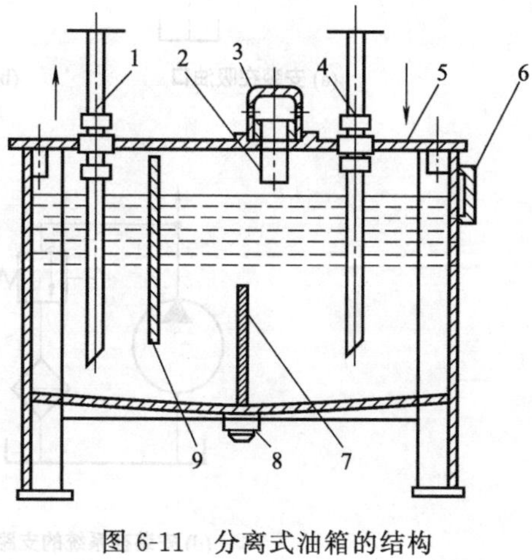

图 6-11 分离式油箱的结构

1—吸油管；2—过滤器；3—盖；4—回油管；5—安装板；6—油位计；7,9—隔板；8—放油阀

三、设计油箱时的注意事项

① 油箱的有效容积（油面高度为油箱高度 80%时的容积）应根据液压系统发热、散热平衡的原则来计算，这项计算在系统负载较大、长期

连续工作时是必不可少的。

② 吸油管和回油管应尽量相距远些，两管之间要用隔板隔开，以增加油液循环距离，使油液有足够的时间分离气泡，沉淀杂质，消散热量。

③ 为了防止油液污染，油箱上各盖板、管口处都要妥善密封。注油器上要加滤油网，防止油箱出现负压而设置的通气孔上须装空气滤清器。

④ 为了易于散热和便于对油箱进行搬移及维护保养，按 GB 3766—83 规定，箱底离地至少应在 150mm 以上。

⑤ 油箱中如要安装热交换器，必须考虑好它的安装位置以及测温、控制等措施。

⑥ 油箱内壁应涂上耐油防锈的涂料。外壁如涂上一层极薄的黑漆（厚度不超过 0.025mm），会有很好的辐射冷却效果。铸造的油箱内壁一般只进行喷砂处理，不涂漆。

第四节　热交换器

在液压系统中，热交换器分为冷却器和加热器两类。液压系统在工作时液压油的工作温度一般以 30～50℃为宜，最高不超过 65℃，最低不低于 15℃。油温过高将使油液迅速裂化变质，油液的黏度下降，液压泵的容积效率下降；油温过低则会使油液黏度增大，造成液压泵吸油困难。为控制油温，油箱上常配有冷却器和加热器。

一、冷却器

液压系统中的冷却器，最简单的是蛇形管冷却器，如图 6-12 所示，它直接装在油箱内，冷却水从蛇形管内部通过，带走油液中热量。这种冷却器结构简单，但冷却效率低，耗水量大。

液压系统中用得较多的冷却器是强制对流式多管冷却器，如图 6-13 所示。油液从进油口 7 流入，从出油口 3 流出；冷却水从进水口 6 流入，通过图中多根水管后由出水口 1 流出，油液在水管外部流动时，它的行进路线因冷却器内设置了隔板而加长，因而增加了热交换效果。

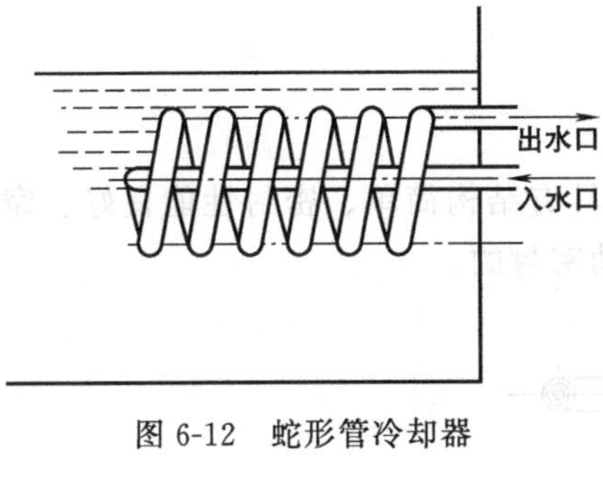

图 6-12　蛇形管冷却器

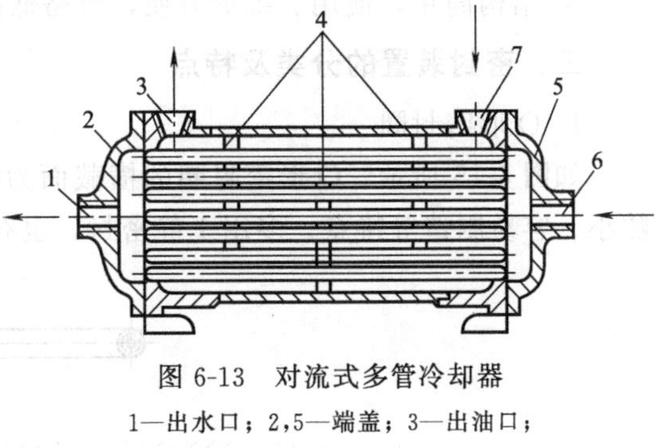

图 6-13　对流式多管冷却器

1—出水口；2,5—端盖；3—出油口；4—隔板；6—进水口；7—进油口

二、加热器

对于需要保持油温稳定的液压系统，一般都需要采用加热器。液压系统中所使用的加热器通常都是电加热器。电加热器结构简单，控制方便，可以根据需要设定温度。如图 6-14 所示，电加热器安装在油箱的箱体壁上，一般为法兰连接。由于电加热器的加热管直接与液

压油接触，容易造成箱体内油温不均匀，可设置多个加热器，加热过程中让油液循环，使油液加热均匀。

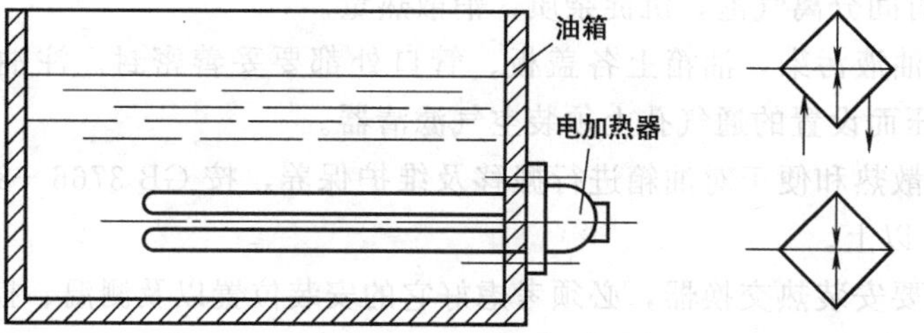

图 6-14 电加热器的安装及职能符号

第五节 密封装置

一、密封装置的功用

密封是解决液压系统泄漏问题最重要、最有效的手段。液压系统如果密封不良，可能出现不允许的外泄漏，外漏的油液将会污染环境；还可能使空气进入吸油腔，影响液压泵的工作性能和液压执行元件运动的平稳性（爬行）；泄漏严重时，系统容积效率过低，甚至工作压力达不到要求值。若密封过度，虽可防止泄漏，但会造成密封部分的剧烈磨损，缩短密封件的使用寿命，增大液压元件内的运动摩擦阻力，降低系统的机械效率。因此，合理地选用和设计密封装置在液压系统的设计中十分重要。

二、对密封装置的要求

① 在工作压力和一定的温度范围内，应具有良好的密封性能，并随着压力的增加能自动提高密封性能。

② 密封装置和运动件之间的摩擦力要小，摩擦因数要稳定。

③ 耐蚀能力强，不易老化，工作寿命长，耐磨性好，磨损后在一定程度上能自动补偿。

④ 结构简单，使用、维护方便，价格低廉。

三、密封装置的分类及特点

1. O形密封圈

如图 6-15 所示，O形密封圈的横截面为圆形，具有结构简单、密封性能良好、摩擦因数小、容易制造等特点，多用于静密封，也有用于动密封的。

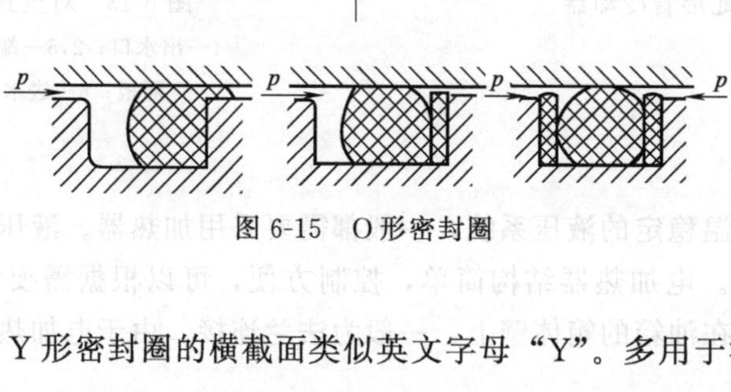

图 6-15 O形密封圈

2. Y形密封圈

如图 6-16 所示，Y形密封圈的横截面类似英文字母“Y”。多用于液压缸活塞和活塞杆处的动密封。因受油压的作用，工作时Y形密封圈的两唇边紧紧地贴压在缸筒和活塞壁上而起密封作用。

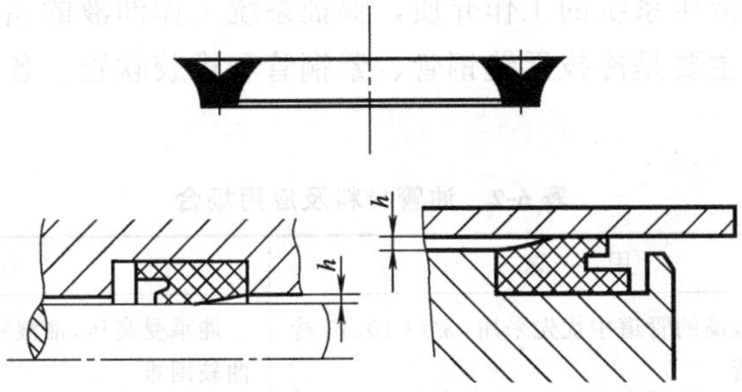

图 6-16 Y形密封圈

3. V形密封圈

V形密封圈有夹织物橡胶和聚氯乙烯两种制品，V形夹织物橡胶密封由多层涂胶织物压制而成。它是由形状不同的支承环、密封环和压环三种密封件组成一组来使用，优点是耐高压，通过调节压环压力使密封效果最佳，多用于液压缸端盖与活塞杆之间的动密封，如图6-17所示，压盖4可通过螺钉调节压紧力。

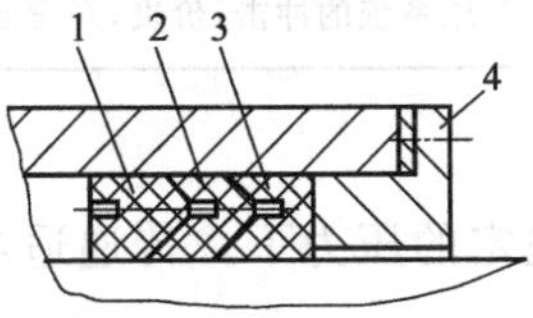

图 6-17 V形密封圈

1—支承环；2—密封环；3—压环；4—压盖

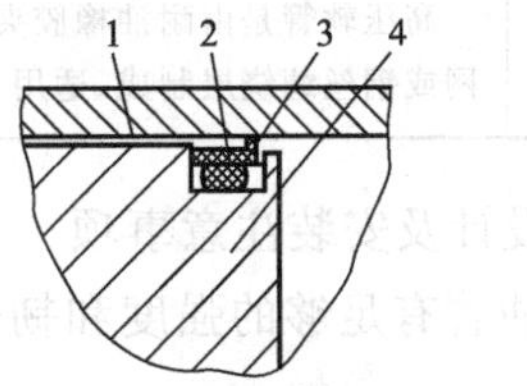

图 6-18 组合式密封结构

1—液压缸筒；2—聚四氟乙烯密封环；3—丁腈橡胶O形密封圈；4—活塞

4. 组合密封结构

上述各种形状的密封圈和各种不同的密封材料均有其各自的优点。新近出现的组合密封结构就是基于利用其各自优点而制成的。例如，聚四氟乙烯是一种新型塑料材料，它的摩擦因数极低，耐磨性好，但是弹性差，而丁腈橡胶弹性很好。将两者结合起来，互相取长补短，构成新式的组合式密封，如图6-18所示。图中，聚四氟乙烯密封环2与液压缸筒1内壁摩擦；丁腈橡胶O形密封圈3起增加弹力的作用。这种密封结构可以耐高压，而且摩擦力很小。

近年来，出现了一些新型组合密封结构，其密封效果和工作性能与传统密封相比更佳。

第六节 液压管件

管件包括管道、管接头和法兰等，其作用是保证油路的连通，并便于拆卸、安装。根据工作压力、安装位置确定管件的连接结构，与泵、阀等连接的管件应由其接口尺寸决定管径。

一、管道

1. 管道的分类

管道的作用是输送液压系统的工作介质，保证系统工作油液的循环和能量传递。液压传动系统中所用的油管，主要是冷拔无缝钢管、紫铜管和橡胶软管。各种油管材料及应用场合见表 6-2。

表 6-2　油管材料及应用场合

种类	用　途	优　缺　点
钢管	在压力较高的管道中优先采用，常用 10、15 冷拔无缝钢管	能承受高压，油液不易氧化，价格低廉，装配、弯曲较困难
紫铜管	在中、低压液压系统中采用，机床中应用较多，常配以扩口管接头	装配时弯曲方便，抗振能力较弱，易使液压油氧化
铝管	在中低压系统中采用，通常可代替紫铜管，在航空工业中应用普遍	重量轻，弯曲也方便，使用时噪声较大，一般用得较少
塑料管	回油路中使用，只适用于临时性设备	价格低，不能承受压力，高温时易软化
尼龙管	中、低压系统中使用，耐压可达 2.5MPa，目前还在试用阶段	能代替部分紫铜管，价格低廉，弯曲方便，但寿命较低
橡胶软管	高压软管是由耐油橡胶夹以 1～3 层钢丝编织网或钢丝缠绕层制成，适用于中高压	用于移动装置的油路连接，装接方便，能减轻液压系统的冲击，价贵，寿命低

2. 管路设计及安装注意事项

① 要求油管有足够的强度和韧性，以保证在规定的压力下，传递适当流量的液体而不产生破裂。

② 油管尺寸的选取要适当。

③ 对于吸油管，阻力要小，尽量畅通，密封好，防止液压泵吸空或产生空穴现象。

④ 回油管路的尺寸必须大些，防止排油背压大。液压元件本身的泄油管一般应与回油管分开，单独通回油箱，以免产生背压和虹吸。

⑤ 管子要尽量短，弯曲角度尽量小，避免急剧弯曲，接头和配件尽量少。

⑥ 为减少压力损失和泄漏，高压管应靠近工作机构。

⑦ 管道的最高处应设有放气装置，用以放掉系统中的空气。

⑧ 与接头或法兰连接处的管子必须是直的，以保证连接牢固可靠。

⑨ 压力管道必须牢固可靠，否则当系统压力变化较剧烈时，会造成管路振动和噪声。

在安装油管时要注意机器和管内无杂物，各开口处应加盖，防止杂物进入。油管的交叉要尽量少，并行或交叉的油管之间必须留有间隙，防止互相接触，以免产生振动。

二、管接头

管接头是油管与油管、油管与液压件之间的可拆式连接件，它必须具有装拆方便、连接牢固、密封可靠、外形尺寸小、通流能力大、压降小、工艺性好等各项条件。

常用的管接头种类很多，其规格品种可查阅相关手册。如果按管接头的通路分，有直通式、角通式、三通式和四通式；按管接头与阀体或阀板的连接方式分，有螺纹式、法兰式等；按油管与管接头的连接方式分，有扩口式、焊接式、卡套式、扣压式、快换式等。表

6-3 介绍了液压系统中比较常用的管接头。

表 6-3　液压系统中常用管接头种类、特点及适用场合

名称	结构简图	特点及适用场合
焊接式管接头	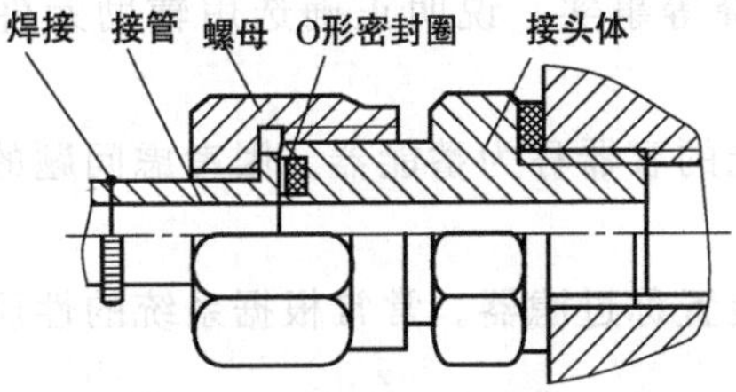	焊接式管接头的基本结构由接头体、接管、O 形密封圈和螺母等组成，接管与系统中的钢管焊接连接，当拧紧螺母时，接管端面将 O 形密封圈紧压在接头体端面上，起密封作用。这种管接头具有结构简单、耐压性强等优点，其缺点是焊接较麻烦，适用于高压厚壁钢管的连接
扩口式管接头	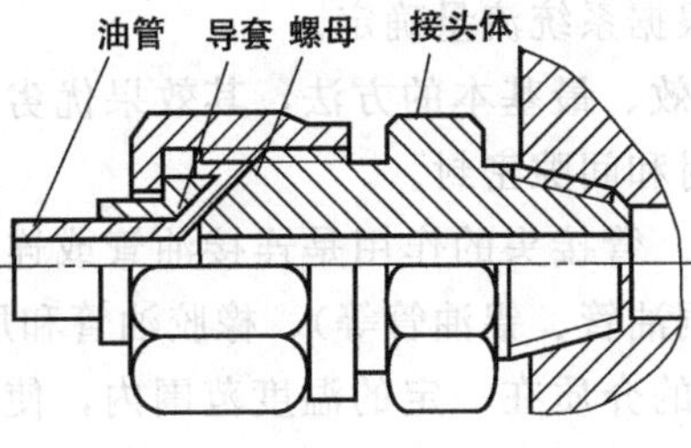	扩口式管接头的基本结构由接头体、导套和螺母等组成。它利用油管管端的扩口在导套的压紧下进行密封。这种管接头结构简单，适用于铜管、薄壁钢管、尼龙管和塑料管等的连接
卡套式管接头	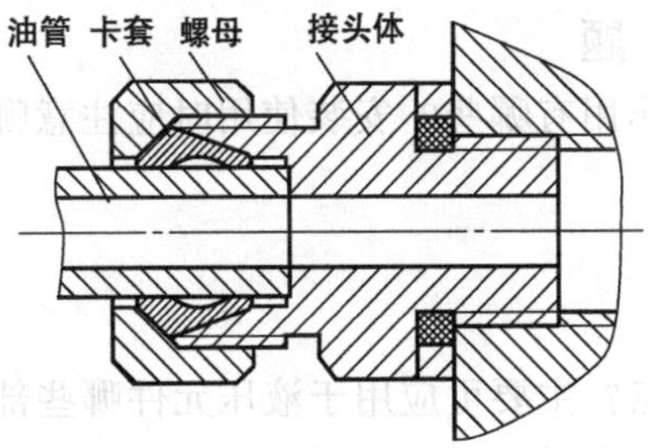	卡套式管接头的基本结构由接头体、卡套和螺母等组成。它利用弹性极好的卡套卡住油管而起到密封作用。其特点是结构简单、安装方便，耐高压，抗振、防松效果好，适用于高压冷拔无缝钢管的连接
扣压式管接头	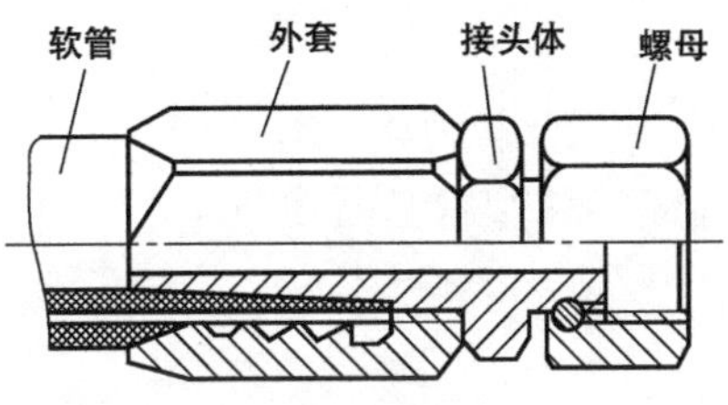	扣压式管接头主要由接头外套、接头体和螺母等组成，此接头适用于软管连接
快换式管接头	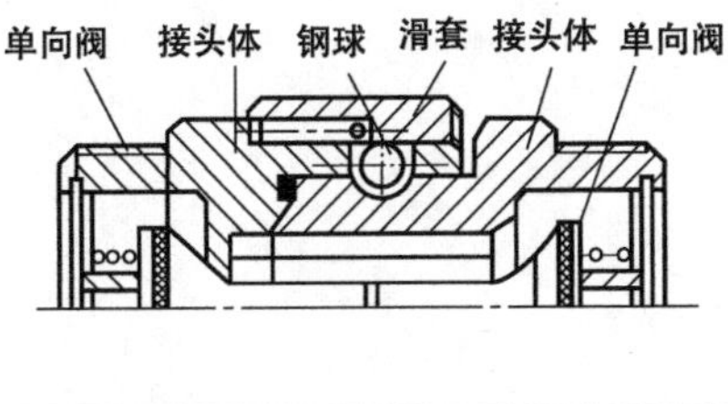	快换式管接头主要由接头体、滑套、单向阀、钢球等组成。滑套将钢球压入槽底，使接头体连接在一起，单向阀互相顶开，使油路接通。当需要断开时，推滑套，拉出接头体，油路断开，同时单向阀在弹簧作用下顶在接头体的阀座上，使两个油管内的油液封闭在油管中，滑套在弹簧的作用下复位。这种管接头适用于需要经常拆卸的软管连接

液压系统的泄漏问题大部分发生在管路的接头上，所以对接头形式、管路设计及管路的安装都要认真对待，以免影响整个液压系统的性能。

本章小结

辅助元件包括密封件、蓄能器、过滤器、油管和管接头、油箱、冷却器、加热器等。辅助元件在系统中虽然起辅助作用，但必须给予足够重视。由于不注意辅助元件的选用而造成油温过高或过低、污染严重、泄漏、效率下降等事实，说明正确选用辅助元件是非常重要的。

① 装于液压系统中用来储存和释放压力能的容器称为蓄能器。因考虑问题的出发点及蓄能器种类不同，选择依据也不同。

② 从流动油液中滤除不溶解的污染质的装置称过滤器。常常根据系统的性质及工作压力选择过滤器。

③ 油箱的作用是存储油液、散热、沉淀杂质、使油液中气泡析出。油箱可分为开式油箱、隔离式油箱和压力式油箱三种。其体积可根据系统流量确定。

④ 密封是防止或减弱液压系统泄漏的最有效、最基本的方法，其效果优劣直接影响液压系统的性能和效率。它包括固定密封、动密封和间隙密封。

⑤ 油管的作用是连接液压元件和传输油液。管接头的作用是连接油管或连接油管和液压元件。油管有三大类：金属油管（钢油管、铜油管、铝油管等）、橡胶油管和尼龙油管。

⑥ 冷却器和加热器的作用是保持液压系统的介质在一定的温度范围内，使液压系统正常工作。

习　　题

1. 蓄能器的种类有哪些？在液压系统中的作用有哪些？安装使用时应注意哪些问题？
2. 过滤器有哪几种类型？分别有什么特点？
3. 油箱有哪些作用？
4. 在什么情况下需设置加热器和冷却器？
5. 常用的密封装置有哪些？各具备哪些特点？主要可应用于液压元件哪些部位？
6. 油管和管接头有哪些类型？各适用于什么场合？接头处是如何密封的？安装时应注意哪些问题？
7. 试画出各种液压辅助元件的图形符号。

第七章　液压基本回路

学习目标：

① 掌握速度控制回路的基本原理、特点及应用；

② 掌握常用压力控制回路的工作原理、特点及应用；

③ 掌握多缸顺序动作回路的工作原理、特点及应用；

④ 掌握方向控制回路的工作原理、特点及应用。

各种机械设备为了实现不同的执行功能，可以通过不同的液压回路加以组合实现，不论液压系统复杂程度如何，总是由一些具有不同功用的基本回路所组成。液压基本回路是由一些液压元件组成的用来完成特定功能的典型油路结构，它是液压系统的基本组成单元。

液压基本回路一般按功能对其进行分类。用来控制执行元件运动方向的称为方向控制回路；用来控制系统或局部压力的称为压力控制回路；用来调节执行元件运动速度的称为速度控制回路；用来控制多缸运动的称为多缸运动回路等。

熟悉和掌握这些基本回路的组成结构、工作原理及其性能特点，对分析、使用和设计液压系统是非常必要的。

第一节　速度控制回路

速度控制回路用于解决执行元件的速度调节和速度变换问题，它包括调速回路、增速回路（或快速运动回路）和速度换接回路。

一、调速回路

执行机构速度调节的合理途径是改变流量。假设进入液压缸的流量为 q_V，液压缸进油腔的有效面积为 A，液压马达的排量为 V_M，则液压缸的运动速度为

$$v=\frac{q_V}{A}$$

液压马达的转速为

$$n=\frac{q_V}{V_M}$$

由上述公式分析可知，改变流量 q_V，可改变液压缸活塞的运动速度；改变流量 q_V（或 V_M），可改变液压马达的转速。

按调速原理划分，调速回路可分为以下三种。

① 节流调速回路——采用定量泵供油，由流量控制阀实现调速。

② 容积调速回路——采用变量泵或变量马达调速。

③ 容积节流调速回路——由容积调速和节流调速构成的联合调速回路。

1. 节流调速回路

节流调速回路主要由定量泵、流量阀、溢流阀和执行机构组成。回路中采用定量泵供油，通过改变流量控制阀的通流面积来调节进入液压缸的流量，从而实现执行元件运动速度的调节。节流调速回路结构简单，成本低，使用维护方便，但能量损失大，效率低，故一般

用于小功率场合。

根据流量控制阀在油路中安装的位置不同，可分为进油节流调速回路、回油节流调速回路和旁路节流调速回路。

(1) 进油节流调速回路 如图 7-1 所示，流量控制阀安装在执行元件的进油油路上，故称进油节流调速回路。定量泵输出的多余流量由溢流阀溢流回油箱，泵的出口压力为溢流阀的调整压力并基本保持恒定。为完成调速功能，不仅要求节流阀的通流截面积能够调节，而且必须保证溢流阀始终处于溢流状态。

① 速度负载特性 活塞的运动速度为

$$v=\frac{q_{V1}}{A_1}=\frac{CA\left(p_P-\dfrac{F}{A_1}\right)^m}{A_1} \tag{7-1}$$

式中 F——负载力；

C——节流阀的流量系数；

A——节流阀的通流截面积；

m——由阀口的长径比决定的指数；

A_1——液压缸无杆腔的有效截面积；

p_P——液压泵输出压力；

q_{V1}——进入液压缸的流量。

由式 (7-1) 可知，液压缸的运动速度 v 与节流阀的通流面积 A 成正比；当 A 不变时，液压缸的运动速度 v 随负载力 F 的增大而减小，其变化规律如图 7-2 所示。曲线越陡，说明负载的变化对速度的影响越大，即速度刚性越差；曲线越平缓，速度刚性越好。

回路的最大承载能力为 $F_{max}=p_P A_1$。此时，泵输出的流量全部经溢流阀溢流回油箱，进入液压缸的流量为零，液压缸进油腔的油压为最大，其值等于泵的出口压力。

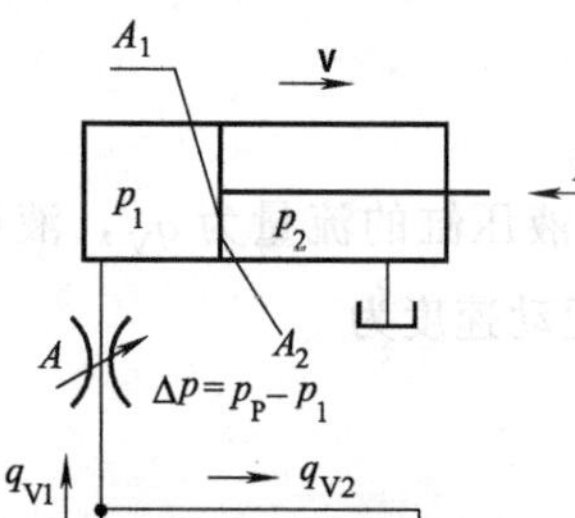

图 7-1 进油节流调速回路

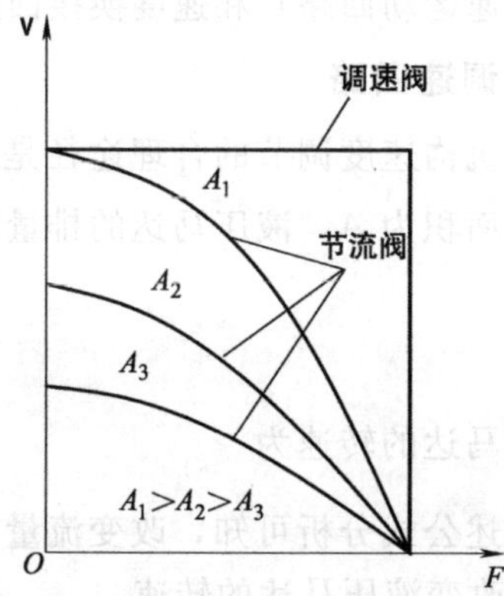

图 7-2 进油节流调速特性曲线

② 功率和效率 液压泵的输出功率

$$P_P=p_P q_{VP}=\text{常数} \tag{7-2}$$

液压缸的输出功率

$$P_1=Fv=F\frac{q_{V1}}{A_1}=p_1 q_{V1} \tag{7-3}$$

回路的功率损失为

$$\begin{aligned}\Delta P&=P_P-P_1=p_P q_{VP}-p_1 q_{V1}\\&=p_P(q_{V1}+q_{V2})-(p_P-\Delta p)q_{V1}\\&=p_P q_{V2}+\Delta p q_{V1}\end{aligned} \tag{7-4}$$

由式（7-4）可知，该回路的功率损失由两部分组成，即溢流损失和节流损失。

回路的效率为

$$\eta=\frac{P_1}{P_P}=\frac{p_1 q_{V1}}{p_P q_{VP}} \tag{7-5}$$

由于存在两部分功率损失，因此这种调速回路的效率较低。回路功率越大，负载变化越大，回路效率越低。故该回路一般用于轻载、低速、负载变化不大且对速度稳定性要求不高的小功率液压系统。

（2）回油节流调速回路　如图 7-3 所示，节流阀安装在执行元件的回油油路上。用节流阀调节液压缸的回油流量，控制进入液压缸的流量，达到调速的目的。

① 速度负载特性　活塞的运动速度为

$$v=\frac{q'_{V2}}{A_2}=\frac{CA\left(p_P\frac{A_1}{A_2}-\frac{F}{A_2}\right)^m}{A_2} \tag{7-6}$$

式中　A_2——液压缸有杆腔的有效截面积。

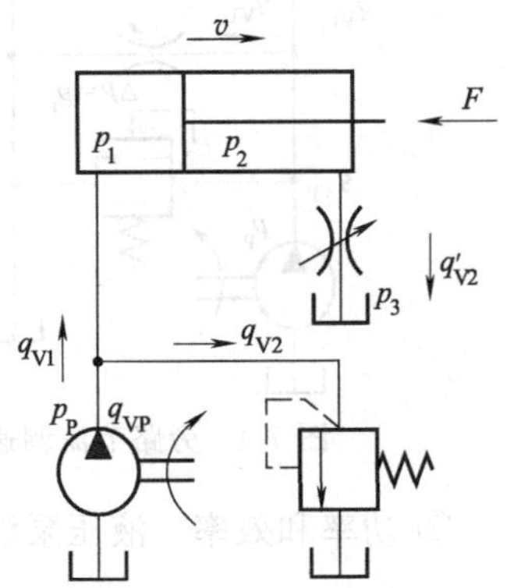

图 7-3　回油节流调速回路

② 功率和效率　液压泵输出功率为

$$P_P=p_P q_{VP}=\text{常量} \tag{7-7}$$

液压缸的输出功率为

$$P_1=Fv=\left(p_P\frac{A_1}{A_2}-p_2\right)q'_{V2} \tag{7-8}$$

回路的损失功率为

$$\Delta P=P_P-P_1=p_P q_{VP}-\left(p_P\frac{A_1}{A_2}-p_2\right)q'_{V2} \tag{7-9}$$

回路的效率为

$$\eta=\frac{P_1}{P_P}=\frac{\left(p_P\frac{A_1}{A_2}-p_2\right)q'_{V2}}{p_P q_{VP}} \tag{7-10}$$

由式（7-1）和式（7-6）可知，进油和回油节流调速回路的速度负载特性基本相同。回油节流调速回路的运动平稳性较好，油液发热对回路的影响小，但由于回油腔压力的存在，使得在外负载相同的情况下，所需泵的供油压力较高，造成功率损失增大，泄漏增加，因此其效率往往比进油调速回路低。在实际应用时，一般采用进油节流调速回路，通过在回油油路上加背压阀的办法，使其获得良好的综合性能。

（3）旁路节流调速回路　如图 7-4 所示，节流阀安装在液压缸进油路的分支油路上，构成旁路节流阀调速回路。改变节流阀的通流截面积，可间接地控制进入液压缸的流量，从而可实现对液压缸速度的调节。由于溢流阀的溢流作用由节流阀承担，故溢流阀在回路中作安全阀用，常态时关闭。因此，液压泵的出口压力完全取决于负载而不是一个恒定值。

① 速度负载特性　活塞的运动速度为

$$v=\frac{q_{VP}-CA\left(\frac{F}{A_1}\right)^m}{A_1} \tag{7-11}$$

在节流阀通流截面积不变的情况下，液压缸的运动速度受负载变化的影响更大，速度-负载特性很软。其主要原因有两点：一是当负载增大后，节流阀前后的压差也增大，从而使通过节流阀的流量增加，这样会减少进入液压缸的流量，降低液压缸的速度；二是当负载增大后，液压泵出口压力也增大，从而使液压泵的内泄漏增加，使液压泵的实际输出流量减少，液压缸速度随之减小。由图 7-5 可知，该回路的承载能力不是恒定的。当节流阀通流面积改变时，回路的承载能力也随之改变，且通流面积越大，其承载能力越差。

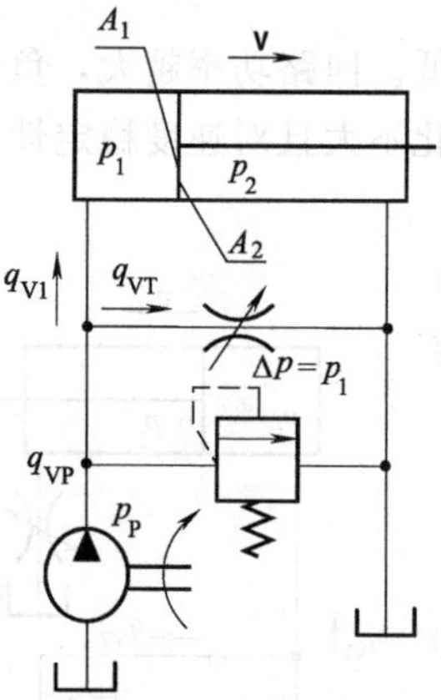

图 7-4　旁路节流调速回路

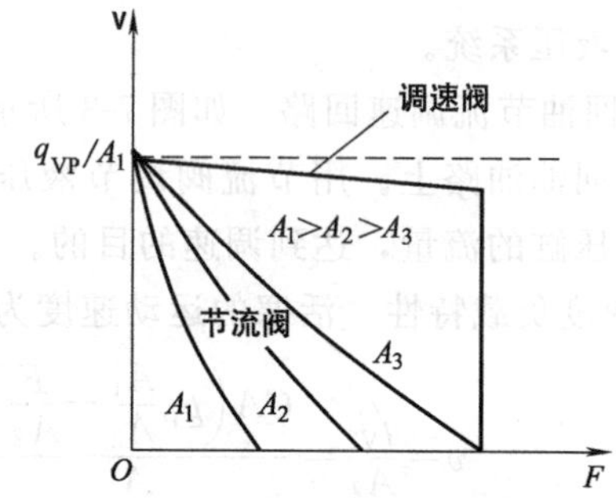

图 7-5　旁路节流调速特性曲线

② 功率和效率　液压泵输出功率为

$$P_P=p_Pq_{VP}=p_1q_{VP} \tag{7-12}$$

液压缸的输出功率为

$$P_1=p_1q_{V1} \tag{7-13}$$

回路的功率损失为

$$\Delta P=p_1q_{VP}-p_1q_{V1}=p_1q_{VT} \tag{7-14}$$

回路的效率为

$$\eta=\frac{P_1}{P_P}=\frac{q_{V1}}{q_{VP}} \tag{7-15}$$

在旁路节流阀调速回路中只有节流损失，而无溢流损失，因此，回路的功率损失小，效率较高。由于在该回路中液压泵的输出压力与负载相适应，没有多余的压力损失，因此，在高速和变载的情况下效率更高。

综上所述，旁路节流调速回路速度负载特性很软，低速时承载能力较差，故通常仅用于高速、重载且对速度稳定性要求很低的较大功率的液压系统中。

(4) 调速阀节流调速回路　采用节流阀的节流调速回路，当负载变化时，会引起节流阀进、出口压差的变化，导致执行元件运动的平稳性下降，为克服这个缺点，可用调速阀代替回路中的节流阀。由于调速阀能在外负载变化的条件下使节流阀的进、出口压差基本保持不变，因而采用调速阀可提高执行元件运动的平稳性。但调速阀工作时受最小压差的限制，将会造成回路的功率损失增加。

2. 容积调速回路

节流调速回路由于存在节流损失和溢流损失，回路效率低，发热量大，因此只用于小功率系统。

容积调速回路是通过改变回路中变量泵或变量马达的排量来调节执行元件的运动速度的。在回路中，液压泵输出的油液直接进入执行元件，没有节流损失和溢流损失，而且泵的出口压力随负载变化而变化，因此效率高，发热量小。容积调速回路多用于工程机械、矿山机械、农业机械和大型机床等大功率的调速系统中。

容积调速回路按油液循环方式不同可分为开式回路和闭式回路两种。在开式回路中，液压泵从油箱吸油后输入执行元件，执行元件排出的油液直接返回油箱。因此油液能得到较好冷却，但空气和污物容易侵入回路，影响正常工作。在闭式回路中，泵的吸油口与执行元件的回油口直接相连，油液在回路内封闭循环，不通过油箱。这种回路结构紧凑，减小空气侵入的可能性；缺点是散热条件差。为了补偿回路中的泄漏、补偿执行元件进油腔与回油腔之间的流量差，通常需要设置辅助液压泵（补油泵），液压泵的流量一般为主液压泵流量的10%～15%，压力通常为0.3～1.0MPa。

根据液压泵和液压马达（或液压缸）的组合方式不同，容积调速回路有三种形式：变量泵-定量执行元件容积调速回路；定量泵-变量马达容积调速回路；变量泵-变量马达容积调速回路。

(1) 变量泵-定量执行元件容积调速回路 该回路包括变量泵-液压缸式容积调速回路和变量泵-定量马达容积调速回路两种。

变量泵-液压缸式容积调速回路（开式）如图7-6（a）所示，溢流阀2作安全阀用，溢流阀6作背压阀用。变量泵-定量马达容积调速回路（闭式）如图7-6（b）所示，泵1为小流量补油泵，其供油压力由溢流阀6调定，顺序阀4作安全阀用。执行元件的运动速度或转速由变量泵调节。

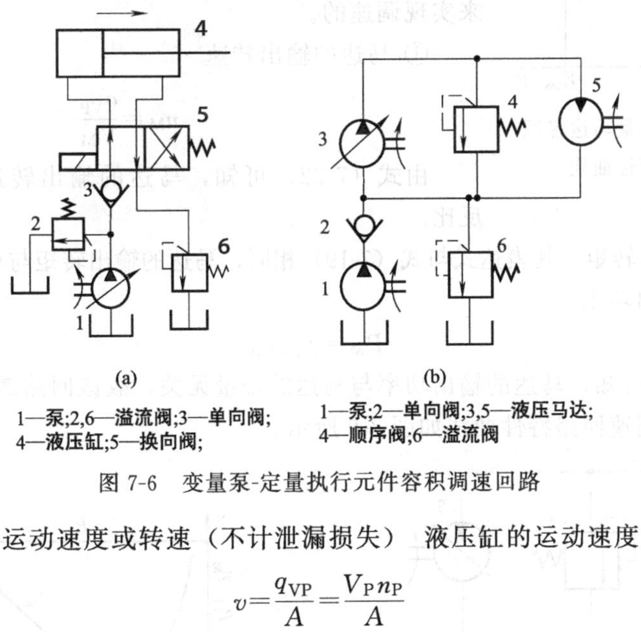

1—泵；2,6—溢流阀；3—单向阀；4—液压缸；5—换向阀；

1—泵；2—单向阀；3,5—液压马达；4—顺序阀；6—溢流阀

图7-6 变量泵-定量执行元件容积调速回路

① 执行元件的运动速度或转速（不计泄漏损失） 液压缸的运动速度

$$v=\frac{q_{VP}}{A}=\frac{V_P n_P}{A} \tag{7-16}$$

液压马达的转速

$$n_M=\frac{q_{VP}}{V_M}=\frac{V_P n_P}{V_M} \tag{7-17}$$

式中 q_{VP}——液压泵的流量；

V_P，V_M——液压泵和液压马达的排量；

n_P，n_M——液压泵和液压马达的转速；

A——液压缸进油腔的有效工作面积。

由式（7-16）、式（7-17）可知，执行元件的运动速度或转速与泵的排量成正比关系。

② 执行元件输出的推力或转矩　液压缸的输出推力

$$F=p_PA \tag{7-18}$$

液压马达的输出转矩

$$T_M=\frac{p_PV_M}{2\pi} \tag{7-19}$$

由式（7-18）、式（7-19）可知，执行元件输出的转矩或推力与泵的排量无关，故该调速回路属恒推力或恒转矩调速。

③ 执行元件输出的功率　液压缸的输出功率

$$P_M=Fv=\frac{FV_Pn_P}{A} \tag{7-20}$$

液压马达的输出功率

$$P_M=p_PV_Pn_P \tag{7-21}$$

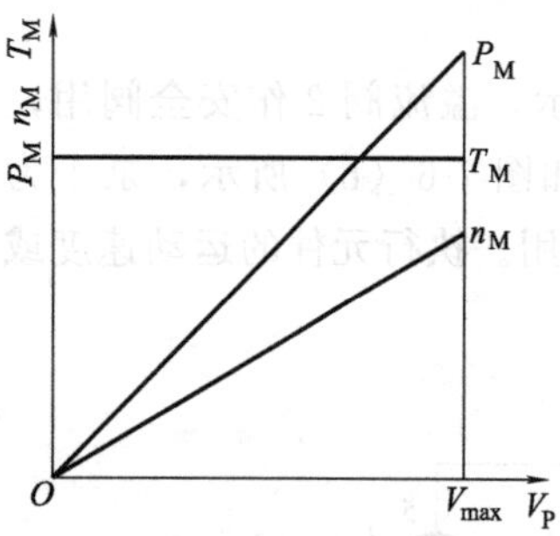

图 7-7　变量泵-定量马达容积调速回路的特性曲线

由式（7-20）、式（7-21）可知，执行元件输出的功率与泵的排量呈线性关系。变量泵-定量马达容积调速回路的特性曲线如图 7-7 所示。

（2）定量泵-变量马达容积调速回路　定量泵-变量马达容积调速回路如图 7-8 所示。该回路是通过改变马达的排量来实现调速的。

① 马达的输出转速

$$n_M=\frac{q_{VP}}{V_M} \tag{7-22}$$

由式（7-22）可知，马达的输出转速与马达的排量成反比。

② 马达的输出转矩　其表达式与式（7-19）相同，马达的输出转矩与马达的排量成正比。

③ 马达的输出功率

$$P_M=p_Pq_{VP} \tag{7-23}$$

由式（7-23）可知，马达的输出功率与马达的排量无关，故该回路属恒功率调速。定量泵-变量马达容积调速回路特性曲线如图 7-9 所示。

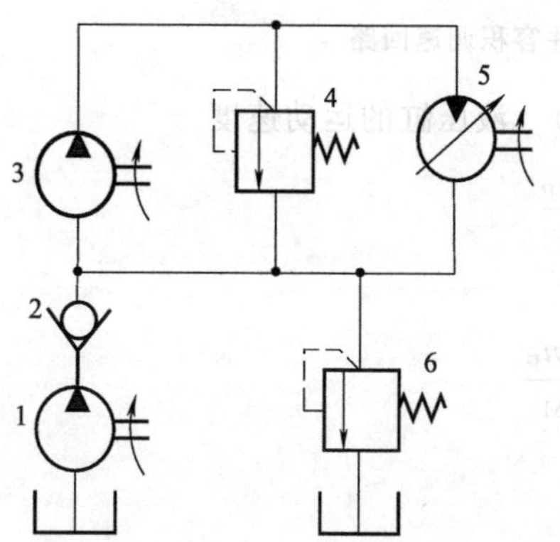

图 7-8　定量泵-变量马达容积调速回路

1—泵；2—单向阀；3—定量泵；4—顺序阀；5—液压马达；6—溢流阀

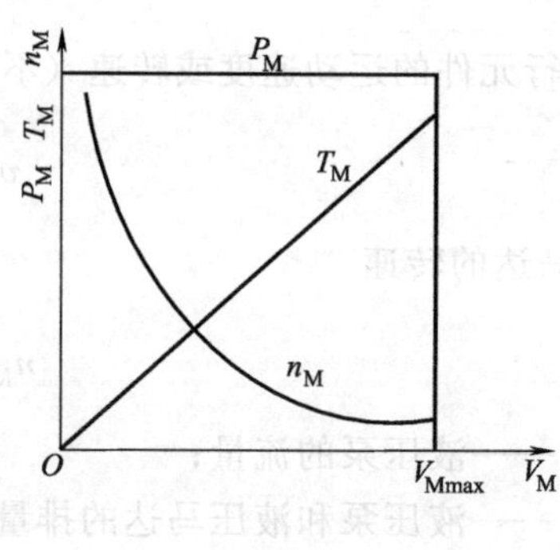

图 7-9　定量泵-变量马达容积调速回路特性曲线

(3) 变量泵-变量马达调速回路　变量泵-变量马达容积调速回路如图 7-10 所示。该回路是上述两种调速回路的组合。变量泵 1 正向或反向供油，马达则正向或反向旋转，补油泵 4 通过单向阀 6 和 9 给闭式回路补油，安全阀 3 通过单向阀 7 和 8 在两个方向上对回路起过载保护作用。由于泵和马达均可变量，因此扩大了调速范围。其特性曲线如图7-11所示。

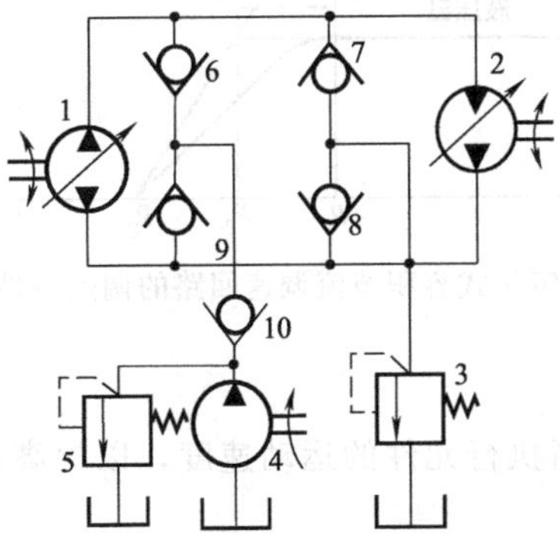

图 7-10　变量泵-变量马达容积调速回路

1—变量泵；2—液压马达；3—安全阀；
4—补油泵；5—溢流阀；6～10—单向阀

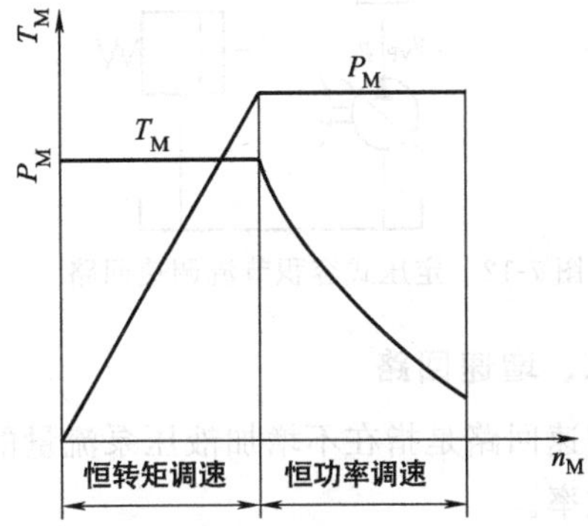

图 7-11　变量泵-变量马达容积调速特性曲线

该回路在调速时，首先将马达的排量调至最大，然后调节泵的排量，随泵排量的增加马达的转速随之升高，当泵的排量调到最大后，再将马达的排量由大调小，使马达的转速进一步升高。

3. 容积节流调速回路

容积节流调速回路是采用限压式变量叶片泵供油，采用调速阀调速，液压泵输出的流量能自动地与执行元件所需流量相适应。这种回路虽有节流损失，但无溢流损失，其效率不如容积调速回路，但比节流调速回路高。运动平稳性与调速阀调速回路相同，比容积调速回路好。常用的容积节流调速回路包括定压式和变压式两种。本文只介绍定压式容积节流调速回路。

定压式容积节流调速回路如图 7-12 所示。该回路由限压式变量叶片泵、调速阀和液压缸等主要元件组成。液压缸的运动速度由调速阀控制，变量泵输出的流量 q_{VP} 与进入液压缸的流量 q_{V1} 相适应。其工作原理是：在节流阀通流截面积 A_T 调定后，通过调速阀的流量 q_{V1} 是恒定不变的。因此，当 $q_{VP}>q_{V1}$ 时，泵的出口压力上升，通过压力反馈作用（见限压式变量叶片泵工作原理），使限压式变量叶片泵的流量自动减小到 $q_{VP}\approx q_{V1}$；反之，当 $q_{VP}<q_{V1}$ 时，限压式变量泵的出口压力下降，通过压力反馈作用，又会使其流量自动增大到 $q_{VP}\approx q_{V1}$。调速阀在这里的作用不仅使进入液压缸的流量保持恒定，而且还使泵的输出流量基本保持恒定，从而使液压缸所需要的流量与液压泵的输出流量相匹配。

该回路的调速特性曲线如图 7-13 所示。由图可见，这种调速回路节流损失的大小与液压缸进油腔压力 p_1 有关，p_1 越大时，回路中的节流损失越小；p_1 越小，节流损失越大。p_1 的正常工作范围是

$$p_2\frac{A_2}{A_1}<p_1<(p_P-\Delta p_{min}) \tag{7-24}$$

式中　p_1——液压缸回油腔的压力；

Δp_{min}——为保证调速阀正常工作的最小压差，一般为 0.5MPa 左右。

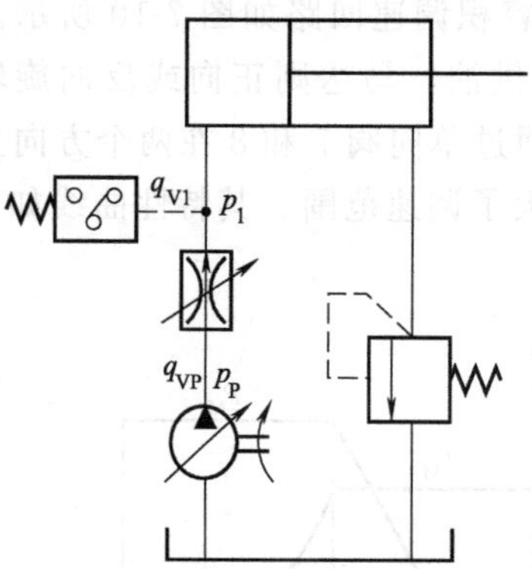

图 7-12 定压式容积节流调速回路

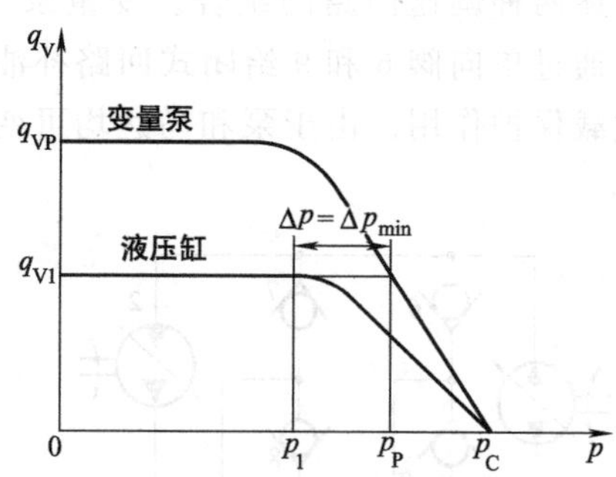

图 7-13 定压式容积节流调速回路的调速特性曲线

二、增速回路

增速回路是指在不增加液压泵流量的前提下，提高执行元件的运动速度，以提高系统的工作效率。

1. 液压缸差动连接增速回路

图 7-14 为采用差动连接的增速回路。二位二通阀电磁铁 3Y 的通、断电可实现泵正常给系统供油和卸荷两种状态的切换。当 3Y 断电时，1Y 通电、2Y 断电，液压缸活塞右移；2Y 通电、1Y 断电，液压缸左移；1Y、2Y 同时断电，压力油进入液压缸左右两腔，这种连接方式称为差动连接，由于无杆腔作用面积大于有杆腔作用面积，故活塞仍然向右运动，但此时活塞的有效作用面积减小（为活塞的有效面积），活塞的推力减小，而运动速度增加。差动连接可以提高液压缸向右空载行程的运动速度，缩短工作循环时间，是实现液压缸快速运动的一种简单、有效的方法。

2. 蓄能器供油增速回路

图 7-15 为采用蓄能器的增速回路。当换向阀处于中位时，液压缸不动，液压泵通过单向阀 2 向蓄能器 3 充液，使蓄能器蓄能。当蓄能器压力升高到顺序阀 1 的调整压力时，顺序阀 1 打开，液压泵卸荷，蓄能器通过单向阀保压；当换向阀切换到左位或右位时，液压泵和蓄能器同时给液压缸供油，实现快速运动。

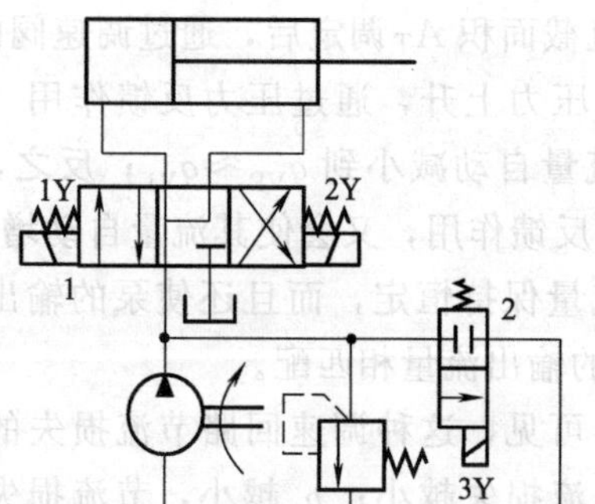

图 7-14 采用差动连接的增速回路

1—换向阀；2—二位二通换向阀

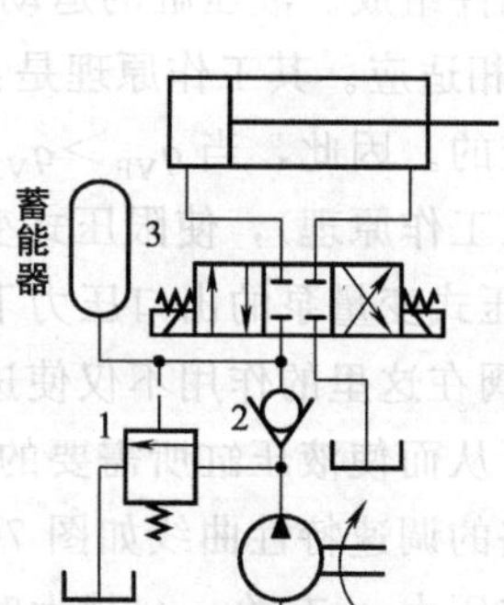

图 7-15 采用蓄能器的增速回路

1—顺序阀；2—单向阀；3—蓄能器

3. 双泵供油的增速回路

图 7-16 为采用双泵供油的增速回路。利用顺序阀 5 来实现单泵供油或双泵供油的切换

控制。当主换向阀 6 在左位或右位工作时，换向阀 7 电磁铁通电，这时系统压力低于顺序阀 5 的调整压力，两泵同时向液压缸供油，实现液压缸的快速运动。当快进完成后，阀 7 断电，液压缸经节流阀 8 回油，因流动阻力增大而引起系统压力升高，当压力达到或超过顺序阀 5 的调定压力时，大流量泵 2 通过阀 5 卸荷，只有小流量泵 1 向系统供油，实现液压缸慢速运动。顺序阀 5 的调定压力至少应比溢流阀 9 的调定压力的 10%～20%。双泵供油的增速回路简单合理，回路效率较高，通常用于执行元件快进和工进速度相差较大的场合。

4. 增速缸增速回路

图 7-17 为采用增速缸的增速回路，增速缸由活塞缸和柱塞缸复合而成。当换向阀处于左位工作时，压力油经柱塞孔进入增速缸小腔 6，推动活塞快速向右运动，这时增速缸大腔 5 中产生局部真空，将液控单向阀 3 打开，从油箱中吸油；当执行元件接触工件负载增加时，回路压力升高，使顺序阀 4 开启，液控单向阀 3 关闭，液压油进入增速缸大腔 5，活塞转换成慢速运动，推力增加。回程时，压力油进入活塞右腔，同时打开液控单向阀 3，将增速缸大腔 5 的油液排回油箱，活塞快速向左退回。

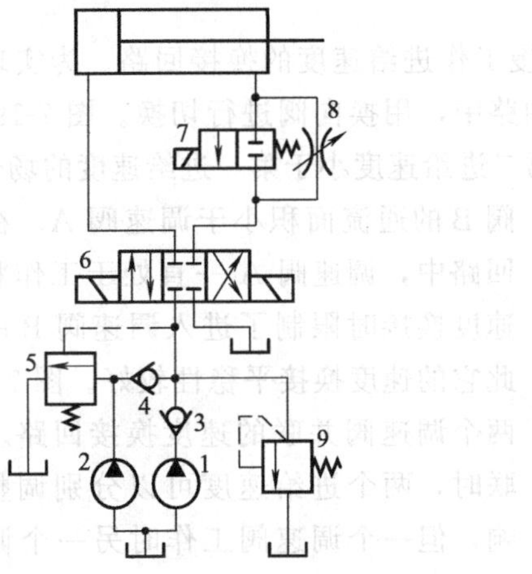

图 7-16　采用双泵供油的增速回路

1—小流量泵；2—大流量泵；3,4—单向阀；5—顺序阀；6—主换向阀；7—换向阀；8—节流阀；9—溢流阀

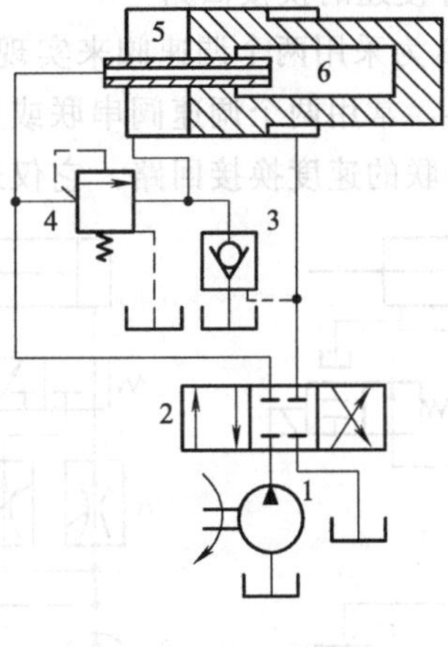

图 7-17　采用增速缸的增速回路

1—泵；2—阀；3—液控单向阀；4—顺序阀；5—增速缸大腔；6—增速缸小腔

三、速度换接回路

速度换接回路是使液压执行元件在一个工作循环中由一种速度变换为另一种速度的回路。要求的主要性能是速度变换的平稳性。

1. 快速与慢速的换接回路

图 7-18 为行程控制的速度换接回路。通常用于快速与慢速的换接。图 7-18（a）是采用行程阀的速度换接回路。当换向阀处于右位工作时，活塞向右运动，在活塞杆上的挡铁 1 碰到行程阀 2 之前，活塞快速运动；在挡铁压下行程阀 2 时，行程阀关闭，液压缸右腔的压力油通过单向调速阀 3 回油箱，活塞转换为慢速运动。当换向阀处于左位工作时，无论行程阀处于何种状态，压力油均可通过单向阀进入液压缸右腔，使活塞快速向左退回。图 7-18（b）为采用行程开关的速度换接回路。其工作原理与图 7-18（a）相同，主要区别是快慢速变换的控制方式不同，该回路是利用行程开关 3 控制电磁铁 4 的通断电来实现速度变换的。

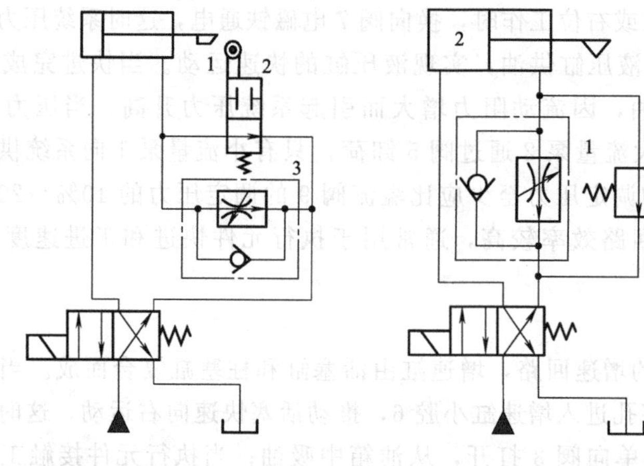

(a) 采用行程阀 (b) 采用行程开关

1—挡铁;2—行程阀;3—单向调速阀 1—单向调速阀;2—液压缸;3—行程开关;4—电磁换向阀

图 7-18 行程控制的速度换接回路

2. 两种慢速的换接回路

图 7-19 为采用两个调速阀来实现不同缓慢工作进给速度的换接回路。为实现两种进给速度的转换，常用两个调速阀串联或并联在油路中，用换向阀进行切换。图 7-19（a）为两个调速阀串联的速度换接回路，它仅适用于第二进给速度小于第一进给速度的场合，故调速阀 B 的通流面积小于调速阀 A。在这种调速回路中，调速阀 A 一直处于工作状态，它在速度换接时限制了进入调速阀 B 的流量，因此它的速度换接平稳性较好。图 7-19（b）为两个调速阀并联的速度换接回路。调速阀并联时，两个进给速度可以分别调整，互不影响，但一个调速阀工作时另一个调速阀无油通过，其定差减压阀处于最大开口位置，在速度转换期间，因通过该调速阀的流量过大会造成工作部件的突然前冲。因此它不宜用于同一行程中有两种进给速度转换的场合，主要用于两种进给速度预选的场合。

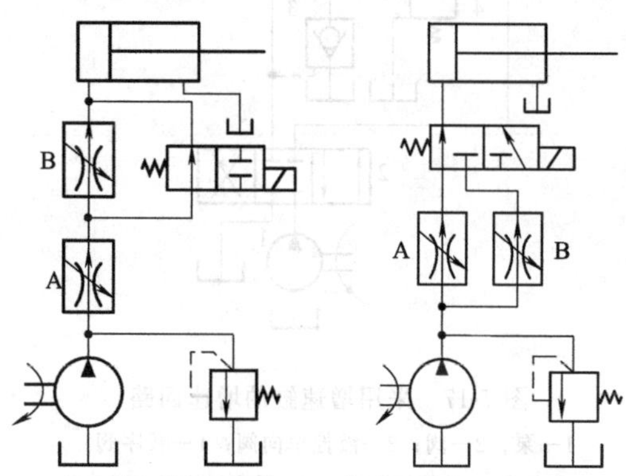

(a) 两个调速阀串联 (b) 两个调速阀并联

图 7-19 调速阀控制的速度换接回路

第二节 方向控制回路

方向控制回路的作用是利用各种方向阀来控制进入执行元件液流的通、断或变向，以实现执行元件启动、停止和换向。常见的方向控制回路有换向回路、锁紧回路和制动回路。

一、换向回路

换向回路是指改变执行元件的运动方向的回路。在液压系统中常用的换向回路有：采用换向阀的换向回路和采用双向变量泵的换向回路。

1. 采用换向阀的换向回路

采用二位四通（五通）、三位四通（五通）换向阀均可实现执行元件换向。二位阀只能实现执行元件正、反向运动，而三位阀有中位，不同中位机能可使系统获得不同性能，如具有 M 型中位机能的换向阀除能实现二位阀的功能外，还能实现执行元件停止及泵卸荷的功能。图 7-20 和图 7-21 为采用二位三通和二位四通换向阀的换向回路。

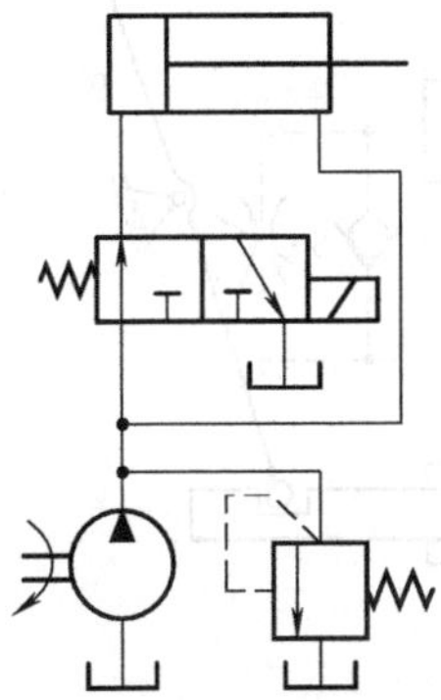

图 7-20 采用二位三通换向阀的换向回路

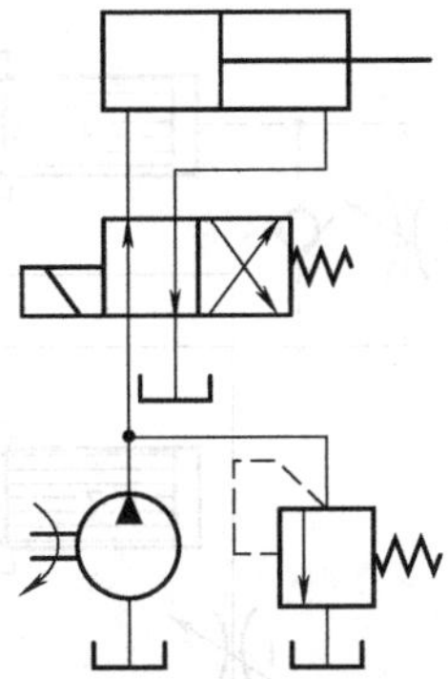

图 7-21 采用二位四通换向阀的换向回路

2. 采用双向变量泵的换向回路

在闭式回路中常用双向变量泵来实现执行元件的换向和调速。图 7-22 为采用双向变量泵的换向回路。当液压缸左侧进油、活塞向右运动时，因活塞两侧的有效面积不同，使进油流量大于回油流量，双向变量泵吸油侧流量不足，可通过单向阀 4 从油箱补油；当活塞向左运动时，回油流量大于进油流量，双向变量泵吸油侧多余的油液，通过进油侧油压打开单向阀 3 排油至油箱。溢流阀 2 和溢流阀 5 分别用于控制液压缸左侧和右侧进油的最高压力，以保证系统安全。

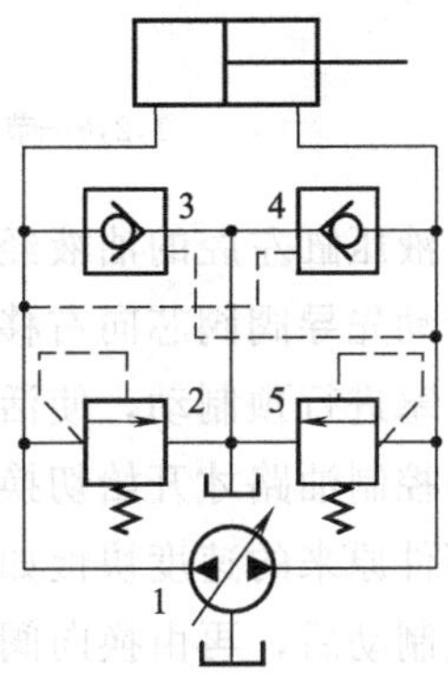

图 7-22 采用双向变量泵的换向回路

1—双向变量泵；2,5—溢流阀；3,4—单向阀

3. 时间控制制动的连续换向回路

图 7-23 为时间控制制动的连续换向回路。主油路只受换向阀 4 控制，在图示工作状态下，液压泵输出的油液经换向阀 4 进入液压缸右腔，推动活塞向左运动，左腔的回油经换向阀 4 和节流阀 1 回油箱；换向时，活塞杆上的挡块 8 带动拨杆 9 使先导阀 7 由左向右移动，液压泵输出的控制油（虚线所示）经先导阀 7、单向阀 3 进入换向阀的左端，换向阀右端的油液经节流阀 6 和先导阀 7 排入油箱，换向阀的阀芯向右移动，当阀芯移动到中间位置时，压力油、液压缸两腔和油箱互通，活塞运动因失去推力而迅速减慢，当阀芯上的锥面关死进入液压缸右腔的通道时，活塞停止运动，并打开进入液压缸左腔的通道，活塞向右运动，实现了执行元件的换向。调节回油油路上节流阀的通流面积，可调节活塞直线往复运动的速度。调节换向阀 4 两端节流阀 2、6 的通流面积，可调节换向阀 4 阀芯的运动速度，从而实现对活塞制动时间的调节。当换向阀 4 两端节流阀 2、6 的通流面积调定后，活塞制动时间就确定不变，因此该回路称为时间控制制动的换向回路。

时间控制制动的换向回路可以做到无冲击，但因运动部件的惯性及换向阀和节流阀性能的影响，换向精度不高，通常适用于工作部件运动速度较高，但换向精度要求不高的场合。

4. 行程控制制动的连续换向回路

图 7-24 为行程控制制动的连续换向回路。主油路除了受换向阀 5 的控制外，其回油还受先导阀 2 的控制。在图示工作状态下，压力油经换向阀 5 进入液压缸右腔，活塞向左运

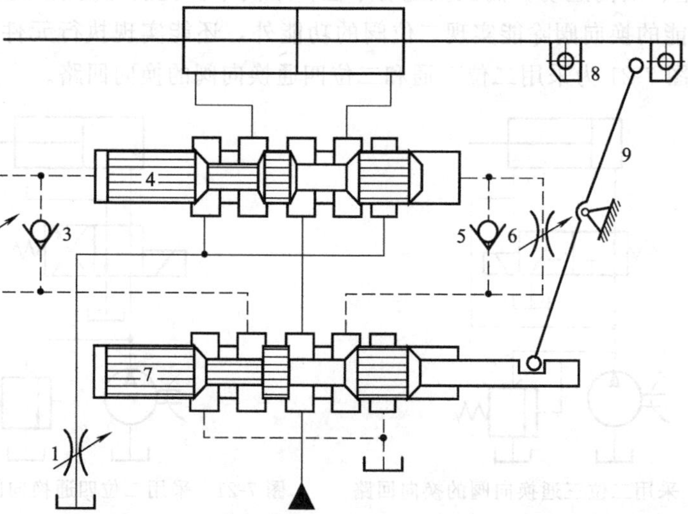

图 7-23　时间控制制动的连续换向回路

1,2,6—节流阀；3,5—单向阀；4—换向阀；7—先导阀；8—挡块；9—拨杆

动，液压缸左腔的油液经换向阀 5、先导阀 2、节流阀 1 回油箱。换向时，活塞杆上的行程块带动先导阀阀芯向右移动，先导阀阀芯中间的制动锥将液压缸左腔的回油通道逐渐关小，对活塞进行预制动，使活塞移动速度减慢，当回油通道被关得很小、活塞速度很慢时，换向阀的控制油路才开始切换，推动换向阀 5 换向，使活塞停止运动，并随即反向启动。不论运动部件原来的速度快慢如何，换向时先导阀 2 总是要先移动一段固定行程，使工作部件先进行预制动后，再由换向阀来使它换向，因此可提高换向精度。制动的平稳性与制动锥的锥度大小有关。

这种回路由于先导阀的制动行程恒定不变，所以换向精度较高，但运动部件速度快时制动时间短，换向冲击大。所以主要用于工作部件运动速度不大但换向精度要求较高的场合。

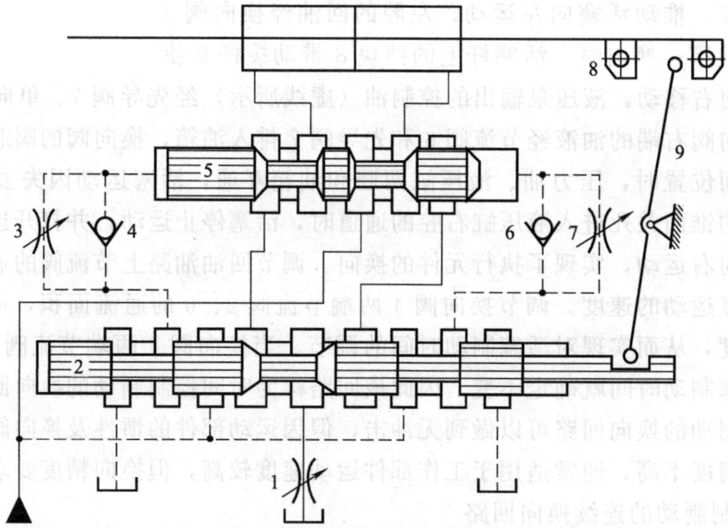

图 7-24　行程控制制动的连续换向回路

1,3,7—节流阀；2—先导阀；4,6—单向阀；5—换向阀；8—挡块；9—拨杆

二、锁紧回路

锁紧回路的功能是使液压缸活塞能在任意位置停止，并可防止其停止后发生窜动。三位换向阀的 M 型或 O 型中位机能可用于封闭液压缸的两腔，使活塞在行程范围内任意位置停止，但由于滑阀的泄漏，不能长时间保持在停止位置不动，锁止性能不高，故通常采用泄漏量小的液控单向阀作为锁止元件。图 7-25（a）为采用液控单向阀使卧式液压缸双向锁紧回路。当换向阀处于中位时，因液控单向阀突然失压而关闭，将活塞锁紧，使其不能左右窜动。对于立式液压缸，可采用一个液控单向阀实现单向锁紧，如图 7-25（b）所示。单向节流阀可防止活塞下降时因超速而产生振动和冲击。

在采用液控单向阀的锁紧回路中，换向阀应采用 Y 型和 H 型中位机能。换向阀在中位时，液控单向阀立即失压而关闭，使锁紧精度提高。

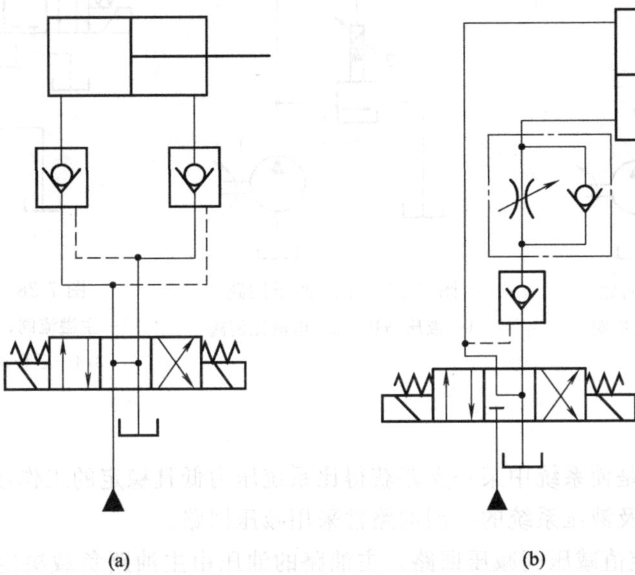

图 7-25　用液控单向阀的锁紧回路

第三节　压力控制回路

压力控制回路是利用压力控制阀来控制系统和系统某一部分的压力，以满足执行机构对力和力矩的要求，或者实现工作机构平衡或顺序动作。它包括调压、减压、增压、卸荷、保压或缓冲等回路。

一、调压回路

调压回路用来控制系统的工作压力，使系统压力保持恒定或不超过某一预先调定的数值，以实现稳压或保护系统安全。

1. 远程调压回路

图 7-26 为远程调压回路。将远程调压阀 2 接在先导式溢流阀 1 的遥控口上，液压泵的工作压力即可由远程调压阀 2 作远程调节。远程调压阀可以安装在操作方便的地方。

2. 比例调压回路

图 7-27 为电液比例调压回路。系统可以通过电液比例阀实现无级调压。根据执行元件

各工况对压力的不同要求，调节输入电液比例阀的电流，即可改变系统的工作压力。该回路的调压过程平稳、冲击小，更易于实现远距离控制和连续控制。

图 7-28 为多级调压回路。当系统需多级压力控制时，可将主溢流阀 1 的遥控口通过三位四通换向阀 2 分别接至远程调压阀 3 和 4，使系统具有三种压力调定值：换向阀在左位时，系统压力由阀 3 调定；换向阀在右位时，系统压力由阀 4 来调定；而换向阀在中位时，由主溢流阀 1 调定系统的最高压力值。各远程调压阀的调定压力应小于主溢流阀的调定压力。

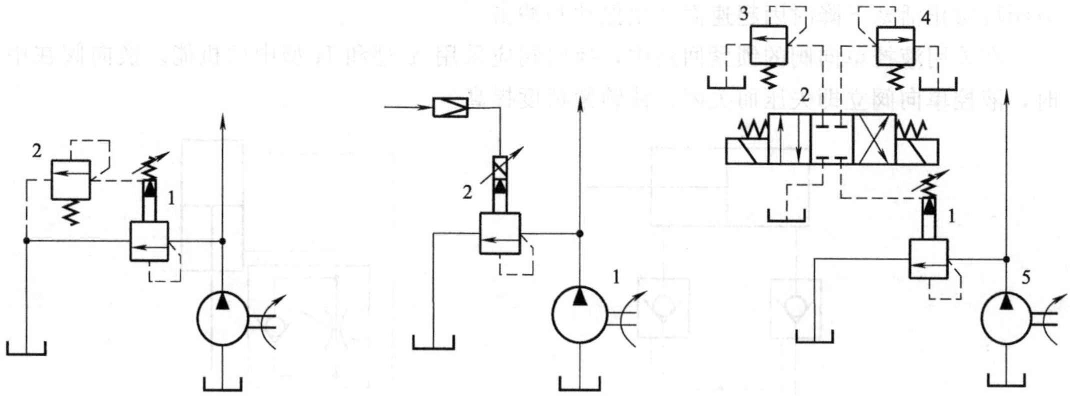

图 7-26 远程调压回路

1—溢流阀；2—远程调压阀

图 7-27 比例调压回路

1—液压马达；2—电液比例阀

图 7-28 多级调压回路

1—主溢流阀；2—三位四通换向阀；3，4—远程调压阀；5—液压泵

二、减压回路

减压回路的功用是使系统中某一支路获得比系统压力低且稳定的工作压力。如机床中的工件夹紧、导轨润滑及液压系统的控制油路常采用减压回路。

图 7-29（a）为定值减压阀减压回路。主油路的油压由主油路负载决定，支路油压由减压阀调定，回路中单向阀的作用是在主油路油压降低到小于减压阀调整压力时，将减压支路与主油路隔开，实现短时间保压。

图 7-29（b）为二级减压回路。在先导式减压阀 4 的遥控口上通过二位二通阀 2 接入远

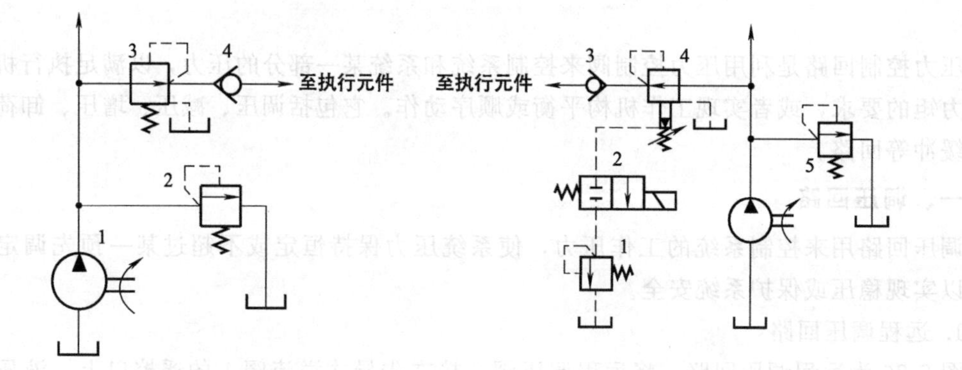

(a)

1—液压马达；2—溢流阀

3—减压阀；4—单向阀

(b)

1—远程调压阀；2—二位二通阀；

3—单向阀；4—先导式减压阀；5—溢流阀

图 7-29 减压回路

程调压阀 1，组成二级减压回路。当二位二通阀的电磁铁断电时，支路油压由先导式减压阀调定；当电磁铁通电时，支路油压由远程调压阀调定。但应注意：远程调压阀的调定压力应小于先导式减压阀的调定压力。

三、增压回路

增压回路的功用是使系统中某一支路的压力高于系统压力。利用增压回路，液压系统就可以采用供油压力较低的液压泵来获得较高的支路压力。增压回路中实现油压放大的主要元件是增压缸，其增压比为增压缸大小活塞面积之比，即 $p_2/p_1=A_1/A_2$。

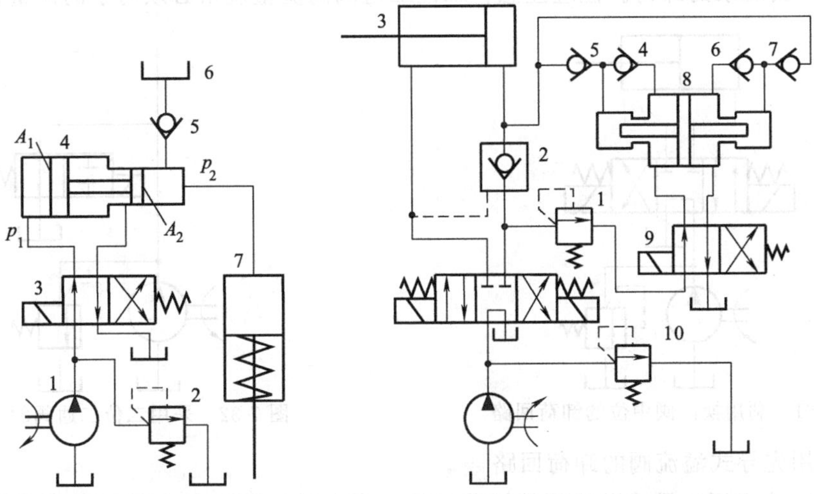

(a) 采用单作用式增压缸

1—液压泵；2—溢流阀；3—换向阀；4—增压缸；5—单向阀；6—高位油箱；7—工作缸

(b) 采用双作用式增压缸

1—顺序阀；2,4～7—单向阀；3—工作缸；8—双作用式增压缸；9—换向阀；10—溢流阀

图 7-30　增压回路

图 7-30（a）为采用单作用式增压缸的增压回路。由于该回路不能获得连续高压油，因此它只适用于有一个需要较大的单向作用力、行程小且作业时间短的液压系统。当换向阀 3 处于左位工作时，增压缸 4 输出高压油驱动工作缸 7 的活塞运动；当换向阀处于右位工作时，增压缸活塞左移，工作缸靠弹簧复位，高位油箱 6 经单向阀 5 给增压缸右腔补油。

图 7-30（b）为采用双作用式增压缸的增压回路。由于双作用式增压缸能连续输出高压油，因此该回路适用于增压行程较大的场合。当三位换向阀处于右位工作时，工作缸 3 左移，随工作缸负载的增大，系统压力升高，将顺序阀 1 打开，油压经换向阀 9 进入双作用式增压缸 8，增压缸活塞无论向左或向右运动，均能输出高压油，驱动工作缸运动；当换向阀 9 处于左位工作时，工作缸回程，增压回路不起作用。单向阀 4～7 起防干扰作用，其中单向阀 4、6 还对双作用式增压缸起补油作用。

四、卸荷回路

卸荷回路是在液压系统执行元件短时间停止工作期间，为避免频繁启闭液压泵，而使泵在很小的输出功率下运转的回路。因泵的输出功率等于压力和流量的乘积，故泵的卸荷可分为压力卸荷和流量卸荷两种方法。压力卸荷法是将泵的出口直接接油箱，使泵在零压或接近零压下工作；流量卸荷法是指泵在输出流量为零或接近于零的状态下工作，此时泵的供油流量仅用于补偿系统的泄漏。

1. 利用换向阀中位机能的卸荷回路

图 7-31 为利用换向阀中位机能的卸荷回路。用三位四通换向阀 M 型（或 H、K 型）中位机能，使换向阀在中位时泵的出口直接接油箱，实现泵的卸荷。它适用于低压小流量（$p_P \leqslant 2.5MPa$，$q_P \leqslant 40L/min$）的液压系统。对于高压大流量液压系统采用此法时会产生较大的液压冲击，应采取适当的缓冲措施。

2. 采用二位二通阀的卸荷回路

图 7-32 为采用二位二通阀的卸荷回路。当电磁铁断电时，泵正常给系统供油；当电磁铁通电时，实现泵的卸荷。但应注意：二位二通阀的流量规格必须与泵的流量相匹配。

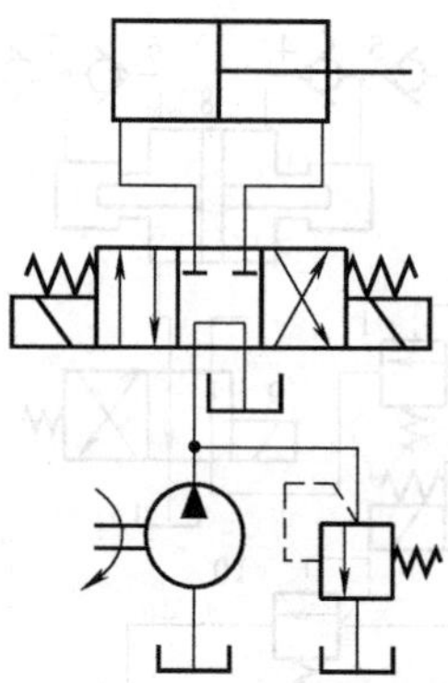
图 7-31　利用换向阀中位的卸荷回路

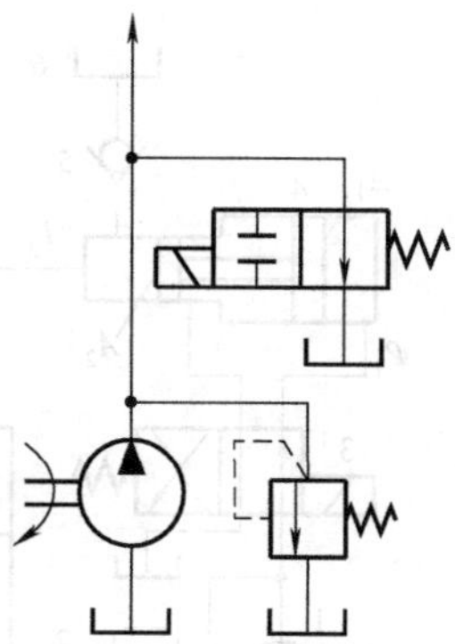
图 7-32　采用二位二通阀的卸荷回路

3. 采用先导式溢流阀的卸荷回路

图 7-33 为采用先导式溢流阀的卸荷回路。当电磁铁断电时，泵正常给系统供油；当电磁铁通电时，实现泵的卸荷。固定阻尼器可防止卸荷和升压两种状态切换时产生的液压冲击。

4. 采用压力补偿变量泵的卸荷回路

图 7-34 为采用压力补偿变量泵的卸荷回路。当液压缸活塞运动到行程端点或换向阀处于中位时，泵的供油压力升高，输出流量减小；当泵的供油压力升高到预调的最大压力时，泵的输出流量减至只需补偿系统泄漏的流量，回路实现保压卸荷。

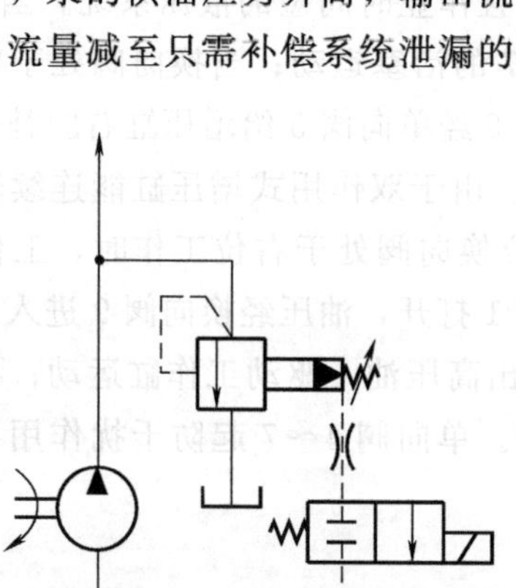
图 7-33　采用先导式溢流阀的卸荷回路

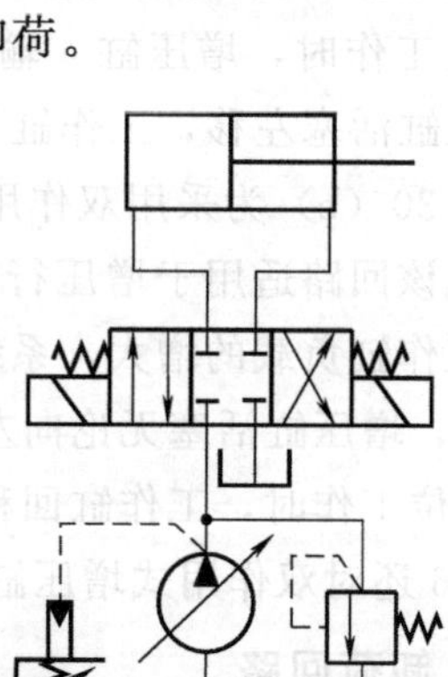
图 7-34　采用压力补偿变量泵的卸荷回路

五、保压回路

保压回路是在液压缸不动或因工件变形而产生微小位移的情况下，保持系统压力不变的回路。评定保压性能的主要指标是保压时间和压力稳定性。

图 7-35 为采用液控单向阀的保压回路。它是利用液控单向阀反向截止时密封性好的特点实现保压的。一般在 20MPa 工作压力下保压 10min，压力降不超过 2MPa。

图 7-36 为自动补油保压回路。保压元件仍采用液控单向阀，保压控制采用电接触式压力表。由电接触压力表设定压力波动范围。换向阀 2 的电磁铁 1Y 通电，活塞下降加压，当压力升高到电接触压力表 4 上限调定压力时，上触点接通，1Y 通电，液压泵卸荷，系统保压；当压力下降到下限压力时，下限触点接通，1Y 断电，泵又恢复给液压缸供油，使压力回升，实现补油保压。该回路保压时间长，压力稳定性高。

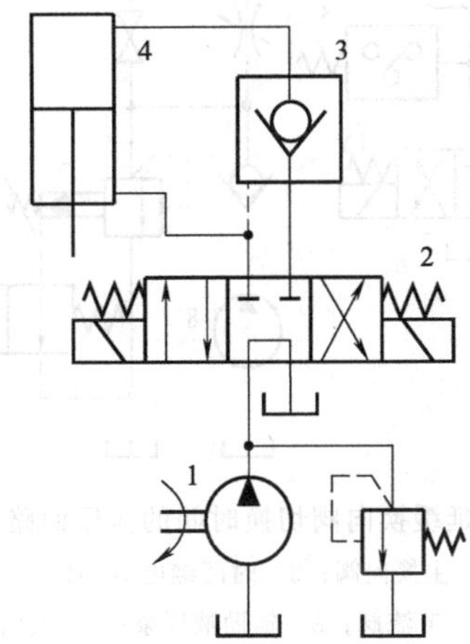

图 7-35　采用液控单向阀的保压回路

1—液压泵；2—换向阀；3—液控单向阀；4—液压缸

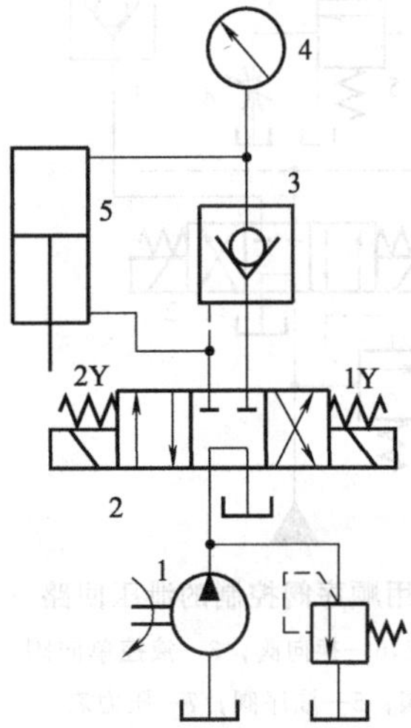

图 7-36　自动补油保压回路

1—液压泵；2—换向阀；3—液控单向阀；4—电接触压力表；5—液压缸

六、泄压回路

泄压回路是压力控制回路的一种。它的功用是使执行元件高压腔中的压力缓慢释放，以免泄压过快而引起剧烈振动和冲击。

图 7-37 为用顺序阀控制的泄压回路。采用带卸荷阀阀芯的液控单向阀实现保压和泄压，泄压压力和回程压力均由顺序阀控制。

泄压：保压结束后使换向阀 2 左位接入回路，此时液压缸上腔压力升高，开启顺序阀 5，泵输出的压力油经顺序阀 5 和节流阀 4 回油箱，由于节流阀的作用，回油压力（可调制 2MPa 左右）虽不足以使液压缸回程，但能顶开液控单向阀 3 的卸荷阀阀芯，使液压缸上腔泄压。

回程：当液压缸上腔压力降至低于顺序阀 5 的调定压力（一般为 2～4MPa）时，顺序阀 5 关闭，切断了泵的低压循环，泵输出的压力油进入液压缸的下腔，同时顶开液控单向阀 3 的主阀阀芯，使活塞回程。

回路中的换向阀 6 的作用是在保压过程中切断顺序阀 5 的控制油路，保证回路的保压性能。这种泄压回路是在换向阀 2 切换时不立即接通回程油路，只有在上腔压力降至允许的最低压力时，才能自动回程。

图 7-38 为延缓换向阀切换时间的泄压回路。保压时主换向阀 2 处于中位，主液压泵卸荷，换向阀 9 通电，辅助液压泵 8 向液压缸供油保压。保压完毕后，先使 3Y 断电，辅助液压泵 8 经溢流阀 7 和换向阀 9 卸荷，液压缸上腔压力油经节流阀 6、溢流阀 7 和换向阀 9 泄

压。节流阀 6 在泄压时起缓冲作用，泄压时间由时间继电器 3 控制，经过一段时间延迟，使 2Y 通电，主换向阀 2 左位工作，活塞回程。该回路的特点是：在泄压过程中，不论高压腔的压力是否泄至零，都必须延长一个固定的时间后才能换向。

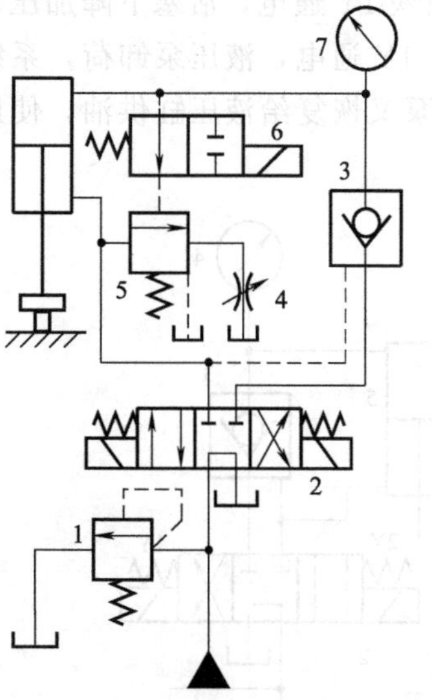

图 7-37 用顺序阀控制的泄压回路

1—溢流阀；2,6—换向阀；3—液控单向阀；4—节流阀；5—顺序阀；7—压力表

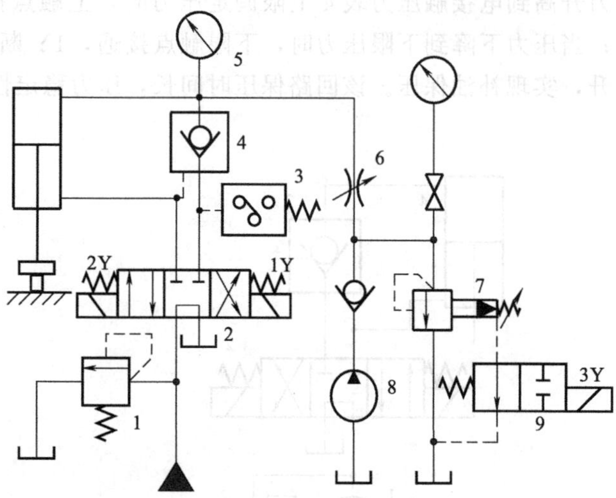

图 7-38 延缓换向阀切换时间的泄压回路

1,7—溢流阀；2—主换向阀；3—时间继电器；4—单向阀；5—压力表；6—节流阀；8—辅助液压泵；9—换向阀

七、平衡回路

平衡回路的功能是防止立式安装的液压缸和与之相连的工作部件因自重而自行下落。

图 7-39 为采用单向顺序阀的平衡回路。调整顺序阀的调整压力，使其稍大于立式液压缸活塞和工作部件自重在液压缸下腔产生的背压，即可防止活塞因自重而下落。这种回路在活塞下行时，回油腔有一定的背压，运动平稳，但顺序阀调整压力调定后，若工作负载减小，系统的功率损失将增大。

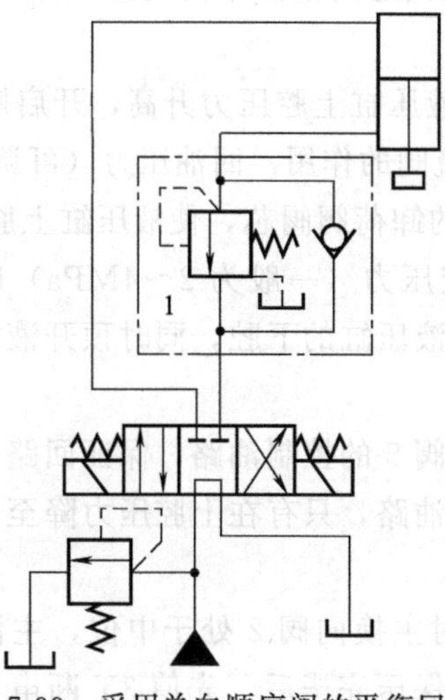

图 7-39 采用单向顺序阀的平衡回路

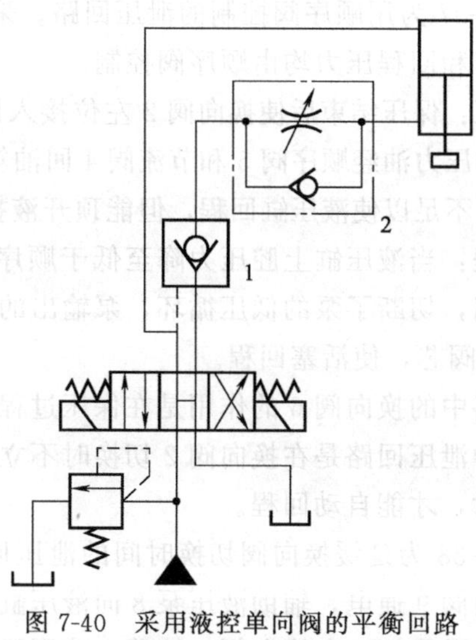

图 7-40 采用液控单向阀的平衡回路

1—液控单向阀；2—单向节流阀

图 7-40 为采用液控单向阀的平衡回路。由于液控单向阀反向截止时的密封性好，因此该回路的闭锁性能好。通过调整单向节流阀 2 的通流面积来改变液压缸回油腔产生的背压，从而达到防止活塞加速下行的目的。

八、缓冲回路

制动缓冲回路的功能是实现执行元件平稳地换向或由运动状态平稳地过渡到静止状态。

图 7-41 为采用行程节流阀的缓冲回路。在液压缸有杆腔回油路上接入单向行程节流阀 2，当活塞向右运动到预定位置时，活塞杆上的挡铁 1 压下单向行程节流阀 2 的阀芯，使单向行程节流阀的开度逐渐减小直至关闭，从而使运动部件逐渐减速直至停止，达到在行程终点减速缓冲的目的。

图 7-42 为采用溢流阀的缓冲制动回路。当执行元件向右运动过程中，换向阀突然切换，液压缸回油油路上的压力因运动部件的惯性而突然升高，当压力超过溢流阀 3 的调定压力时，溢流阀 3 溢流，以缓冲管路中产生的液压冲击，同时通过单向阀 1 向液压缸的左腔补油。为保证系统能正常工作，溢流阀的调整压力要比正常工作时系统压力高 5%～10%。

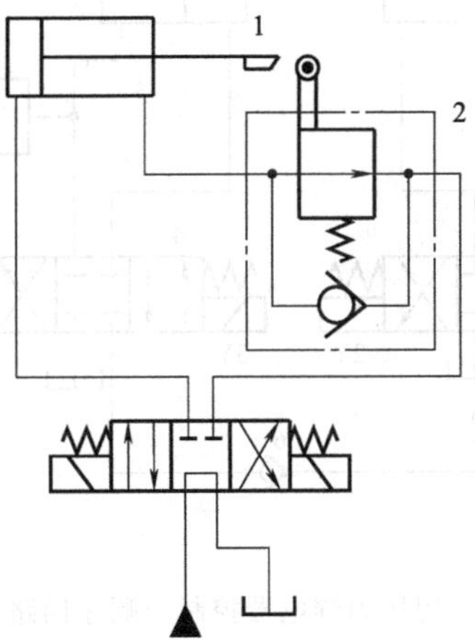

图 7-41　采用行程节流阀的缓冲回路

1—挡铁；2—单向行程节流阀

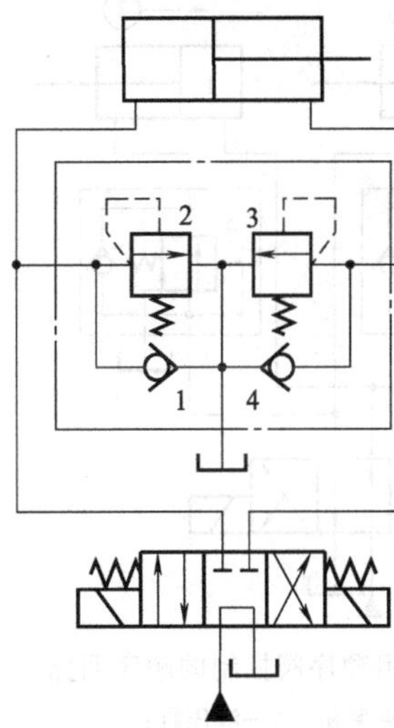

图 7-42　采用溢流阀的缓冲制动回路

1,4—单向阀；2,3—溢流阀

第四节　多缸动作回路

一、顺序动作回路

顺序动作回路是一种多执行元件控制回路，它的功能是实现多个执行元件按预定的次序动作。按控制方式不同可分为压力控制和行程控制两大类。这种回路在机械制造等行业的液压系统中得到了普遍应用。如组合机床回转工作台的抬起和转位，夹紧机构的定位和夹紧等，都必须按固定的顺序运动。

1. 压力控制顺序动作回路

压力控制顺序动作回路是利用液压系统在工作过程中的压力变化来控制执行元件顺序动作的回路。

图 7-43 为用顺序阀控制的顺序回路。以钻床液压系统为例，钻削加工过程为：夹紧工件→钻头进给→钻头退回→松开工件。换向阀左位接入回路，夹紧缸 1 活塞向右运动，完成工件夹紧操作；工件夹紧后，回路压力升高，顺序阀 3 开启，压力油进入液压缸 2 的无杆腔，推动活塞向右运动，实现钻削加工；钻孔结束后，换向阀 4 右位接入回路，液压缸 2 活塞左移，完成钻头退回操作；钻头退回操作结束后，回路压力升高，顺序阀 5 打开，夹紧缸 1 退回原位。

图 7-44 为用压力继电器控制的顺序回路。其工作原理是利用压力继电器控制电磁换向阀电磁铁的通、断电来实现顺序动作的。按启动按钮，1Y 电磁铁得电，液压缸 1 活塞向右运动，当其运动到右端点后，回路压力升高，压力继电器 1K 动作，使电磁铁 3Y 通电，液压缸 2 活塞向右运动，当其运动到右端点后，按返回按钮，1Y、3Y 断电，4Y 通电，液压缸 2 退回左端点，回路压力升高，压力继电器 2K 动作，使电磁铁 2Y 通电，液压缸 1 活塞退回。

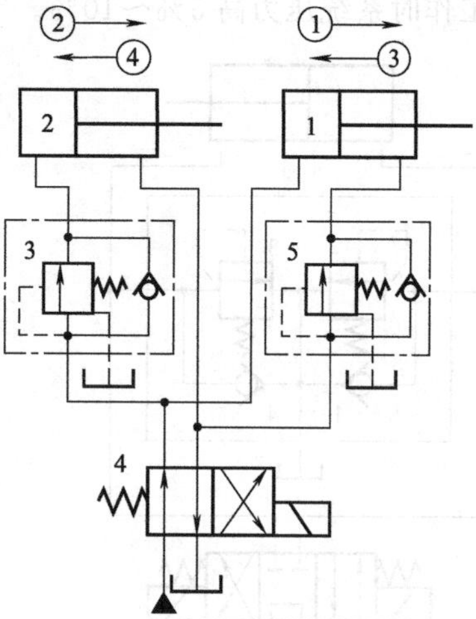

图 7-43 用顺序阀控制的顺序回路

1—夹紧缸；2—液压缸；3,5—顺序阀；4—换向阀

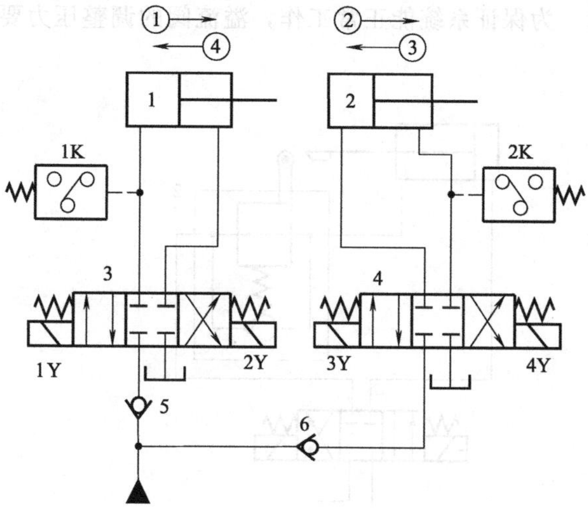

图 7-44 用压力继电器控制的顺序回路

1,2—液压缸；3,4—换向阀；5,6—单向阀

压力控制的顺序动作回路中，顺序阀和压力继电器的调定压力必须大于前一动作执行元件的最高压力，一般应高出 10%～15%，否则前一动作尚未结束，下一动作往往在管路中压力冲击或波动下产生先动现象，有时会引起误动作，造成设备故障或人身事故。该回路适用于系统中执行元件数目不多、负载变换不动的场合。

2. 行程控制顺序动作回路

图 7-45 是用行程阀控制的顺序回路。在初始状态下，液压缸 1、2 的活塞均处于左端。电磁换向阀 4 通电后，液压缸 1 活塞先向右运动，当活塞杆上的挡块压下行程阀 3 后，液压缸 2 活塞才向右运动；电磁换向阀 4 断电，液压缸 1 活塞退回，其挡块离开行程阀后，液压缸 2 退回。回路特点：动作可靠，但改变动作顺序困难。

图 7-46 是用行程开关控制的顺序回路。按启动按钮，电磁铁 1Y 通电，完成动作顺序①；当活塞杆上的挡块触动行程开关 2S 时，使电磁铁 2Y 通电，液压缸 2 右行完成动作顺序②；当液压缸 2 右行至触动行程开关 3S 时，使 1Y 断电，液压缸 1 返回，实现动作③后，

触动 1S，使 2Y 断电，液压缸 2 返回，完成动作顺序④。回路特点：调整挡块位置可调节液压缸的行程，通过电器系统可任意改变动作顺序，方便灵活，应用广泛。

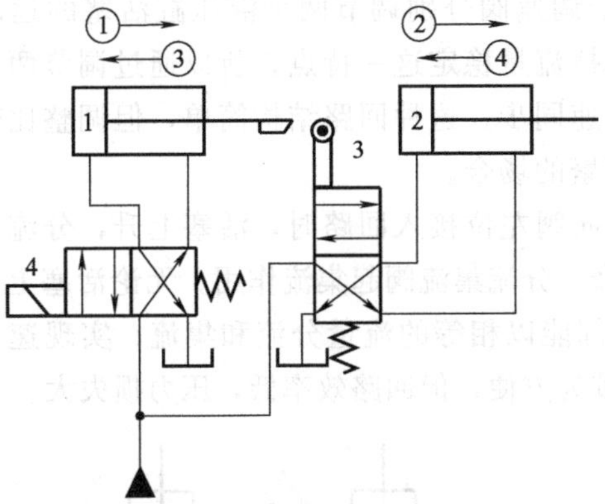

图 7-45　用行程阀控制的顺序回路

1,2—液压缸；3—行程阀；4—电磁换向阀

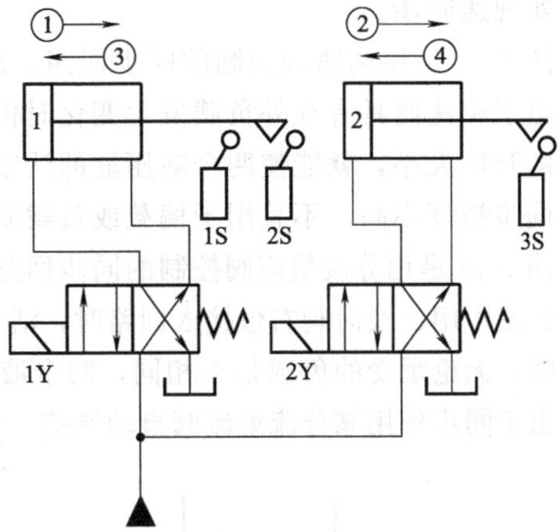

图 7-46　用行程开关控制的顺序回路

1,2—液压缸

3. 时间控制顺序动作回路

时间控制是指在一个执行元件开始动作后，经过一定的时间延迟，另一个执行元件才开始动作。在液压系统中，时间控制一般可用延迟阀来控制。

图 7-47 是采用延迟阀的时间控制顺序动作回路。电磁铁 1Y 通电，换向阀 1 处于左位工作，压力油经过换向阀 1 进入液压缸 4 的左腔，推动活塞向右运动；液压油同时进入延迟阀 2 的左侧油口，经一定时间延迟后，换向阀阀芯右移，液压油进入液压缸 3 的左腔，推动活塞右移，是液压缸按图示顺序动作。1Y 断电，2Y 通电，液压油同时进入液压缸 3、4 的右腔，使两缸快速退回，同时，液压油经延迟阀的单向阀推动换向阀复位。这种延迟阀的延迟时间易受温度的影响而在一定范围内波动。

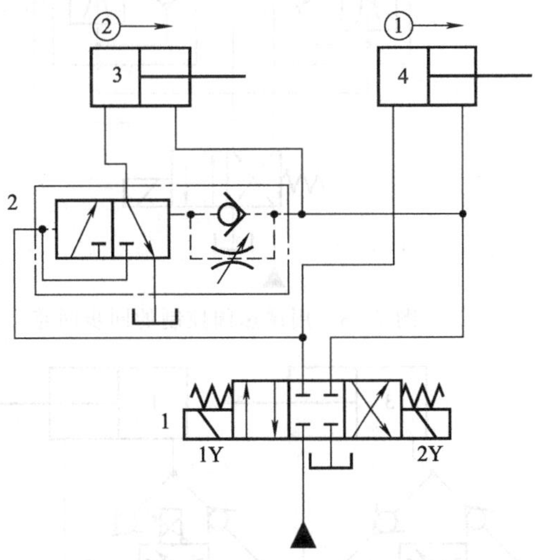

图 7-47　采用延迟阀的时间控制顺序动作回路

1—换向阀；2—延迟阀；3,4—液压缸

二、同步回路

同步控制回路是用于保证系统中的两个或多个执行元件在运动中以相同的位移或速度运动，也可以按一定的速比运动。它通常用于多个执行元件同时驱动一个工作部件的场合。同步运动可分为位置同步和速度同步两种。衡量同步运动优劣的指标是同步精度，通常用其位移的绝对误差和相对误差来表示。影响同步运动精度的因素很多，如外负载不均衡、泄漏量不同、摩擦阻力不等、元件的变形及空气的混入等都会使执行元件运动同步不精确。在实际的同步运动回路中，多采用速度同步。严格地做到每一瞬间速度同步是非常困难的，而速度的微小差异，在运动一定时间后就会造成显著的位置不同步，因此，应在执行元件行程终点处采取适当的补偿措施。在同步精度要求较高的场合，应采用位置同步回路。

1. 流量同步回路

流量同步是利用流量控制阀来控制进入和流出液压缸的流量，使液压缸活塞运动速相等，实现速同步。

图 7-48 是用调速阀控制的同步回路。用两个调速阀分别调节两个液压缸活塞的运动速度。由于调速阀具有在外负载发生变化时仍能保持流量稳定这一特点，所以通过调节两个调速阀的开口大小，就能使两个液压缸的活塞保持速同步。这种回路结构简单，但调整比较麻烦，同步精度不高，不宜用于偏载或负载变化频繁的场合。

图 7-49 是用分流集流阀控制的同步回路。换向阀左位接入回路时，活塞上升，分流集流阀起分流作用；换向阀右位接入回路时，活塞下降，分流集流阀起集流作用。无论活塞上升还是下降，无论承受的负载是否相同，两个液压缸都能以相等的流量分流和集流，实现速度同步。由于同步作用靠分流集流阀自动调整，使用较为方便，但回路效率低，压力损失大。

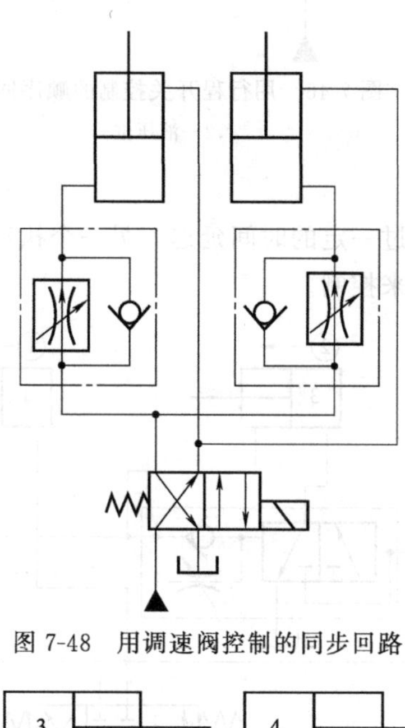

图 7-48 用调速阀控制的同步回路

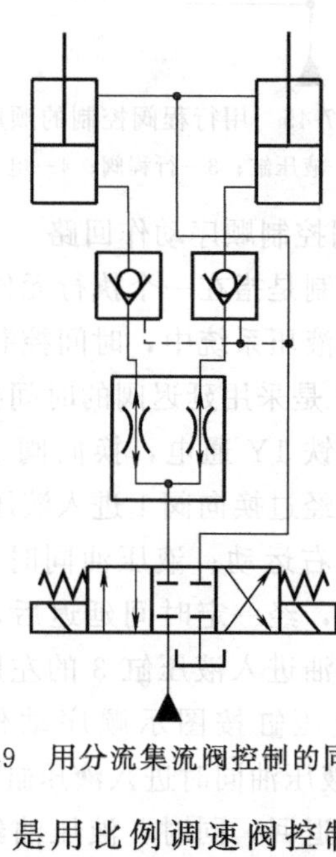

图 7-49 用分流集流阀控制的同步回路

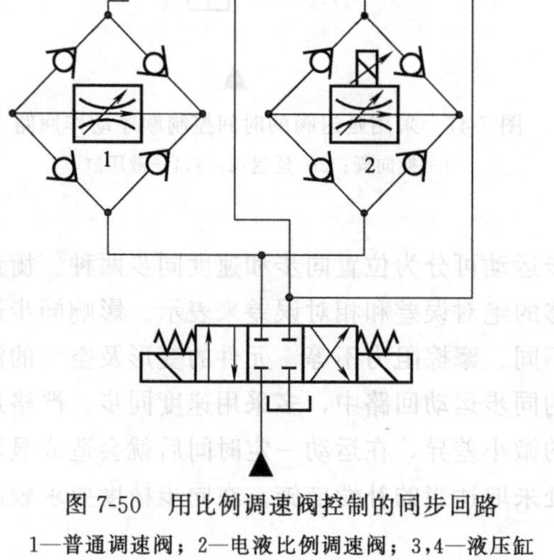

图 7-50 用比例调速阀控制的同步回路

1—普通调速阀；2—电液比例调速阀；3,4—液压缸

图 7-50 是用比例调速阀控制的同步回路。回路中采用一个普通调速阀 1 和一个电液比例调速阀 2，它们分别装在由 4 个单向阀组成的桥式回路中。阀 1 控制液压缸 3 的运动，电液比例调速阀 2 控制液压缸 4 的运动。图示接法能够使两个液压缸在左右两个方向上保持同步。当两活塞出现位置偏差时，可通过检测装置发出的电信号，自动调节电液比例调速阀的开度，使两个液压缸仍能保持同步。这种回路调节方便，同步精度高，两活塞位置的绝对误差可降至 0.5mm。

2. 容积同步回路

图 7-51 是带补偿装置的串联缸同步回路。将有效工作面积相等的两个液压缸串联

起来，可以实现两缸的同步，且在活塞行程端点处能自动消除两缸的位置误差。当两缸活塞同时下行时，若液压缸 1 活塞先到达行程端点，则挡块压下行程开关 1S，电磁铁 3Y 得电，换向阀 4 左位接入回路，压力油经换向阀 4 和液控单向阀 3 进入液压缸 2 上腔，进行补油，使其活塞继续下行到达行程端点。如果液压缸 2 活塞先到达端点，行程开关 2S 使电磁铁 4Y 得电，换向阀 4 右位接入回路，压力油进入液控单向阀 3 的控制腔，并打开阀 3，液压缸 1 下腔与油箱接通，使其活塞继续下行到达行程端点，从而消除积累误差。

图 7-52 是采用同步马达的同步回路。采用两个同轴等排量液压马达作配油环节，输出等流量的油液来控制两个液压缸的同步。节流阀 5 用于消除两缸在行程端点处产生的位置误差。

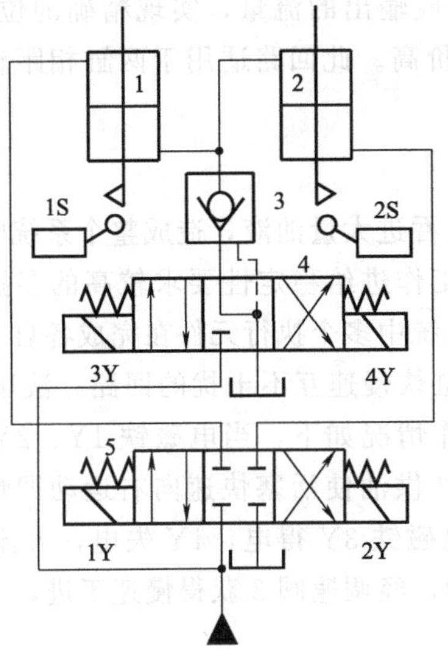

图 7-51 带补油装置的串联缸同步回路

1，2—液压缸；3—液控单向阀；4，5—换向阀

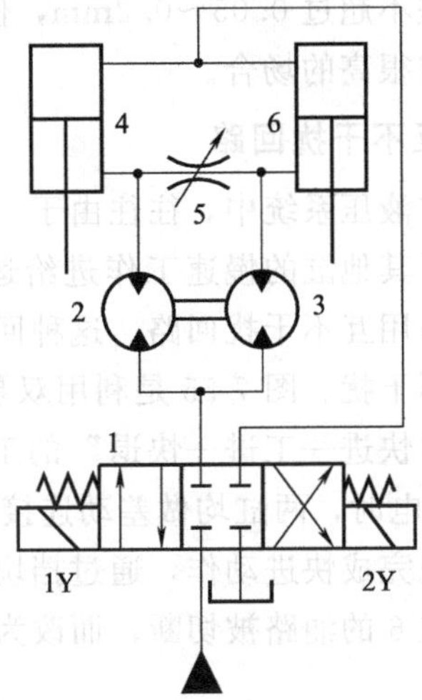

图 7-52 采用同步马达的同步回路

1—换向阀；2，3—液压马达；4，6—液压缸；5—节流阀

图 7-53 是采用同步缸的同步回路。同步缸 2 是两个尺寸相同的缸体和两个活塞共用一个活塞杆的液压缸，活塞向左或向右运动时输出或接受相等容积的油液，在回路中起着配流

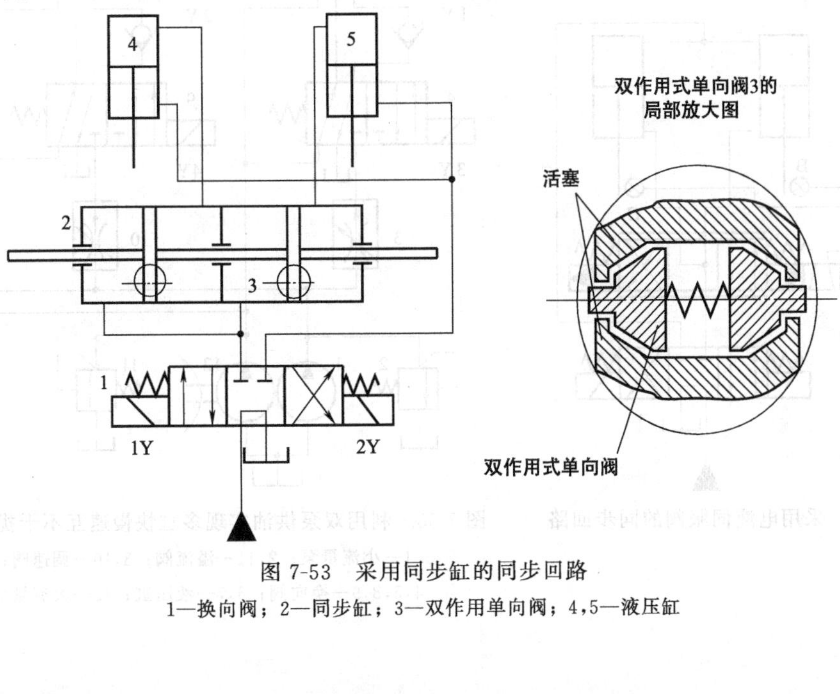

图 7-53 采用同步缸的同步回路

1—换向阀；2—同步缸；3—双作用单向阀；4，5—液压缸

的作用，使有效面积相等的两个液压缸 4 和 5 实现双向同步运动。同步缸 2 的两个活塞上装有双作用单向阀，可以在行程端点消除误差。当活塞向右运动到达右端点时，顶开其两活塞上的右侧单向阀，若某个工作缸未到达行程端点，则压力油便通过顶开的单向阀给其补油，使两个工作缸保持位置同步。

容积同步回路因具有行程端点位置补偿功能，且消除了流量控制阀压差对流量的影响，因此其同步精度优于流量同步回路。

3. 伺服同步回路

图 7-54 是采用电液伺服阀的同步回路。根据两个位移传感器 B 和 C 的反馈信号持续不断的调整伺服阀 A 阀口的开度，控制两液压缸输入或输出的流量，实现精确的位置同步，其位置误差不超过 0.05～0.2mm，但系统复杂、造价高。此回路适用于两缸相距较远且同步精度要求很高的场合。

三、互不干扰回路

在多缸液压系统中，往往由于一个缸的快速运动吞进大量油液，造成整个系统的压力下降，干扰了其他缸的慢速工作进给运动，因此对于工作进给稳定性要求较高的多缸液压系统，需要采用互不干扰回路。这种回路的功能是使系统中多个执行元件在完成各自工作循环时彼此互不干扰。图 7-55 是利用双泵供油来实现多缸快慢速互不干扰的回路。液压缸 6、7 完成各自“快进—工进—快退”的工作循环。其工作情况如下：当电磁铁 1Y、2Y 得电且 3Y、4Y 失电时，两缸均做差动连接，由大流量泵 12 供油使活塞快速向右运动即快进。若液压缸 6 先完成快进动作，通过挡块和行程开关使电磁铁 3Y 得电，1Y 失电，大流量泵 12 进入液压缸 6 的油路被切断，而改为小流量泵 1 供油，经调速阀 3 获得慢速工进，不受液压

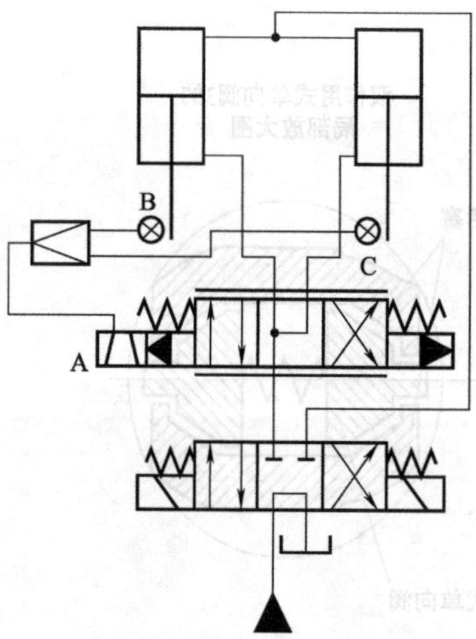

图 7-54 采用电液伺服阀的同步回路

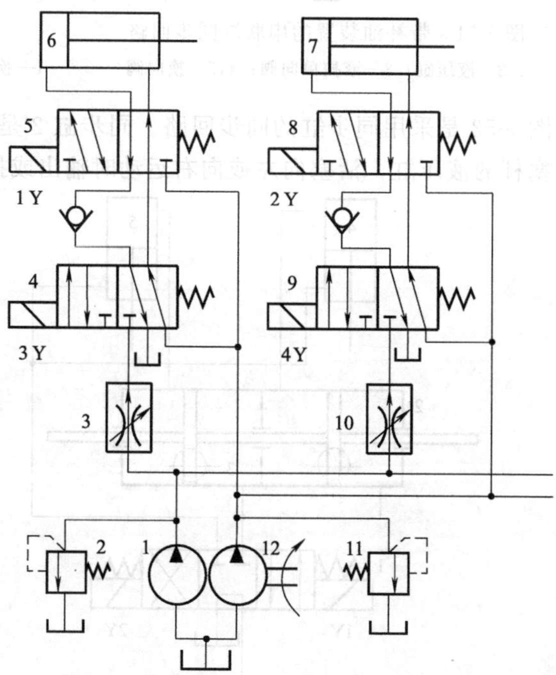

图 7-55 利用双泵供油实现多缸快慢速互不干扰的回路

1—小流量泵；2,11—溢流阀；3,10—调速阀；4,5,8,9—换向阀；6,7—液压缸；12—大流量泵

缸 7 快进的影响。当两缸转换为工进，均由小流量泵 1 供油后，若液压缸 6 先完成工进，通过挡块和行程开关实现反向换接，液压缸 6 改由大流量泵 12 供油，使活塞快速返回，这时液压缸 7 仍由小流量泵 1 供油继续完成工进，不受液压缸 6 的影响。当所有电磁铁都失电时，两缸都停止运动。

本章小结

本章中的液压基本回路分为四类：压力控制回路、速度转换回路、方向控制回路和多执行元件回路。压力控制回路有调压、增压和减压、平衡、卸载等多种回路。速度转换回路又分为有级调速、差动调速、增速和工进速度切换回路。方向控制回路比较简单，可分为换向、锁紧和定向三种回路。顺序回路、同步回路和互不干扰回路一并列入多缸回路。回路的功能通常不是单一的，有不少回路，既可列入某种回路，也可列入另一种回路。在学习中，对某一种回路，应找出尽可能多的功能。例如使用 H 型换向阀的换向回路，也具有卸载功能。

回路的种类繁多，形式千差万别，关键在于对回路原理和功能的分析。

习　题

一、判断题

1. 变量泵容积调速回路的速度刚性受负载变化影响的原因与定量泵节流调速回路有根本的不同，如负载转矩增大，泵和马达的泄漏增加，马达转速下降。　（　）

2. 采用调速阀的定量泵节流调速回路，无论负载如何变化始终能保证执行元件运动速度稳定。　（　）

3. 旁通型调速阀（溢流节流阀）只能安装在执行元件的进油路上，而调速阀还可安装在执行元件的回路和旁油路上。　（　）

4. 在变量泵-变量马达闭式回路中，辅助液压泵的功用在于补充泵和马达的泄漏。　（　）

5. 因液控单向阀关闭时密封性能好，故常用在保压回路和锁紧回路中。　（　）

6. 同步运动分速度同步和位置同步，位置同步必定速度同步；而速度同步未必位置同步。　（　）

7. 压力控制的顺序动作回路中，顺序阀和压力继电器的调定压力应为执行元件前一动作的最高压力。　（　）

二、填空题

1. 基本回路包括控制执行元件运动速度的__________，控制液压系统全部或局部压力的__________，用来控制几个液压缸的__________以及用来改变执行元件运动方向的__________。

2. 在远程调压回路中，回路中远程调压阀调节的最高压力应__________主溢流阀的调定压力。

3. 在减压回路中，减压阀调定压力为 p_j，溢压阀调定压力为 p_y，主油路暂不工作，二次回路的负载压力为 p_L。若 $p_y > p_j > p_L$，减压阀阀口状态为__________；若 $p_y > p_L > p_j$，减压阀阀口状态为__________。

4. 卸荷回路中，常用的卸荷方法有__________和__________两种。

5. 在保压回路中，保压性能的两个主要指标为__________和__________。

6. 在回油节流调速回路中，由于有背压力的存在，它可以起到________。
7. 常用的调速回路有________调速和________调速两种回路。

三、分析题

1. 如图 7-56 所示，若溢流阀的调整压力分别为 $p_{y1}=5$MPa，$p_{y2}=4$MPa，主系统的负载为无限大，不计管道损失和调压偏差。试问：

(1) 换向阀处于常态位时，泵的工作压力为多少？

(2) 换向阀电磁铁通电时，泵的工作压力位多少？

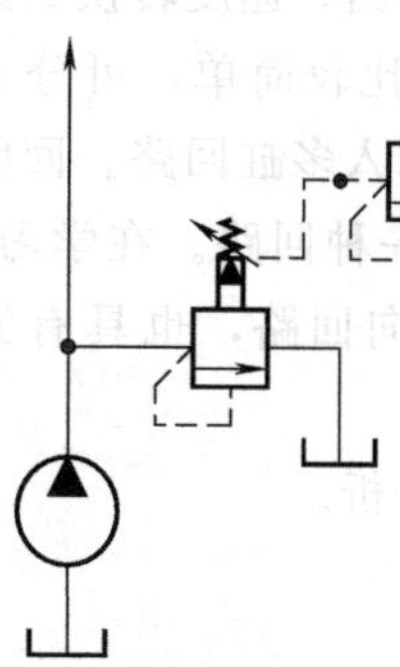

图 7-56　分析题 1 图

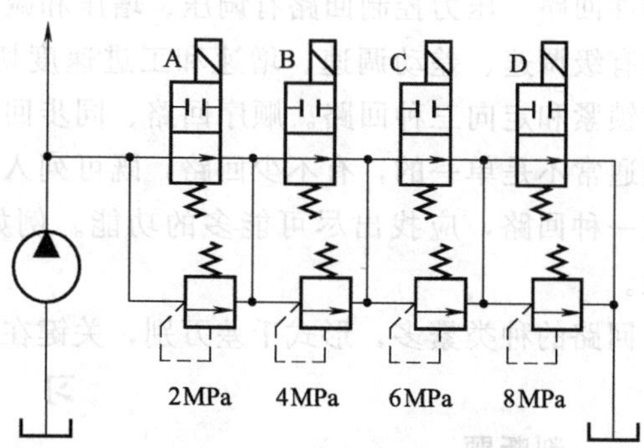

图 7-57　分析题 2 图

2. 如图 7-57 所示，试问泵有几种供油压力？其值各为多少？

3. 如图 7-58 所示的夹紧回路中，已知溢流阀的调整压力为 6MPa，两个减压阀的调整压力分别为 5MPa 和 3.5MPa，若不计管道损失和调压偏差，试确定活塞在空载运行时和工件被夹紧时，A、B、C 三点的压力值。

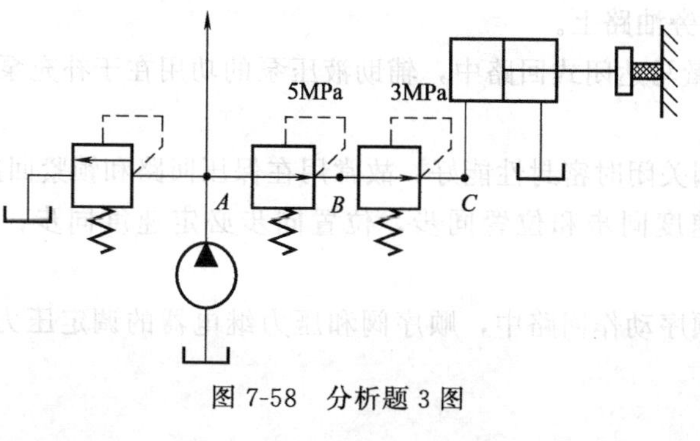

图 7-58　分析题 3 图

4. 如图 7-59 所示，两缸完全相同，负载 $F_1>F_2$。若压力损失不计，试分析两缸的动作

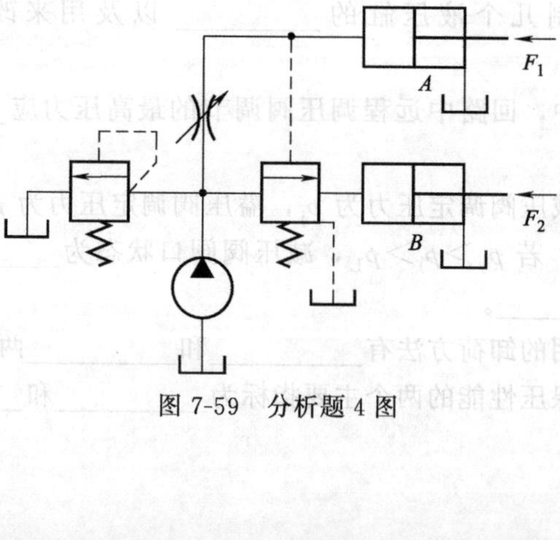

图 7-59　分析题 4 图

顺序和速度快慢。

5. 在液压系统中为什么要设置快速运动回路？实现执行元件快速运动的方法有哪些？

6. 如图 7-60 所示，试列出实现：快进→工进 1→工进 2→快退→停止工作循环时电磁铁的动作顺序表。

7. 如图 7-61 所示的液压系统能实现：夹紧缸 A 夹紧→工作缸 B 快进→工作缸 B 工进→工作缸 B 快退→工作缸 B 停止→夹紧缸 A 松夹→泵卸荷等功能。

(1) 试列出实现上述功能时电磁铁的动作顺序表。

(2) 说明该系统是由哪些基本回路组成的。

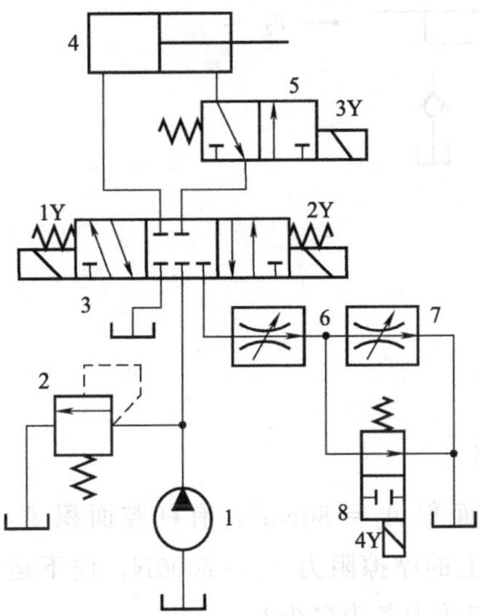

图 7-60　分析题 6 图

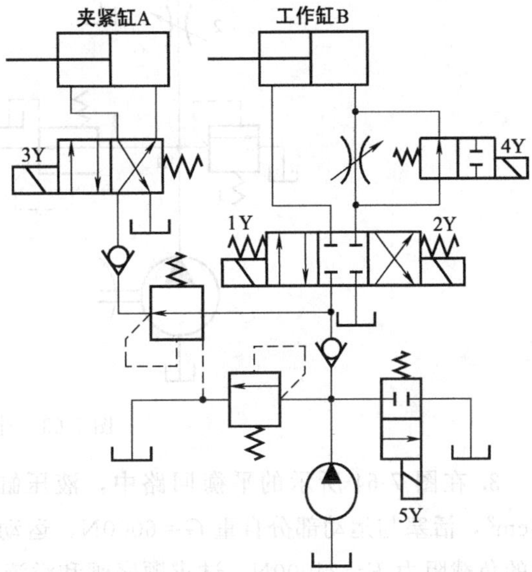

图 7-61　分析题 7 图

四、计算题

1. 图 7-62 所示回路中已知液压缸两腔面积 $A_1=100\text{cm}^2$，$A_2=50\text{cm}^2$，调速阀最小压差 $\Delta p=p_2=0.5\text{MPa}$，当负载由 0 变到 30000N 时，活塞向右运动速度稳定不变，试求：(1) 溢流阀的调定压力 p_y；(2) 当 $F=0$ 时，泵的出口压力 p_P、回油腔压力 p_2。

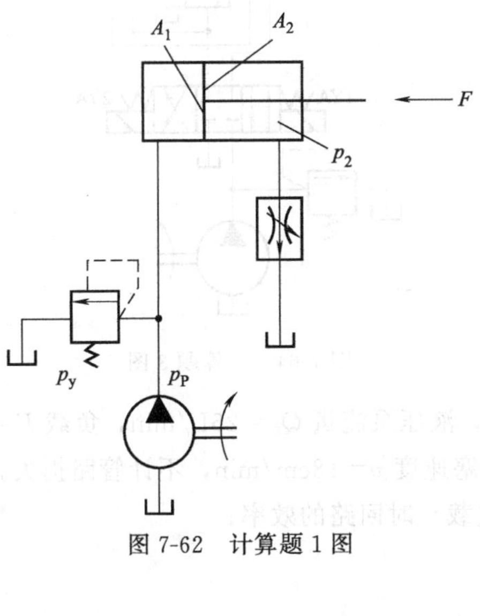

图 7-62　计算题 1 图

2. 在图 7-63 所示的液压回路中，已知液压缸的面积 $A_1=A_3=100\text{cm}^2$，$A_2=A_4=50\text{cm}^2$，负载 $F_1=14000\text{N}$，$F_2=4250\text{N}$，单向阀的开启压力 $p_k=0.15\text{MPa}$，节流阀上的压降 $\Delta p_r=0.2\text{MPa}$，试求：(1) A、B、C 各点的压力；(2) 若液压缸速度 $v_1=3.5\text{cm/s}$，$v_2=4\text{cm/s}$，求各液压缸的输入流量。

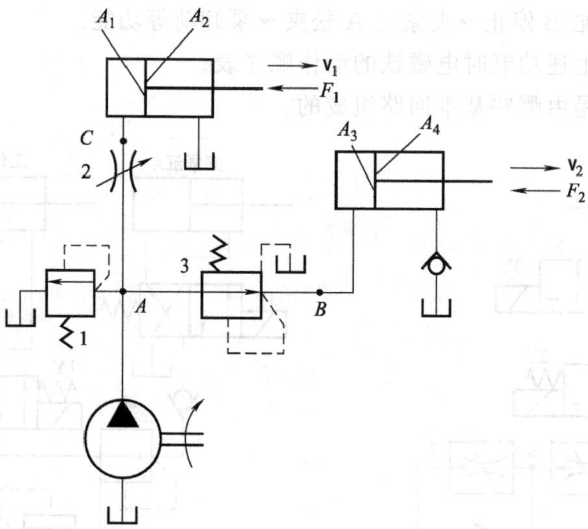

图 7-63　计算题 2 图

3. 在图 7-64 所示的平衡回路中，液压缸无杆腔面积 $A_1=80\text{cm}^2$，有杆腔面积 $A_2=40\text{cm}^2$，活塞与运动部分自重 $G=6000\text{N}$，运动时活塞上的摩擦阻力 $F_1=2000\text{N}$，向下运动时的负载阻力 $F=24000\text{N}$，试求顺序阀和溢流阀的调定压力各为多少？

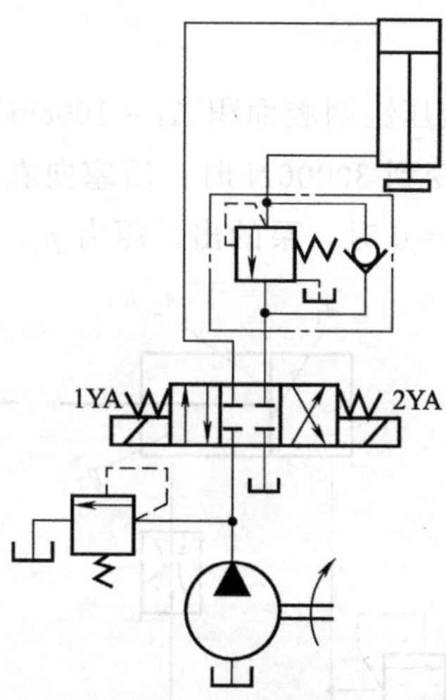

图 7-64　计算题 3 图

4. 图 7-65 所示回路中，液压泵流量 $Q_p=25\text{L/min}$，负载 $F=40000\text{N}$，溢流阀的调定压力 $p_y=5.4\text{MPa}$。液压缸活塞速度 $v=18\text{cm/min}$，不计管路损失，试求：

(1) 工作进给（推动负载）时回路的效率；

(2) 若负载 $F=0N$ 时，活塞速度和回油腔压力。

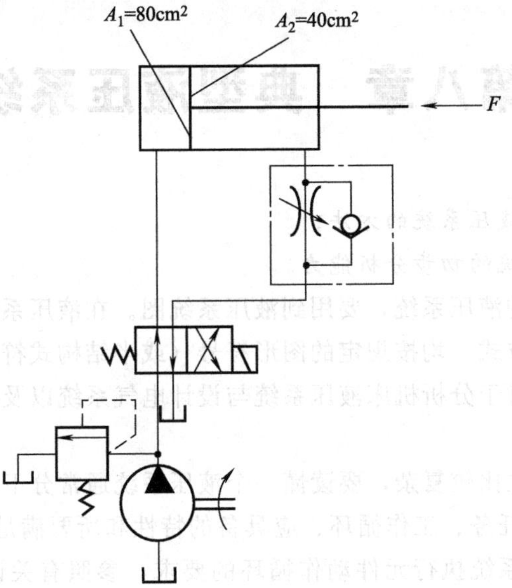

图 7-65　计算题 4 图

第八章 典型液压系统

学习目标：

① *学习分析一般的液压系统的方法；*

② *培养学生液压系统的初步分析能力。*

为了表示一台设备的液压系统，要用到液压系统图。在液压系统图中，各个液压元件及它们之间的连接与控制方式，均按规定的图形符号（或半结构式符号）画出。正确而迅速地阅读机床液压系统图，对于分析机床液压系统与设计电气系统以及使用、检修、调整液压机床都有重要的作用。

实际的液压系统往往比较复杂，要读懂一个液压系统通常分下述几步进行。

① 了解液压系统的任务、工作循环、应具备的特性和所要满足的要求；

② 根据主机对液压系统执行元件动作循环的要求，参照有关说明，从油源到执行元件按油路初读液压系统图，先找控制元件和控制油路，后读主油路；

③ 按基本回路分解系统的功能，并根据系统各执行元件间的要求，再通读系统原理图，直至完全读懂；

④ 分析系统各功能要求的实现方法和系统性能的优劣，最后总结归纳出系统的特点，以加深理解。

第一节 3150K通用液压机液压系统

一、概述

压力机是锻压、冲压、冷挤、校直、弯曲、粉末冶金、成形、打包等工艺中广泛应用的压力加工机械。压力机的类型很多，其中四柱式液压机最为典型。图 8-1 所示为四柱液压机，由四个导向立柱，上、下横梁和滑块组成，上滑块由立柱导向、上缸驱动；顶出缸（即下缸）布置在工作台中间孔内，驱动下滑块（图中未画出）向上顶出。

本节介绍 3150K 通用液压机。该液压机完成的典型工作循环为：上滑块实现“启动→快速下行→慢速加压→保压延时→快速返回→原位停止”的动作循环；下滑块实现“向上顶出→向下退回”的动作循环。

二、3150K通用液压机液压系统工作原理

图 8-2 为 3150K 通用液压机液压系统原理图。系统有两个泵：主泵 1 是一个高压、大流量压力补偿变量泵，由远程调压阀 5 调定；辅助泵 2 是一个低压小流量的定量泵，主要用于供给电液阀的控制油液，其压力由溢流阀 3 调整。

1. 上缸的运动

（1）启动　启动液压泵，主泵 1 输出的油液经电液换向阀 6 和 21 的中位流回油箱，辅助泵 2 输出的油液经溢流阀 3 流回油箱，两泵均处于卸荷状态。

（2）快速下行　按下按钮，电磁铁 1Y、5Y 通电吸合，电液换向阀 6 切换至右位，同时

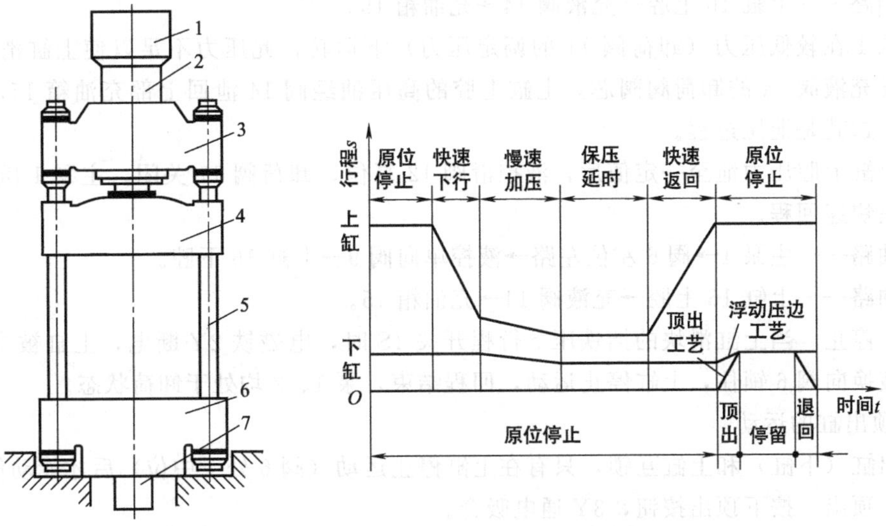

(a) 结构　(b) 动作循环

图 8-1　四柱液压机

1—充液箱；2—上缸；3—上横梁；4—上滑块；5—导向立柱；6—下横梁；7—顶出缸（下缸）

辅助泵 2 输出的低压控制油经电磁换向阀 8 的右位控制液控单向阀 9 打开。

进油路——主泵 1→阀 6 右位→单向阀 13→上缸 16 上腔。

回油路——上缸 16 下腔→液控单向阀 9→阀 6 右位→阀 21 中位→油箱。

此时上缸滑块在自重作用下迅速下降，主泵 1 虽处于最大流量状态，仍不能满足其需要，因而上缸上腔形成负压，上部充油箱 15 内的油液在大气压作用下，经充液阀 14 进入上缸上腔。

(3) 慢速下行　当上缸滑块上的挡铁压下行程开关 2S 时，电磁铁 5Y 断电，电磁换向阀 8 复位，液控单向阀 9 关闭。

进油路——同快速下行进油路。

回油路——缸 16 下腔→背压阀 10→阀 6 右位→阀 21 中位→油箱。

由于回油路上有背压，上缸滑块不能靠自重下降，速度减慢，同时上缸上腔压力升高，充液阀 14 关闭，上缸滑块慢速接近工件。当上缸滑块接触工件后，阻力急剧增加，上缸上腔压力进一步升高，主泵 1 的流量自动减小，上缸速度变得更慢，以极慢的速度对工件加压。此时辅助泵 2 输出的低压控制油经溢流阀 3 溢流。

(4) 保压　当上缸上腔压力达到预定值时，压力继电器 7 发出信号，使电磁铁 1Y 失电，电液换向阀 6 回到中位，上缸的上、下腔封闭。主泵 1 的流量经阀 6、阀 21 的中位卸荷，单向阀 13 和充液阀 14 的锥面保证了上缸上腔良好的密封性，使上缸上腔保压，保压时间由压力继电器 7 控制的时间继电器调整。

(5) 泄压、快速回程　保压过程结束时，由于上缸上腔压力很高（使液控滑阀 12 切换至上位），需要先泄压。保压结束，时间继电器发出信号（当定程压制成型时，由行程开关 3S 发出信号），使电磁铁 2Y 通电吸合，电液换向阀 6 切换至左位，主泵 1 输出的控制油经阀 6 左位控制充液阀 14 开启，同时，主泵 1 输出的控制油经液控滑阀 12 的上位控制卸荷阀 11 开启。

进油路——主泵 1→阀 6 左位→卸荷阀 11→油箱。

回油路——上缸 16 上腔→充液阀 14→充油箱 15。

主泵 1 在较低压力（卸荷阀 11 的调定压力）下运转，此压力不足以使上缸滑块返回，但能打开充液阀 14 的卸荷阀阀芯，上缸上腔的高压油经阀 14 泄回上部充油箱 15，压力逐步降低，这就是泄压过程。

当上缸上腔压力泄至一定值后，液控滑阀 12 复位，卸荷阀 11 关闭，主泵 1 压力升高，上缸滑块快速回程。

进油路——主泵 1→阀 6 左位左路→液控单向阀 9→上缸 16 下腔。

回油路——上缸 16 上腔→充液阀 14→充油箱 15。

(6) 停止　当上缸滑块的挡铁压下行程开关 1S 时，电磁铁 2Y 断电，上缸被中位为 M 型的电液换向阀 6 锁住，上缸停止运动，回程结束，泵 1、2 均处于卸荷状态。

2. 顶出缸的运动

顶出缸（下缸）和上缸互锁，只有在上缸停止运动（阀 6 处于中位）后才能动作。

(1) 顶出　按下顶出按钮，3Y 通电吸合。

进油路——主泵 1→阀 6 中位→阀 21 左位→顶出缸 17 下腔。

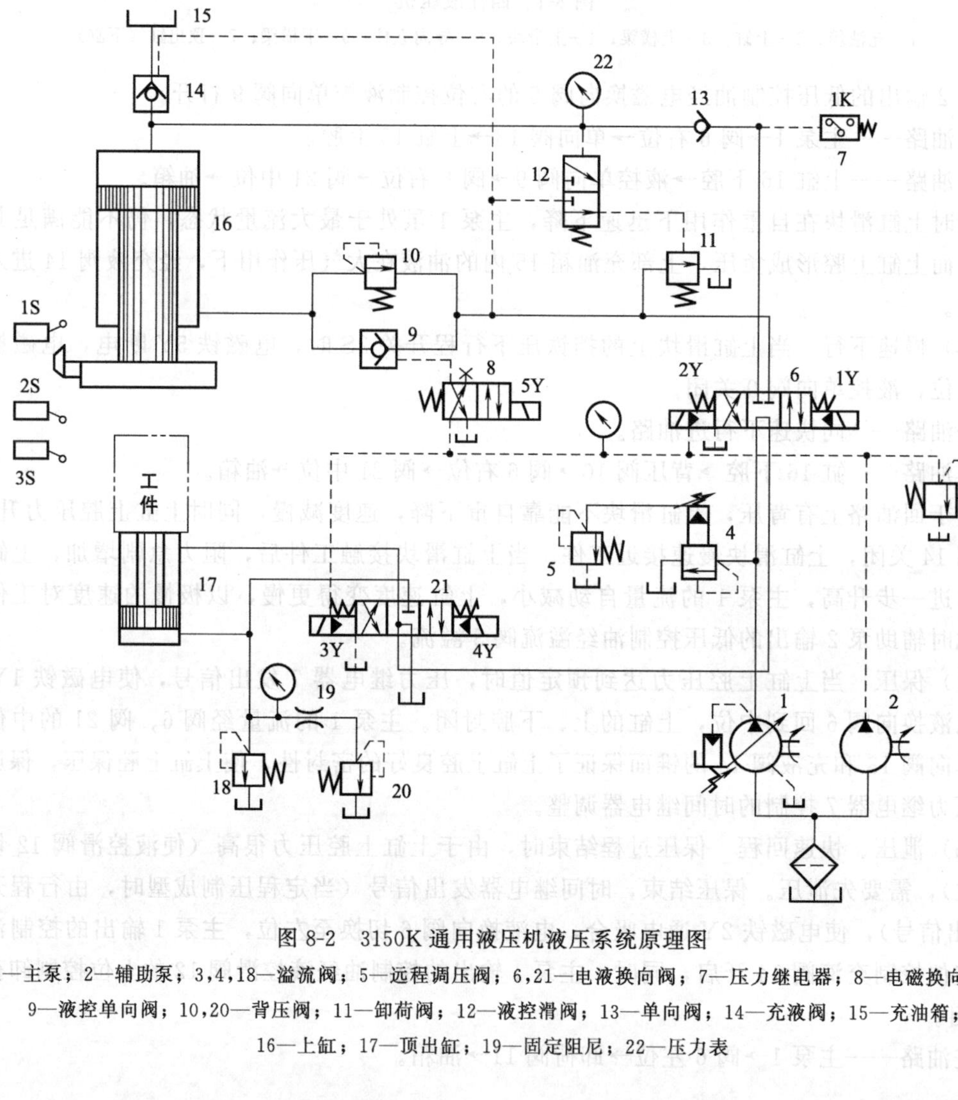

图 8-2　3150K 通用液压机液压系统原理图

1—主泵；2—辅助泵；3,4,18—溢流阀；5—远程调压阀；6,21—电液换向阀；7—压力继电器；8—电磁换向阀；9—液控单向阀；10,20—背压阀；11—卸荷阀；12—液控滑阀；13—单向阀；14—充液阀；15—充油箱；16—上缸；17—顶出缸；19—固定阻尼；22—压力表回油路——顶出缸 17 上腔→阀 21 左位→油箱。

(2) 退回　按下退回按钮，3Y 断电，4Y 通电吸合时，油路换向，顶出缸退回。

(3) 浮动压边　当薄板工件要进行拉深压边处理时，要求顶出缸滑块上升到一定位置后，既保持一定压力，又能随上缸滑块的下压而下降。这时 3Y 通电后立即断电，顶出缸下腔的油液被阀 21 封住。上缸滑块下压时，下缸滑块随之下降，顶出缸下腔的回油经节流阀 19 和背压阀 20 流回油箱，因此能建立所需的压边力。

溢流阀 18 是当节流阀 19 被堵塞时起安全保护作用的。

三、3150K 通用液压机的电磁动作

3150K 通用液压机的电磁动作表见表 8-1。

表 8-1　3150K 通用液压机的电磁动作表

动作程序	上缸						顶出缸	
	启动	快速下行	慢速下行	保压	泄压、回程	停止	顶出	退回
1Y	−	+	+	−	−	−	−	−
2Y	−	−	−	−	+	−	−	−
3Y	−	−	−	−	−	−	+	−
4Y	−	−	−	−	−	−	−	+
5Y	−	+	−	−	−	−	−	−

注："+"表示通电；"−"表示断电。

四、3150K 通用液压机液压系统特点

① 采用高压、大流量变量泵供油，效率高，发热小，是压力机液压系统的特点；

② 利用滑块自重实现快速下行，并用充液阀对上缸充油，结构简单、合理，是中小压力机的常用方案；

③ 为减轻上缸换向引起的振动和噪声，系统采用先缓慢泄压，后换向结构；

④ 为保证上缸、顶出缸动作协调与安全，采用两缸互锁，使一个缸在另一个缸停止运动后才能动作。

第二节　M1432A 型万能外圆磨床液压系统

一、外圆磨床液压系统的功能

外圆磨床（图 8-3）是工业生产中应用极为广泛的一种精加工机床。主要用途是磨削各种圆柱面、圆锥面及阶梯轴等零件，采用内圆磨头附件还可以磨削内圆及内锥孔等。为了完成上述零件的加工，磨床必须具有砂轮旋转、工件旋转、工作台带动工件的往复直线运动和砂轮架的周期切入运动等。此外，还要求有砂轮架快速进退和尾架顶尖的伸缩等辅助运动。在这些运动中，除了砂轮旋转、工件旋转由电动机驱动外，其余则采用液压传动方式。根据磨削工艺的特点，机床对工作台的往复运动性能要求最高。

对外圆磨床工作台往复运动的要求如下。

(1) 较宽的调速范围　工作台运动能在 0.05～4m/min 之间无级调速。

（2）自动换向　工作台在速度范围内频繁换向，且换向平稳，冲击要小，启动制动迅速，换向精度高。

（3）端点停留　磨削时砂轮在工件两端一般不越出工件，为了避免工件两端因磨削时间短而引起尺寸偏大，故在换向时要求在两端有停留，停留时间能在 0～5s 内调节。

（4）工作台可做微量抖动　切入磨削或加工工件略大于砂轮宽度时，为了提高生产率和改善表面粗糙度，工作台可做短距离（1～3mm）、频繁往复运动（100～150 次/min）。

（5）传动系统具有必要的联锁动作

① 工作台的液动与手动联锁，以免液动时带动手轮旋转引起工伤事故；

② 砂轮架快速前进时，可保证尾架顶尖不后退，以免加工时工件脱落；

③ 磨内孔时，为使砂轮不后退，传动系统中设置有与砂轮架快速后退联锁的机构，以免撞坏工件或砂轮；

④ 砂轮架快进时，头架带动工件转动，冷却泵启动；砂轮架快速后退时，头架与冷却泵电动机停转。

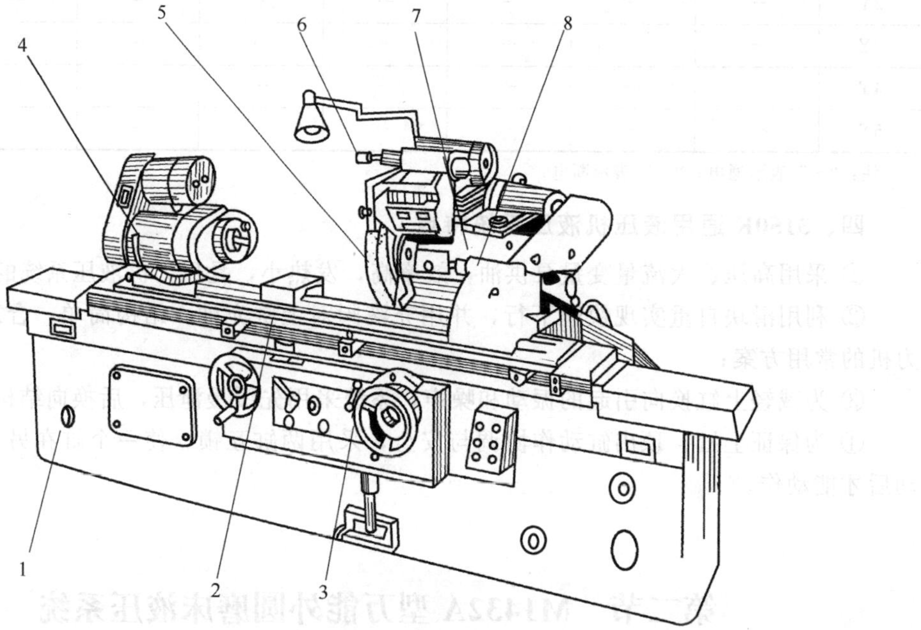

图 8-3　M1432A 型万能外圆磨床外形图

1—床身；2—工作台；3—主操作箱；4—头架；5—外圆磨砂轮；6—内圆磨砂轮；7—砂轮架；8—尾座

二、液压系统的工作原理

图 8-4 为 M1432A 型外圆磨床液压系统原理图。其工作原理如下。

1. 工作台的往复运动

本机床的工作液压缸为活塞杆固定、缸体移动的双杆活塞式液压缸。

（1）工作台右行　图 8-4 所示状态，先导阀 1、主阀 2 的阀芯均处于右端，开停阀 3 处于右位，液压缸带动工作台向右运动，其运动速度由节流阀 5 来调节。

进油路——液压泵 18→主阀 2 右位（P→A）→工作台液压缸 22 右腔。

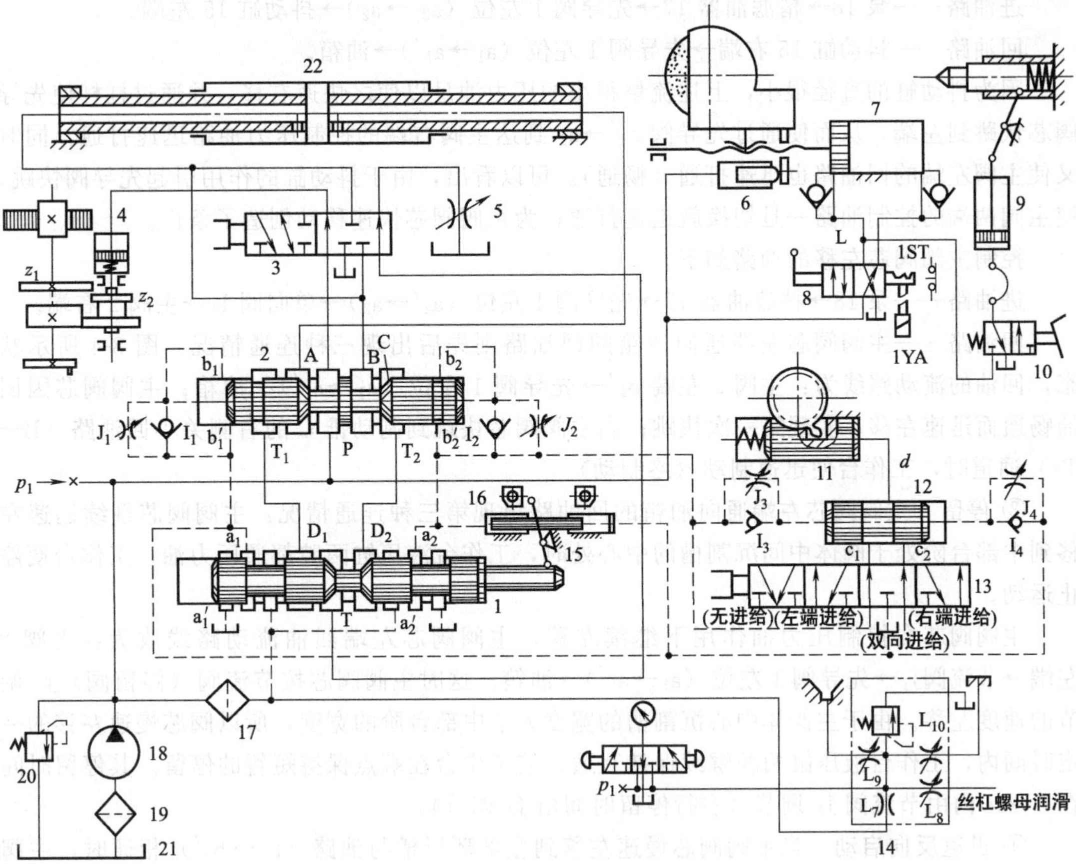

图 8-4 M1432A 型外圆磨床液压系统原理图

1—先导阀；2—主阀；3—开停阀；4—互锁缸；5—节流阀；6—闸缸；7—快动缸；8—快动阀；9—尾架缸；10—尾架阀；11—进给缸；12—进给阀；13—选择阀；14—润滑稳定器；15—抖动缸；16—挡块；17—精过滤器；18—液压泵；19—粗过滤器；20—溢流阀；21—油箱；22—工作台液压缸

回油路——工作台液压缸 22 左腔→主阀 2 右位（B→T_2）→先导阀 1 右位（D_2→T）→开停阀 3 右位→节流阀 5→油箱。

(2) 工作台左行 工作台的换向要经历制动、停留和反向启动三个阶段。工作台的制动过程又分为预制动和终制动两步。

当工作台右行到预定位置时，工作台上左边的挡块 16 拨动与先导阀阀芯相连接的杠杆，使先导阀阀芯左移，开始工作台的换向过程。

① 预制动 先导阀阀芯左移过程中，其阀芯中段制动锥 D 逐渐将回油路上通向节流阀 5 的通道（D_2→T）关小，使工作台逐渐减速制动，实现预制动。

行程控制制动式换向回路：当先导阀阀芯继续左移到 D_2→T 接近于封闭、工作台速度已变得很慢时，主阀的控制油路才开始切换，使主阀阀芯左移，导致工作台停止运动并换向。这种不论工作台速度如何，总是在先导阀阀芯移动一定距离，即工作台移动某一确定行程后，主阀才开始换向的回路称为行程控制制动式换向回路。

② 终制动 当先导阀阀芯右部环形槽使 a_2 与高压油路 a_2'相通，先导阀阀芯左部环槽使 a_1 与 a_1'相通并接通油箱时，借助于抖动缸 15 推动先导阀向左快速移动（快跳）。其油路是：

进油路——泵 18→精滤油器 17→先导阀 1 左位（a_2'→a_2）→抖动缸 15 左端。

回油路——抖动缸 15 右端→先导阀 1 左位（a_1→a_1'）→油箱。

因为抖动缸的直径很小，上述流量很小的压力油足以使之快速右移，并通过杠杆使先导阀芯快跳到左端，从而使通过先导阀 a_2'→a_2 到达主阀右端的控制压力油路迅速打通，同时又使主阀左端的回油路也迅速打通（畅通）。可以看出，由于抖动缸的作用引起先导阀快跳，使主阀两端的控制油路一旦切换就迅速打通，为主阀阀芯快速移动创造了条件。

控制主阀阀芯左移的油路如下。

进油路——泵 18→精滤油器 17→先导阀 1 左位（a_2'→a_2）→单向阀 I_2→主阀 2 右端。

回油路——主阀阀芯左端通向油箱的回油路则先后出现三种连通情况：图 8-4 所示状态，回油的流动路线为：主阀 2 左端 b_1'→先导阀 1 左位（a_1→a_1'）→油箱；主阀阀芯因回油畅通而迅速左移，实现第一次快跳；当主阀阀芯快跳到制动锥 C 的右侧关小回油路（B→T_2）通道时，工作台便迅速制动（终制动）。

③ 停留　主阀阀芯左端通向油箱的回油路出现第三种连通情况：主阀阀芯继续迅速左移到中部台阶处于阀体中间沉割槽的中心处时，工作台液压缸两腔都通压力油，工作台便停止运动。

主阀阀芯在控制压力油作用下继续左移，主阀阀芯左端回油流动路线改为：主阀 2 左端→节流阀J_1→先导阀 1 左位（a_1→a_1'）→油箱。这时主阀阀芯按节流阀（停留阀）J_1 调节的速度左移。由于主阀体中心沉割槽的宽度大于中部台阶的宽度，所以阀芯慢速左移的一定时间内，工作台液压缸两腔继续保持互通，使工作台在端点保持短暂的停留。其停留时间在 0～5s 内由节流阀 J_1 调节（右行停留时间由 J_2 调节）。

④ 迅速反向启动　当主阀阀芯慢速左移到左部环形槽与油路（b_1→b_1'）相通时，主阀左端回油流动路线又变为主阀 2 左端→油路 b_1→主阀 2 左部环形槽→油路 b_1'→先导阀 1 左位（a_1→a_1'）→油箱。这时由于主阀阀芯左端回油路畅通，主阀阀芯实现第二次快跳，使主油路迅速切换，工作台则迅速反向启动（左行）。

进油路——泵 18→主阀 2 左位（P→B）→工作台液压缸 22 左腔。

回油路——工作台液压缸 22 右腔→主阀 2 左位（A→T_1）→先导阀 1 左位（D_1→T）→开停阀 3 右位→节流阀 5→油箱。

当工作台左行到位时，工作台上右边的挡块 16 又拨动杠杆，推动先导阀阀芯右移，重复上述换向过程，实现工作台的自动换向。

2. 工作台液动与手动的互锁

工作台液动与手动的互锁是由互锁缸 4 来完成的。当开停阀 3 处于图 8-4 所示位置时，互锁缸 4 的活塞在压力油的作用下压缩弹簧并推动齿轮 Z_2 和 Z_1 脱开，这样，当工作台液动（往复运动）时，手轮不会转动。

当开停阀 3 处于左位时，互锁缸 4 通油箱，活塞在弹簧力的作用下带着齿轮 Z_2 上移，Z_2 与 Z_1 啮合，工作台就可通过摇动手轮来移动工作台，以调整工件的加工位置。

3. 砂轮架的快速进退运动

此运动由快动阀 8 操纵，由快动缸 7 来实现。在图 8-4 所示位置时，快动阀右位接入系统，砂轮架快进到最前端位置，快进终点是靠活塞与缸体端盖相接触来保证其重复定位精度；当快动阀左位接入系统时，砂轮架快速后退到最后端位置。为防止砂轮架在快速运动到达前后终点处产生冲击，在快动缸两端设有缓冲装置（图中未画出），并设有抵住砂轮架的闸缸 6，用以消除丝杠和螺母间的反向间隙。

快动阀 8 的右面装有一个自动启闭主轴电动机和冷却泵电动机的行程开关 1ST。当快动阀处于右位使砂轮架快进时，行程开关 1ST 触头闭合，主轴电动机和冷却泵电动机同时启动，使工件旋转，并送出冷却液。

快动阀 8 的下面装有一个与内圆磨具联锁的电磁铁。当翻下内圆磨具进行内孔磨削时，内圆磨具压住微动开关（图中未画出），使电磁铁 1YA 通电吸合，将快动阀锁住在快进后的位置上，不允许在磨削内圆时，砂轮架有快退动作，以保证安全。

4. 砂轮架的周期进给运动

砂轮架的周期进给运动由进给阀 12 操纵，由砂轮架进给缸 11 通过棘爪、棘轮、齿轮、丝杠等传动副来实现。选择阀 13 根据加工需要可以使砂轮架在工件左端停留或右端停留时进给，也可在工件两端停留时都进给（双向进给），也可以不进给，共四个位置。图 8-4 所示位置为双向进给，周期进给油路如下。

控制油路——泵 18→精滤油器 17→先导阀 1 右位 a_1→J_4→进给阀 12 右端；进给阀 12 左端→I_3→先导阀 1 右位 a_2→油箱。

主油路——进给缸 11→d→进给阀 12→c_1→选择阀 13→先导阀 1 右位 a_2→油箱，进给缸柱塞在弹簧力的作用下复位。

当工作台开始换向时，先导阀 1 换位（左移）使 a_2 点变高压、a_1 点变低压（回油箱），此时周期进给油路如下。

控制油路——泵 18→精滤油器 17→先导阀 1 左位（a_2'→a_2）→J_3→进给阀 12 左端；进给阀 12 右端→I_4→先导阀 1 左位（a_1→a_1'）→油箱，使进给阀 12 阀芯右移。

主油路——泵 18→精滤油器 17→先导阀 1 左位（a_2'→a_2）→选择阀 13→c_1→进给阀 12→d→进给缸 11，推动进给缸柱塞左移，柱塞上的棘爪拨棘轮转动一个角度，通过齿轮等推动砂轮架进给一次。

在进给阀活塞继续右移时堵住 c_1 而打通 c_2，这时进给缸 11 右端→d→进给阀 12→c_2→选择阀 13→先导阀 1 左位（a_1→a_1'）→油箱，进给缸在弹簧力的作用下再次复位。

从上述周期进给过程可知，每进给一次是由一股压力油（压力脉冲）推动进给缸柱塞上的棘爪拨棘轮转一角度。调节进给阀两端的节流阀 J_3、J_4 就可调节压力脉冲的时间长短，从而调节进给量的大小。若将选择阀 13 转到其他位置，如右端进给，则工作台只有在换向到右端时才进给一次，其进给过程不再赘述。

5. 尾架顶尖的松开与夹紧

尾架顶尖只有在砂轮架处于后退位置时才允许退回。为操作方便，采用脚踏式尾架阀 10 操纵，由尾架缸 9 来实现。由图 8-4 可知，只有当快动阀 8 处于左位，即砂轮架处于后退位置时，脚踏尾架阀 10 使之换至右位，才能有压力油通过尾架阀进入尾架缸推动杠杆拨动尾架顶尖退回，松开工件。当快动阀 8 处于右位（砂轮架处于前端位置）时，油路 L 为低压（回油箱），这时即使误踏尾架阀也无压力油进入尾架缸，顶尖也不会退回。尾顶尖的顶出靠的是弹簧力。

三、M1432A 型外圆磨床液压系统的特点

由于机床加工工艺的要求，M1432A 型万能外圆磨床液压系统是机床液压系统中要求较高、较复杂的一种。其主要特点如下。

① 工作台采用了活塞杆固定式双杆液压缸，保证左、右往复运动的速度一致，并使机

床占地面积不大。

② 采用了结构简单、价格便宜和压力损失较小的简单节流阀回油节流调速回路。

③ 采用了将开停阀、先导阀、主阀、节流阀、抖动缸等组合为一体的操纵箱，使结构紧凑、管路减短、操纵方便，又便于制造和装配修理。此操纵箱属行程制动换向回路，具有较高的换向位置精度和换向平稳性。

第三节　注塑机液压系统

一、概述

塑料注射成型机简称注塑机。它将颗粒的塑料加热熔化到流动状态，用注射装置快速压入模腔，保压一定时间冷却后凝固成一定形状的塑料制品。由于注塑机具有成型周期短，对各种塑料的加工适应性强，可以制造外形各异、复杂、尺寸较精确或带有金属镶嵌件的制品以及自动化程度高等优点，所以得到了广泛应用。注塑机的机电液一体化、集成化和自动化程度都很高，无论是机械液压式还是全液压式注塑机，液压部分都占有相当的比重。图 8-5 为塑料注射成型机外形图。

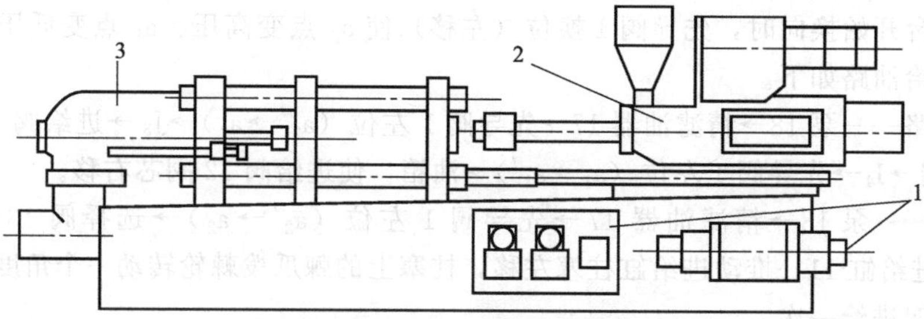

图 8-5　塑料注射成型机外形图

1—液压传动系统；2—注射部件；3—合模部件

注塑机的液压系统动作，主要由合模缸、注射座移动缸、预塑液压马达、注射缸、顶出缸以及各种液压阀相互配合完成。

注塑机的工作循环如图 8-6 所示。

图 8-6　注塑机工作循环示意图

二、SZ-250A 型注塑机液压传动系统工作原理

图 8-7 为 SZ-250A 型注塑机液压系统，现将其工作原理说明如下。

1. 关安全门

关闭安全门后，行程阀 6 恢复常位，合模缸才能动作，为开始整个工作循环做好准备。

2. 合模

合模时，合模缸经机械连杆机构推动动模板运动，实现合模。合模运动分为慢速合模、快速合模、低压合模和高压合模等工况。

(1) 慢速合模　慢速合模时电磁铁 2Y、3Y 通电，由液压泵 2 供油，液压泵 1 卸荷，系

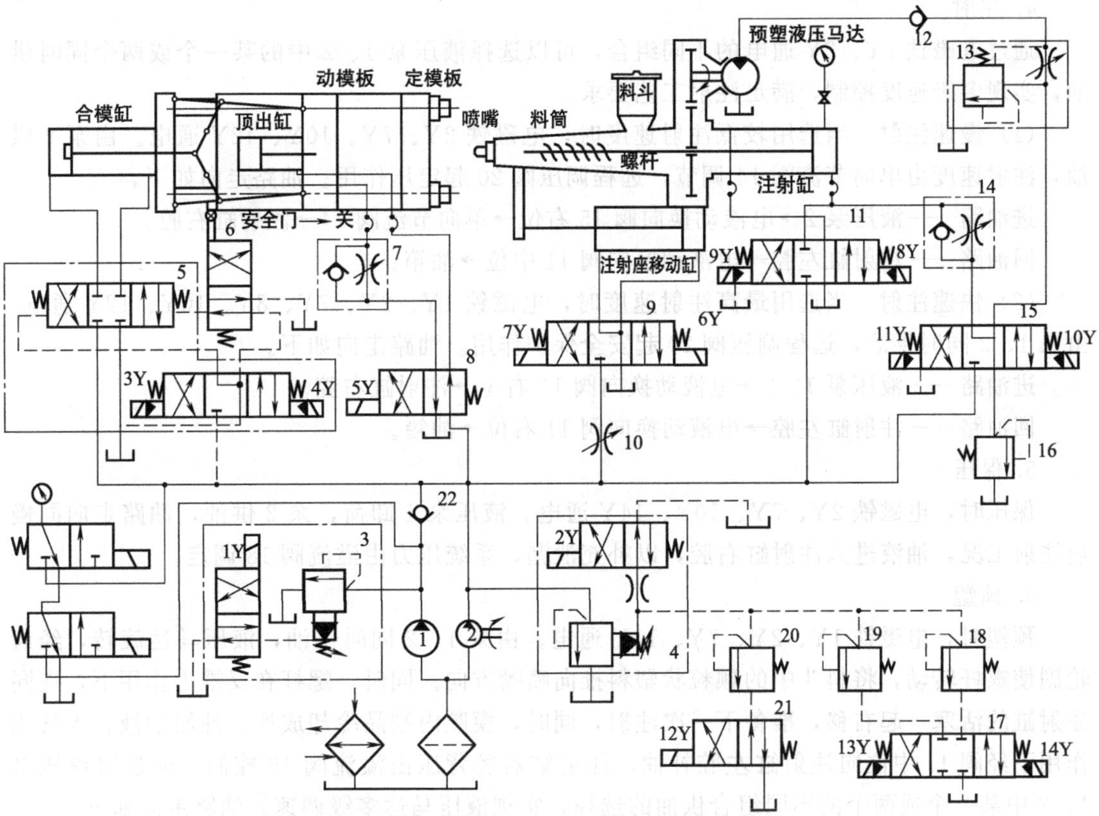

图 8-7　SZ-250A 型注塑机液压系统图

1，2—液压泵；3—电磁溢流阀；4—高压溢流阀；5,11,15—电液动换向阀；6—行程阀；7,14—单向节流阀；8,9,17,21—电磁换向阀；10—节流阀；12,22—单向阀；13—溢流节流阀；16—溢流阀；18～20—远程调压阀

统压力由高压溢流阀 4 控制。油路走向如下。

控制油路——液压泵 2→电液动换向阀 5 中三位四通电磁阀左位→行程阀 6 下位→控制电液动换向阀 5 切换至右位。

进油路——液压泵 2→电液动换向阀 5 右位→合模缸左腔。

回油路——合模缸右腔→电液动换向阀 5 右位→油箱。

(2) 快速合模　快速合模时电磁铁 1Y、2Y、3Y 通电，油路走向基本与慢速合模时相同，所不同的是由泵 1、2 同时供油，最高压力由电磁溢流阀 3 限定。

(3) 低压慢速合模　低压慢速合模时电磁铁 2Y、3Y、13Y 通电，由液压泵 2 供油，泵 1 卸荷，系统压力由低压的远程调压阀 19 控制。油路走向与慢速合模时相同。

(4) 高压合模　高压合模时电磁铁 2Y、3Y 通电，由液压泵 2 供油，泵 1 卸荷，系统压力由高压溢流阀 4 控制，油路走向与慢速合模时相同。当模具闭合后，五连杆机构产生弹性变形，将模具牢固闭锁。此时，泵 1 的压力油经电磁溢流阀 3 溢流。

3. 注射座整体前移

注射座整体前移时，电磁铁 2Y、7Y 通电，由液压泵 2 供油，泵 1 卸荷，系统压力由高压溢流阀 4 控制。油路走向如下。

进油路——液压泵 2→节流阀 10→电磁换向阀 9 左位→注射座移动缸右腔。

回油路——注射座移动缸左腔→电磁换向阀 9 左位→油箱。

4. 注射

通过电磁铁1Y、2Y通电的不同组合，可以选择液压泵1、2中的某一个或两个同时供油，实现多级速度控制，满足注射工艺要求。

(1) 慢速注射　当选用较低注射速度时，电磁铁2Y、7Y、10Y、12Y通电。由泵2供油，注射速度由单向节流阀14调节，远程调压阀20起定压作用。油路走向如下。

进油路——液压泵2→电液动换向阀15右位→单向节流阀14→注射缸右腔。

回油路——注射缸左腔→电液动换向阀11中位→油箱。

(2) 快速注射　当选用最高注射速度时，电磁铁1Y、2Y、7Y、8Y、10Y、12Y通电。由泵1、2同时供油，远程调压阀20起安全保护作用。油路走向如下。

进油路——液压泵1、2→电液动换向阀11右位→注射缸右腔。

回油路——注射缸左腔→电液动换向阀11右位→油箱。

5. 保压

保压时，电磁铁2Y、7Y、10Y、14Y通电。液压泵1卸荷，泵2供油，油路走向同慢速注射工况，油液进入注射缸右腔，以补充泄漏，系统压力由溢流阀18调定。

6. 预塑

预塑时，电磁铁1Y、2Y、7Y、11Y通电。由泵1、2同时供油，液压马达旋转，经齿轮副使螺杆转动，将料斗中的颗粒状塑料推向喷嘴方向。同时，螺杆在反推力作用下，连同注射缸的活塞一起右移，准备下一次注射，同时，模腔内制品冷却成形。油箱油液在大气压作用下经阀11中位向注射缸左腔补油，注射缸右腔背压由溢流阀16控制。通过对液压泵1、2中某一个或两个的不同组合供油的选择，实现液压马达多级调速。油路走向如下。

液压马达进油路——液压泵1、2→电液动换向阀15左位→溢流节流阀13→单向阀12→液压马达。

注射缸补油路——油箱→电液动换向阀11中位→注射缸左腔。

注射缸回油路——注射缸右腔→单向节流阀14→电液动换向阀15左位→溢流阀16→油箱。

7. 防流涎

预塑结束后，电磁铁2Y、7Y、9Y通电，由液压泵2供油，泵1卸荷，使注射缸的活塞带动螺杆强制快速后退（右行）一段距离，以减少料筒前端压力，防止液态塑料从喷嘴端部流出。油路走向如下。

进油路——液压泵2→电液动换向阀11左位→注射缸左腔。

回油路——注射缸右腔→电液动换向阀11左位→油箱。

8. 注射座整体后退

保压结束，注射座后退。电磁铁2Y、6Y通电，由液压泵2供油，泵1卸荷。油路走向如下。

进油路——液压泵2→节流阀10→电磁换向阀9右位→注射座移动缸左腔。

回油路——注射座移动缸6右腔→电磁换向阀9右位→油箱。

9. 开模

(1) 慢速开模　慢速开模时，电磁铁2Y、4Y通电，由液压泵2供油，泵1卸荷。油路走向如下。

顶出缸进油路——液压泵2→电磁换向阀8右位→顶出缸右腔。

顶出缸回油路——顶出缸左腔→单向节流阀 7→电磁换向阀 8 右位→油箱。

合模缸进油路——液压泵 2→电液动换向阀 5 左位→合模缸右腔。

合模缸回油路——合模缸左腔→电液动换向阀 5 左位→油箱。

(2) 快速开模　快速启模时，电磁铁 1Y、2Y、4Y 通电，油路走向基本同上，所不同的是由泵 1、2 同时供油。

(3) 慢速启模　慢速启模时，电磁铁 1Y、4Y 通电，由液压泵 1 供油，泵 2 卸荷。油路走向基本同慢速开模，所不同的是由泵 1 供油。

10. 顶出

制品的顶出由顶出缸实现，电磁铁 2Y、5Y 通电，由液压泵 2 供油，泵 1 卸荷。油路走向如下。

进油路——液压泵 2→电磁换向阀 8 左位→单向节流阀 7→顶出缸左腔。

回油路——顶出缸右腔→电磁换向阀 8 左位→油箱。

顶出速度由单向节流阀 7 中的节流阀调节。系统压力由高压溢流阀 4 调定。

11. 顶出缸退回

电磁铁 2Y 通电，顶出缸退回动作由液压泵 2 供油。油路走向如下。

进油路——液压泵 2→电磁换向阀 8 右位→顶出缸右腔。

回油路——顶出缸左腔→单向节流阀 7→电磁换向阀 8 右位→油箱。

三、SZ-250A 型注塑机的电磁动作

SZ-250A 型注塑机的电磁动作详见表 8-2。

表 8-2　SZ-250A 型注塑机的电磁动作表

动作程序		1Y	2Y	3Y	4Y	5Y	6Y	7Y	8Y	9Y	10Y	11Y	12Y	13Y	14Y
关安全门		−	−	−	−	−	−	−	−	−	−	−	−	−	−
合模	慢速	−	+	+	−	−	−	−	−	−	−	−	−	−	−
	快速	+	+	+	−	−	−	−	−	−	−	−	−	−	−
	低压	−	+	+	−	−	−	−	−	−	−	−	−	+	−
	高压	−	+	+	−	−	−	−	−	−	−	−	−	−	−
注射座整体前移		−	+	−	−	−	−	+	−	−	−	−	−	−	−
注射	慢速	−	+	−	−	−	−	+	−	−	+	−	+	−	−
	快速	+	+	−	−	−	−	+	+	−	+	−	+	−	−
保压		−	+	−	−	−	−	+	−	−	+	−	−	−	+
预塑		+	+	−	−	−	−	+	−	−	−	+	−	−	−
防流涎		−	+	−	−	−	−	+	−	+	−	−	−	−	−
注射座整体后退		−	+	−	−	−	+	−	−	−	−	−	−	−	−
开模	慢速	−	+	−	+	−	−	−	−	−	−	−	−	−	−
	快速	+	+	−	+	−	−	−	−	−	−	−	−	−	−
慢速启模		+		−	+	−	−	−	−	−	−	−	−	−	−
顶出		−	+	−	−	+	−	−	−	−	−	−	−	−	−
顶出缸退回		−	+	−	−	−	−	−	−	−	−	−	−	−	−

四、SZ-250A塑料注射成型机液压传动系统分析

1. 速度控制回路

根据塑料注射成型工艺，模具的启闭过程和塑料注射的各阶段速度不一，除顶出缸的顶出速度由节流阀7调节外，其余的执行机构速度均由油源的流量决定。该注塑机采用了双泵供油系统，快速时双泵合流，慢速时单泵供油。因此，无溢流和节流功率损失，系统效率高。但是，执行机构的运动速度只能进行有级变换，不能无级调节，因此它是有级容积调速回路。

2. 压力控制回路

系统所需多级压力，由多个并联的远程调压阀18～20控制。电磁溢流阀3和4用于调节系统压力，同时分别作为两台液压泵的安全阀和卸荷阀。溢流阀16用于调节预塑时的背压力。

3. 方向控制回路

各液压缸和液压马达动作顺序及其方向的变换，均由电磁换向阀或电液动换向阀控制，控制方便，实现容易。

第四节 液压传动系统的安装、使用和维护

液压传动系统的安装、使用与维护是一个实践性很强的问题。故障的判断和排除，一方面取决于对液压元件和系统的理解，另一方面更有赖于实践经验的积累。

一、液压传动系统的安装

液压设备在安装前，首先备齐液压系统图、管道布置图、液压元件、辅件及管件清单等资料，并对其内容和要求都应熟悉和了解，然后验收所有零部件，做好清洗工作。

1. 液压泵和电动机的安装

① 在安装时，油泵、电动机、支架、底座各元件相互结合面上必须无锈、无凸出斑点和油漆层。在这些结合面上应涂一薄层防锈油。

② 安装液压泵、支架和电动机时，应保证同心，泵与电动机两轴之间的同轴度允差、平行度允差应符合规定。

③ 液压泵进、出口不能接反。

④ 直角支架安装时，泵支架的支口中心高，允许比电动机的中心略高0～0.8mm，调整泵与电动机的同轴度时，可只垫高电动机的底面（垫片数量不得超过3个）。一旦调整好后，电动机一般不再拆动，必要时只拆动泵支架。

⑤ 调整完毕后，在泵支架与底板之间钻、铰定位销孔，再装入联轴器的弹性配合件，然后用手转动联轴器，此时，电动机、泵和联轴器都应能轻松、平滑地转动，无异常声响。

2. 液压缸的安装

① 液压缸的安装方式很多，各具不同的特点。选用液压缸的安装方式，既要保证机械和液压缸自如的运动，又要使液压缸工作趋于稳定，并使安装部位处于有利的受力状态。液压缸必须严格按技术要求安装，牢固可靠，不得有任何松动。

② 液压缸的轴向应一端固定，一端浮动，允许其轴线伸长。

③ 拆装液压缸时，严禁用锤敲打缸筒和活塞表面，如缸孔和活塞表面有损伤，不允许

用砂纸打磨，要用细油石精心研磨。导向套与活塞杆间隙要符合要求。

④ 拆装超薄型液压缸时，严防损伤活塞杆顶端的螺纹、缸口螺纹和活塞杆表面。更应注意，不能硬性将活塞从缸筒中打出。

3. 液压阀的安装

阀块安装连接面应平整，不许有磕碰凹痕。阀块中的油道要清理干净，不应有飞边、毛刺、棱角、铁屑等杂物，并清洗干净涂油密封各安装面。

① 安装时按设计图纸的规定和要求进行安装，注意进、出、回、控、泄等油口的位置，严禁装错，造成事故。

② 某些阀类元件为了制造、安装方便，相同作用的孔往往开有 2 个，安装时不用的应堵死。

③ 用法兰装的阀件，连接螺钉不能拧得过紧，要受力均匀，以免造成密封不良。

④ 方向控制阀的安装，一般应使轴线安装在水平位置上。

⑤ 安装时要注意清洁，不准戴手套进行操作，不准用纤维制品擦拭安装结合面（安装板平面和阀板平面），防止纤维类脏物进入阀内。

⑥ 阀用连接螺钉的等级和精度应符合制造厂的规定，不能随意换用。电磁阀固定内六方螺钉上端应放置保护泡沫，以防杂物进入，影响维修拆卸。

⑦ 用塑料布或堵头密封各接头体油口，以防污染。

4. 配管的安装

① 钢管不能和底板接触出现摩擦现象。

② 管路要求越短越好，尽量垂直或平行，少拐弯，避免交叉。严禁管接头处泄漏。

③ 安装软管时应避免急弯，最小的弯曲半径应在 10 倍管径以上。与管接头连接处的直线过渡段长度不应小于管子外径的 2 倍，应留有一定的松弛量。

二、液压设备的调试

1. 启动液压泵

① 用手盘动电动机和液压泵之间的联轴器，确认无干涉并转动灵活。

② 点动电动机，检查判定电动机转向是否与液压泵转向标志一致，确认后连续点动几次，无异常情况后按下电动机启动按钮，液压泵开始工作。

2. 系统排气

启动液压泵后，将系统压力调到 1MPa 左右，分别控制电磁阀换向，使油液分别循环到各支路中，拧动管道上设置的排气阀，将管道中的气体排出，空气排尽时油液连续溢出，关闭排气阀。液压缸排气塞排气时，先将缸内工作压力降到 0.5～1MPa 左右，然后使活塞杆往复运动，当活塞到达行程末端，压力升高的瞬间打开排气塞，而在开始返回之前立即关闭。排气塞排气时，可听到“嘘嘘”的声音，随后喷出白色的泡沫状油液，空气排尽时喷出的油是澄清的。

3. 系统耐压试验

耐压试验的目的是全面检查液压系统是否漏油、是否耐压。对于液压管路，耐压试验的压力应为最高工作压力的 1.5～2 倍，分级加压，并把所有放气阀打开，排除空气后关闭。如果系统出现噪声，应立即停止试验，待排除故障后再继续试验。试验一般用清水，试验过程：在管道联网完成后先用水泵打压到试验压力，保压 10min，再卸压到工作压力，检查泄漏情况。试压完成后要将管道内的水排空、排净。试压过程中严禁操纵换向阀。

4. 空载调试

设备空载运行的目的是全面检查液压系统各回路、各个液压元件和各种辅助装置的工作是否正常可靠，工作循环或各种动作的自动转接是否符合要求。

① 将溢流阀全开（逆时针转动手柄到极限位置），节流阀全开（逆时针转动手柄到极限位置，再倒回 0.5～1.5 圈），压力最小，流量最大，使系统在无压状态下空运转。

② 检查液压泵卸荷压力是否在允许数值内，声音是否正常，泵是否漏气（油箱中液面表面是否有气泡）。

③ 空载运行 15min 左右停车，再往油箱内注入同牌号的液压油，并达到液位上限。

④ 调节溢流阀，逐渐分挡升压，每挡 3～5MPa，每挡运转 10min，直至调整到溢流阀的调定压力值。从压力调定值最高的主溢流阀开始，逐次调整每个分支回路的压力阀。压力调定后，须将调整螺杆锁紧。在调试时电磁换向阀宜用手操作。

⑤ 连续运行 30min 后，油液的温升应在允许规定值范围内（一般工作油温为 35～60℃）。检查液压系统各部件、管道是否有泄漏，若有应停机检查，排除故障。

⑥ 检查各部件是否按预定进行自动工作循环或顺序动作，检查各个动作是否协调可靠，运动的节拍是否正确，各液压传动机构工作行程及作用时间是否正确。

⑦ 在液压缸直线往复运动的整个长度上，通过对压力表指针的观察，检查设备各有关部件装配、调整及其制造质量。

5. 负载试车

设备开始运行后，应逐渐加大负载，如情况正常，才能进行最大负载试车。最大负载试车成功后，应及时检查系统的工作情况是否正常，对压力、噪声、振动、速度、温升、液位等进行全面检查，并根据试车要求做出记录。

三、液压传动系统的维护与保养

保证液压系统的正常工作性能，在很大程度上取决于正确使用与及时维护。

1. 建立严格的维护保养制度

(1) 严格执行日常点检和定检制度　对液压系统的工作状态进行点检和定检，把可能产生的故障现象记录在日检维修卡上，将故障排除在萌芽状态，减少重大事故的发生，同时也为设备检修提供第一手资料。

(2) 严格执行定期紧固、清洗、过滤和更换制度　液压设备在工作过程中，由于冲击振动，磨损、污染等因素，使管件松动，金属件和密封件磨损，因此必须对液压件及油箱等实行定期清洗和维修，对油液、密封件执行定期更换制度。

(3) 严格贯彻工艺纪律　需按照加工要求和生产节拍来调节液压系统的压力和流量，防止操作者为了加快节拍，而将液压系统工作压力调高和运动速度加快的现象。

(4) 建立液压设备技术档案　认真建立液压设备技术档案将有助于分析和判断液压故障的产生原因，并为采取果断措施排除故障提供依据。

2. 液压设备的维护保养

① 保持油液清洁，定期清理滤芯和油箱，定期更换滤芯和液压油；

② 控制油液的温升，异常升温时，应停车检查；

③ 控制液压系统泄漏；

④ 防止液压系统振动与噪声；

⑤ 设备长期不用时，应将各调节旋钮全部放松，防止弹簧永久变形。

四、液压系统常见的故障分析

液压系统发生的故障一般分为两类：一类是整个液压系统发生故障、整个液压系统的执行机构动作失灵或速度缓慢无力，此时可考虑是否因泵和溢流阀的突然损坏或零件的磨损以及滤油器被堵塞所引起的流量、压力不足；另一类是个别机构动作失灵或发生故障，一般可从发生故障的执行机构或控制机构入手分析。只要找到故障源，故障就不难排除。

本章小结

本章介绍几个液压系统的应用实例，分析它们的工作原理和性能特点，使读者更深入地理解液压元件的功能和应用，熟悉阅读液压系统图的基本方法，培养液压系统的初步分析能力。本章还对液压传动系统的安装、调试、维护与保养工作进行了论述。

习　题

1. 怎样阅读、分析一个复杂的液压系统？
2. 图 8-2 中 1S、2S、3S 各起什么作用？
3. 图 8-4 中若选择阀 13 处于左端进给位置，试分析其油路情况。
4. 图 8-8 为某一组合机床液压动力滑台液压传动系统图。试根据其动作循环图填写液压系统的电磁铁动作表，分析其工作原理，指出各元件的名称，说明此系统由哪些基本回路组成？
5. 液压系统发生的故障一般分为哪两类？

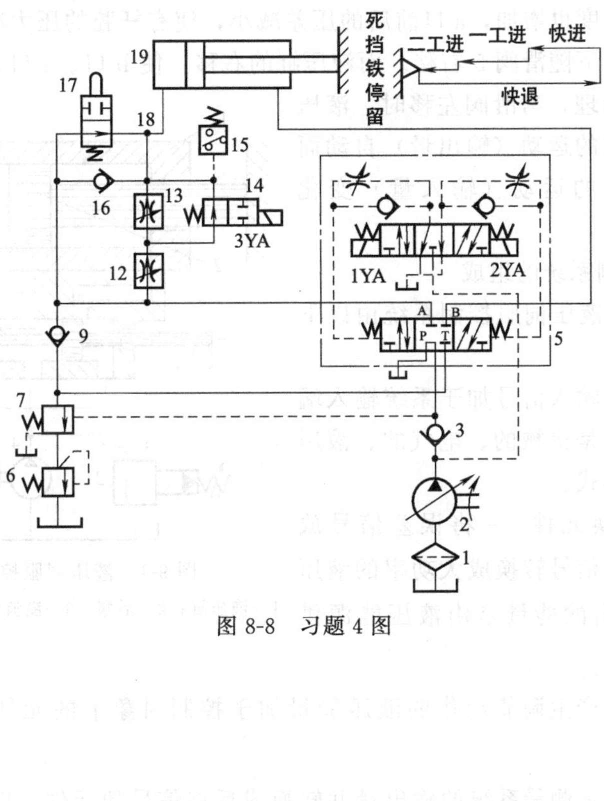

图 8-8　习题 4 图

第九章　液压伺服控制系统

学习目标：

① 了解液压伺服控制系统的工作原理、组成、类型；

② 了解液压伺服控制系统的优缺点。

第一节　液压伺服控制系统概述

液压伺服控制系统是以液压为动力的自动控制系统（又称随动系统或跟踪系统），系统的输出量（位移、速度、力等）能够以一定的精度自动地、快速而准确地复现输入量的变化规律。同时，输出功率被大幅度地放大，因此也是一个功率放大装置。液压伺服系统以其响应速度快、负载刚度大、控制功率大等独特的优点在工业控制中得到了广泛的应用。

一、液压伺服控制系统的工作原理和组成

1. 液压伺服控制系统的工作原理

液压伺服控制系统的工作原理可由图 9-1 来说明。图示状态下，液压缸 1 处于相对平衡状态。当滑阀 5 右移时，b 口开度增加，b 口前后的压差减小，使无杆腔的压力增加，流量增大，同时 a 口的开度也增加，a 口前后的压差减小，使有杆腔的压力减小，故液压缸 1 在左右两腔压差的作用下随滑阀 5 右移。而液压缸的右移，使 b 口、a 口开度减小，直至液压缸重新达到平衡。同理，当滑阀左移时，液压缸随之左移。液压缸的运动（输出量）自动而准确地复现了滑阀的运动（输入量）变化规律。

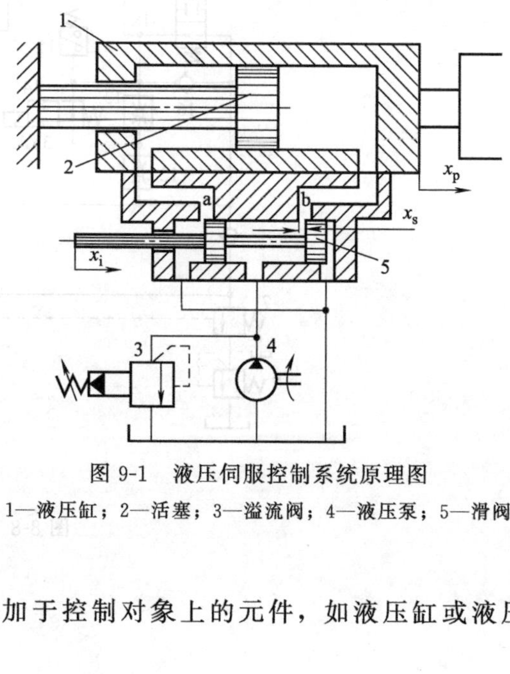

图 9-1　液压伺服控制系统原理图

1—液压缸；2—活塞；3—溢流阀；4—液压泵；5—滑阀

2. 液压伺服控制系统的组成

由图 9-1 可见，液压伺服控制系统由以下基本元件组成。

输入元件——将输入信号加于系统输入端的元件，该元件可以是机械的、电气的、液压的或者是其他组合形式。

放大、能量转换元件——将误差信号放大，并将各种形式的信号转换成大功率的液压能量的元件。其输出的能量是由液压能源供给的。

执行元件——将产生调节动作的液压能量加于控制对象上的元件，如液压缸或液压马达。

反馈测量元件——测量系统的输出量并转换成反馈信号的元件，以便消除原来的误差信号。

比较元件——将输入信号与反馈信号相比较，得出误差信号的元件。有时系统中不一定有单独的比较元件，而是由反馈元件、输入元件或放大元件的一部分来实现比较功能。

控制对象——各类生产设备，如机器工作台、刀架等。

图 9-1 中液压缸的位置调节过程可用图 9-2 所示的框图表示。

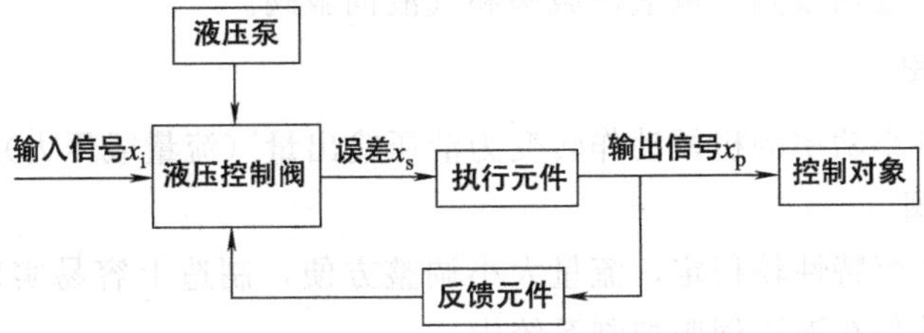

图 9-2　液压缸位置调节过程示意图

二、液压伺服控制系统的特点

(1) 位置跟踪（随动）　由图 9-1 可知，缸体的位置完全由滑阀的位置来确定，滑阀向右或向左移动一个距离时，缸体也跟着向右或向左移动移动相同的距离。

(2) 力（或功率）放大　液压伺服控制系统是一个力（或功率）放大系统，执行元件输出的力或功率远大于输入信号的力或功率，可以多达几百倍甚至几千倍。

(3) 有反馈　液压伺服控制系统是一个负反馈系统。反馈是指输出量的部分或全部按一定方式回送到输入端，回送的信号称为反馈信号。若反馈信号不断地抵消输入信号的作用，则称为负反馈。负反馈是自动控制系统具有的主要特征。由图 9-1 可知，液压缸运动抵消了滑阀的输入作用。

(4) 依靠误差工作　液压伺服控制系统是一个误差系统。图 9-1 中，为了使液压缸克服负载并以一定的速度运动，控制阀节流口必须有一个开口量，因而液压缸的运动也就落后于滑阀的运动，即系统的输出必然落后于输入，也就是输出与输入间存在差值，这个差值称为伺服系统误差。液压缸运动的结果又力图消除这个误差，直至误差等于零或足够小，伺服系统正是依靠这一误差信号进行工作的。

三、液压伺服控制系统的分类

① 按输入信号介质分为机液伺服系统、电液伺服系统、气液伺服系统等。

② 按输出物理量分为位置伺服系统、速度伺服系统、力（或压力）伺服系统等。

③ 按控制元件分为阀控式（节流式）伺服系统和变量泵控式（容积式）系统两类。其中阀控式又可分为滑阀式、转阀式、喷嘴挡板式、射流管式等。机械设备中以阀控式应用较多。

四、液压伺服的优缺点

(1) 优点　系统刚度大控制精度高、行进速度快、自动化程度高等优点。因而可以组成体积小、重量轻、加速能力强、快速动作和控制精度高的伺服系统，来控制大功率和大负载的系统。

(2) 缺点　液压伺服系统对油液的污染比较敏感，因此可靠性受到影响；在小功率系统中，液压伺服控制不如电器控制灵活；伺服元件加工精度高，因此价格较贵。

第二节 液压伺服阀

伺服阀是液压伺服控制系统的核心元件，其作用是将各种小功率输入信号转换成功率较大的液压输出量，用以控制执行元件的动作，所以也称为液压放大器。按照输入信号及转换器类型不同可分为机液伺服阀、电液伺服阀和气液伺服阀。

一、机液伺服阀

机液伺服阀是将小功率的机械动作转变为液压输出量（流量或压力）的转换元件。

1. 滑阀式伺服阀

由于滑阀阀口节流特性较稳定，流量大小调整方便，制造上容易实现精密的加工尺寸，所以应用很广，尤其是在液压伺服控制系统中。

滑阀按控制边数（起节流作用的工作棱边）不同可分为单边滑阀、双边滑阀和四边滑阀。

图 9-3（a）为单边滑阀，它有一个控制边。滑阀控制边的开口量 x_s 控制着液压缸右腔的压力和流量，从而控制液压缸运动的速度和方向。液压缸不受外载作用时，$p_1A_1=p_sA_2$。当有输入信号使滑阀左移时，开口量 x_s 增大，无杆腔压力减小，于是 $p_1A_1<p_sA_2$，缸体向左移动。因为缸体和阀体连接成一个整体，故阀体左移又使开口量 x_s 减小（负反馈），直至平衡。

图 9-3（b）为双边滑阀，滑阀有两个控制边。压力油一路直接进入液压缸有杆腔，另一路经滑阀左控制边的开口 x_{s1} 和液压缸无杆腔相通，并经滑阀右控制边的开口 x_{s2} 流回油箱。当滑阀左移时，x_{s1} 减小，x_{s2} 增大，液压缸无杆腔压力 p_1 减小，两腔受力不平衡，缸体向左移动，而缸体左移又使 x_{s1} 增大，x_{s2} 减小（负反馈）；反之滑阀右移时缸体随之右移。双边控制滑阀比单边控制滑阀的调节灵敏度高、工作精度高。

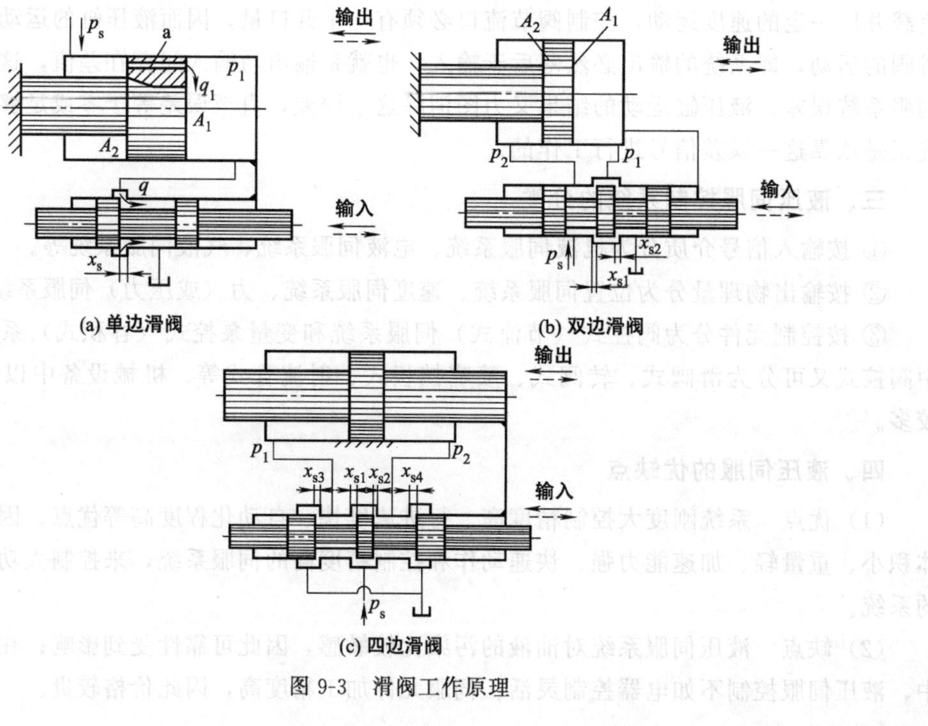

图 9-3 滑阀工作原理

图 9-3（c）为四边滑阀，滑阀有四个控制边。开口 x_{s1}、x_{s2} 分别控制进入液压缸两腔的压力油，开口 x_{s3}、x_{s4} 分别控制液压缸两腔的回油。当滑阀左移时，液压缸左腔的进油口 x_{s1} 减小，回油口 x_{s3} 增大，使 p_1 迅速减小；与此同时，液压缸右腔的进油口 x_{s2} 增大，回油口 x_{s4} 减小，使 p_2 迅速增大，故活塞迅速左移。因负反馈作用，活塞的左移又在消除原来的误差信号，直至重新平衡。与双边控制滑阀相比，四边控制滑阀同时控制液压缸两腔的压力和流量，故调节灵敏度更高，工作精度也更高。

滑阀的控制边数越多，控制质量就越好，但其结构工艺性也越差。在通常情况下，四边控制滑阀多用于精度要求较高的系统；单边、双边控制滑阀用于一般精度要求的系统。

滑阀在零位时有三种开口形式，即负开口（$x_s<0$）、零开口（$x_s=0$）和正开口（$x_s>0$）。具有零开口的滑阀工作精度最高；负开口有较大的不灵敏区，较少采用；正开口的滑阀工作精度较负开口高，但功率损耗大，稳定性也较差，一般用于中小功率场合。

2. 射流管阀

图 9-4 为射流管阀工作原理图。压力油从管道进入射流管 1 后从锥形喷嘴射出，经接收板 2 上的两个并列的接收孔 a、b 进入液压缸两腔。当射流管处于两接收孔的中间位置时，两接收孔内油液的压力相等，液压缸不动。当输入信号使射流管绕 O 轴向左摆动一小角度时，进入孔 b 的油液压力就比进入孔 a 的油液压力高，液压缸向左移动。由于接收板和缸体连接在一起，接收板也向左移动，形成负反馈，当射流管又处于两接收孔中间位置时，液压缸停止运动。同理，当输入信号使射流管绕 O 轴向右摆动一小角度时，液压缸随之向右移动。

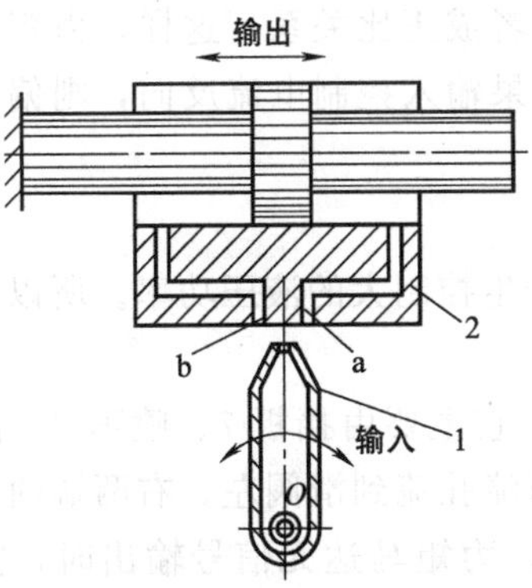

图 9-4　射流管阀工作原理图

1—射流管；2—接收板

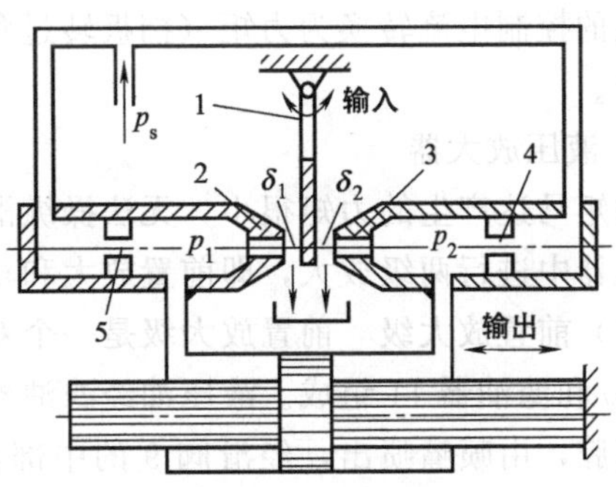

图 9-5　喷嘴挡板阀

1—挡板；2,3—喷嘴；4,5—固定节流小孔

射流管阀结构简单、加工精度要求低，抗污染能力强，工作可靠。缺点是射流管运动部件惯性较大、工作性能较差，能量损耗大，响应速度低，供油压力过高时易引起振动。因此，只适用于低压小功率场合。

3. 喷嘴挡板阀

喷嘴挡板阀有单喷嘴和双喷嘴两种，两者的工作原理基本相同。图 9-5 所示为双喷嘴挡板阀。挡板 1 和喷嘴 2、3 之间形成两个可变的节流孔道 δ_1 和 δ_2。当挡板处于中间位置时，两个可变的节流孔道所形成的节流阻力相等，两喷嘴腔内的油液压力相等，即 $p_1=p_2$，液压缸不动，压力油经节流小孔 4 和 5、节流孔道 δ_1 和 δ_2 流回油箱。当输入信号使挡板向左偏摆时，可变节流孔道 δ_1 关小，δ_2 开大，p_1 上升，p_2 下降，缸体向左移动。因负反馈作用，当喷嘴跟随缸体移动到挡板两边对称位置时，缸体停止运动。

喷嘴挡板阀与滑阀相比优点是结构简单，加工方便，挡板运动阻力小，惯性小，反应快，灵敏度高，对油液污染不太敏感。缺点是功率损耗大，多用于小功率系统，或多级放大液压控制阀中的第一级。

二、电液伺服阀

电液伺服阀能将小功率的电信号转换为大功率的液压能输出，从而实现一些重型机械设备的伺服控制。电液伺服阀是一种比电液比例阀精度更高、响应更快的液压控制阀。其输出流量或压力受输入的电信号控制，主要用于高速闭环液压控制系统，而电液比例阀多用于响应速度相对较低的开环控制系统中。

电液伺服阀由电-机械转换器（力马达或力矩马达）和液压放大器两部分组成。图 9-6 是一种典型的电液伺服阀结构原理图，由一个力矩马达和一个两级液压放大器组成。液压放大器的第一级是双喷嘴挡板阀，称为前置放大级；第二级是四边滑阀，称为功率放大级。永久磁铁 1 把上下两块导磁体 2、4 磁化成 S 极和 N 极，形成一个固定磁场。衔铁 3 和挡板 7 连在一起，由固定在阀座上的弹簧管 6 支撑，使衔铁位于上下导磁体中间。挡板下端为一球头，嵌放在滑阀 9 的中间凹槽内。

1. 力矩马达

当线圈无电流通过时，力矩马达无力矩输出，挡板处于两喷嘴中间位置。若按图 9-6 中所示情况输入控制电流，衔铁 3 被磁化，使衔铁左端为 N 极，右端为 S 极，则根据同性相斥、异性相吸的原理，衔铁会顺时针方向偏转。于是弹簧管弯曲变形，产生相应的反力矩，致使衔铁转过 θ 角便停下来。电流越大，θ 角就越大，两者成正比关系。这样，力矩马达就把输入的控制电流转换为力矩（挡板转过角 θ）输出。如果输入控制电流反向，则偏转方向也相反。

2. 液压放大器

力矩马达产生的力矩很小，无法操纵滑阀的启闭来产生控制大的液压功率。所以要在液压放大器中进行两级放大，即前置放大和功率放大。

（1）前置放大级　前置放大级是一个双喷嘴挡板阀，它主要由挡板 7、喷嘴 8、固定节流孔 10 和滤油器 11 组成。液压油经滤油器和两个固定节流孔流到滑阀左、右两端油腔及两个喷嘴腔，由喷嘴喷出，经滑阀 9 的中部油腔流回油箱。力矩马达无信号输出时，挡板不动，左右两腔压力相等，滑阀 9 也不动。若力矩马达有信号输出，如挡板（衔铁）顺时针偏转了 θ 角，致使两喷嘴与挡板之间的间隙不等，左侧间隙小于右侧间隙，造成滑阀两端的压力不等，滑阀左端压力大于右端压力，推动滑阀右移。与此同时，挡板下端球头也随滑阀右移，在衔铁挡板组件上产生一个逆时针方向的转矩，同时，使挡板在两喷嘴间的偏移量减小，这就是负反馈。由于负反馈作用，滑阀两端的压力差减小。当滑阀上的液压作用力与挡板下端球头因移动而产生的弹性反作用力平衡时，滑阀停止移动，并保持在某一开度上。

（2）功率放大级　功率放大级是一个四边滑阀，将输入的滑阀位移转换成负载流量和负载压力，以推动执行机构动作。

输入的控制电流越大，滑阀的偏移量也越大，输出的流量越多，因而执行机构的运动速度越高，阀的输出流量和输入控制电流的大小成正比。如果改变输入控制电流的方向，就会使执行机构反向运动。因此，输入控制电流的大小和方向决定了执行机构的运动速度和运动方向。

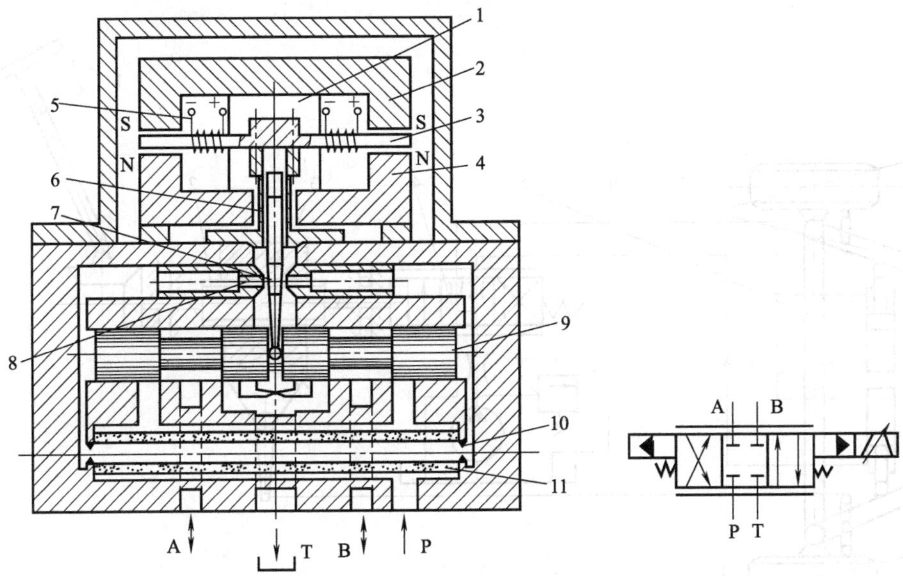

图 9-6　电液伺服阀的结构原理

1—永久磁铁；2,4—导磁体；3—衔铁；5—线圈；6—弹簧管；7—挡板；
8—喷嘴；9—滑阀；10—固定节流孔；11—滤油器

第三节　典型液压伺服系统实例

一、轮式车辆液压助力转向控制系统

纯机械式的转向器转向时，需要驾驶员对方向盘输入较大的转向力，而且转向灵敏度不高，现在正在逐渐被淘汰。液压助力转向器可以减少驾驶员的体力输出，提高转向灵敏度。

图 9-7 为液压助力转向控制系统原理图。车辆转向时，操纵方向盘 1，顺时针转动 θ_i 角度，通过锥齿轮变换，使丝杠 2 沿螺母 3 产生轴向移动。同时，与丝杠相连的机液伺服阀 4 的阀芯也产生轴向位移，阀 4 处于右位，具有一定的开口量，两转向液压助力缸 5 的下腔进油，上腔回油，活塞杆推动转向梯形机构 6 运动，车轮顺时针偏转 θ_c 角。与此同时，输出量 θ_c 通过反馈机构传递给螺母 3，反作用于丝杠 2，使与之相连的阀芯向相反方向移动，减小阀 4 开口量的变化，直至阀 4 恢复平衡状态，θ_c 随 θ_i 的变化而变化。车轮转向的能源来自液压系统。

二、钢带张力控制系统

在带钢生产过程中，经常要求控制钢带的张力（如在热处理炉内进行热处理时），因此对薄带材的连续生产提出了高精度恒张力控制要求。

图 9-8 为钢带张力控制液压伺服系统的原理图。热处理炉内的钢带张力由带钢牵引辊组 2 和带钢加载辊组 8 来确定。用直流电动机 D_1 作牵引，直流电动机 D_2 作为负载，以产生所需张力。由于在系统中各部件惯量大，因此时间滞后大，精度低，不能满足要求，故在两辊组之间设置一液压伺服张力控制系统来控制精度。其工作原理是：在转向辊 4 的轴承上设置一力传感器 5，以检测带钢的张力，并用液压缸 1 带动浮动辊 6 来调节张力。当实际张力大于给定值时，产生的误差信号经电放大器 9 放大后输入给电液伺服阀 7，使其有一定的开口

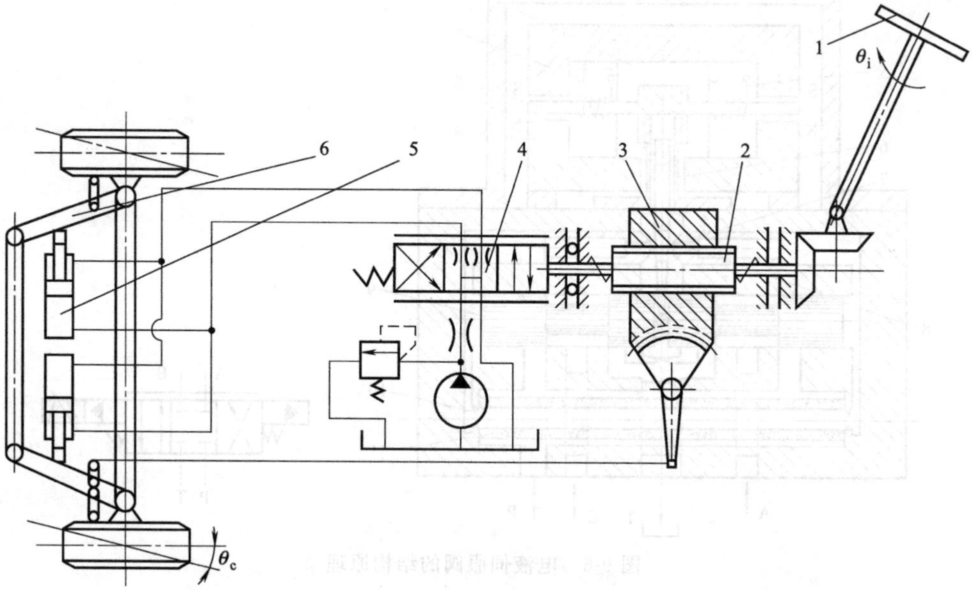

图 9-7　液压助力转向控制系统原理图

1—方向盘；2—丝杠；3—螺母；4—机液伺服阀；5—液压助力缸；6—转向梯形机构

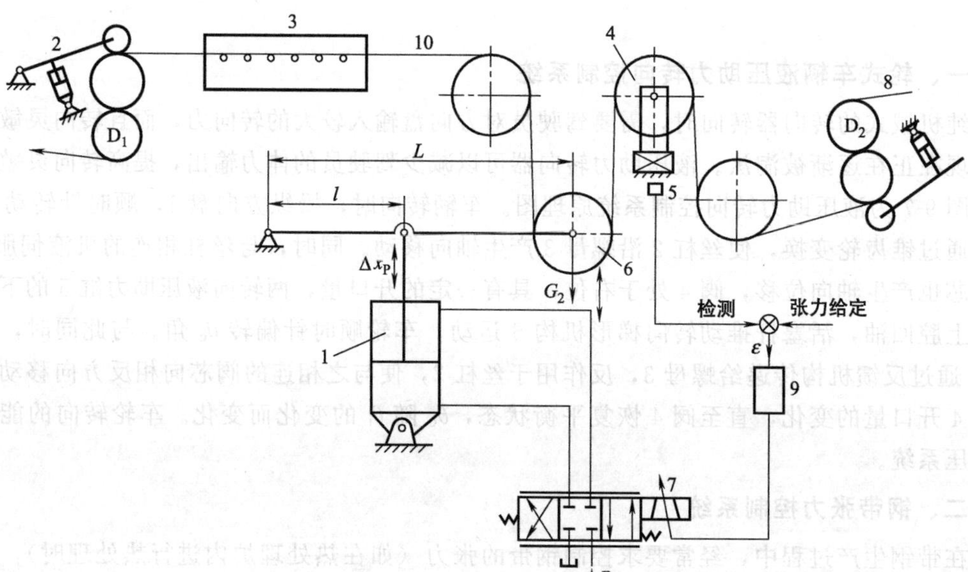

图 9-8　钢带张力控制液压伺服系统原理图

1—液压缸；2—带钢牵引辊组；3—热处理炉；4—转向辊；5—力传感器；
6—浮动辊；7—电液伺服阀；8—带钢加载辊组；9—放大器；10—钢带

量，供给一定的流量，液压缸 1 内活塞向上移动，浮动辊 6 上移，使张力减小直至达到给定值；反之，当实际张力小于给定值时，产生的误差信号控制活塞向下移动，浮动辊 6 下移，使张力增大，以减小其误差。

三、轧钢机上的电液伺服跑偏控制系统

轧钢机上虽然采取了许多使带材定心的措施，但跑偏仍不可避免。图 9-9 是用在轧钢机上的光电液伺服跑偏控制系统。利用光电检测器检测钢带位置，当钢带向左跑偏，带边偏离检测器中央 x_i 时，在电液伺服阀的线圈上产生电流信号，于是电液伺服阀输出一正比于电流信号的流量，使伺服液压缸的活塞左移，拖动卷取机的卷筒向跑偏方向跟踪，从而实现带钢自动卷齐。由于检测器安装在卷取机移动部件上，随同跟踪位置反馈（负反馈），很快就使检测器中央又对准带边，于是在新的平衡状态下卷取，完成一次自动纠偏过程。

另设一辅助液压缸拖动光电检测器，以便在卷完一卷要切断钢带前检测器自动退出，而在卷取下一卷前又能使检测器自动复位对准带边。

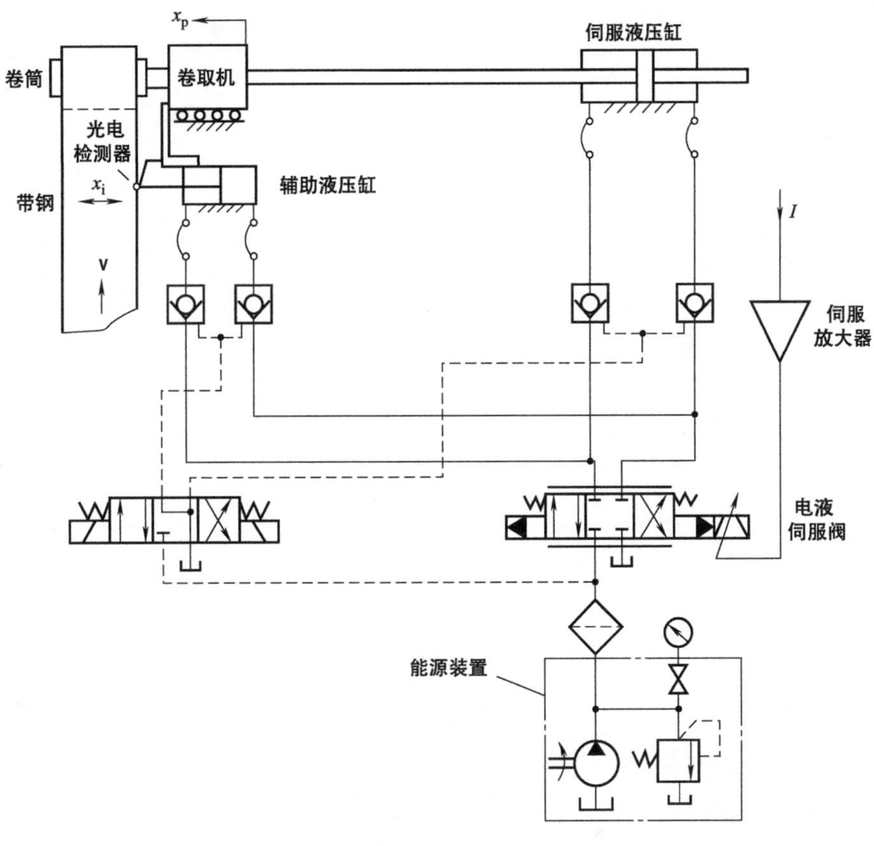

图 9-9　光电液伺服跑偏控制系统

本 章 小 结

液压伺服控制系统是以液压为动力的自动控制系统，它利用反馈信号与输入信号的比较得到误差信号，来控制液压能源的输入，使系统向着减小误差的方向变化（负反馈）。电液伺服阀是电液转换元件，也是功率放大元件，它将输入的微小电信号转换为大功率的液压信号输出，电液伺服阀的驱动装置是力马达或力矩马达。伺服阀与比例阀相比，对液压油液的要求更高，需要精过滤才行，否则容易堵塞，主要应用在闭环控制系统。

习　题

1. 什么是液压伺服系统？试画出液压伺服系统的原理框图。
2. 液压伺服系统有哪些类型？各有何优缺点？
3. 试分析比较单边、双边和四边三种滑阀各有什么特点。其应用场合？
4. 根据图 9-5 简述喷嘴挡板阀的工作原理。
5. 电液伺服阀由哪几部分组成？根据图 9-5 简述喷嘴挡板阀的工作原理。

下篇　气压传动

第十章　气压传动系统基础知识

学习目标：

① 理解并掌握气压传动的工作原理、组成；

② 了解气压传动的特点；

③ 熟悉空气的基本性质；

④ 了解气动的流动规律。

第一节　气压传动系统的工作原理、组成及其特点

气压传动是以压缩空气为工作介质来传递动力和控制信号，控制和驱动各种机械和设备，以实现生产过程机械化、自动化的一门技术，简称气动。

近几十年来，气压传动技术被广泛应用于工业产业中，在促进自动化的发展中起到了极为重要的作用。

一、气压传动的工作原理

下面以气动剪切机为例，来理解气动系统是如何进行能量与信号的传递，实现自动控制的。图 10-1 为气动剪切机气压传动系统原理图，图（a）所示位置为剪切前的预备状态。当送料机构将工料 11 送入剪切机未到达规定位置时或无工料送入剪切机时，行程阀 8 的阀芯在阀内弹簧的作用下处于图（a）所示位置，行程阀 8 将气控换向阀 9 的 A 腔与大气隔离。空气压缩机 1 产生的压缩空气经后冷却器 2、分水排水器 3、储气罐 4、分水滤气器 5、减压阀 6、油雾器 7 到达换向阀 9，部分气体经节流通路进入换向阀 9 的 A 腔，使阀 9 内的弹簧压缩，换向阀 9 的阀芯位于上端；大部分压缩空气经换向阀 9 进入汽缸 10 的上腔，而汽缸 10 的下腔气体经换向阀 9 与大气相通，故汽缸 10 的活塞处于最下端位置，剪切口张开。

图 10-1（b）所示位置为剪切工作状态。当送料机构将工料 11 送入剪切机到达规定位置时，工料 11 使行程阀 8 的阀芯右移，行程阀 8 将换向阀 9 的 A 腔与大气连通，在阀 9 内弹簧的作用下，换向阀 9 的阀芯位于下端；空气压缩机 1 产生的大部分压缩空气到达换向阀 9 后，经换向阀 9 进入汽缸 10 的下腔，而汽缸 10 的上腔经换向阀 9 与大气连通，故汽缸内活塞向上运动，剪切口闭合，工料 11 被剪断。工料被切下后即与行程阀 8 脱开，行程阀 8 的阀芯在弹簧的作用下复位，将排气通道再次封闭，剪切口张开。

从上例可以看出，气压传动是以压缩空气为工作介质来传动的一种传动方式，空气压缩机将机械能转变为压力能，汽缸中的活塞再将压力能转变为机械能，实现工料的剪切。

图 10-1（c）是用图形符号绘制的剪切机气压系统图。目前我国的气压系统图采用国家标准 GB 786.1—93 所规定的图形符号绘制，详见附录。

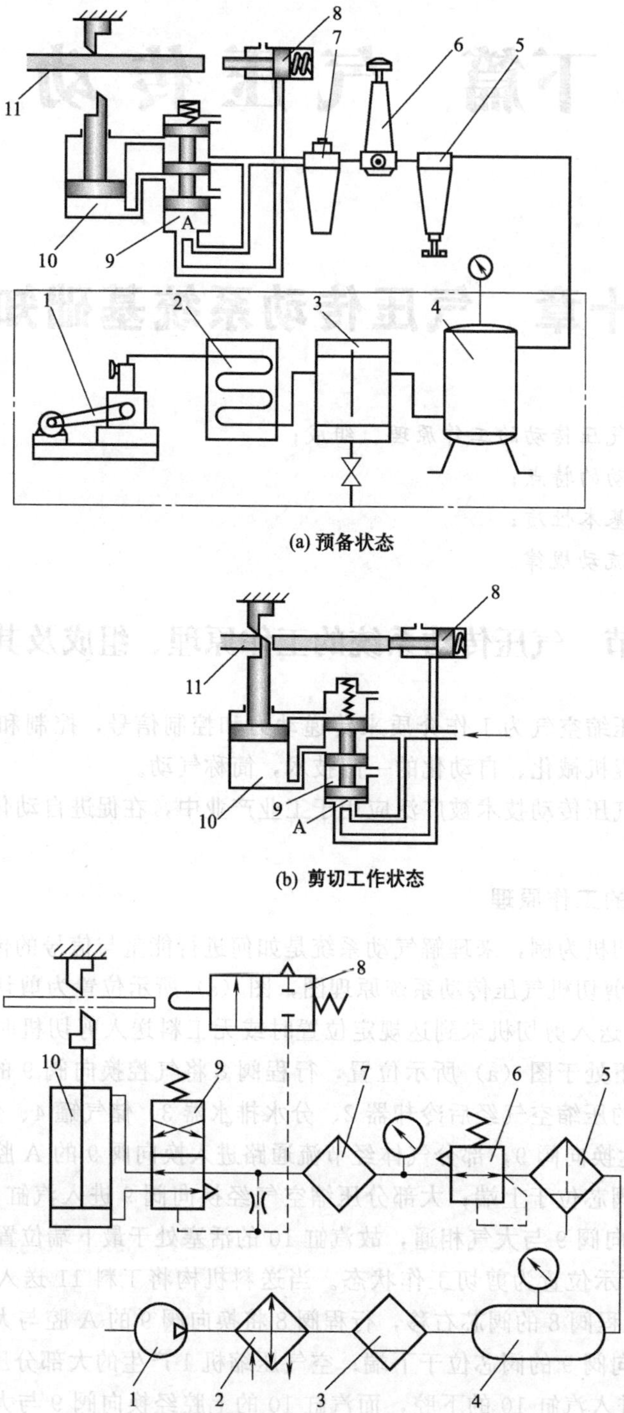

图 10-1 气动剪切机气压传动系统原理图

1—空气压缩机；2—后冷却器；3—分水排水器；4—储气罐；
5—分水滤气器；6—减压阀；7—油雾器；8—行程阀；
9—气控换向阀；10—汽缸；11—工料

二、气压传动系统的组成

从上例可知，气压传动系统由以下四个部分组成。

(1) 气源装置　气源装置将原动机提供的机械能转变为气体的压力能，为系统提供压缩空气。其主体部分是空气压缩机，此外，还配有储气罐、气源净化装置等附属设备。

(2) 执行元件　执行元件起能量转换作用，把压缩空气的压力能转换成工作装置的机械能，如汽缸和气马达，是系统的能量输出装置。

(3) 控制元件　控制元件用来对压缩空气的压力、流量和流动方向调节和控制，使系统执行机构按功能要求的程序和性能工作，一般包括压力、流量、方向和逻辑四大类。

(4) 辅助元件　辅助元件是用于元件内部润滑、排气噪声、元件间的连接以及信号转换、显示、放大、检测等所需的各种气动元件，如油雾器、消声器、管件及管接头、转换器、显示器、传感器等。

三、气压传动的特点

气压传动能够得到迅速发展和广泛应用，是由于它具有以下优点。

(1) 使用方便　空气作为工作介质，不仅易于取得，而且用后可直接排入大气，不会污染环境，可少设置或不必设置回气管道。

(2) 可远距离传输　由于空气的黏度小，流动阻力小，管道中空气流动的沿程压力损失小，有利于介质集中供应和远距离输送。

(3) 快速性好　与液压传动相比，气动反应快，动作迅速，一般只需 0.02～0.03s 即可达到所需的压力和速度。

(4) 清洁　基本无污染，对于要求高净化、无污染的场合，如食品、印刷、木材和纺织工业等是极为重要的，气动具有独特的适应能力，优于液压、电子、电气控制。

(5) 安全可靠　压缩空气不会爆炸或着火，在易燃、易爆场所使用不需要昂贵的防爆设施，可安全可靠地应用于易燃、易爆、多尘埃、辐射、强磁、振动、冲击等恶劣的环境中。

气压传动也存在如下缺点。

(1) 速度稳定性差　由于空气可压缩性大，汽缸的运动速度易随负载的变化而变化，稳定性较差，给位置控制和速度控制精度带来较大影响。

(2) 输出力小　经济工作压力低（一般为 0.4～0.8 MPa），因而气动系统输出力小，在相同输出力的情况下，气动装置比液压装置尺寸大。因此，气压传动不适于重载系统。

(3) 需要净化和润滑　压缩空气必须有良好的处理，去除所含的灰尘和水分，净化处理过程比较复杂。空气本身没有润滑性，系统中必须采取措施对元件进行给油润滑，如增加油雾器等装置。

(4) 噪声大　排放空气的声音很大，需要加装消声器。现在这个问题已因吸音材料和消声器的发展大部分获得解决。

第二节　气压传动基础知识

一、空气的物理性质

1. 空气的组成

空气由多种气体混合而成。其主要成分是氮气和氧气，除此之外是氩气和少量的二氧化碳及其他气体。空气可分为干空气和湿空气两种形态，以是否含水蒸气作为区分标志：不含有水蒸气的空气称为干空气，含有水蒸气的空气称为湿空气。实际上，空气里或多或少含有一定量的水蒸气，绝对的干空气是不存在的。

2. 空气的湿度

湿空气在一定压力和温度的条件下，会在系统中的局部管道和元件中凝结水滴，对传动系统的工作稳定性和元件的使用寿命都有很大影响。空气所含水分的程度用湿度和含湿量来表示。

(1) 饱和湿空气和未饱和湿空气　湿空气中水蒸气的最大含有量有一定的极限，且这一极限与温度和压力有关。当温度和压力一定时，空气中所含有的水蒸气达到这一极限时，此湿空气称为饱和湿空气，超过这一极限时即有水珠析出，而未达到这一极限的湿空气称为未饱和湿空气。

(2) 绝对湿度和相对湿度　湿度的表示方法有绝对湿度和相对湿度之分。每立方米湿空气中含有的水蒸气的质量称为湿空气的绝对湿度。每立方米饱和湿空气中含有的水蒸气的质量称为饱和绝对湿度。空气的温度越高，其饱和绝对湿度越大，因此，仅凭绝对湿度并不能判断该空气所含水蒸气离饱和状态的远近程度。湿空气的相对湿度是指每立方米湿空气中含有的水蒸气的质量与相同条件下饱和湿空气中的水蒸气质量的比值，是一个能够表达空气中所含水蒸气离饱和状态远近程度的物理量。

【例 10-1】 已知标准大气压、温度为 20℃时的湿空气饱和绝对湿度为 17.3g/m³，若现有湿空气的相对湿度为 70%，问此湿空气的绝对湿度是多少？

解：根据相对湿度的概念可知，相对湿度$=\dfrac{\text{绝对湿度}}{\text{饱和绝对湿度}}=70\%$，由此得出：

$$\text{绝对湿度}=\text{饱和绝对湿度}\times 70\%=17.3\times 70\%=12.11\ (\mathrm{g/m^3})$$

(3) 空气的含湿量　在含有 1kg 质量干空气的湿空气中所混合的水蒸气的质量称为该湿空气的质量含湿量。在含有 1m³ 干空气的湿空气中所混合的水蒸气的质量称为该湿空气的容积含湿量。

(4) 露点　湿空气中的未饱和水蒸气，当温度逐渐降低时，将逐渐接近饱和。当温度降低到某一点时，水蒸气达到饱和状态，开始凝结成水形成露滴，这时的温度称为露点。压缩空气一旦冷却下来，相对湿度将大大增加，到温度降到露点以后，水蒸气就要凝析出来。

3. 空气的压缩性

空气在受压时体积发生改变的性质称为压缩性，空气的压缩性远大于固体和液体的压缩性。工程中，管道内的气体流速较低且温度变化不大，可将气体视为不可压缩的。但是，在汽缸、气马达和某些气动元件中，气流速度很高，甚至达到或超过声速，则必须考虑气体的可压缩性。

二、气体的流动规律

1. 流量

单位时间内流过通流截面的气体体积称为体积流量，用 q_V 表示，简称为流量；单位时间内流过通流截面的气体质量称为质量流量，用 q_m 表示。

$$q_V=\frac{V}{t}=uA \tag{10-1}$$

$$q_m=\frac{m}{t}=\frac{m}{V}\times\frac{V}{t}=\rho uA \tag{10-2}$$

式中 V——气体体积，m^3；

m——气体质量，kg；

t——时间，s；

A——通流截面面积，m^2；

ρ——气体的密度，kg/m^3；

u——气流的平均速度，m/s。

2. 连续性方程

根据质量守恒定律，当气体在管道内做稳定流动时，遵守连续性原理，满足连续性方程，即在同一时间内流过各通流截面的质量流量相等，表达式为

$$\rho_1 u_1 A_1 = \rho_2 u_2 A_2 \tag{10-3}$$

因为两通流截面是任意取的，故式（10-3）可写成

$$\rho_1 u_1 A_1 = q_{m1} = \rho_2 u_2 A_2 = q_{m2} = q_m = \rho u A = \text{常数} \tag{10-4}$$

若不考虑气体的可压缩性，即密度不变，则上式可变为体积流量的表达式

$$q_V = uA = \text{常数} \tag{10-5}$$

3. 伯努利方程

在低速流动时，气体可认为是不可压缩的（ρ=常数），根据能量守恒定律，不可压缩气体做稳定流动时的能量方程为

$$h_1 + \frac{p_1}{\rho g} + \frac{u_1^2}{2g} = h_2 + \frac{p_2}{\rho g} + \frac{u_2^2}{2g} + h_w \tag{10-6}$$

因气体黏度小，不考虑摩擦阻力产生的能量损失 h_w，则有

$$h_1 + \frac{p_1}{\rho g} + \frac{u_1^2}{2g} = h_2 + \frac{p_2}{\rho g} + \frac{u_2^2}{2g} = h + \frac{p}{\rho g} + \frac{u^2}{2g} = \text{常数} \tag{10-7}$$

4. 气体的流速

压缩空气在管道中的流动速度是比较高的，一般限制在 30m/s 以内，但当气流通过某些狭窄通道时速度将大大提高。

（1）声速 声音引起的波称为“声波”，声波在介质中的传播速度称为声速。气流在系统中流动，有时是以声速甚至超声速流过元件，所以有时把声速作为计算的基准。

（2）马赫数 气流速度与当地声速（c=340m/s）之比称为马赫数，用符号 Ma 表示。Ma 是衡量气体可压缩性的一个重要的无量纲数，当 $Ma<1$ 时，称为亚声速流动；当 $Ma>1$时，称为超声速流动；当 $Ma=1$ 时，称为声速流动，也叫临界状态流动。近似划分气体压缩性影响的马赫数界限为 $Ma\approx 0.3$，当 $Ma<0.3$ 时，不必考虑压缩性；当 $0.3<Ma<1$时，气体的压缩性逐渐增大，通常不能忽略；当 $Ma\geqslant 1$ 时，必须考虑气体的压缩性。在气动装置中，气体流动速度较低，且经过压缩，可以认为不可压缩；自由气体在空压机压缩的过程中是可压缩的。

（3）气体在管道中的流动特性

① 亚声速流动 气流速度低于声速时，若沿气流方向管道截面积逐渐增加，则气流速度逐渐减小，如图 10-2（a）所示，而压力逐渐增大，此情况与液体流动情况相同。

② 超声速流动 气流速度高于声速时，若沿气流方向管道截面积逐渐增加，则气流速度也增加，如图 10-2（b）所示。

③ 临界状态 气流速度等于声速时，是一种临界状态。

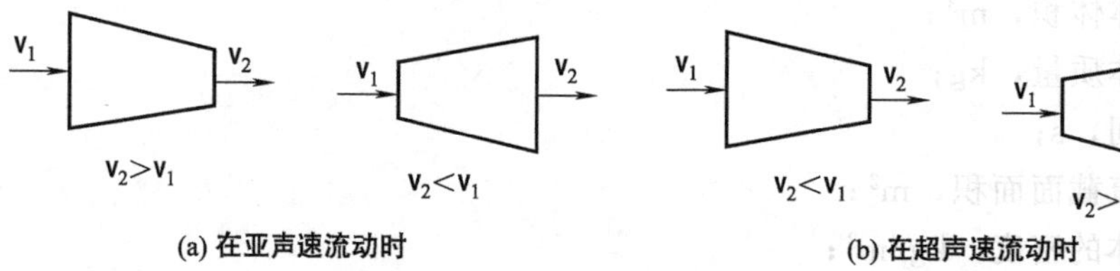

图 10-2　管道中流速与截面的变化关系

5. 气体在管道中流动时的压力损失

由于空气的可压缩性、黏性及管道内壁的表面粗糙度、管道的截面形状等因素，使气流不可能是均匀和稳定的。气流与管壁的摩擦、旋涡的产生及因通流截面上各点流速不同而引起的内摩擦等，都将使气体的一部分压力能转化为热能而消耗掉。系统的总压力损失包括沿程压力损失和局部压力损失两部分。其计算方法与液流计算方法基本相同。

本章小结

气压传动和液压传动相比较，其工作原理相同，但介质不同，气压传动是以压缩空气为工作介质来传递动力和控制信号的。气压传动系统由气源装置（或称动力元件）、执行元件、控制元件和辅助元件四个部分组成。因此，气压传动和液压传动在性质上存在一定的差异，详见表 10-1。

表 10-1　气压传动与液压传动的比较

比较项目	气压传动	液压传动
产生的总推力	中等	大
动作快慢	较快	较慢
环境要求	适应性好	不怕振动
系统结构	简单	复杂
负载变化对传动的影响	较大	较小
操纵距离	中距离	短距离
工作寿命	长	一般
维护	简单	复杂，排除故障困难
价格	便宜	较贵
噪声	大	较小

习　题

一、填空题

气压传动系统是由＿＿＿＿＿＿、＿＿＿＿＿＿、＿＿＿＿＿＿和＿＿＿＿＿＿组成。

二、简答题

1. 试述一个典型的气压传动系统的组成。
2. 简述气压传动的优缺点。

第十一章　气源装置和辅助元件

学习目标：

① *掌握气源装置、气源净化装置的工作原理、结构及应用；*

② *熟悉辅助元件的结构及应用。*

气动系统对压缩空气的主要要求是具有一定压力和流量，并具有一定的净化程度。气动系统的气源，就是其能源或称为动力源。气源装置为气动系统提供满足一定质量要求的压缩空气，是气动系统的重要组成部分。空气压缩机产生的压缩空气，必须经过降温、净化、减压、稳压等一系列处理，才能供给控制元件（阀等）及执行元件（缸、马达等）使用。此外，为了提高气压传动系统的工作性能，改善工作条件，还需要用到其他辅助元件，如油雾器、转换器、消声器等。

第一节　空气压缩机

空气压缩机简称空压机，是气源装置的主体，是将机械能转换成气体压力能的装置。空压机的种类很多。

一、空压机的分类

1. 按工作原理分类

空压机按工作原理可分为容积式和速度式。

(1) 容积式空压机　产生的是断续气流，是通过压缩一个封闭空间里气体的体积，使单位体积内空气分子的运动速度加快来增加气体的动能，然后将气体分子的动能转化为压力能以提高压缩空气的压力，简单地说，是利用容积的缩小来提高气体压力的。常见的有往复式（活塞式，膜片式）、回转式（滑片式，螺杆式）。

(2) 速度式空压机　产生的是连续气流，利用转子或叶轮的高速旋转使空气产生高速度，具有高动能，再由静止的扩压器降低空气的流速来实现动能向压力的转换，简单地说，是利用叶轮和气体的相互作用来提高气体压力的，如离心式、轴流式、混流式等。

2. 按空压机公称排气压力范围分类

按空压机公称排气压力范围可分为低压空压机（0.2～1MPa）、中压空压机（1～10MPa）、高压空压机（10～100MPa）和超高压空压机（>100MPa）。

二、空压机的工作原理

1. 往复活塞式空压机

往复式压缩机是通过运动件的位移，使一定容积的气体顺序地吸入和排出封闭空间以提高静压力的压缩机。图 11-1 为活塞式空压机工作原理图。曲柄 8 做回转运动，通过连杆 7、滑块 5、活塞杆 4 带动活塞 3 做往复直线运动。当活塞 3 向右运动时，汽缸 2 的容积增大，密封腔内形成局部真空，排气阀 1 关闭。空气在大气压力作用下推开吸气阀 9 进入汽缸，此过程为吸气过程；当活塞 3 向左运动时，汽缸容积减小，密封腔内的空气受到压缩，压力逐渐升高而使吸气阀 9 关闭，此过程称为压缩过程；当汽缸内被压缩空气的压力高于排气管内的压力时，排气阀 1 被打开，压缩空气进入排气管内，此过程称为排气过程。单级单缸空压机就是这样循环往复运动，不断产生压缩空气的。但是常用的空压机都是由多缸多活塞组合而成。

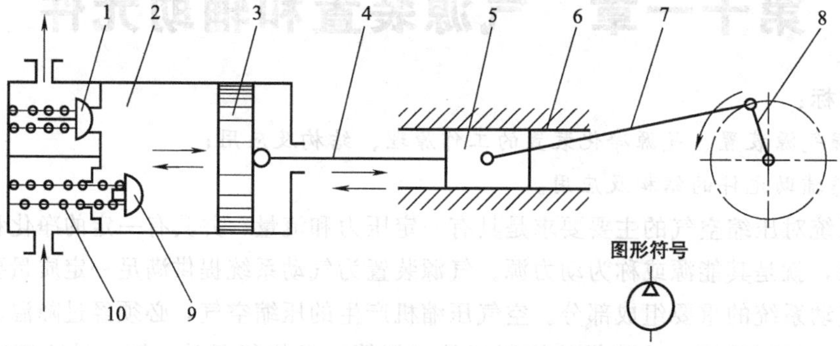

图 11-1 活塞式空压机工作原理图

1—排气阀；2—汽缸；3—活塞；4—活塞杆；5—滑块；6—滑道；7—连杆；8—曲柄；9—吸气阀；10—弹簧

2. 螺杆式空压机

气体的压缩是借助一对转子在机壳内做回转运动使容积减小来达到的。通常所说的螺杆式压缩机（螺杆式空压机）即指双螺杆压缩机。在压缩机的主机中平行地配置着一对不对称相互啮合的螺旋形转子，通常把节圆外具有凸齿的转子，称为阳转子或阳螺杆，把节圆内具有凹齿的转子，称为阴转子或阴螺杆。双螺杆空压机的基本结构如图 11-2 所示，双螺杆空压机由电动机经联轴器、增速齿轮（或传动带）带动阳转子 1，由于两转子互相啮合，阳转子直接带动阴转子 7 一同旋转。螺杆式空压机并无进气与排气阀组，在主机两端分别开设一定形状和大小的进气口 2、6，一个供吸气用的进气口，另一个供排气用的排气口，进气只靠一调节阀的开启、关闭调节。

双螺杆压缩机的工作原理如下。

(1) 进气过程 如图 11-3 (a)～(c) 所示，转子转动时，阴、阳螺杆的齿沟空间在转至进气端壁开口时，其空间最大，此时转子齿沟空间与进气口相通（因在排气时齿沟的气体被全部排出，排气完成时，齿沟处于真空状态），外界气体即被吸入，沿轴向进入阴阳螺杆的齿沟内。当气体充满了整个齿沟时，转子进气侧端面转离机壳进气口，齿沟内的气体即被封闭。

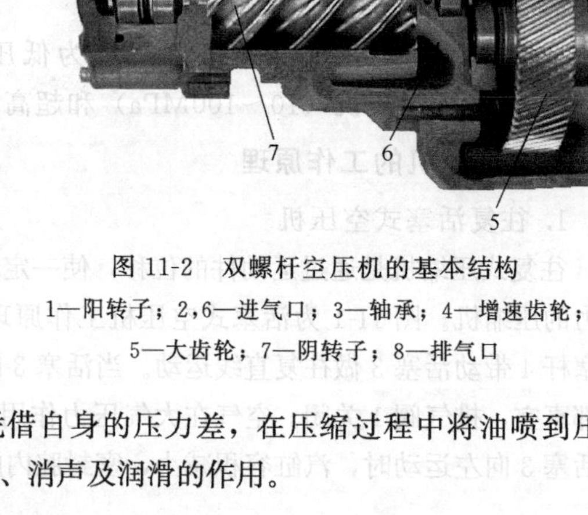

图 11-2 双螺杆空压机的基本结构

1—阳转子；2,6—进气口；3—轴承；4—增速齿轮；5—大齿轮；7—阴转子；8—排气口

(2) 压缩过程 如图 11-3 (d)、(e) 所示，阴阳螺杆在吸气结束时，其阴阳螺杆齿尖会与机壳封闭，此时气体在齿沟内不再外流。其啮合面逐渐向排气端移动。啮合面与排气口之间的齿沟空间渐渐减小，齿沟内的气体被压缩，压力提高。螺杆压缩机的主机壳体上均开有喷油孔，凭借自身的压力差，在压缩过程中将油喷到压缩腔，以冷却气体、密封各部件间隙，并起到吸振、消声及润滑的作用。

(3) 排气过程　如图 11-3 (f) 所示，当转子的啮合端面转到与机壳排气口相通时，被压缩的气体开始排出，直至齿尖与齿沟的啮合面移至排气端面，此时阴阳螺杆的啮合面与机壳排气口的齿沟空间为零，即完成排气过程，在此同时转子的啮合面与机壳进气口之间的齿沟长度达到最长，进气过程循环进行。

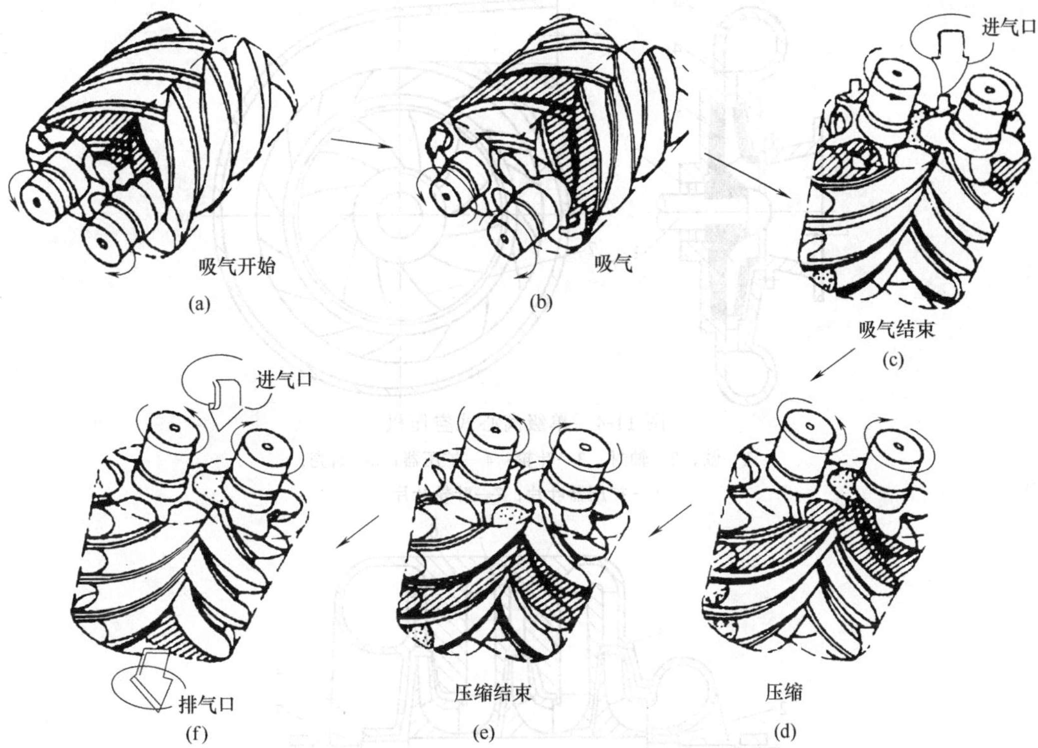

图 11-3　螺杆式空压机的工作原理图

螺杆式空压机属于高科技产品，其主要原因有两点：①加工精度非常高，非一般设备可以实现加工的；②转子是一个三维空间曲面，其型线加工困难。从结构上看，阴阳转子间、转子与机壳之间、转子端面与机壳之间都是不接触的，都需要有 2 ～ 3 丝[1]的间隙，因此主机的寿命主要取决于轴承和轴封的寿命。喷油双螺杆空压机具有稳定性高、效率高、振动小、噪声低等优点，适用于低压力，中、小流量的场合。

3. 离心式空压机

离心式压缩机是一种叶片旋转式压缩机（即透平式压缩机）。图 11-4 是单级离心式空压机，汽轮机（或电动机）带动压缩机主轴叶轮 3 转动，在离心力作用下，气体被甩到叶轮后面的扩压器 4 中去，而在叶轮中间形成稀薄地带，气体从左侧叶轮中间的进气口进入叶轮，由于叶轮不断旋转，气体能连续不断地被甩出去，从而保持了气压机中气体的连续流动。气体因离心作用增加了压力，以很大的速度离开叶轮进入扩压器，扩压器起扩压和导流作用。由于扩压器的流通面积逐渐增大，使气流速度逐渐降低，依据能量守恒与转换定律，部分动能减少而转变为静压能，进一步实现增压的目的。

如果一个工作叶轮得到的压力还不够，可通过使多级叶轮串联起来工作的办法来达到对

[1] 1 丝＝0.01mm。

出口压力的要求，一般为5～9级，多则十几级。图11-5是多级离心式空压机，级间的串联通过弯道5和回流器6来实现。弯道起引导气流转向的作用，由离心方向转为向心方向流动；回流器的作用是靠流道内叶片导流，使气体无冲击地进入下一级叶轮中心。通常，扩压器、弯道、回流器统称为定子或导轮。

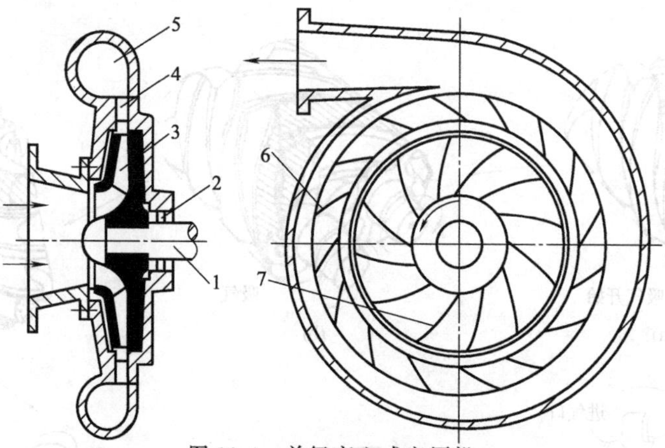

图11-4 单级离心式空压机

1—轴；2—轴封；3—叶轮；4—扩压器；5—蜗壳；6—扩压器叶片；7—叶轮叶片

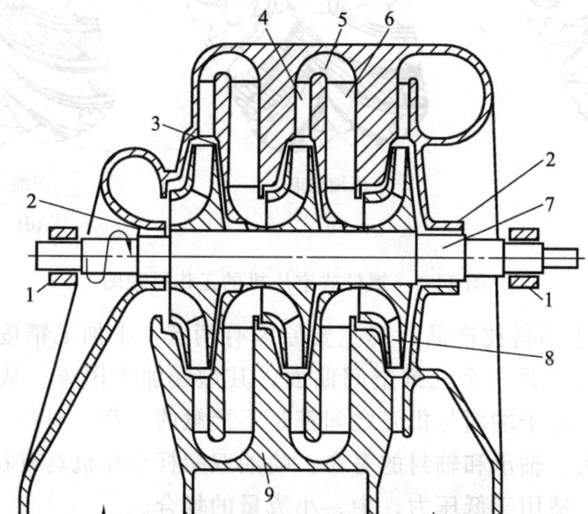

图11-5 多级离心式空压机

1—轴承；2—轴封；3,8—叶轮；4—扩压器；5—弯道；6—回流器；7—轴；9—蜗壳

离心式空压机由于具有排气量大、排气平稳、均匀、转速高、功率大、体积小、易损件少、维修方便等优点，适用于低压力、大流量的场合，在大型企业中应用广泛。

第二节 气源净化装置和辅助元件

气压传动系统对压缩空气有压力和流量要求，此外还有质量要求。因此，对压缩空气要用净化装置进行净化处理。

一、气源净化装置

1. 气源净化原因

在气源装置中使用的空压机，一般多为低压活塞式，此类空压机需用油润滑。空压机排出的压缩空气温度很高（在140～170℃之间），因此使部分润滑油及空气中的水分汽化；再加上从空气中吸入的灰尘，就形成了由油气、水蒸气和灰尘混合而成的杂质。这些杂质会对气动系统产生下述不良影响。

① 混入压缩空气的油蒸汽可能聚集在储气罐、管道等处形成易燃物，有引起爆炸的危险，另一方面润滑油被汽化后会形成一种有机酸，对金属设备有腐蚀生锈的作用，影响设备寿命。

② 混在压缩空气中的杂质沉积在元件的通道内，减小了通道面积，增加了管道阻力，严重时会产生阻塞，使气体压力信号不能正常传递，使系统工作不稳定甚至失灵。

③ 压缩空气中含有的饱和水分，在一定条件下会凝结成水并聚集在个别管段内。在北方的冬天，凝结的水分会使管道及附件结冰而损坏，影响气动装置正常工作。

④ 压缩空气中的灰尘等杂质对运动部件会产生研磨作用，使这些元件因漏气增加而效率降低，影响它们的使用寿命。

因此必须要设置除油、除水、除尘，并使压缩空气干燥以提高压缩空气质量、进行气源净化处理的辅助设备。

2. 最常用的气源净化装置

(1) 冷却器　装在空压机排气口处的管道上，也称后冷却器。它的作用是冷却压缩空气至40～50℃，使压缩空气中的油雾和水汽迅速达到饱和而大部分凝析出来，以便经油水分离器排出。冷却方式有风冷式和水冷式两种。

① 风冷式后冷却器　风冷式后冷却器的工作原理见图11-6。从空压机排出的压缩空气进入冷却器后，经过热交换器3中较长的弯管进行冷却后从出口排出。为了增强散热效果，管道上有很多散热片。风扇2将冷空气吹向管道及散热片，从而使热压缩空气冷却。风冷式后冷却器通常适用的进口压缩空气的最高温度为100℃，最高使用压力为0.8～1MPa，冷却出口的压缩空气温度比室温高约15℃。

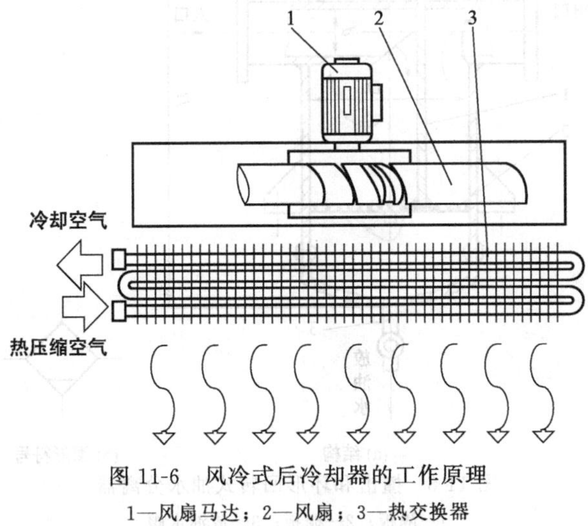

图11-6　风冷式后冷却器的工作原理

1—风扇马达；2—风扇；3—热交换器

② 水冷式后冷却器　水冷式后冷却器的工作原理见图 11-7。冷却器的壳体 1 是个高压容器，在壳体内排有冷却水管 2，水管外壁装有金属片，以增强冷却效果。在冷却过程中生成的冷凝水通过排水器 3 排出。在此种冷却器上应安装安全阀和压力表，最好还安装水和空气的温度计。水冷式后冷却器适用的进口压缩空气的最高温度为 180～200℃，压力为 0.8～1MPa，冷却出口的压缩空气温度比冷却水高出约 10℃。

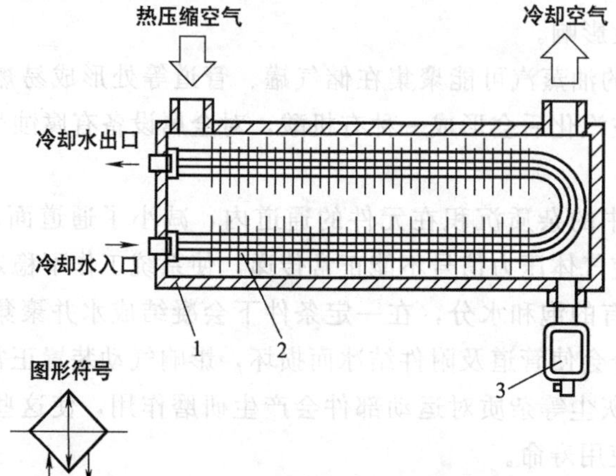

图 11-7　水冷式后冷却器的工作原理

1—壳体；2—冷却水管；3—排水器

(2) 油水分离器　油水分离器的作用是使水滴、油滴及其他颗粒杂质从压缩空气中分离出来，初步净化压缩空气。其结构形式有环形回转式、撞击并折回式、离心旋转式、水浴式及以上形式的组合作用等。图 11-8 是撞击和环形回转式油水分离器，当压缩空气由入口进入分离器后，气流先受到隔板 1 的阻挡，被撞击而折回向下（见图中箭头所示流向），之后又上升并产生环形回转，最后由出口排出。同时，在压缩空气中凝聚的水滴、油滴、灰尘等杂质，受惯性力的作用而分离析出，沉降于壳体底部，由放油水阀 3 定期排出。一般气源系统设置两套油水分离器，交替工作，以便排除污物和清洗。

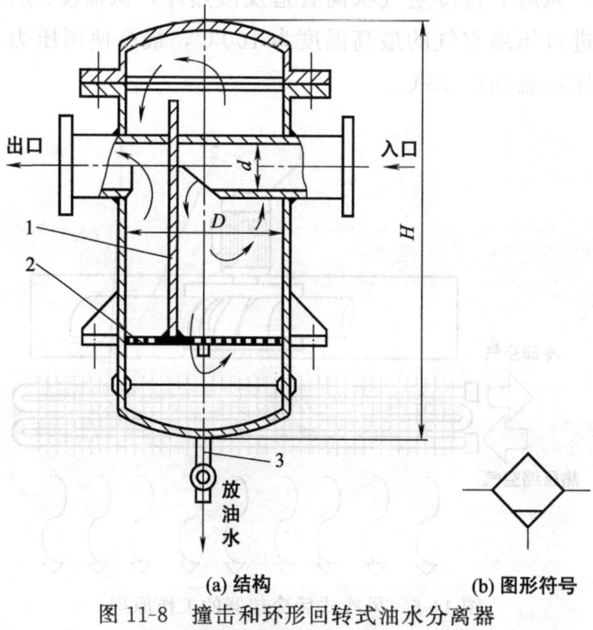

(a) 结构　　(b) 图形符号

图 11-8　撞击和环形回转式油水分离器

1—隔板；2—栅板；3—放油水阀

(3) 储气罐 储气罐的作用，一是存储一定数量的压缩空气，维持供需之间的平衡；二是消除压力波动，保证输出气流的连续性和稳定性；三是进一步分离压缩空气中的水、油等杂质。

储气罐一般采用圆筒状焊接结构，有立式和卧式两种，通常以立式应用较多，其结构形式见图 11-9。储气罐上应设安全阀（比工作压力高 10%）、清理检查口（人孔或手孔）、压力表及排污阀等。

(4) 干燥器 干燥器的作用是进一步除去压缩空气中含有的水分、油分、颗粒杂质等，使压缩空气干燥，用于对气源质量要求较高的气动装置、气动仪表等。使空气干燥的方法很多，有冷冻法、吸附法、机械除水法及离心分离法等。目前使用最广泛的是冷冻法和吸附法。

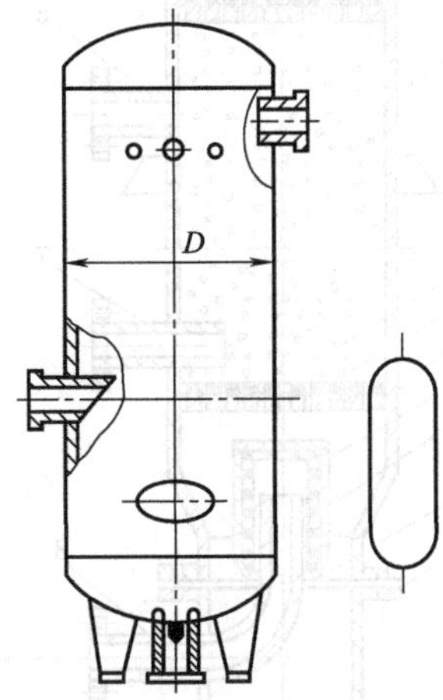

(a) 结构 (b) 图形符号

图 11-9 储气罐

冷冻法是利用制冷设备使空气冷却到一定的露点温度，析出空气中超过饱和水蒸气部分的多余水分，从而达到所需的干燥度。吸附法是利用具有吸附性能的吸附剂（如硅胶、铝胶或分子筛等）来吸附压缩空气中含有的水分，而使其干燥。此法的除水效果最好。图 11-10 是一种常用的吸附式干燥器。

当干燥器使用一段时间以后，吸附剂吸水达到饱和状态而失去吸附能力，因此需设法除去吸附剂中的水分，使其恢复干燥状态，以便继续使用，这就是吸附剂的再生。具体做法是：先将干燥器的湿空气进气管 1、干燥空气输出管 8 关闭，使之脱离工作状态；然后从再生空气进气管 7 输入干燥的热空气（温度一般为 180～200℃）。热空气通过吸附层时将其所含水分蒸发成水蒸气并一起由再生空气排气管 4、6 排出。经过一定的再生时间后，吸附剂被干燥并恢复了吸湿能力。这时，将再生空气进气管 7、再生空气排气管 4、6 关闭，将压缩空气的湿空气进气管 1、干燥空气输出管 8 打开，干燥器便继续进入工作状态。一般气源系统设置两套干燥器，交替工作，一套用于空气干燥，另一套用于吸附剂再生。

注意：吸附剂对湿空气中的油分十分敏感，一旦油分附着于吸附剂表面，其吸湿能力就会明显下降，吸附剂也将迅速老化。因此，使用这种干燥剂时，应在进气管道上安装油水分离器。

(5) 过滤器 过滤器的作用是进一步滤除压缩空气中的杂质（如灰尘、水分等）。有些过滤器常与干燥器、油水分离器等做成一体，因此，过滤器的形式很多，常用的有一次过滤器（也称简易过滤器）、二次过滤器和高效过滤器。其中使用最多的为二次过滤器（分水滤气器）。

分水滤气器如图 11-11 所示，从输入口进入的压缩空气被引入旋风叶子 1，旋风叶子上有许多呈一定角度的缺口，迫使空气沿切线方向产生强烈旋转。这样，夹杂在空气中的较大水滴、油滴、灰尘等便依靠自身的惯性与存水杯 3 的内壁碰撞，并从空气中分离出来沉到杯底，而微粒灰尘和雾状水气则由滤芯 2 滤除。为防止气体旋转将存水杯 3 中积存的污水卷起，在滤芯 2 下部设有挡水板 4。此外，存水杯 3 中的污水应通过下面的手动排水阀 5 及时排放掉。

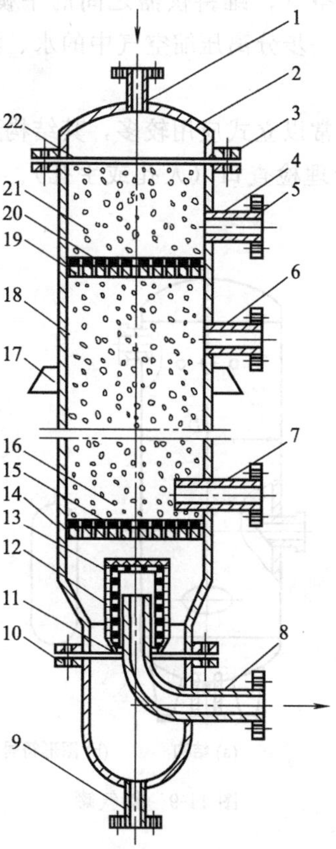

图 11-10　吸附式干燥器

1—湿空气进所管；2—顶盖；3,5,10—法兰；4,6—再生空气排气管；7—再生空气进气管；8—干燥空气输出管；9—排气管；11,22—密封垫；12,15,20—铜丝过滤网；13—毛毡；14—下栅板；16,21—吸附剂层；17—支承板；18—筒体；19—上栅板

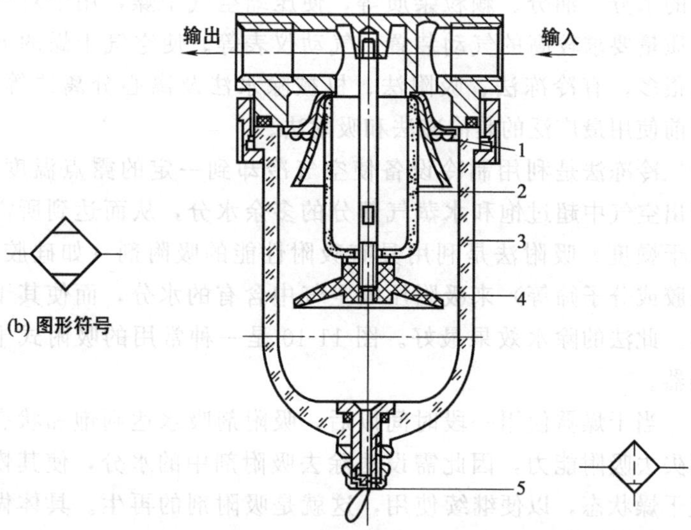

图 11-11　分水滤气器

1—旋风叶子；2—滤芯；3—存水杯；4—挡水板；5—手动排水阀

选择过滤器时，应根据气动系统所需要的过滤精度和额定流量来选择。分水滤气器要垂直安装在气动设备的入口处，并将放水阀向下，壳体上箭头方向为气流方向，绝不能装反。当必须装在不便放水和观察水位不便时，可采用自动放水式分水滤气器。

二、辅助元件

除了前面介绍的气源净化装置外，气动系统中常用的辅助元件还有过滤器、油雾器、消声器等。

1. 油雾器

压缩空气通过净化装置后，所含的污油、浊水得到了清除，但是一般的气动装置还要求压缩空气具有一定的润滑性，以减轻其相对运动零件的表面磨损，改善其工作性能。油雾器是一种特殊的注油装置，当压缩空气流过油雾器时，它将润滑油喷射成雾状，随压缩空气流入需要的润滑部件，达到润滑的目的。油雾器的工作原理可以通过图 11-12 来说明。当压力为 p_1 的压缩空气流经狭窄的颈部通道时，因流速增大，压力降为 p_2，储油器中的润滑油在压差作用下沿吸油管被吸往上方，并滴向颈部通道，随即被压缩空气气流引射雾化带入系统。

图 11-13 是普通油雾器，压缩空气从输入口进入后，一部分气体从小孔 a 进入截止阀阀座 4 的腔室内，在截止阀钢球 2 的上下表面形成压差。由于泄漏和截止阀弹簧 3 的作用下，截止阀钢球 2 处于中间位置，压缩空气经截止阀 c 孔进入储油杯 5 的上腔 d 中，使油面受压，压力油经吸油管 6（称文氏管）将单向阀钢球 7 顶起，单向阀钢球 7 上部管道有一个方形小孔，因此不能将管口封死，压力油不断地经节流阀 8 流入视油器 9，再滴入喷嘴 1 中，被主管气流从小孔 b 引射出来，雾化后从输出口输出。

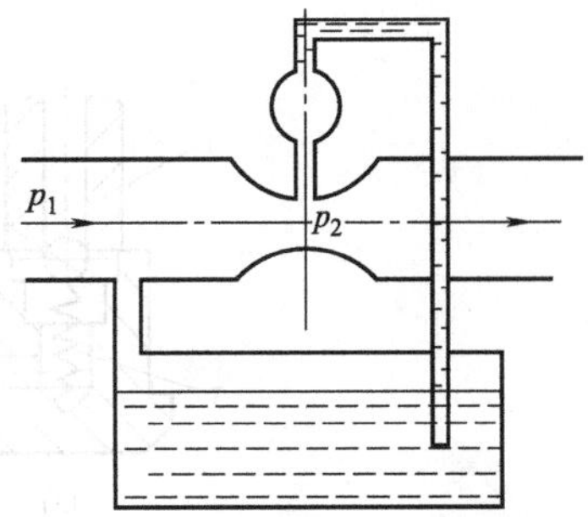

图 11-12　油雾器工作原理图

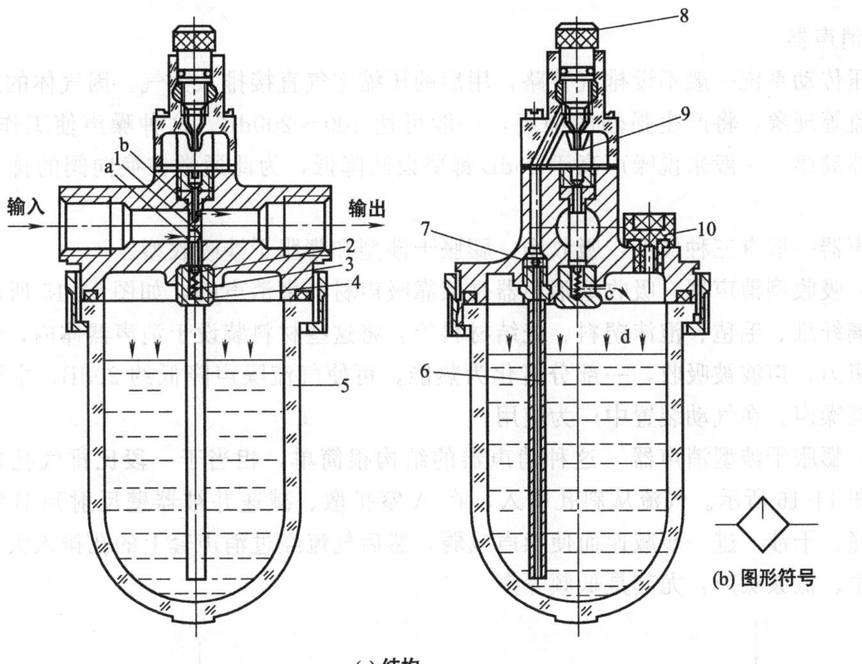

(a) 结构

图 11-13　普通油雾器

1—喷嘴；2—截止阀钢球；3—截止阀弹簧；4—截止阀阀座；5—储油杯；6—吸油管；7—单向阀钢球；8—节流阀；9—视油器；10—油塞

此油雾器可以在不停气状态下加油，其关键部件是截止阀。图 11-14 为截止阀工作原理图，没有压缩空气通过时，喷嘴 1 被截止阀钢球 2 封闭，如图 11-14（a）所示；正常工作时，压缩空气推开截止阀钢球 2 进入储油杯加压，截止阀钢球在截止阀弹簧 3 和油压的共同作用下悬于中间位置，截止阀处于打开状态，如图 11-14（b）所示；加油时，松开油塞 10（图 11-13）使 d 腔与大气相通而压力下降，截止阀钢球 2 被压缩空气压在截止阀阀座 4 上，如图 11-14（c）所示，基本切断了压缩空气进入 d 腔的通道（仍有泄漏），单向阀钢球 7 也将吸油管 6 封住，压缩空气不会从吸油管倒灌入储油杯中，实现不停气加油。油雾器的不停气加油压力一般为 0.1MPa。

选择油雾器时应根据气动系统所需额定流量及油雾粒径大小来选择，所需油雾粒径在 20～35μm左右选用一次油雾器，若需油雾粒径很小，可选用二次油雾器，油雾粒径可达

$5\mu m$。油雾器一般装在分水滤气器和减压阀之后，应尽量靠近换向阀，距离不超过5m，尽量避免将油雾器安装在换向阀与汽缸之间，以免浪费润滑油。

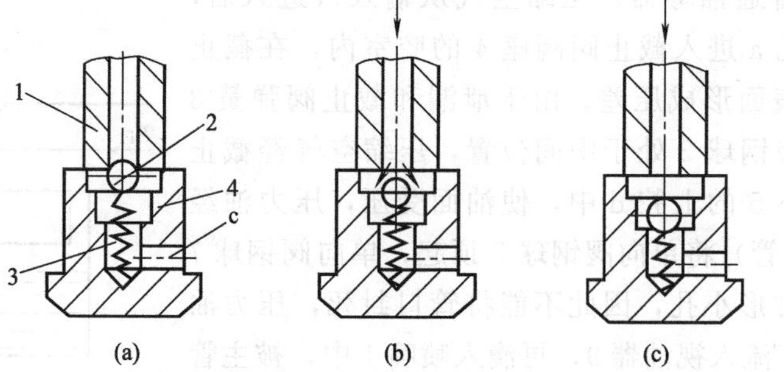

图 11-14　截止阀工作原理图

1—喷嘴；2—截止阀钢球；3—截止阀弹簧；4—截止阀阀座

2. 消声器

气压传动系统一般不设排气管路，用后的压缩空气直接排入大气。因气体的急速膨胀及形成涡流等现象，将产生强烈的噪声，一般可达 100～200dB。这种噪声使工作环境恶化，危害人体健康。一般来说噪声高于 85dB 都要设法降低，为此通常在换向阀的排气口安装消声器。

消声器一般有三种类型：吸收型、膨胀干涉型和膨胀干涉吸收型。

(1) 吸收型消声器　吸收型消声器是依靠吸声材料来消声的，如图 11-15 所示。吸声材料有玻璃纤维、毛毡、泡沫塑料、烧结材料等。将这些材料装设于消声器体内，使气流通过时受到阻力，声波被吸收，一部分转化为热能，可使气流噪声降低约 20dB，主要用于消除中、高频噪声。在气动装置中广为应用。

(2) 膨胀干涉型消声器　这种消声器的结构很简单，相当于一段比排气孔口径大的管件，如图 11-16 所示。气流从斜孔引入，在 A 室扩散、减速并被器壁反射到 B 室，气流束相互碰撞、干涉，进一步减速而使噪声减弱，然后气流经过消声套上的孔排入大气。主要用于消除中、低频噪声，尤其是低频噪声。

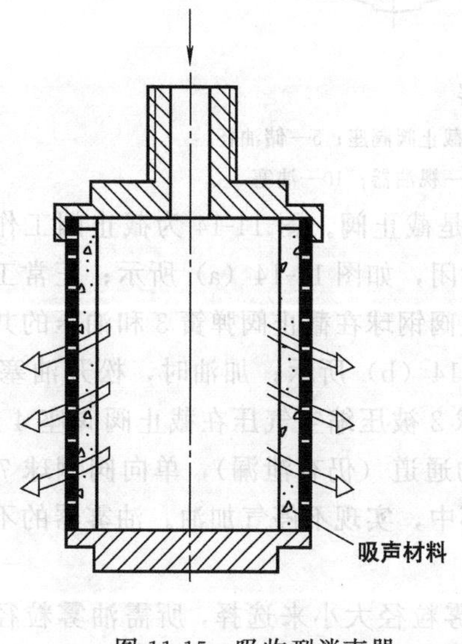

图 11-15　吸收型消声器

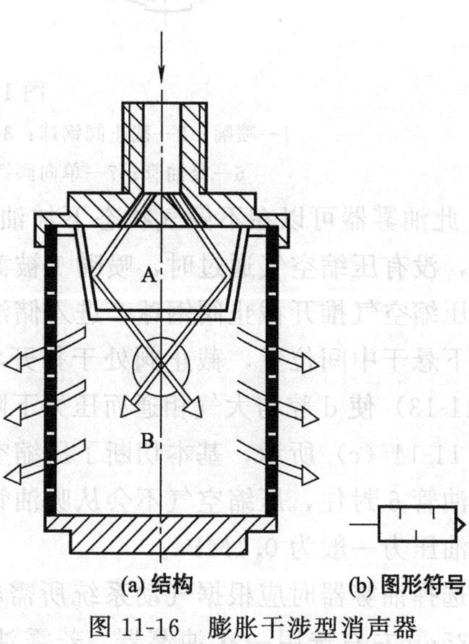

图 11-16　膨胀干涉型消声器

(3) 膨胀干涉吸收型消声器　它是前两种的组合应用。在消声套内壁敷设吸声材料，噪声再一次被削弱，消声效果较前两种好，低频可消声 20dB，高频可消声 45dB。

消声器的选择主要依据是排气孔口直径的大小及噪声频率范围。

三、气源装置的组成

一般工厂中都设置独立的压缩空气站（简称空压站），将空压机输出的压缩空气经过冷却、净化、稳压等方面处理以后，再用管道输送到用气车间供气动系统使用。

一般的气源净化过程及所用设备如图 11-17 所示。电机带动空压机 1 产生的压缩空气，经冷却器 2 降温冷却后进入油水分离器 3，使大部分水滴、油滴等杂质分离出来，得到初步净化，然后送进储气罐 4 稳定压缩空气的压力，并除去部分油分和水分，可供给对气源要求不高的一般气动系统使用。上述初步净化系统（又称为一次净化系统）通常设置在空压站内。对压缩空气质量要求更高的场合必须进行二次或多次净化处理。将一次净化的压缩空气送进干燥器 5，进一步吸收或排除压缩空气中的水分和油分。系统中的两个干燥器Ⅰ和Ⅱ通过四通阀 9 的控制而交替使用，其中一个工作，另一个则利用加热器 8 进行吸附剂的再生。过滤器 6 用以进一步过滤压缩空气中的灰尘、杂质颗粒。经过这样处理的气体送入储气罐 7，以供给高要求的气动装置或仪表应用。

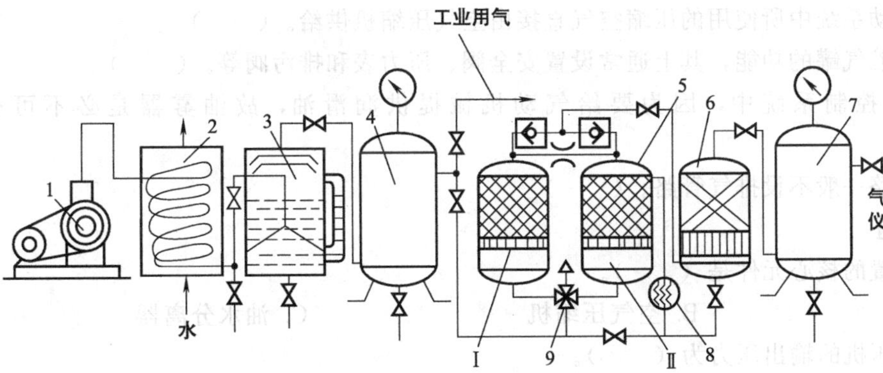

(a) 结构

(b) 气源图形符号

图 11-17　气源净化过程示意图

1—空气压缩机；2—冷却器；3—油水分离器；4,7—储气罐；5—干燥器；6—过滤器；8—加热器；9—四通阀

本章小结

气源装置一般由气压发生装置、净化及贮存装置和设备（冷却器、油水分离器、贮气罐、干燥器、过滤器等）、传输压缩空气的管道系统和气动辅件（油雾器、消声器等）四部分组成。气源装置的主体是空气压缩机。空气压缩机的种类很多，按工作原理主要可分为容积式空气压缩机和速度式空气压缩机两类。冷却器安装在空压机的后面。经过冷却器、油水分离器的压缩空气得到初步净化，然后送进贮气罐，可供给对气源要求不高的一般气动系统使用。被初步净化的压缩空气再经过干燥器、过滤器、贮气罐等的二次净化，可供给高要求的气动装置或仪表应用。

习　题

一、填空题

1. 气源装置一般由气压________装置、________及________压缩空气的装置和设备、传输压缩空气的管道系统和气动辅件四部分组成。

2. 空气压缩机简称________，是气源装置的核心，用以将原动机输出的机械能转化为气体的压力能。

3. 油雾器一般装在________之后，尽量靠近________。

4. 后冷却器安装在空压机的________。

5. 油雾器中截止阀的作用是________。

6. 分水滤气器中挡水板的作用是________。

7. 油水分离器的作用是使________、________及其它颗粒杂质从________中分离出来，初步净化压缩空气。

二、判断题

1. 压缩空气具有润滑性能。(　　)

2. 空压机是将机械能转化为压力能的装置。(　　)

3. 气压传动系统中所使用的压缩空气直接由空气压缩机供给。(　　)

4. 为满足贮气罐的功能，其上通常设置安全阀、压力表和排污阀等。(　　)

5. 在气动控制系统中，因为要给气动机械提供润滑油，故油雾器是必不可少的。(　　)

6. 气动回路一般不设排气管路。(　　)

三、选择题

1. 气源装置的核心元件是(　　)。

A. 气马达　　B. 空气压缩机　　C. 油水分离器

2. 低压空压机的输出压力为(　　)。

A. 小于0.2MPa　　B. 0.2～1MPa　　C. 1～10MPa

四、简答题

1. 简述气压传动系统对压缩空气的要求。

2. 气源装置包括哪些设备？它们各起什么作用？

3. 空压机有哪些类型？常用的是哪些类型的空气压缩机？

4. 试述活塞式空气压缩机的工作原理。

5. 压缩空气中的污染物将对气动系统造成哪些不利影响？

6. 简述压缩空气净化设备及其主要作用。

7. 为何要使用消声器？常用的消声器有哪些？

第十二章　气动执行元件

学习目标：

① 掌握气缸类型、工作原理、特点及其应用；

② 掌握叶片气马达的工作原理、特点及其应用；

③ 了解气缸、气动马达的使用要求。

气动执行元件是将压缩空气的压力能转换为机械能的装置，包括汽缸和气马达。实现直线运动（或摆动）和做功的是汽缸；实现连续旋转运动和做功的是气马达。

第一节　汽　缸

在气动自动化系统中，汽缸由于其相对较低的成本、容易安装、结构简单、耐用、各种缸径尺寸及行程可选，因而是应用最广泛的一种执行元件。

一、汽缸的分类

汽缸的种类很多，一般按汽缸的结构特征、功能、驱动方式或安装方法等进行分类。分类的方法也不同。

(1) 按压缩空气对活塞端面作用力的方向　分为单作用汽缸和双作用汽缸。

(2) 按汽缸的结构特征　可分为活塞式汽缸、柱塞式汽缸、叶片式汽缸、薄膜式汽缸及气-液阻尼缸等。

(3) 按汽缸的功能分

① 普通汽缸　包括单作用式和双作用式汽缸。常用于无特殊要求的场合。

② 缓冲汽缸　汽缸的一端或两端带有缓冲装置，以防止和减轻活塞运动到端点时对汽缸缸盖的撞击。

③ 气液阻尼汽缸　与液压缸串联，可控制汽缸活塞的运动速度，并使其速度相对稳定。

④ 摆动汽缸　用于要求汽缸叶片轴在一定角度内绕轴线回转的场合，如夹具转位、阀门的启闭等。

⑤ 冲击汽缸　是一种以活塞杆高速运动形成冲击力的高能缸，可用于冲压、切断等。

(4) 按汽缸的安装形式分

① 固定式汽缸　汽缸安装在机体上固定不动，有耳座式、凸缘式和法兰式。

② 轴销式汽缸　缸体围绕一固定轴可做一定角度的摆动。

③ 回转式汽缸　缸体固定在机床主轴上，可随机床主轴做高速旋转运动。这种汽缸常用于机床上气动卡盘中，以实现工件的自动装卡。

④ 嵌入式汽缸　汽缸做在夹具本体内。

二、常见汽缸的工作原理和用途

1. 普通汽缸

(1) 单作用汽缸　单作用是指压缩空气仅从活塞一侧供气聚能产生气压，即汽缸只有一个方向的运动是气压传动，而活塞的复位返回则是靠弹簧力、自重或其他外力。单作用汽缸如图 12-1 所示。

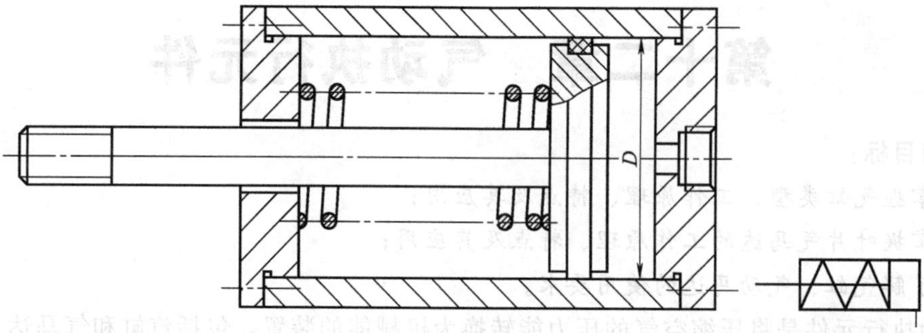

(a) 结构 (b) 图形符号

图 12-1 单杆单作用汽缸

单作用汽缸的特点如下。

① 仅一端进（排）气，结构简单，耗气量小。

② 用弹簧力复位，压缩空气能量的一部分用于克服弹簧力，因而减小了活塞杆的输出力。

③ 缸内安装弹簧，一般行程较短；与相同体积的双作用汽缸相比，有效行程小一些。

④ 汽缸复位弹簧的张力随变形大小而变化，因而活塞杆的输出力在行进过程中是变化的。

由于以上特点，单作用活塞汽缸多用于短行程及对活塞杆的推力和运动速度要求不高场合，如定位和夹紧等装置上。单作用柱塞缸则不然，可用在长行程、高载荷的场合。

(2) 双作用汽缸 双作用汽缸的往返运动全靠压缩空气来完成。从活塞两侧交替供气，在一个或两个方向输出力。

① 单活塞杆双作用汽缸（图 12-2） 单活塞杆是指仅一端有活塞杆。它是应用最广的一种普通汽缸。当无杆腔进气时活塞杆受压应力；当有杆腔进气时活塞杆受拉应力。

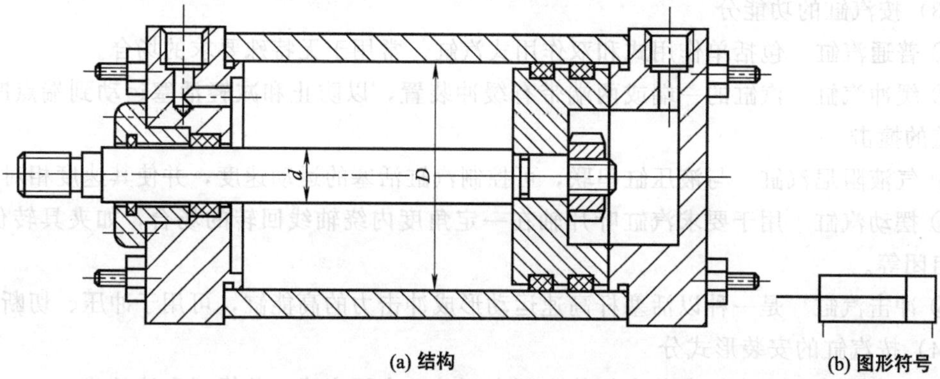

(a) 结构 (b) 图形符号

图 12-2 单活塞杆双作用汽缸

② 双活塞杆双作用汽缸 双活塞杆双作用汽缸应用较少，其结构与单活塞杆双作用汽缸基本相同，只是活塞两侧都装有活塞杆。常用于气动加工机械及包装机械等设备上。

2. 缓冲汽缸

当汽缸的活塞运动速度较高时（一般为 1m/s 左右），在行程的末端将会猛烈撞击汽缸的前、后端盖，容易引起汽缸的振动和损坏。在行程末端装上缓冲装置，可减轻或消除端部撞击。垫缓冲是在活塞两侧设置聚氨酯橡胶垫吸收动能；气缓冲是将活塞运动的动能转换成封闭气室内的压力能。

图 12-3 为双向缓冲汽缸，其工作原理是：当压缩空气从左侧进入汽缸时，活塞 8 在压缩空气推动下向右运动，缸右腔的气体经柱塞腔 a 由缸盖上的气孔 14 排出。在活塞运动接近行程末端时，活塞右侧的缓冲柱塞 9 将柱塞腔 a 堵死，此时，活塞 8 与后缸盖 12 之间形成封闭的缓冲腔 b。活塞继续向右运动时，封在缓冲腔 b 内的剩余气体被压缩，缓慢地经孔 10、节流阀 11 的阀口、孔 13 从气孔 14 排出。活塞继续右行，则缓冲腔 b 内气体压力上升较快，此压力对活塞产生反作用力，使活塞运动速度减慢，直至停止。调节节流阀 11 阀口开度的大小，即可控制排气量的多少，从而决定被缓冲腔内压力的大小，以调节缓冲效果。同理，活塞反向运动时，从气孔 14 输入压缩空气，可直接顶开单向阀 16，经孔 17 进入缓冲腔 b，推动活塞向左运动，不会出现启动缓慢的现象。如果节流阀 2 和 11 阀口开度固定，不可调节，即称为不可调缓冲汽缸。缓冲汽缸主要用在印刷（张力控制）、半导体（点焊机、芯片研磨）、自动化控制、机器人等领域。

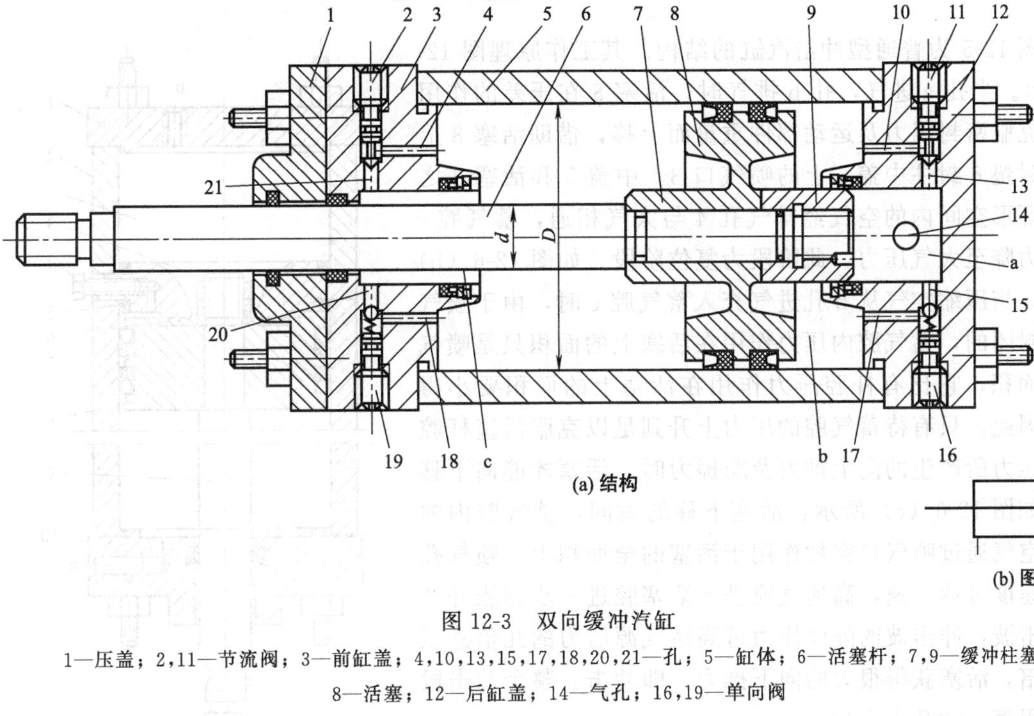

(a) 结构

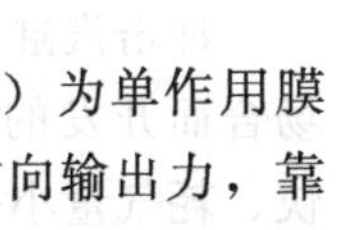

(b) 图形符号

图 12-3　双向缓冲汽缸

1—压盖；2,11—节流阀；3—前缸盖；4,10,13,15,17,18,20,21—孔；5—缸体；6—活塞杆；7,9—缓冲柱塞；8—活塞；12—后缸盖；14—气孔；16,19—单向阀

3. 薄膜式汽缸

用膜片代替活塞，有单作用与双作用之分，其结构常为盘状。图 12-4（a）为单作用膜片式汽缸，气体从 a 口进入，推动膜片变形，活塞杆向右运动，即只在一个方向输出力，靠弹簧复位。若无弹簧，用压缩空气复位，即为双作用薄膜式汽缸，如图 12-4（b）所示。与活塞式汽缸相比，膜片式汽缸的结构紧凑简单、缸体内壁不需精加工、制造容易、成本低、寿命长、泄漏小、效率高；但是膜片的变形量有限，行程短，须按行程比例增大直径。适用于气动夹具、自动调节阀及短行程工作场合。

4. 冲击汽缸

冲击汽缸是一种较新型的气动执行元件，能把压缩空气的压力能转换为活塞、活塞杆的高速运动，输出动能，产生较大的冲击力。与普通汽缸相比，此种冲击汽缸增设了蓄汽缸 2 和带流线型喷气口 3 及具有排气孔 4 的中盖 5。

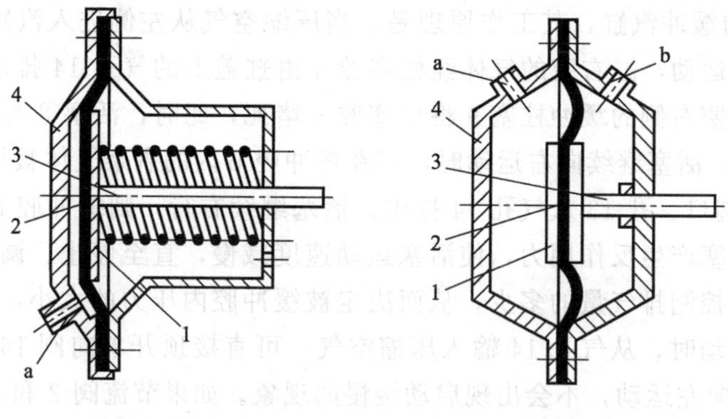

(a) 单作用式　　(b) 双作用式

图 12-4　薄膜式汽缸

1—膜盘；2—膜片；3—活塞杆；4—缸体

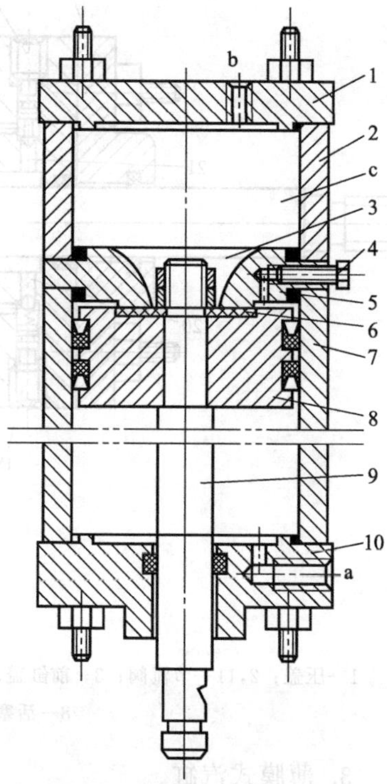

图 12-5　普通型冲击汽缸的结构

1—上缸盖；2—蓄汽缸；3—喷气口；4—排气孔；5—中盖；6—密封垫；7—缸体；8—活塞；9—活塞杆；10—下缸盖

图 12-5 为普通型冲击汽缸的结构。其工作原理图 12-6 所示。当孔 a 进气，孔 b 排气时，活塞 8 在压差的作用下，克服密封阻力及运动部件重量而上移，借助活塞 8 上的密封垫 6 封住中盖 5 上的喷气口 3。中盖 5 和活塞 8 之间的环形空间内的空气经排气孔 4 与大气相通，蓄气腔 c 内压力降至大气压力，此阶段为复位阶段。如图 12-6 (b) 所示，当压缩空气从 b 孔进气充入蓄气腔 c 时，由于喷气口是封闭的，蓄气腔内压力作用在活塞上的面积只是喷气口的面积，它比有杆腔压力作用在活塞上的面积要小得多，因此，只有待蓄气腔的压力上升到足以克服活塞杆腔排气压力所产生的向上推力及摩擦力时，活塞才能向下移动。如图 12-6 (c) 所示，活塞下移的瞬间，蓄气腔内的压缩空气通过喷气口突然作用于活塞的全面积上，喷气孔处的速度可达声速，高速气流进入活塞腔进一步膨胀并产生冲击波，冲击波的阵面压力可高达气源压力的几倍甚至几十倍，活塞获得很大的向下推力，即冲击。整个冲击段时间很短，约几十毫秒。

冲击汽缸是一种专门为了满足对冲击力有较高要求的场合而开发的一种特殊功能汽缸，具有冲击力强、速度快、耗气量小等特点，广泛用于下料、冲孔、破碎和成型等多种作业。

5. 气液阻尼缸

当负载变化较大时，由于压缩空气的可压缩性，易产生“爬行”和“自走”现象，工作不稳定。液压油难以压缩，负载变化大时，工作稳定。气液阻尼缸由汽缸和液压缸组合而成，它以压缩空气为动力，利用液体不可压缩的性能及液体流量易于控制的优点，获得活塞的平稳运动和调节活塞的运动速度。图 12-7 为气液阻尼缸工作原理图。液压缸和汽缸串联成一个整体，两个活塞固定在一根活塞杆上。当汽缸 5 的右腔供气时，活塞 6 克服外载并带动液压缸活塞左移，此时液压缸 4 左腔排油，油液只能经节

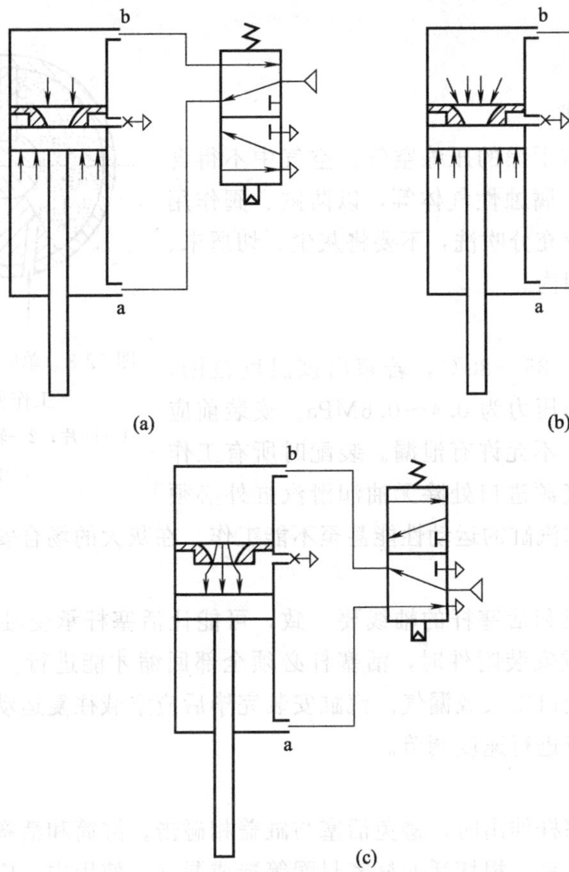

图 12-6　冲击汽缸工作原理

流阀 3 缓慢流回右腔，对整个活塞的运动起到阻尼作用。因此，调节节流阀，就能达到调节活塞运动速度的目的。当压缩空气进入汽缸左腔时，活塞右移，液压缸右腔排油，油液经单向阀 2 流入液压缸左腔，活塞快速返回。补油箱 1 只是起到补充液压油因泄漏而减少的油量，因此改为油杯就可以了。

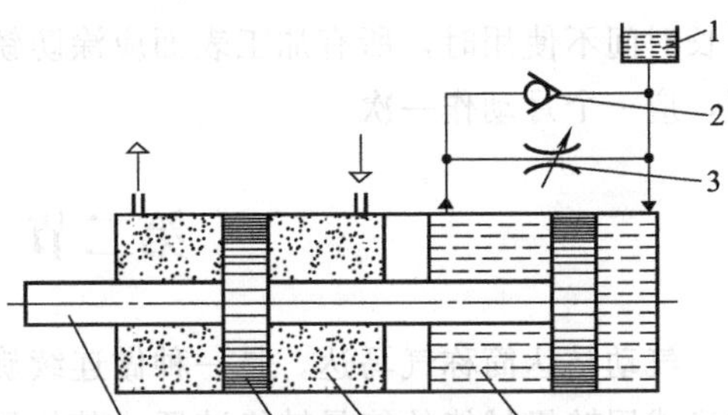

图 12-7　气液阻尼缸工作原理图

1—补油箱；2—单向阀；3—节流阀；4—液压缸；5—汽缸；6—活塞；7—活塞杆

与普通汽缸相比，气液阻尼缸传动平稳，定位精确、噪声小；与液压缸相比，它不需要液压源，经济性好。由于同时具有汽缸和液压缸的优点，因此得到了越来越广泛的应用。

6. 摆动汽缸

做往复摆动的汽缸称摆动汽缸。图 12-8 为单叶片式摆动汽缸工作原理图。叶片 1 将内腔分隔为二，定子和缸体固定在一起，叶片和转子连在一起。在定子上有两条气路，当左路进气时，右路排气，压缩空气推动叶片带动转子顺时针摆动；反之，逆时针摆动，摆动角小于280°。

叶片式摆动汽缸体积小，重量轻，但制造精度要求高，密封困难，泄漏量较大，输出效率较低，因此应用受限，一般只用在安装位置受限制的场合，如夹具的回转、阀门启闭及工作台转位等。

三、汽缸的使用要求

1. 汽缸对空气质量的要求

要使用净化处理后的清洁干燥的压缩空气。空气中不得含有有机溶剂的合成油、盐分、腐蚀性气体等，以防缸、阀作用不良。安装前，连接配管内应充分吹洗，不要将灰尘、切屑末、密封带碎片等杂物带入缸、阀内。

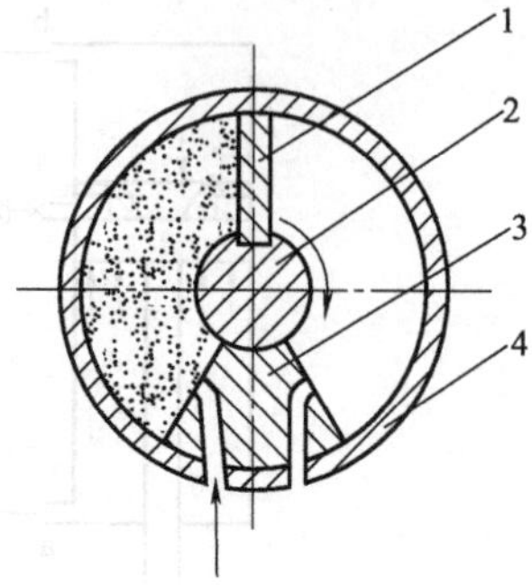

图 12-8　单叶片式摆动汽缸工作原理图

1—叶片；2—转子；3—定子；4—缸体

2. 汽缸一般的工作条件

环境温度和介质温度为－35～80℃，若超出该温度范围，要采取防冻或耐热措施。工作压力为0.4～0.6MPa。安装前应在1.5倍的工作压力下试压，不允许有泄漏。装配时所有工作表面应涂以润滑脂；安装的气源进口处除无油润滑汽缸外必须设置油雾器，否则将严重影响汽缸的运动性能甚至不能工作。在灰大的场合安装防尘罩。

3. 关于汽缸的安装

安装固定式汽缸时，负载和活塞杆的轴线要一致，可能让活塞杆承受轴线上的拉力载荷。在活塞杆端部旋入螺母或安装附件时，活塞杆必须全部回缩才能进行。拧紧配管螺纹时，用力要合适，以免损坏接口螺纹或漏气。汽缸安装完毕后应空载往复运动几次，检查动作是否正常，然后再连接负载进行速度调节。

4. 汽缸的维护

不使用满行程，特别活塞杆伸出时，避免活塞与缸盖相碰击。缸筒和活塞杆的滑动部位不得受损伤，以防汽缸动作不良、损坏活塞杆密封圈等造成漏气。使用中，应定期检查汽缸各部位有无异常现象、各连接部位有无松弛等。设备停机后，应消除汽缸内的残余压力。拆下长时间不使用时，所有加工表面应涂防锈油，进、排气口加防尘堵塞。汽缸若长期放置不用，应一个月动作一次。

第二节　气动马达

气动马达简称气马达，是一种做连续旋转运动的气动执行元件，是把压缩空气的压力能转换成回转机械能的能量转换装置，其作用相当于电动机或液压马达，它输出转矩、驱动执行机构做旋转运动。常用的气马达是容积式气马达，它利用工作腔的容积变化来做功，分为叶片式、活塞式和齿轮式等，其中叶片式和活塞式应用最为广泛。

一、气马达的工作原理

1. 叶片式气动马达

叶片式气马达的工作原理如图12-9所示。压缩空气由定子1上的a孔输入后分为两路：一路经定子两端密封盖的弧形槽进入叶片底部(图中未示)，将叶片3推出。叶片就是靠此气

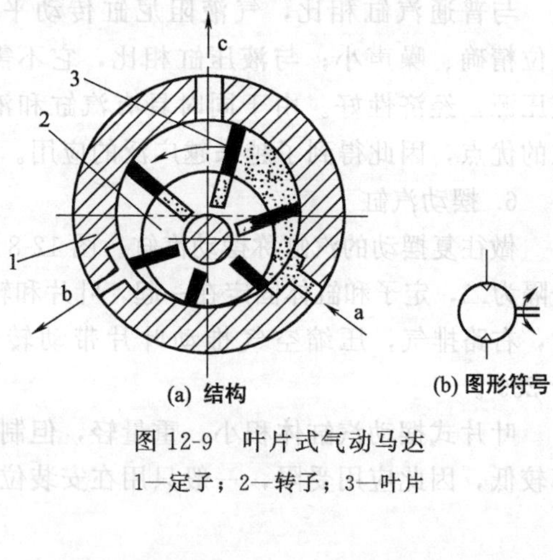

图 12-9　叶片式气动马达

1—定子；2—转子；3—叶片

压推力及转子转动时的离心力的综合作用而保证运转过程中较紧密地抵在定子内壁上，使相邻叶片间形成密闭空间的；另一路进入相应的密闭空间而作用在两个叶片上，各产生相反方向的转矩，由于叶片伸长量不同使压缩空气的作用面积不同，因而产生了转矩差，转子 2 在转矩差的作用下按逆时针方向旋转，做功后的气体由定子孔 c 排出，剩余残气经孔 b 排出。若改变压缩空气的输入方向（如由 b 孔输入），则可改变转子的转向。

叶片式气动马达一般在中、小容量及高速回转的范围使用，其耗气量比活塞式大，体积小，重量轻，泄漏小，结构简单，但叶片磨损较快，噪声较大。其输出功率为 0.1～20kW，转速为 500～25000r/min。另外，叶片式气马达启动及低速运转时的特性不好，在转速 500r/min 以下场合使用时，需要配用减速机构。

2. 径向活塞式气马达

径向活塞式气马达的工作原理如图 12-10 所示。五个汽缸均匀分布在气动马达壳体的圆周上，压缩空气由进气口（图中未示）进入配气阀套 1 及配气阀 2 后，进入汽缸 3（图示进入汽缸Ⅰ和Ⅱ），推动活塞及连杆组件运动，从而带动曲轴连续旋转。曲轴旋转的同时，带动与曲轴固定在一起的配气阀 2 同步转动，使压缩空气随着配气阀角度位置的改变进入不同的缸内（图示顺序为Ⅰ、Ⅱ、Ⅲ、Ⅳ、Ⅴ），依次推动各个活塞运动，各活塞及连杆带动曲轴连续运转。

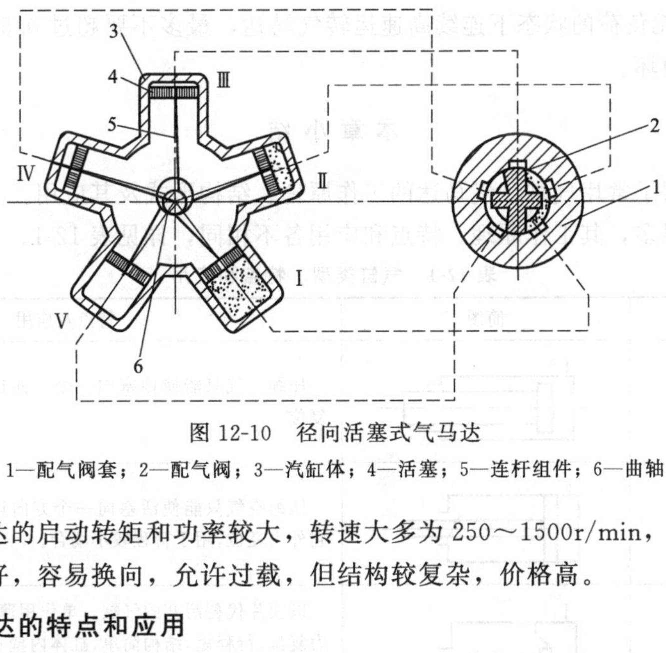

图 12-10 径向活塞式气马达

1—配气阀套；2—配气阀；3—汽缸体；4—活塞；5—连杆组件；6—曲轴

活塞式气马达的启动转矩和功率较大，转速大多为 250～1500r/min，功率 0.7～25kW。这种马达密封性好，容易换向，允许过载，但结构较复杂，价格高。

二、气动马达的特点和应用

各种类型的气马达尽管结构不同，工作原理有区别，但大多数气动马达具有以下特点。

① 可无级调速　通过控制进气阀或排气阀的开度，即控制压缩空气的流量，就能调节气动马达的输出功率和转速，实现无级变速。

② 可双向旋转　通过控制换向阀来改变进气和排气方向，就能实现马达的正、反转换向，具有几乎在瞬时可升到全速的能力，冲击很小，且不需卸荷。

③ 工作安全可靠　具有防爆性能，同时不受高温及振动的影响。

④ 有过载保护作用　过载时，气动马达只是转速降低或停止，当过载解除，立即可以重新正常运转。可以长时间满载连续运转，温升较小。

⑤ 具有较高的启动转矩 可直接带负载启动，启、停迅速。

⑥ 功率范围及转速范围较宽 功率小至几百瓦，大至几万瓦；转速可从零一直到25000r/min甚至更高。

⑦ 操作方便 结构简单，单位功率尺寸小，重量轻，操纵方便，维修简单。

⑧ 速度稳定性差，耗气量大，效率低，噪声大，容易产生振动。

气动马达广泛用于矿山机械、易燃易爆液体及气动工具等场合。叶片式气马达适用于低转矩、高转速场合；活塞式气马达适用于中、高转矩，中、低转速的场合。

三、气动马达的使用要求

日常维护润滑是气马达正常工作不可缺少的一环。

① 要保证气马达在运转中有充分的润滑，一定要在进气管路中加装油雾器，并且尽量靠近气马达。

② 供给气马达的气体应保持清洁、干燥，故应在供气管中加装气水分离器、过滤器装置。

③ 在安装气马达管路时，一定要将气管中的杂物清理干净，管路和过滤器还应该定期清理。

④ 安装维修、保养时一定要关闭气阀，切断气源，方可进行工作。

⑤ 不允许在无负荷的状态下连续高速运转气马达，最多不要超过0.5min，否则会使气马达寿命减少或损坏。

本章小结

本章重点介绍了常用气缸、气马达的工作原理、结构形式及其应用。

气缸的类型很多，其工作原理、特点和应用各不相同，详见表12-1。

表12-1 气缸类型、特点和应用

名称	简图	特点及应用
柱塞式单作用气缸	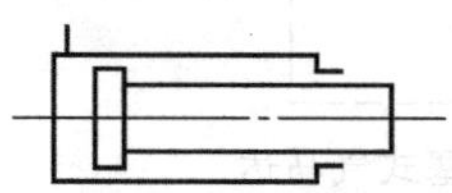	压缩空气只能使柱塞向一个方向运动，借助外力或重力复位。
活塞式单作用气缸	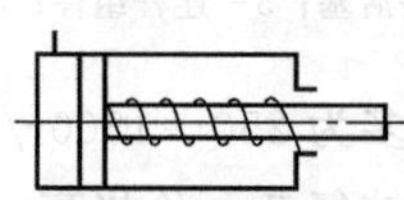	压缩空气只能使活塞向一个方向运动，借助弹簧力或其它外力复位，用于行程较小场合。
薄膜式气缸	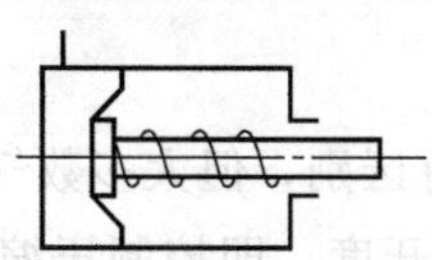	以膜片代替活塞的气缸。单作用薄膜式气缸是借助弹簧力复位，行程短，结构简单，缸体内壁不须加工；须按行程比例增大直径。 双作用薄膜式气缸无弹簧，用压缩空气复位。
单活塞杆双作用气缸	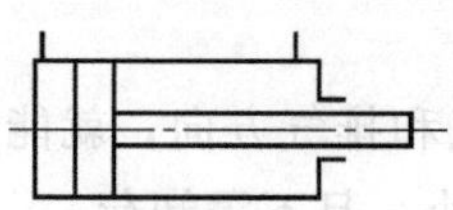	利用压缩空气使活塞向两个方向运动，活塞行程可根据实际需要选定，双向作用的力和速度不同。
双活塞杆双作用气缸	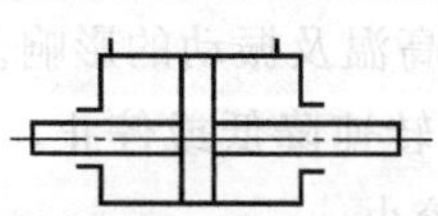	利用压缩空气使活塞向两个方向运动，且其速度和行程相等。

续表

名称	简图	特点及应用
缓冲气缸	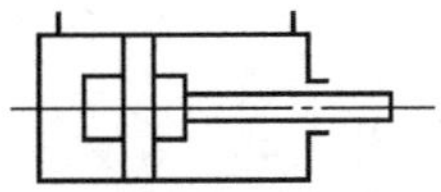	设有缓冲装置以使活塞临近行程终点时减速，防止冲击，缓冲效果有可调整和不可调整两种。
冲击气缸	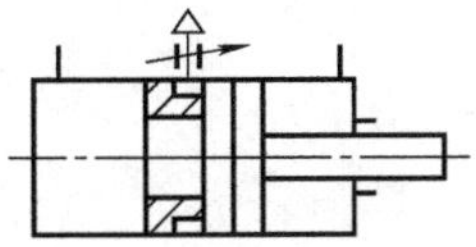	利用突然大量供气和快速排气相结合的方法得到活塞杆的快速冲击运动，用于切断、冲孔、打入工件等。
气液阻尼缸	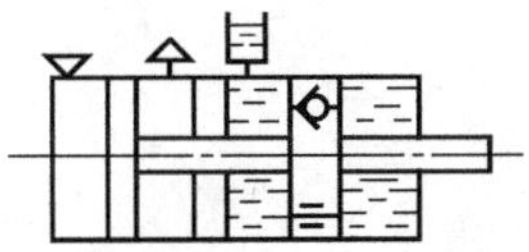	利用液体不可压缩的性能及液体流量易于控制的优点，获得活塞杆的稳速运动。

常用的气马达是容积式气马达，利用工作腔的容积变化来作功，其中叶片式和活塞式应用最为广泛。

习题

一、填空题

1. 气动执行元件主要有__________和__________。

2. 气动执行元件用于实现直线运动和摆动的是__________。

3. 气马达实现的是__________运动。

4. 气缸是将__________能转换为__________能。

5. 冲击气缸的工作原理是用很高的动能来冲击工件。与普通气缸相比，冲击气缸有蓄气腔、带流线型__________及具有__________的中盖。

二、判断题

1. 气动马达的突出特点是具有防爆、高速、输出功率大、耗气量小等优点，但也有噪声大和易产生振动等缺点。（　　）

2. 气动马达是将压缩空气的压力能转换成直线运动的机械能的装置。（　　）

三、选择题

1. 利用压缩空气使膜片变形，从而推动活塞杆作直线运动的气缸是（　　）。

A. 气-液阻尼缸　　B. 冲击气缸　　C. 薄膜式气缸

2. 在要求双向行程时间相同的场合，应采用哪种气缸（　　）。

A. 多位气缸　　B. 膜片式气缸　　C. 伸缩套筒气缸　　D. 双出杆活塞缸

3. 符号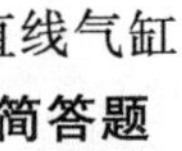代表（　　）。

A. 直线气缸　　B. 摆动气缸　　C. 单作用缸　　D. 气马达

四、简答题

1. 按功能分类，汽缸有哪些类型？各适用于何种场合？

2. 简述双作用汽缸的工作过程。

3. 试述冲击汽缸的工作原理。

4. 试述冲击汽缸的工作原理。

5. 为何要使用气流阻尼缸？试述气液阻尼缸的工作原理。

6. 汽缸在使用时都有哪些使用要求？

7. 试述叶片式气马达的工作原理及适用场合。

8. 试述活塞式气马达的工作原理及适用场合。

9. 气马达在使用时都有哪些使用要求？

第十三章　气动控制元件

学习目标：

掌握各种气动控制元件的工作原理及应用。

在气压传动系统中的控制元件是控制和调节压缩空气的压力、流量、流动方向和发送信号的重要元件；利用它们可以组成各种气动控制回路，使气动执行元件按设计的程序正常地进行工作。控制元件按功能和用途可分为方向控制阀、压力控制阀和流量控制阀三大类。

第一节　压力控制阀

压力控制阀主要用来控制系统中气体的压力。从阀的作用来看，压力控制阀可分为三类：一类是起降压稳压作用的，如减压阀、定值器等；一类是起限压安全保护作用的，如溢流阀等；一类是根据气路压力不同进行某种控制的，如顺序阀、平衡阀等。

一、溢流阀

图 13-1 所示为溢流阀。当气体作用在阀芯 3 上的力小于调压弹簧 2 的力时，阀的进气口被堵死，阀处于关闭状态。当系统压力升高，作用在阀芯上的力大于调压弹簧力时，阀芯 3 被气压托起而上移，阀开启，气体由排气口 4 溢流，使气压不再上升，直到系统压力降到调定范围以下，阀芯 3 又重新关闭，达到调节系统压力的目的。开启压力的大小与调压弹簧 2 的预压量有关，由调压手柄 1 调定。

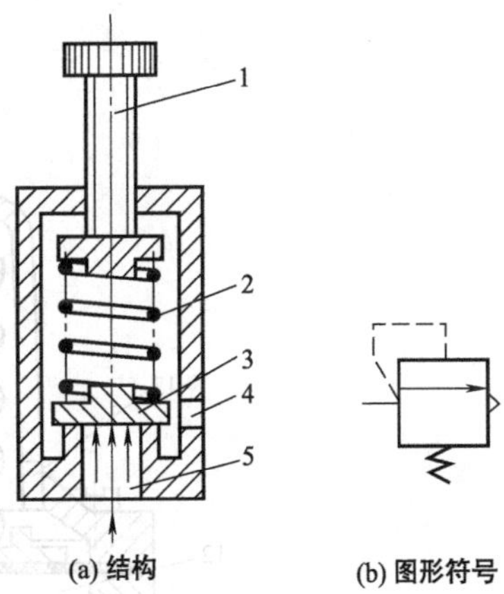

图 13-1　溢流阀

1—调压手柄；2—调压弹簧；3—阀芯；4—排气口；5—进气口

溢流阀的作用如下。

(1) 调节和稳定系统压力　正常工作时阀口有一定的开度，使一部分多余气体溢出，以保证进口处的气体压力基本不变，即保证系统压力基本不变。所以，溢流阀的调节压力等于系统的工作压力。

(2) 保护系统　当系统以调整的压力正常工作时，阀口关闭，不溢流。只有在系统因某种原因（如过载等）使系统压力升高到超过工作压力一定数值时，溢流阀能立即打开放气，以阻止压力继续升高产生危险，起过压保护作用，所以此时，其调节压力要高于系统工作压力。

二、减压阀

气动减压阀也叫调压阀，是气动系统中必不可少的一种调压元件，它是将较高的进口压力调节并降低到要求的出口压力，并能保证出口压力稳定，即起到减压和稳压作用。

图 13-2 为直动式减压阀。当阀处于工作状态时，顺时针旋转调节手柄 1，调压弹簧 2、3 被压缩，推动膜片 5 及组件下移，通过阀杆 6 打开阀口 11，则有压气流经阀口 11 节流降压后从右端输出。输出气流的一部分由阻尼孔 7 进入膜片室 12，在膜片 5 的下方产生一个向上的推力，这个推力总是企图把阀口 11 的开度关小，使其输出压力下降。当作用于膜片

上的推力与调压弹簧力相平衡后，减压阀的输出压力便保持一定。输出口压力 p_2 的大小可通过调压手柄 1 进行调节。

若进口压力 p_1 瞬时升高，输出压力 p_2 会随之升高，通过阻尼孔 7 使膜片室 12 内压力升高，在膜片 5 上产生的向上推力相应增大，膜片 5 克服调压弹簧 2、3 的力上移，有少量气体经溢流口 4、排气孔 13 排出。同时，靠复位弹簧 10 的作用，使阀杆 6 上移，阀口 11 开度减小，节流作用增大，使出口压力回降，溢流孔 4 关闭，达到新的平衡，输出压力基本又恢复原值。若输出压力 p_2 瞬时下降，膜片 5 及组件和阀杆 6 随之下移，阀口 11 开度加大，节流作用减小，使输出压力也基本回到原来值。若进口压力不变，输出流量变化，使出口压力 p_2 发生波动（增高或降低）时，依靠溢流孔的溢流作用和膜片及组件上力的平衡作用推动阀杆上下移动，仍能起到稳压作用。当出口压力低于设定压力时，该阀起调压阀的作用，使压力上升至设定压力。一般调压阀最大输出压力是 0.6MPa，调压范围是 0.1～0.6MPa。

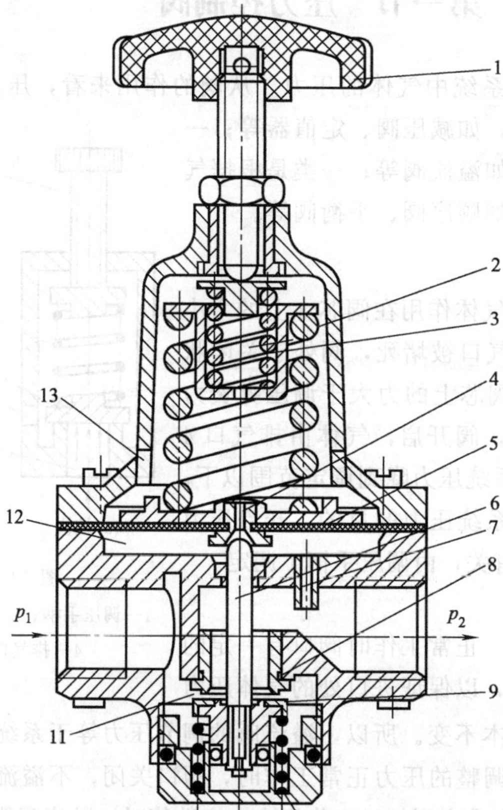

(a) 结构

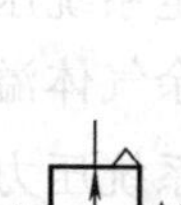
(b) 图形符号

图 13-2　直动式减压阀

1—调压手柄；2,3—调压弹簧；4—溢流孔；5—膜片；6—阀杆；7—阻尼孔；8—阀座；9—阀芯；10—复位弹簧；11—阀口；12—膜片室；13—排气口

当出口压力高于设定压力时，通过阻尼孔 7 使膜片室 12 内压力升高，膜片 5 及组件上移，溢流孔 4 打开，溢流气体经溢流孔 4、排气孔口排出，使出口压力下降至设定压力。由于该阀同时具有调压阀和溢流阀的特性，保证出口压力始终稳定在所需要的设定压力上，因此，该阀又称调压-溢流组合阀，可同时代替调压阀和溢流阀进行工作，比在气路系统中单

独设置调压阀和溢流阀，系统简化、结构紧凑。同时也消除了调压阀和溢流阀之间设定压力差，保证系统中的空气压力能更准确地调节并稳定在所需要的设定压力值上。

三、顺序阀

顺序阀是依靠气路中压力的高低变化来实现执行元件按顺序动作的压力阀。顺序阀的动作原理与溢流阀基本一样，所不同的是溢流阀的出口为溢流口，输出压力为零，而顺序阀相当于一个控制开关，当进口的气体压力达到顺序阀的调整压力而将阀打开时，阀的出口输出二次压力。

为了使用方便，将顺序阀与单向阀并联组合成单向顺序阀，如图 13-3 所示。当压缩空气从 P 口进入阀腔 4 后，作用在活塞 3 上的力小于调压弹簧 2 的力时，阀处于关闭状态。当作用在活塞上的力大于弹簧力时，将活塞 3 顶起，压缩空气经阀腔 4、阀口、阀腔 6 到输出口 A，然后进入后续的气路中。当切断气源时，由于阀腔 4 内压力迅速下降，顺序阀关闭，此时阀腔 6 内压力高于阀腔 4 内压力，在压差作用下打开单向阀 5，反向的压缩空气从 A 口到 O 口排出，此时顺序阀不起作用。旋转调压手柄 1 调节调压弹簧预紧力，可改变顺序阀的开启压力。单向顺序阀常用于控制汽缸自动顺序动作或不便于安装机控阀的场合。

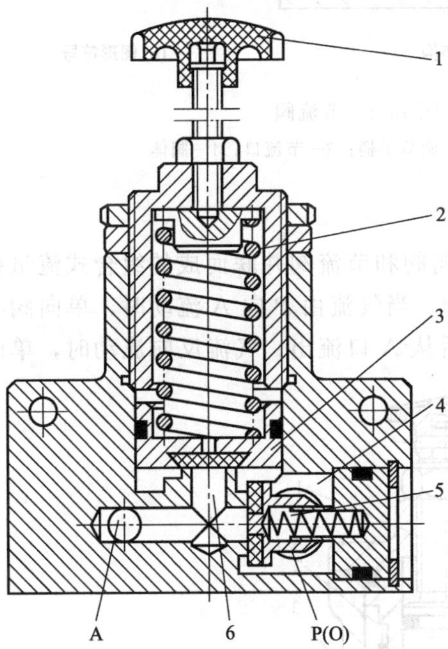

(a) 结构

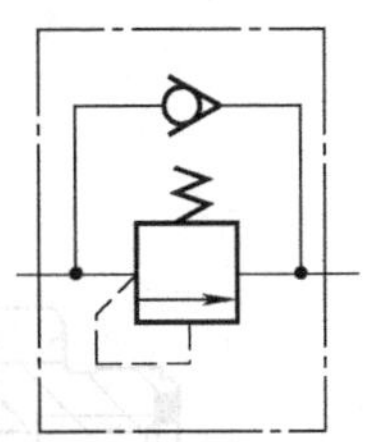

(b) 图形符号

图 13-3　单向顺序阀

1—调压手柄；2—调压弹簧；3—活塞；4,6—阀腔；5—单向阀

第二节　流量控制阀

在气动系统中，要控制执行元件的运动速度，或控制换向阀的切换时间，或控制气动信号的传递速度，都需要通过调节压缩空气流量来实现。与液压流量控制阀一样，气压传动中的流量控制阀也是通过改变阀的通流面积来实现流量控制的，包括节流阀、单向节流阀和排气消声节流阀等。

一、节流阀

图 13-4 是节流阀，其节流口 3 采用的是三角沟槽式，经研配密封。调节手柄 2 上的螺纹为细牙螺纹，通过旋转调节手柄 2 调节节流口 3 的轴向位置即可调节通流面积。节流阀常用于速度控制回路及延时回路。

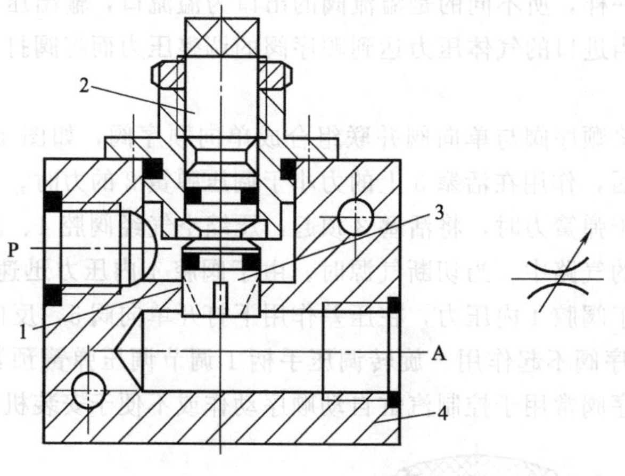

(a) 结构　　(b) 图形符号

图 13-4　节流阀

1—阀座；2—调节手柄；3—节流口；4—阀体

二、单向节流阀

图 13-5 是单向节流阀。它是由单向阀和节流阀并联而成的组合式流量控制阀，常用来控制汽缸的运动速度，又称速度控制阀。当气流由 P 向 A 流动时，单向阀 3 在弹簧 2 和气压作用下关闭，气流经节流口 4 节流后从 A 口流出；气流反向流动时，单向阀 3 打开，不

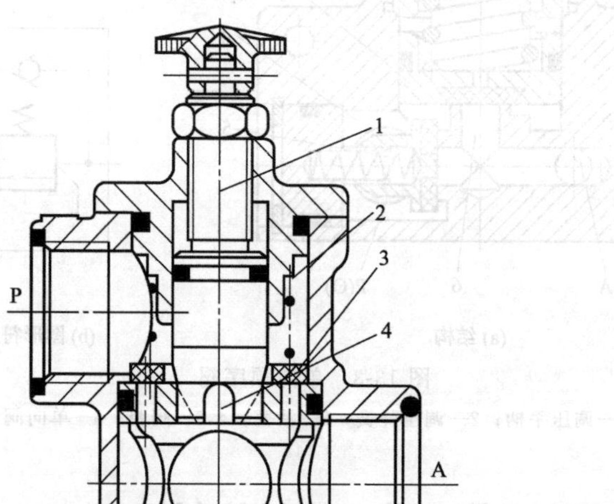

(a) 结构　　(b) 图形符号

图 13-5　单向节流阀

1—调节手柄；2—弹簧；3—单向阀；4—节流口

必经过节流口 4，即节流阀起节流作用。单向节流阀常用于汽缸的调速和延时回路中，用于汽缸调速时应尽可能安装在汽缸上。

三、排气消声节流阀

排气消声节流阀安装在执行元件的排气口处，用来控制执行元件排入大气中气体的流量并降低排气噪声。图 13-6 是排气消声节流阀。气流从左端 P 口进入，通过阀芯 3 左端节流口后经消声套 4 排入大气。旋转调节手柄 8 可调节阀芯 3 左端节流口的开度，即改变由 P 口来的排气量大小。由于其结构简单，安装方便，能简化回路，故应用日益广泛。

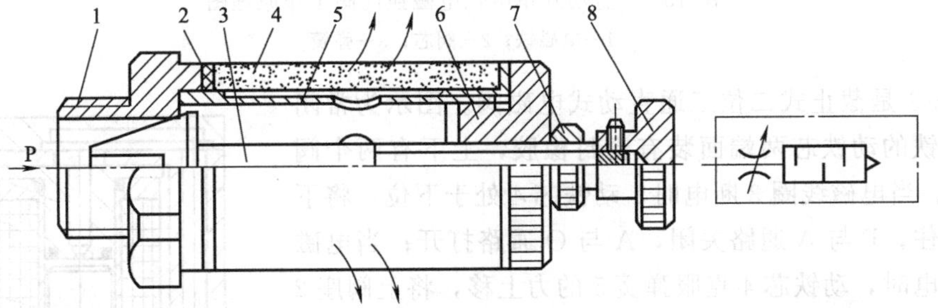

(a) 结构　　(b) 图形符号

图 13-6 排气消声节流阀

1—阀座；2—垫圈；3—阀芯；4—消声套；5—阀套；6—锁紧法兰；7—锁紧螺母；8—调节手柄

四、流量控制阀的使用要求

应用气控流量阀对汽缸进行调速，比用液控流量阀调速困难，因气体压缩性较大，所以调速时必须注意以下几点。

① 流量阀应尽量靠近汽缸，以减少气体压缩对速度的影响。

② 汽缸、活塞间的润滑状态要好。

③ 外加负载应稳定，否则可采用气液联动或机械装置来补偿。

④ 管道上不能存在漏气现象。

第三节 方向控制阀

气动方向控制阀与液压方向控制阀相同，也分为单向阀和换向阀。但由于气压传动具有的特点，气动换向阀的结构与液压换向阀有所不同。按阀芯结构不同可分为滑阀式、截止式、平面式、旋塞式和膜片式等，其中截止式和滑阀式应用较多。按控制方式不同可分为电磁控制、气压控制、机械控制和手动控制等。下面介绍几种常用的方向控制阀。

一、电磁换向阀

由电磁力操纵的换向阀称为电磁换向阀，简称电磁阀。图 13-7 是采用截止式阀芯的直动式单电控电磁换向阀工作原理图。它只有一个电磁铁，通电时，电磁铁 1 推动阀芯 2 向下运动，将 A 与 O 口切断，P 与 A 口接通。阀芯靠弹簧 3 的力复位，A 与 P 口切断，A 与 O 口接通。因电磁阀可以远距离控制，且响应快，所以，气压传动对电磁控制换向阀的应用较为普遍。

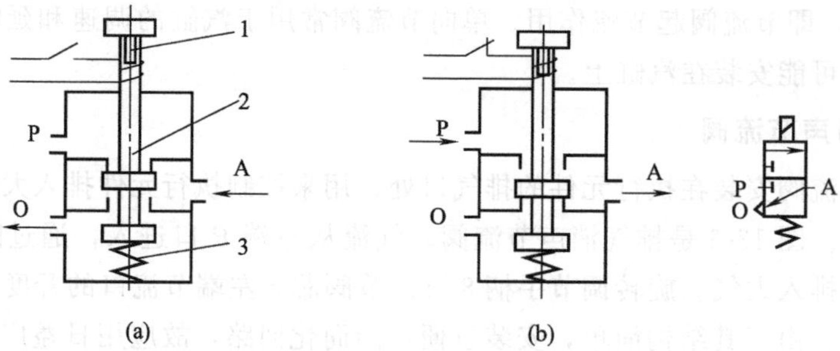

图 13-7　直动式单电控电磁换向阀工作原理图

1—电磁铁；2—阀芯；3—弹簧

图 13-8 是截止式二位三通直动式电磁阀。图示为常闭式，电磁铁的动铁芯两端面装有密封橡胶，上下有两个阀座 2 和 6。当电磁线圈 3 断电时，动铁芯 4 处于下位，将下阀座 6 封住，P 与 A 通路关闭，A 与 O 通路打开；当电磁线圈 3 通电时，动铁芯 4 克服弹簧 5 的力上移，将上阀座 2 封住，P 与 A 通路打开，A 与 O 通路关闭。阀体上装有手动杆 1，可手动操作阀的切换。这种阀结构简单，工作可靠。常用于控制小型单作用汽缸，或用作先导电磁阀的先导部分。

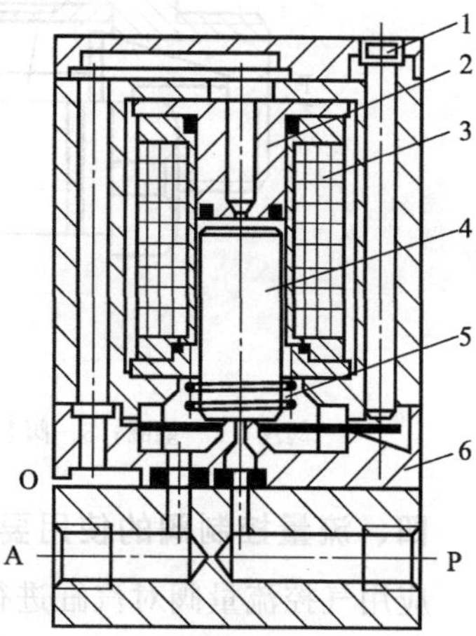

图 13-8　截止式二位三通直动式电磁阀

1—手动杆；2—上阀座；3—电磁线圈；4—动铁芯；5—弹簧；6—下阀座

图 13-9 是采用滑阀式阀芯的先导式双电控电磁换向阀工作原理图。当先导阀 1 的线圈通电、3 断电时，主阀 2 的左腔进气，右腔排气，主阀 2 阀芯右移，P 与 A 接通，B 口排气；反之，当右腔进气，左腔排气时，主阀 2 阀芯左移，P 与 B 接通，A 口排气。先导式双电控阀具有记忆功能，即通电时换向，断电时并不返回原位。为保证双电磁换向阀正常工作，两个电磁铁不能同时通电，电路中要考虑互锁。

二、气压控制阀

气压控制阀是利用压缩空气的压力来进行切换的换向阀。其结构相当于将先导型电磁阀的先导部分去掉，用可控气源取代先导电磁阀。图 13-10 是双气控滑阀式换向阀。当 K_2 有信号气压时，滑阀 1 处于最左端（图示位置），并由钢球 2 锁住该位置，使 P 与 B 接通，A 口排气。当 K_1 有信号气压时，滑阀右移至最右端，并由钢球 2 锁住该位置，使 P 与 A 接通，B 口排气。该阀带有手动装置，供安装调试用。

图 13-11 是二位三通气动延时换向阀。由延时控制部分和主阀组成。常态时，在弹簧的作用下阀芯 4 处于最左端（图示位置），P 与 A 接通。当从 K 口通入气控信号时，气体通过节流阀 3 使气容 1 充气，当气容内的压力达到一定值时，推动阀芯 4 压缩弹簧而右移，则 A 口排气，P 口封闭。气控信号消失后，气容中的气体通过单向阀 2 快速卸压，当压力降到某值时阀芯左移，换向阀复位。

三、单向型控制阀

单向型控制阀中包括单向阀、梭阀和快速排气阀等。其中单向阀与液压单向阀类似。

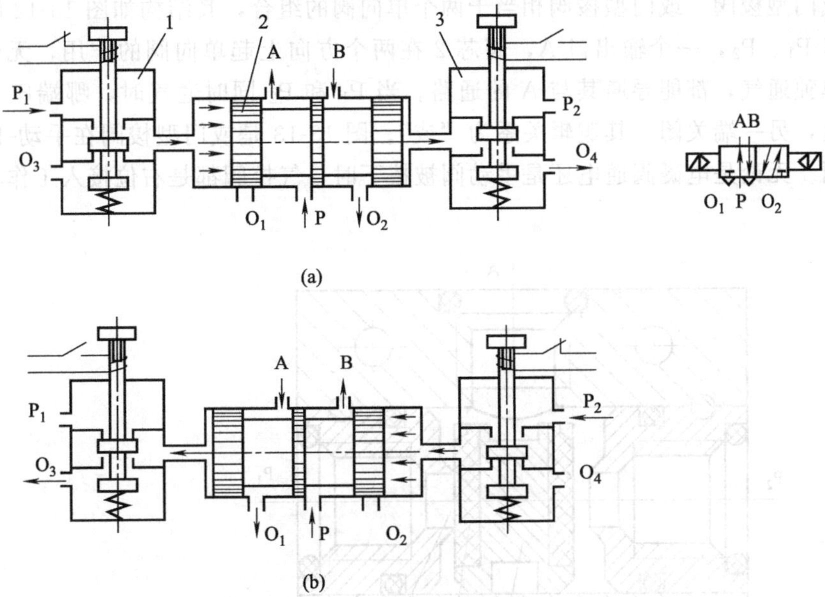

图 13-9 先导式双电控电磁换向阀工作原理图

1,3—先导阀 2—主阀

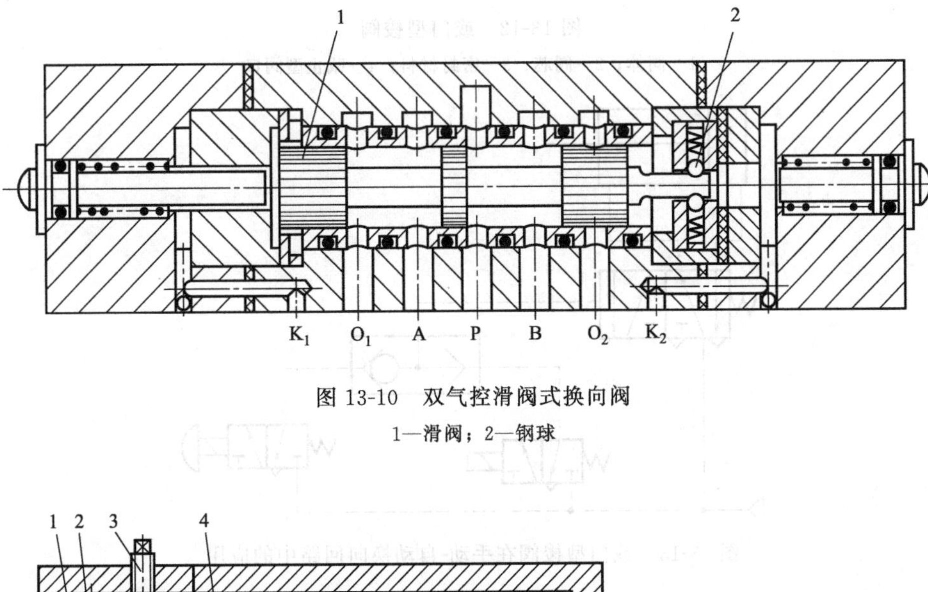

图 13-10 双气控滑阀式换向阀

1—滑阀；2—钢球

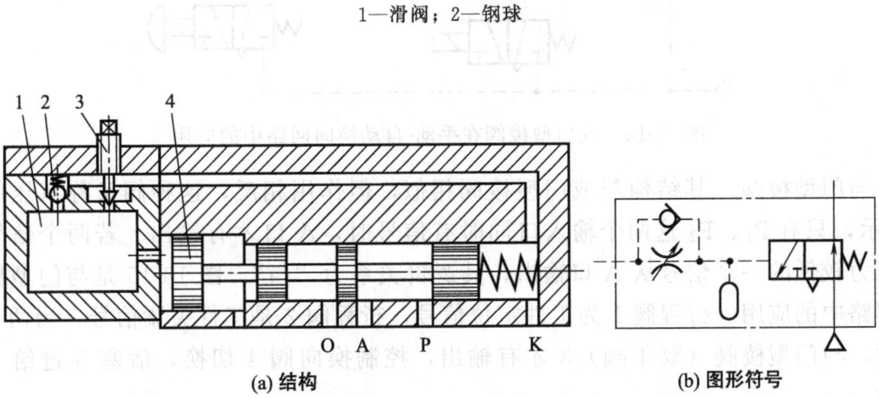

图 13-11 二位三通气动延时换向阀

1— 气容；2—单向阀；3—节流阀；4—阀芯

(1) 或门型梭阀 或门型梭阀相当于两个单向阀的组合，其结构如图 13-12 所示。它有两个输入口 P_1、P_2，一个输出口 A，阀芯 2 在两个方向上起单向阀的作用，无论 P_1 和 P_2 哪条通路单独通气，都能导通其与 A 的通路。当 P_1 和 P_2 同时通气时，哪端压力高，A 就和哪端相通，另一端关闭，其逻辑关系为“或”。图 13-13 是或门型梭阀在手动-自动换向回路中的应用。无论是电磁阀通电还是手动阀被按下时，气控阀都是右位接入工作状态，活塞杆右移。

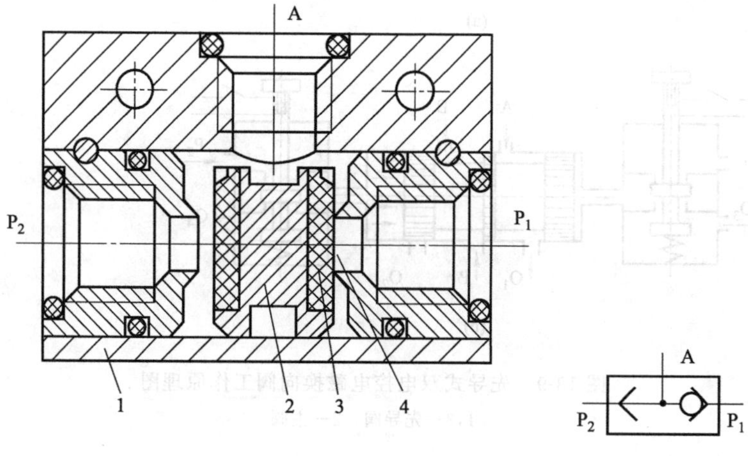

(a) 结构 (b) 图形符号

图 13-12 或门型梭阀

1—阀体；2—阀芯；3—密封材料；4—截止型阀口

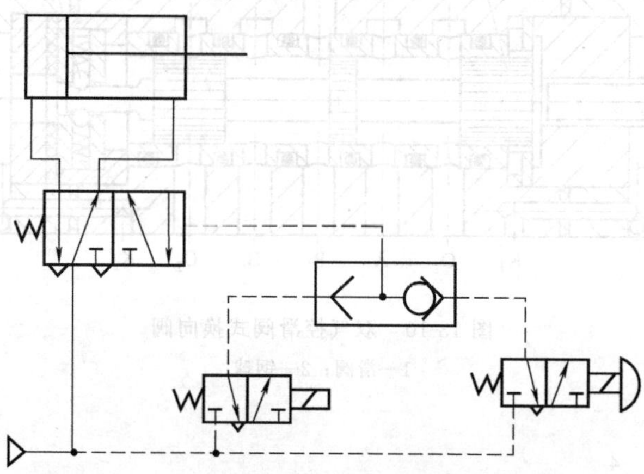

图 13-13 或门型梭阀在手动-自动换向回路中的应用

(2) 与门型梭阀 其结构与或门型梭阀相似，但作用相反，这种阀又称双压阀。如图 13-14 所示，只有 P_1、P_2 这两个输入口同时有信号时，A 口才有输出。若两个信号压力不同，则压力较低的一个信号从 A 口输出，其逻辑关系为“与”。图 13-15 是与门型梭阀在钻床控制回路中的应用。行程阀 1 为工件定位信号，行程阀 2 是工件夹紧信号，当两个信号同时存在时，与门型梭阀（双压阀）3 才有输出，控制换向阀 4 切换，活塞 5 进给（右移），钻孔开始。

(3) 快速排气阀 快速排气阀简称快排阀，它能将汽缸大流量的空气直接排出，替代经过长管路和方向阀排气，以提高活塞（或汽缸）的运动速度。图 13-16 是快速排气阀。当压

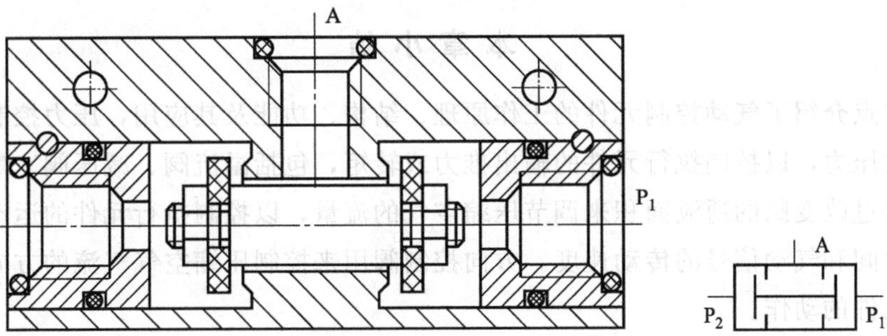

(a) 结构　　(b) 图形符号

图 13-14　与门型梭阀

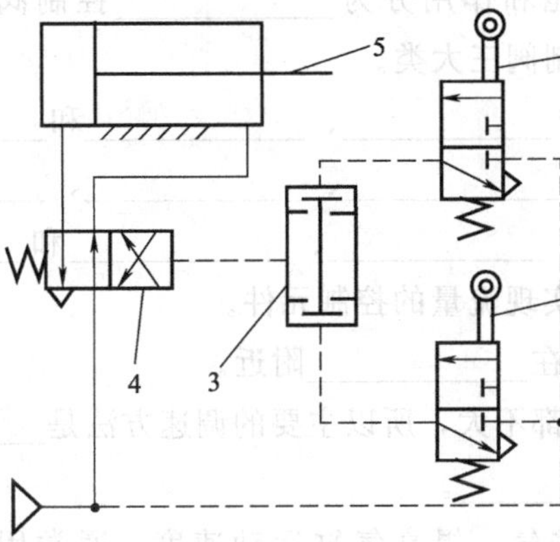

图 13-15　与门型梭阀在钻床控制回路中的应用

1,2—行程阀；3—与门型梭阀；4—换向阀；5—活塞

缩空气从 P 口输入时，膜片 2 在气压作用下向下弯曲，将 O 口封住，气流经孔 3 从 A 口进入汽缸。当气流从 A 口输入时，膜片 2 在气压作用下向上弯曲，将孔 3（即 P 口）封住，气流直接从 O 口排出。图 13-17 是快速排气阀的应用举例。快速排气阀通常安装在换向阀与汽缸之间。

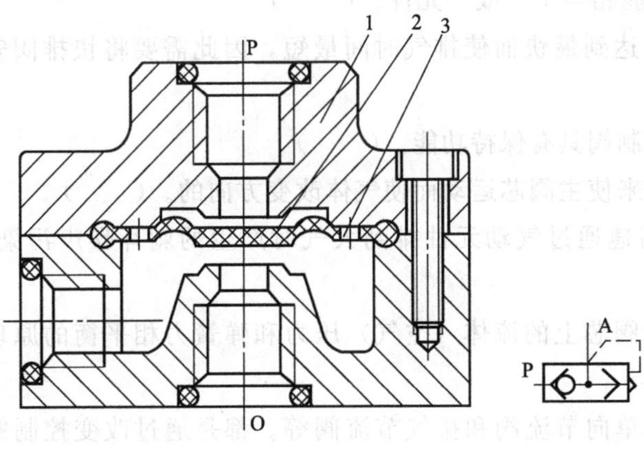

(a) 结构　　(b) 图形符号

图 13-16　快速排气阀

1—阀体；2—膜片；3—孔

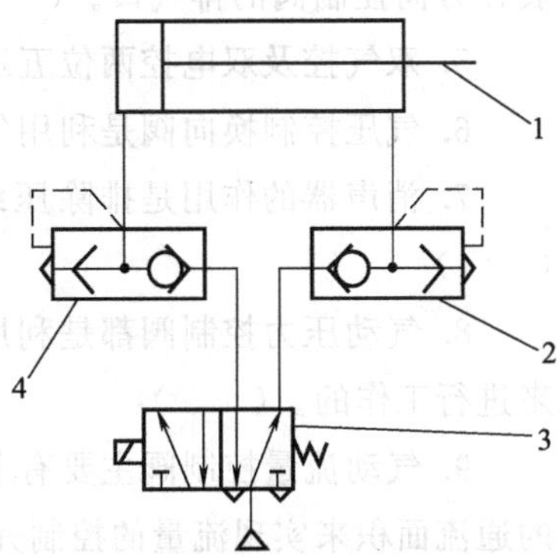

图 13-17　快速排气阀的应用举例

1—活塞；2,4—快排阀；3—电磁换向阀

本章小结

本章重点介绍了气动控制元件的工作原理、结构、功能及其应用，压力控制阀用来控制压缩空气的压力，以控制执行元件的输出推力或转矩，包括溢流阀、减压阀、顺序阀等。流量控制阀通过改变阀的通流面积来调节压缩空气的流量，以控制执行元件的运动速度、换向阀的切换时间和气动信号的传动速度。方向控制阀用来控制压缩空气气流的方向和通断，以控制执行元件的动作。

习　题

一、填空题

1. 气动控制元件按其功能和作用分为__________控制阀、__________控制阀和______________控制阀三大类。

2. 气动压力控制阀主要有__________、__________和__________。

3. 气动单向型控制阀包括__________、__________、__________和快速排气阀。

4. 气动流量控制阀主要有__________、__________和__________等。都是通过改变控制阀的__________来实现流量的控制元件。

5. 流量控制阀应尽量安装在__________附近。

6. 气动系统因使用的功率都不大，所以主要的调速方法是__________。

7. 与门型梭阀又称__________。

8. 为了加快气缸排气腔排气，提高气缸运动速度，通常用__________阀，它装在__________和气缸之间。

9. 排气消声节流阀安装在__________的排气口处。

二、判断题

1. 快速排气阀的作用是将气缸中的气体经过管路由换向阀的排气口排出的。(　　)

2. 每台气动装置的供气压力都需要用减压阀来减压，并保证供气压力的稳定。(　　)

3. 在气动系统中，双压阀的逻辑功能相当于“或”元件。(　　)

4. 快排阀是使执行元件的运动速度达到最快而使排气时间最短，因此需要将快排阀安装在方向控制阀的排气口。(　　)

5. 双气控及双电控两位五通方向控制阀具有保持功能。(　　)

6. 气压控制换向阀是利用气体压力来使主阀芯运动而使气体改变方向的。(　　)

7. 消声器的作用是排除压缩气体高速通过气动元件排到大气时产生的刺耳噪声污染。(　　)

8. 气动压力控制阀都是利用作用于阀芯上的流体（空气）压力和弹簧力相平衡的原理来进行工作的。(　　)

9. 气动流量控制阀主要有节流阀，单向节流阀和排气节流阀等。都是通过改变控制阀的通流面积来实现流量的控制元件。(　　)

三、简答题

1. 溢流阀、顺序阀、减压阀各有什么作用？它们在原理和图形符号上有何异同？

2. 简述溢流阀在系统中的应用？
3. 气压传动的流量控制阀有几种？试述它们的工作原理。
4. 分别画出双电控两位五通阀、单气控二位三通阀的图形符号，并说明其工作原理。
5. 试述或门型梭阀的工作原理。
6. 试述与门型梭阀的工作原理。
7. 试述快速排气阀的工作原理。

第十四章　气动基本回路及气动系统

学习目标：

① 掌握各种典型气动基本回路的工作原理、组成及其应用；

② 熟悉阅读气压系统图的一般方法；

③ 初步具备阅读、分析一般专用设备的气动系统图的能力。

气压传动系统的形式很多，结构往往都很复杂，但是和液压传动系统一样，也是由各种功能的基本回路组成。因此，熟练掌握常用的基本回路是分析气压传动系统的基础。

第一节　气动基本回路

一、压力控制回路

常用的有以下几种回路。

1. 一次压力控制回路

这种回路，用于使储气罐送出的气体压力不超过规定压力，如图 14-1 所示。通常在储气罐上安装一只安全阀，用来实现一旦储气罐内超过规定压力就向大气放气。也常在储气罐上装一电接点压力表，一旦罐内超过规定压力时，即控制空气压缩机断电，不再供气。采用安全阀结构简单，工作可靠，但气量浪费大；采用电接点压力表对电动机及控制要求高，常用于对小型空压机的控制。

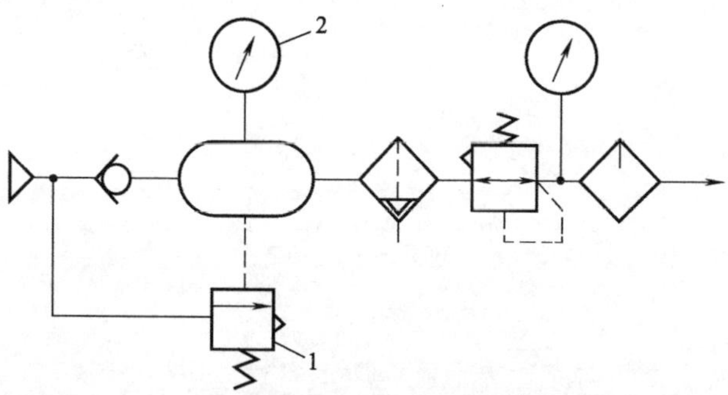

图 14-1　一次压力控制回路

1—安全阀；2—电接点压力表

2. 二次压力控制回路

二次压力控制回路是指每台气动设备的气源进口处的压力调节回路。为保证气动系统使用的气体压力为一稳定值，多用由空气过滤器、减压阀和油雾器组成二次压力控制回路，如图 14-2 所示。按照安装连接次序，空气过滤器与减压阀、油雾器一起称为气动三大件，无管连接时称为气动三联件，并且已有组合件生产和供应。注意，供给逻辑元件的压缩空气不要加入润滑油，此时可不用油雾器。

3. 高低压转换回路

高低压转换回路是利用两只减压阀和一只换向阀分别输出低压或高压两个不同压力的回

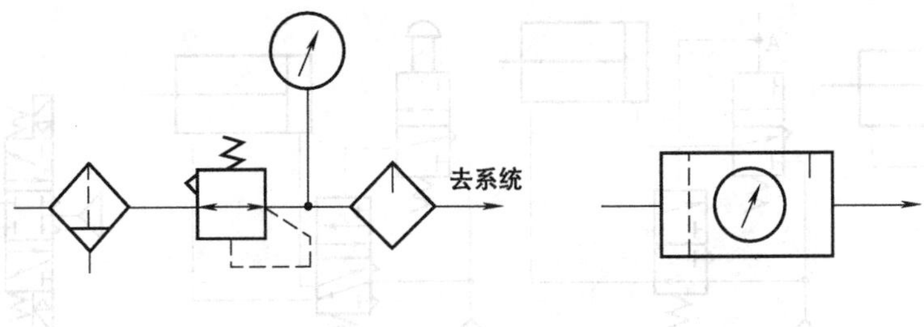

图 14-2　二次压力控制回路

路，如图 14-3 所示。图中的换向阀也可选用其他控制方式。

二、换向回路

换向回路是指用换向阀控制压缩空气的流动方向，来实现控制执行机构运动方向的回路。

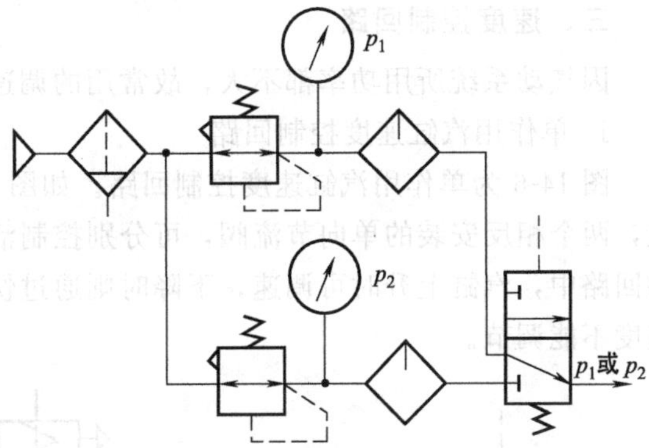

图 14-3　高低压转换回路

1. 单作用汽缸的换向回路

图 14-4 为单作用汽缸换向回路。图 14-4（a）只用一个二位三通电磁阀，当电磁阀通电时，活塞杆伸出；电磁阀断电时，活塞杆在弹簧力的作用下退回。图 14-4（b）采用一个三位四通电磁阀，当右侧得电时活塞杆伸出，左侧得电时活塞杆在弹簧力的作用下退回，两电磁铁均失电时能自动对中，使活塞在行程途中停于任何位置。但因气体的可压缩性，其停止位置精度较低。

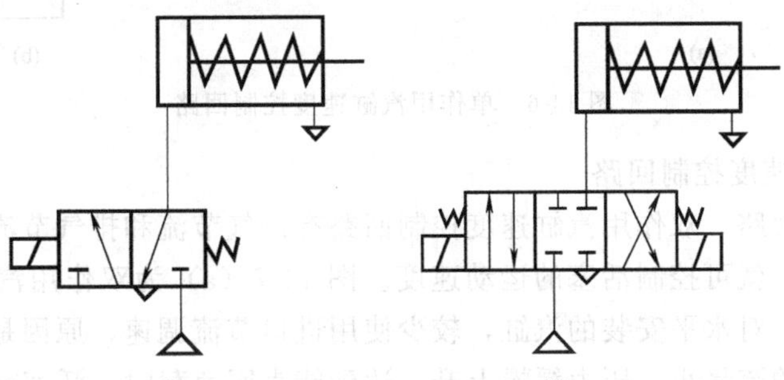

图 14-4　单作用汽缸换向回路

2. 双作用汽缸的换向回路

图 14-5 为双作用汽缸换向回路。图 14-5（a）采用一个二位五通气控阀，当有气控信号时，活塞杆伸出；无气控信号时，活塞杆退回。图 14-5（b）采用两个二位三通气控阀，当有气控信号时，活塞杆伸出；无气控信号时，活塞杆退回。图 14-5（c）采用一个二位三通手动阀和一个三位五通气控阀，按下手动阀时，控制气流使三位五通气控阀换向，活塞杆伸出；松开手动阀时，活塞杆退回。

上述三个换向回路不适用于活塞在行程途中停止运动的场合。图 14-5（d）采用了一个中位封闭式三位五通阀，适用于活塞在行程途中有停止要求的场合，但位置精度不高，且回路及阀内不允许有泄漏。

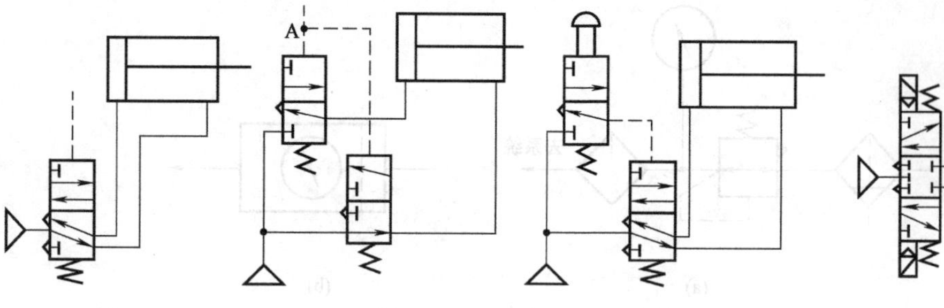

图 14-5　双作用汽缸换向回路

三、速度控制回路

因气动系统所用功率都不大，故常用的调速回路主要是节流调速。

1. 单作用汽缸速度控制回路

图 14-6 为单作用汽缸速度控制回路。如图 14-6（a）所示，汽缸升、降均通过节流阀调速，两个相反安装的单向节流阀，可分别控制活塞杆的伸出及缩回速度。图 14-6（b）所示的回路中，汽缸上升时可调速，下降时则通过快速排气阀排气，使汽缸快速返回，但是返回速度不能调节。

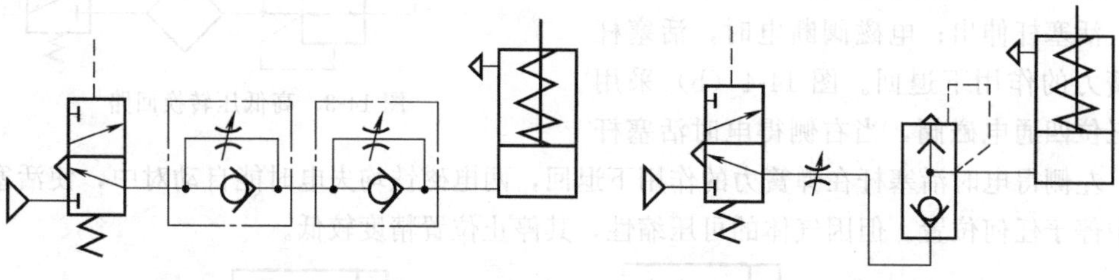

图 14-6　单作用汽缸速度控制回路

2. 双作用汽缸速度控制回路

（1）单向调速回路　双作用汽缸速度控制回路有进气节流和排气节流两种调速方式。调节节流阀的开口度，就可控制活塞的运动速度。图 14-7（a）为双作用汽缸进气节流调速回路。在气动系统中，对水平安装的汽缸，较少使用进口节流调速，原因是：若节流阀开口较小，因进入进气腔的流量小，压力缓慢上升，达到能克服负载时，活塞前进，无杆腔容积增大，压力下降，使作用在活塞上的力小于负载，活塞停止，当压力再次上升时，活塞才再次前进，这种忽停忽进的现象称为活塞的“爬行”。当负载方向与活塞运动方向相反时易出现“爬行”现象，当负载方向与活塞运动方向一致时，易出现“跑空”现象。图 14-7（b）为排气节流调速回路。因有杆腔的排气需要经节流阀，使其具备一定的压力，此时活塞在左、右两腔的压力差下前进，减少“爬行”的可能性。

为获得稳定的运动速度，气动系统水平安装的汽缸多采用排气节流调速，其运动平稳性较进气节流调速好，能承受与活塞运动方向相同或相反的负载。而进气节流调速，多用于垂直安装的汽缸的供气回路中。

（2）双向调速回路　在汽缸的进、排气口均装设节流阀，就组成了双向调速回路。图 14-8 为双作用汽缸双向调速回路。图 14-8（a）采用单向节流阀式的双向节流调速回路。图 14-8（b）采用排气节流阀的双向节流调速回路。

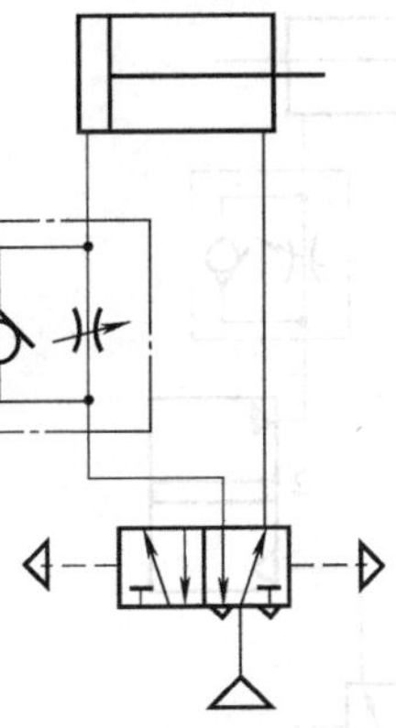

图 14-7　双作用汽缸单向调速回路

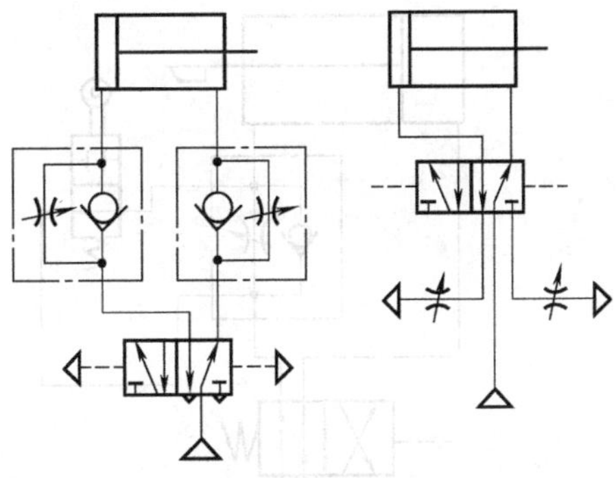

图 14-8　双作用汽缸双向调速回路

(3) 速度换接回路　图 14-9 为速度换接回路。采用行程开关 S 对两个二位二通电磁阀进行控制，采用单向节流阀进行双向调速。1Y、3Y 通电时活塞快速伸出，当撞块压下行程开关 S 时，发出电信号，使 3Y 断电，改变排气通路，从而使活塞伸出速度减慢。当 1Y 断电、2Y 通电时活塞快速退回，当 2Y 断电时，活塞退回速度减慢。行程开关的位置，可根据需要选定。图中二位二通阀也可改用行程阀。

(4) 快速往返回路　图 14-10 为快速往返回路。用两个快排阀实现双作用汽缸的快速往返，可满足节省时间的要求，在快排阀的后面装有溢流阀，当汽缸通过排气阀排气时，溢流阀成为背压阀，使汽缸具有一定的背压力，可增加运动的稳定性。

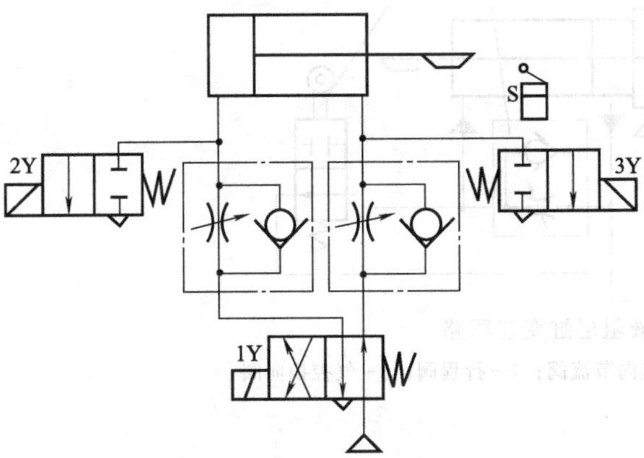

图 14-9　速度换接回路

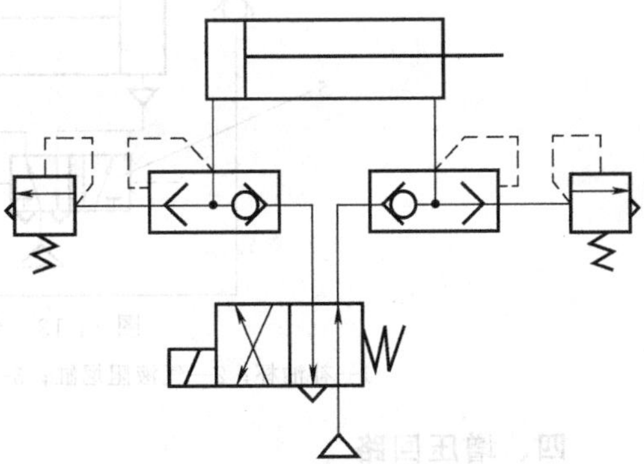

图 14-10　快速往返回路

(5) 缓冲回路　图 14-11 为采用单向节流阀和行程阀配合的缓冲回路。当活塞前进到预定位置压下行程阀时，汽缸排气腔的气流只能从节流阀通过，使活塞速度减慢，达到缓冲目的。此种回路适用于活塞惯性力大的场合。

(6) 气-液转换速度控制回路　以上的速度控制基于负载变化不大的情况。当负载突然增大时，由于气体的可压缩性，会使活塞运动速度减慢；反之，负载突然减小时，汽缸内被压缩的空气突然膨胀，使活塞运动速度加快，称为汽缸的“自走”现象。当要求具有准确、平稳的速度时，应采用气液结合的方式控制速度。如图 14-12 所示，利用气液转换器 1、2 将气压变成液压，驱动液压缸的活塞运动。两个单向节流阀进行出口节流调速，可改变液压缸的运动速度。气-液转换速度控制回路充分发挥气动供气方便和液压速度容易控制的特点。

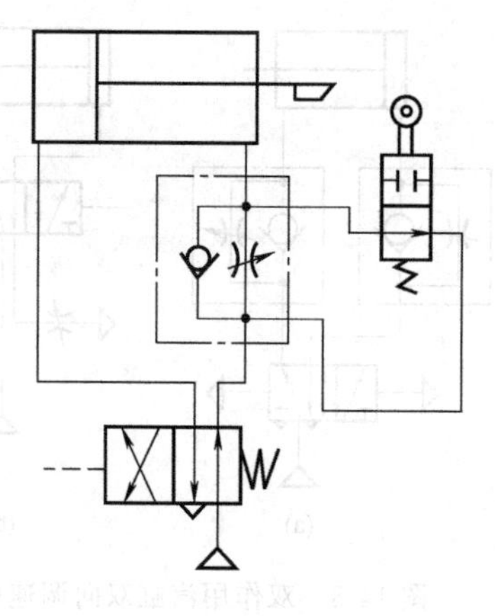

图 14-11 缓冲回路

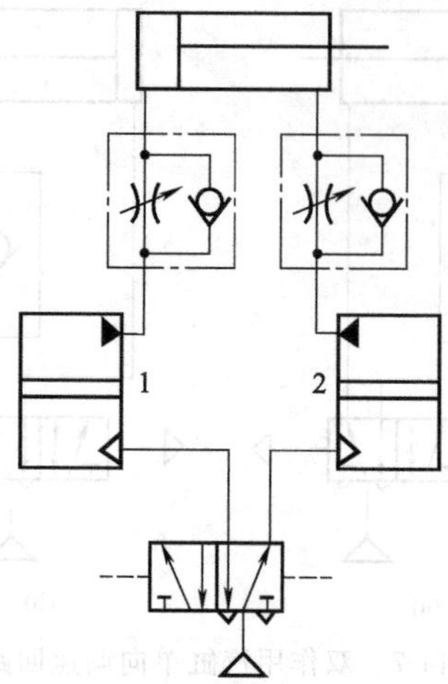

图 14-12 气-液转换速度控制回路

1,2—气液转换器

(7) 气液阻尼缸变速回路 图 14-13 为采用单向节流阀和行程阀配合的气液阻尼缸变速回路。当气控换向阀 5 左侧有信号时，压缩空气进入气液阻尼缸 2 的汽缸左腔，推动活塞右移，同时联动活塞推动液压缸右腔的油液流出，经行程阀 4 流入气液阻尼缸液压缸左腔，活塞杆快速伸出。当活塞杆伸出到预定位置压下行程阀 4 时，液压缸右腔的油液只能通过单向节流阀 3 回流，达到阻尼变速的目的。

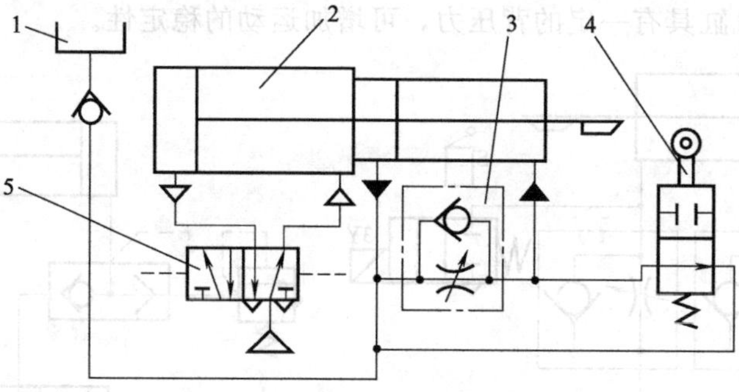

图 14-13 气液阻尼缸变速回路

1—补油杯；2—气液阻尼缸；3—单向节流阀；4—行程阀；5—气控换向阀

四、增压回路

图 14-14 为气液增压回路。它是利用气液增压器 1 把较低的气压力变为较高的液压力，提高了气液缸 2 的输出力。

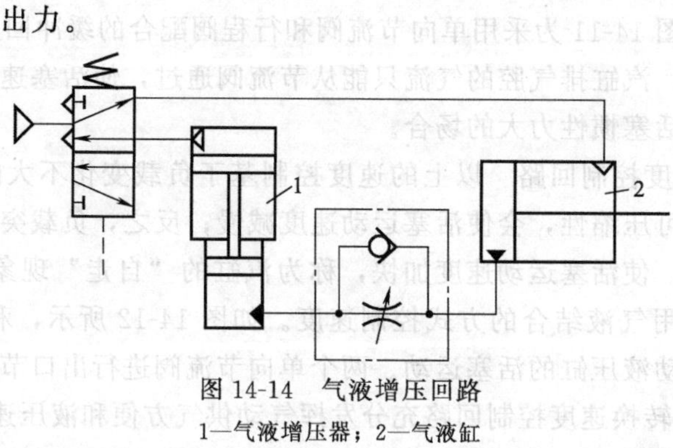

图 14-14 气液增压回路

1—气液增压器；2—气液缸

五、延时控制回路

(1) 延时返回回路　图 14-15 为延时返回回路。当按下手动阀 4 时，气控换向阀 1 立即换向至左位，汽缸 5 中的活塞右移，当活塞杆伸出到预定位置压下行程阀 6 时，压缩空气经单向节流阀 3 流入储气罐 2 中，经一定时间后，储气罐 2 中压力升高到一定值，气控换向阀 1 自动换向至右位（阀芯右端气压作用面积大于左端气压作用面积），活塞杆返回。调节节流阀的开度可获得不同的延时时间。

(2) 延时输出回路　图 14-16 为延时输出回路。当按下手动阀 4 时，压缩空气经单向节流阀 3 流入储气罐 2 中，经一定时间后，储气罐 2 中压力升高到一定值，气控换向阀 1 换向至左位，活塞杆伸出。

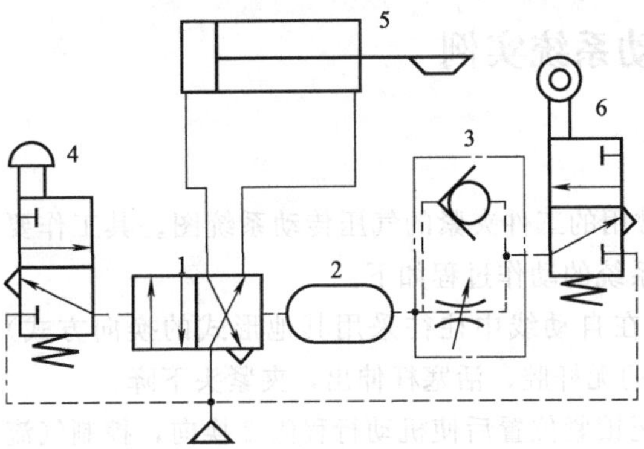

图 14-15　延时返回回路

1—气控换向阀；2—储气罐；3—单向节流阀；4—手动阀；5—汽缸；6—行程阀

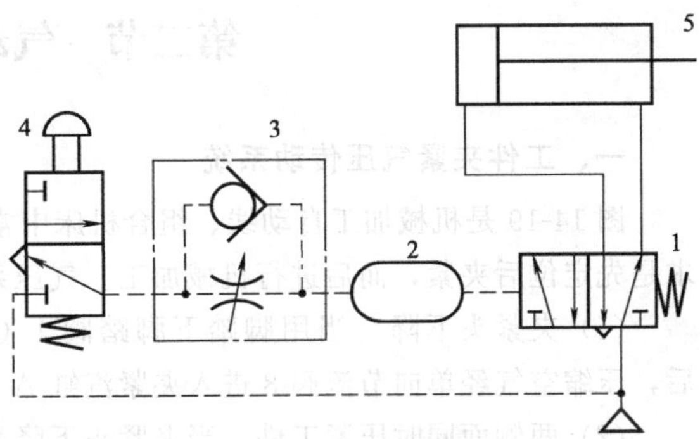

图 14-16　延时输出回路

1—气控换向阀；2—储气罐；3—单向节流阀；4—手动阀；5—汽缸

六、安全保护回路

(1) 过载保护回路　图 14-17 为过载保护回路。当按下手动阀 1 时，气控换向阀 4 立

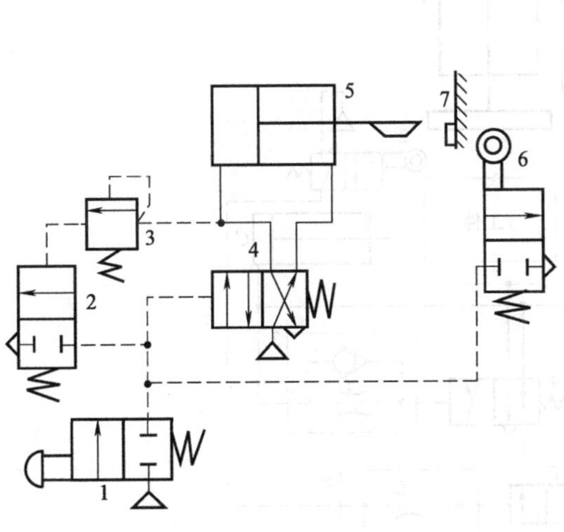

图 14-17　过载保护回路

1—手动阀；2—二位二通阀；3—顺序阀；4—气控换向阀；5—汽缸；6—行程阀；7—偶然障碍

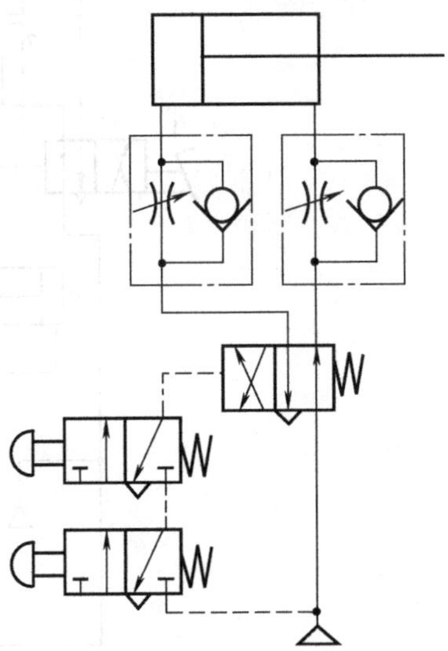

图 14-18　双手操作安全回路

即换向至左位，汽缸 5 中的活塞杆右移伸出，正常情况下，当活塞杆伸出到预定位置压下行程阀 6 时，控制气流经行程阀 6 与大气连通，气控换向阀 4 立即在弹簧力的作用下复位至右位，汽缸 5 中的活塞杆退回。但在活塞杆伸出的过程中，若遇到偶然障碍 7 而过载时，汽缸 5 左腔的压力升高，当超过预定值后，即打开顺序阀 3，使二位二通阀 2 换向至上位，控制气流经阀 2 与大气连通，气控换向阀 4 在弹簧力的作用下随之复位，活塞杆立即向左缩回。待排除障碍后，按下阀 1，活塞杆重新右移伸出。

(2) 双手操作安全回路　在锻压、冲压设备中必须设置安全保护回路，以保证操作者双手的安全。图 14-18 为双手操作安全回路。操纵者必须双手分别按下两个手动阀时，活塞才能右移工作。注意，两个手动阀的安装距离必须保证单手不能同时操作。

第二节　气动系统实例

一、工件夹紧气压传动系统

图 14-19 是机械加工自动线、组合机床中常用的工件夹紧的气压传动系统图。其工作要求是先定位后夹紧，而后进行机械加工。气压系统的动作过程如下。

(1) 夹紧头下降　当用脚踏下脚踏阀 1（在自动线中往往采用其他形式的换向方式）后，压缩空气经单向节流阀 8 进入夹紧汽缸 A 的无杆腔，活塞杆伸出，夹紧头下降。

(2) 两侧面同时压紧工件　当夹紧头下降至锁紧位置后使机动行程阀 2 换向，控制气流经行程阀 2 左位、单向节流阀 5 进入中继阀 6 的右侧，使阀 6 换向，压缩空气经中继阀 6 的右位、主控阀 4 的左位进入汽缸 B 和 C 的无杆腔，两汽缸活塞杆同时伸出，从两侧面压紧工件。与此同时，压缩空气的一部分作为控制气流经单向节流阀 3 控制主控阀 4。

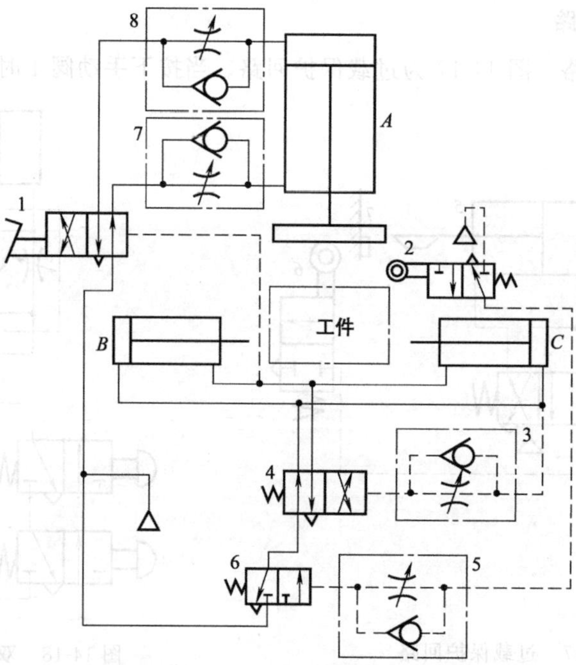

图 14-19　工件夹紧气压传动系统

1—脚踏阀；2—行程阀；3,5,7,8—单向节流阀；4—主控阀；6—中继阀

(3) 两侧面同时松开工件　压缩空气的一部分作为控制气流经单向节流阀 3 调定延时后使主控阀 4 换向至右位，则汽缸 B 和 C 的活塞杆同时返回。延时的时间长短由单向节流阀调定，用于机械加工。

(4) 夹紧头退回　在汽缸 B 和 C 的活塞杆返回的过程中，与有杆腔连通的控制气流使脚踏阀 1 换向至右位，汽缸 A 的夹紧头返回，行程阀 2 复位，中继阀 6 的气控信号经行程阀 2 的右位与大气相通，中继阀 6 在弹簧力的作用下复位，汽缸 B 和 C 的无杆腔经中继阀 6 的左位与大气相通，主控阀 4 的气控信号与大气相通，主控阀 4 在弹簧力的作用下自动复位，为新一轮的工作循环做好准备。

二、气动机械手

机械手是自动生产设备和生产线上的重要装置之一，它可以根据各种自动化设备的工作需要，按照预定的控制程序动作。因此，在机械加工、冲压、锻造、铸造、装配和热处理等生产过程中被广泛用来搬运工件，借以减轻工人的劳动强度，也可实现自动取料、上料、卸料和自动换刀等功能。气动机械手是机械手的一种，具有结构简单、重量轻、动作迅速、平稳、可靠和节能等优点。

图 14-20 是用于某专用设备上的气动机械手的结构示意图，它由四个汽缸组成，可在三个坐标内工作，图中Ⅰ为夹紧缸，其活塞杆退回时机械手抓紧工件，活塞杆伸出时松开工件；Ⅱ缸为长臂伸缩缸，可实现手臂的伸出和缩回动作；Ⅲ缸为立柱升降缸，可实现手臂的升降动作；Ⅳ缸为回转缸，该汽缸有两个活塞，分别装在带齿条的活塞杆两头，齿条的往复运动带动立柱上的齿轮旋转，从而实现立柱及长臂的回转。

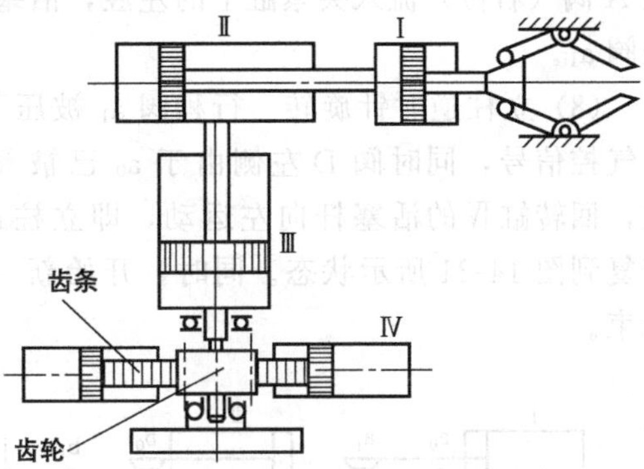

图 14-20　气动机械手结构示意图

该气动机械手的初始状态为：Ⅰ缸活塞杆伸出、Ⅱ缸活塞杆缩回、Ⅲ缸活塞杆伸出、Ⅳ缸活塞位于最左端。控制要求是：手动启动后，能从第一个动作开始自动延续到最后一个动作。

由图 14-21 所示的气动原理图分析可知，气动机械手的动作顺序为：启动 q→立柱下降至 c_0→伸臂至 b_1→抓紧工件至 a_0→缩臂至 b_0→立柱顺时针旋转、活塞右移至 d_1→立柱上升至 c_1→松开工件至 a_1→立柱逆时针旋转、活塞左移至 d_0。具体动作过程如下。

(1) 立柱下降　当扳动手动阀 q 后，控制气流经 d_0（上位）、q（左位）使主控阀 C 左侧有气控信号，同时阀 C 右侧由于 d_1 处于下位而无气控信号，则阀 C 换向至左位，压缩空气经 C 阀（左位）流入立柱升降缸Ⅲ的右腔，活塞杆退回，即立柱下降，c_1 被释放，直至压下行程阀 c_0。

(2) 伸臂　行程阀 c_0 被压下后，控制气流经 a_1（上位）、c_0（上位）使主控阀 B 左侧有气控信号，同时阀 B 右侧由于 a_0 处于下位而无气控信号，则阀 B 换向至左位，压缩空气经 B 阀（左位）流入长臂伸缩缸Ⅱ的左腔，活塞杆伸出，即伸臂，直至压下行程阀 b_1。

(3) 抓紧工件　行程阀 b_1 被压下后，控制气流经 b_1（上位）使主控阀 A 左侧有气控信号，同时阀 A 右侧由于 c_1 处于下位而无气控信号，则阀 A 换向至左位，压缩空气经 A 阀（左位）流入夹紧缸Ⅰ右腔，活塞杆退回，即抓紧工件，a_1 被释放，直至压下行程阀 a_0。

(4) 缩臂　行程阀 a_0 被压下后，控制气流经 a_0（上位）使主控阀 B 右侧有气控信号，同时阀 B 左侧由于 a_1 已被释放处于下位而无气控信号，则阀 B 换向至右位，长臂伸缩缸Ⅱ的活塞杆返回，即缩臂，b_1 被释放，直至压下行程阀 b_0。

(5) 立柱顺时针旋转　行程阀 b_0 被压下后，控制气流经 a_0（上位），b_0（上位）使主控阀 D 左侧有气控信号，同时阀 D 右侧由于 a_1 已被释放处于下位而无气控信号，则阀 D 换向至左位，回转缸Ⅳ的活塞杆向右运动，d_0 被释放，直至压下行程阀 d_1。同时，活塞杆联动的齿条带动齿轮及立柱顺时针旋转（图 14-21 中未示）。

(6) 立柱上升　行程阀 d_1 被压下后，控制气流经 d_1（上位）使主控阀 C 右侧有气控信号，同时阀 C 左侧由于 d_0 已被释放处于下位而无气控信号，则阀 C 换向至右位，立柱升降缸Ⅲ的活塞杆伸出，即立柱上升，c_0 被释放，直至压下行程阀 c_1。

(7) 松开工件　行程阀 c_1 被压下后，控制气流经 c_1（上位）使主控阀 A 右侧有气控信号，同时阀 A 左侧由于 b_1 已被释放处于下位而无气控信号，则阀 A 换向至右位，压缩空气经 A 阀（右位）流入夹紧缸Ⅰ的左腔，活塞杆伸出，即松开工件，a_0 被释放，直至压下行程阀 a_1。

(8) 立柱逆时针旋转　行程阀 a_1 被压下后，控制气流经 a_1（上位）使主控阀 D 右侧有气控信号，同时阀 D 左侧由于 a_0 已被释放处于下位而无气控信号，则阀 D 换向至右位，回转缸Ⅳ的活塞杆向左运动，即立柱逆时针旋转，d_1 被释放，直至压下行程阀 d_0，恢复到图 14-21 所示状态。同时，开始新一轮的工作循环，直至扳回手动阀 q 循环才会结束。

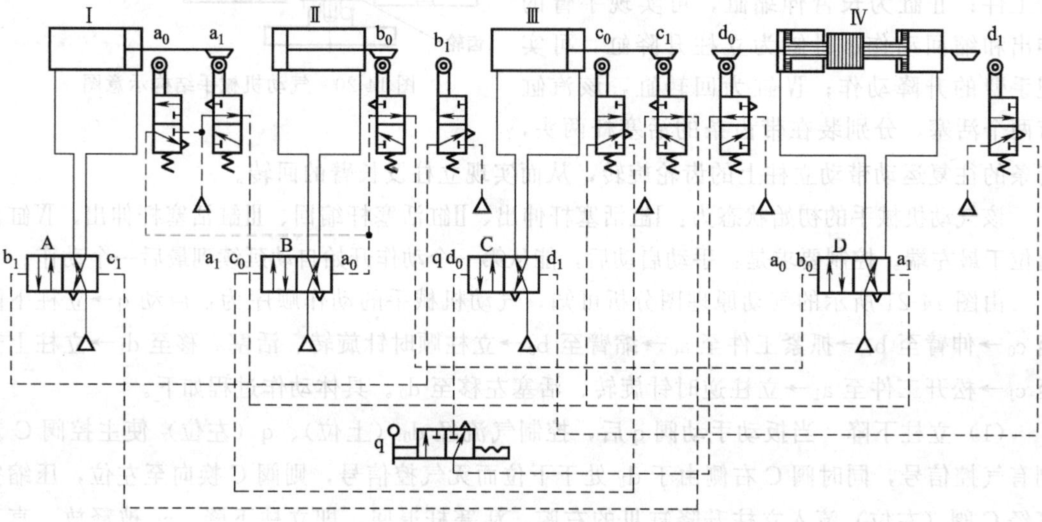

图 14-21　气动机械手气压传动系统

本章小结

本章主要介绍了常见的气动基本回路和典型的气动系统。气动基本回路按其功用的不同可分为压力控制回路、速度控制回路和方向控制回路等，其动作机理与液压回路基本相似。正确而迅速地读懂气动系统图，对于气压设备的设计、使用、维修等都有重要的作用。

习　题

一、填空题

按照安装连接次序，______与______、______一起称为气动三大件。

二、选择题

1. 下列气动元件是气动控制元件的是（　　）。

A. 气马达　　　　B. 顺序阀　　　　C. 空气压缩机

2. 气压传动中方向控制阀是用来（　　）。

A. 调节压力　　　　B. 截止或导通气流　　　　C. 调节执行元件的气流量

3. 下列气动元件的图形符号中，（　　）图形符号是快速排气阀的。

A. 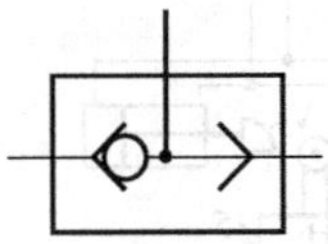　B. 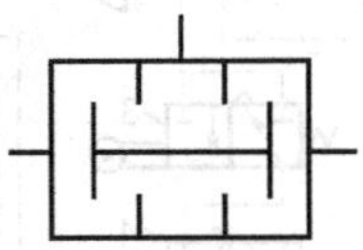　C. 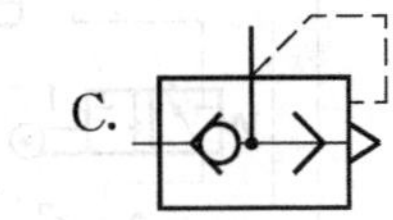

三、简答题

1. 按功能分类，气压传动系统有哪几种常见的基本回路？

2. 一次压力控制回路和二次压力控制回路有何不同？各用于何种场合？

3. 图 14-8 所示的两种双向调速回路有何不同？哪个回路的调速精度较高？为什么？

4. 图 14-19 所示的气动夹紧系统的夹紧力能否调整？如果能，如何调整？

5. 试分析图 14-22 所示的速度换接回路的工作原理，实现快进→工进→快退的动作过程，注明电磁通断电情况。

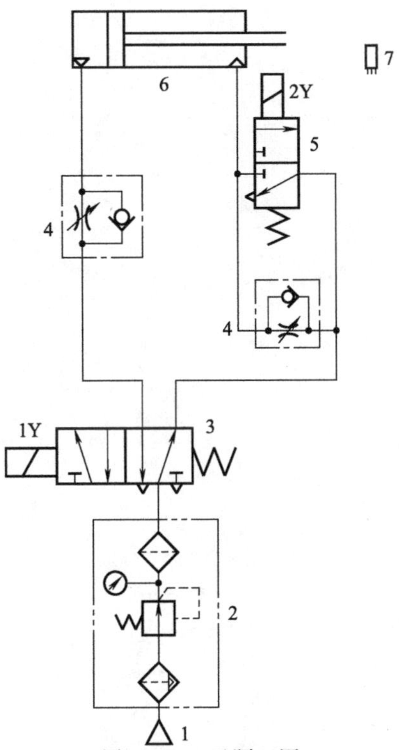

图 14-22　习题 5 图

1—气源；2—气动三联件；3—三位五通阀；4—单向节流阀；
5—二位三通阀；6—汽缸；7—接近开关（控制阀 5 的通断电）

6. 试分析如图 14-23 所示的槽形弯板机气压传动系统图，其动作顺序为：启动 q→缸Ⅰ活塞杆伸出压紧板材至行程阀 1→缸Ⅱ、Ⅲ活塞杆同时伸出垂直弯板至行程阀 3→缸Ⅳ、Ⅴ活塞杆同时伸出水平弯板至压下行程阀 5→q 复位→各缸活塞杆同时退回。

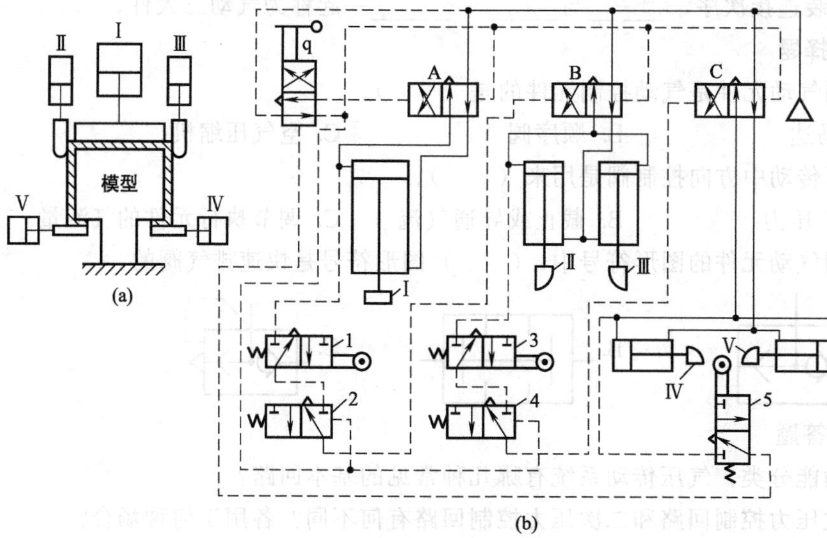

图 14-23　习题 6 图

1～5—行程阀

附　　录

附录 1　常用液压与气动元件图形符号（GB/T 786.1—1993）

表 1　基本符号、管路及连接

名　称	符　号	名　称	符　号
工作管路		管端连接于油箱底部	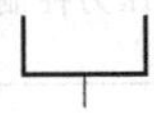
控制管路		密闭式油箱	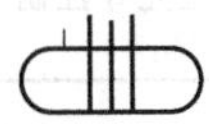
连接管路		直接排气	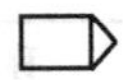
交叉管路		带连接排气	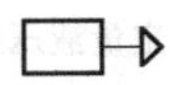
柔性管路		带单向阀快换接头	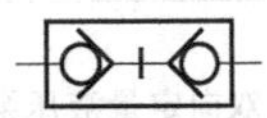
组合元件线		不带单向阀快换接头	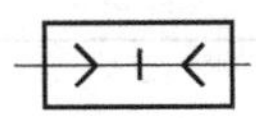
管口在液面以上油箱	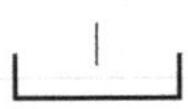	单通路旋转接头	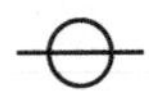
管口在液面以下油箱	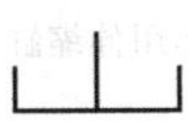	三通路旋转接头	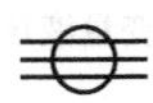

表 2　控制机构和控制方法

名　称	符　号	名　称	符　号
按钮式人力控制	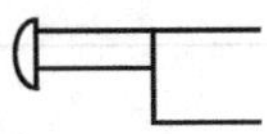	踏板式人力控制	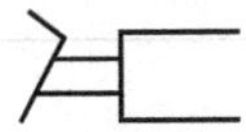
手柄式人力控制	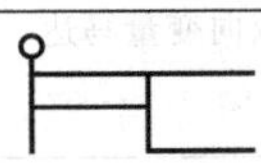	顶杆式机械控制	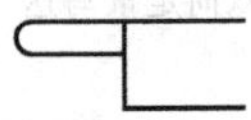
弹簧控制	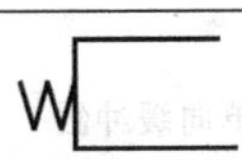	液压先导控制	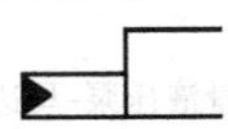
单向滚轮式机械控制	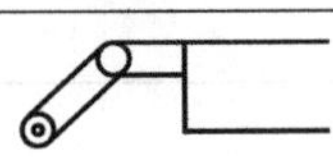	液压二级先导控制	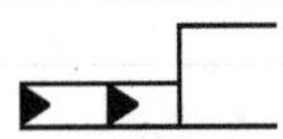
单作用电磁控制	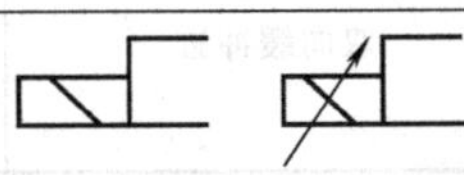	气-液先导控制	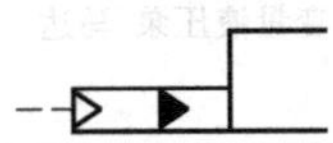

续表

名　称	符　号	名　称	符　号
双作用电磁控制	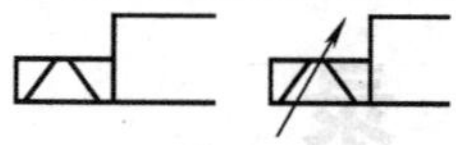	内部压力控制	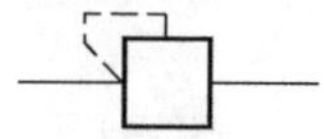
电动机旋转控制	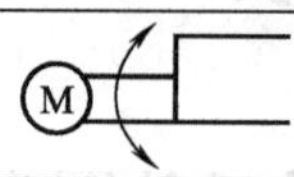	电-液先导控制	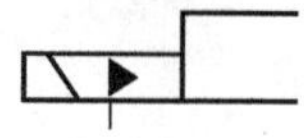
加压或泄压控制	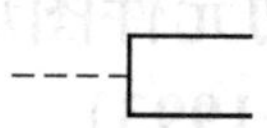	电气	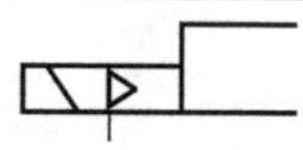
滚轮式机械控制	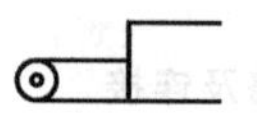	液压先导泄压控制	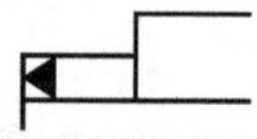
外部压力控制	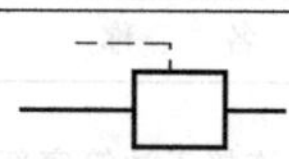	电反馈控制	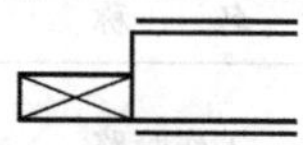
气压先导控制	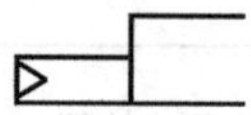	差动控制	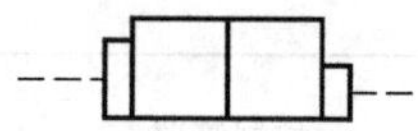

表 3　泵、马达和缸

名　称	符　号	名　称	符　号
单向定量液压泵	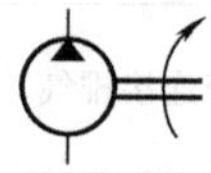	液压整体式传动装置	
双向定量液压泵	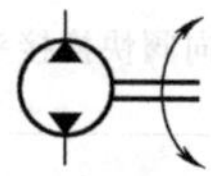	摆动马达	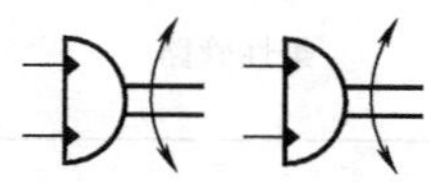
单向变量液压泵	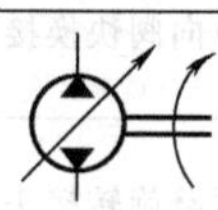	单作用弹簧复位缸	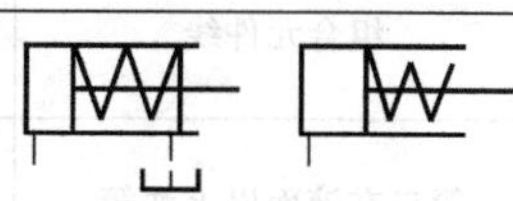
双向变量液压泵	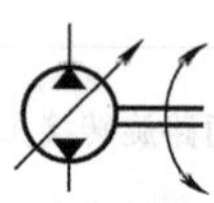	单作用伸缩缸	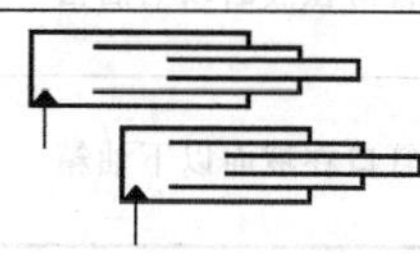
单向定量马达	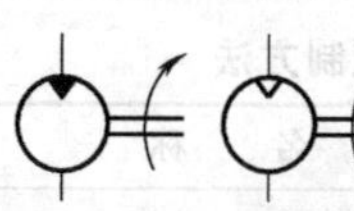	单向变量马达	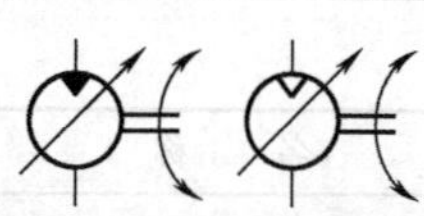
双向定量马达	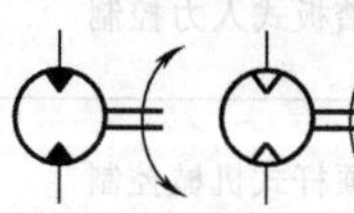	双向变量马达	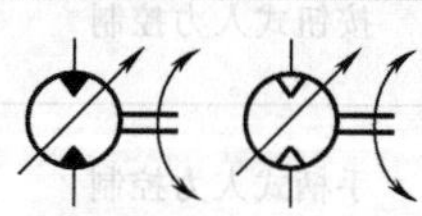
定量液压泵-马达	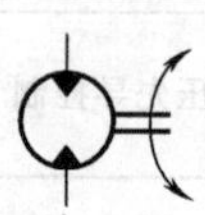	单向缓冲缸	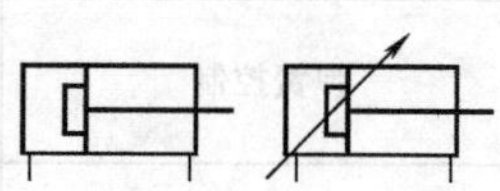
变量液压泵-马达	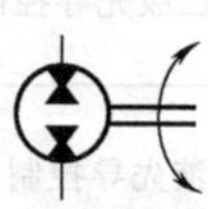	双向缓冲缸	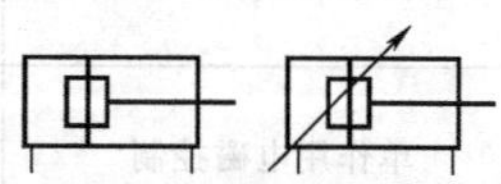

续表

名 称	符 号	名 称	符 号
双作用单活塞杆缸	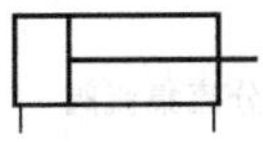	双作用伸缩缸	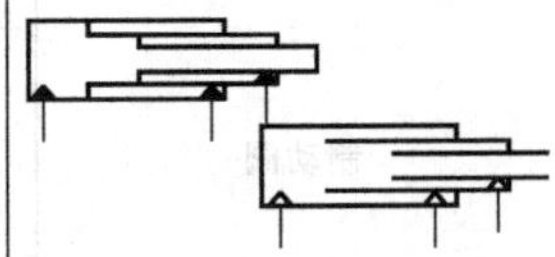
双作用双活塞杆缸	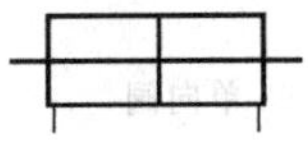	增压缸	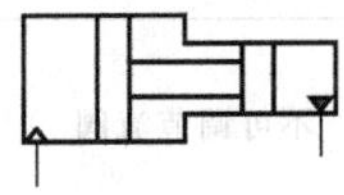

表 4 控制元件

名 称	符 号	名 称	符 号
直动型溢流阀	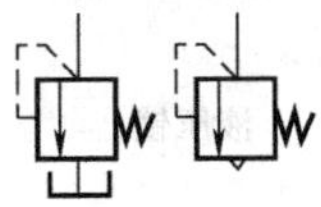	溢流减压阀	
先导型溢流阀	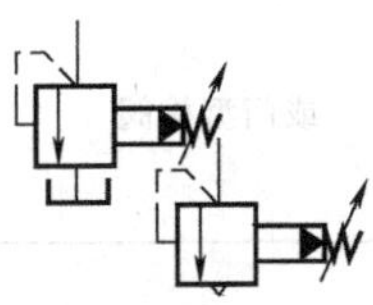	先导型比例电磁溢流减压阀	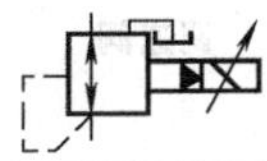
先导型比例电磁溢流阀	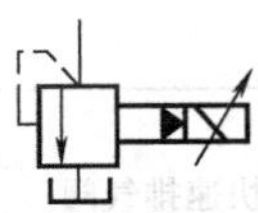	定比减压阀	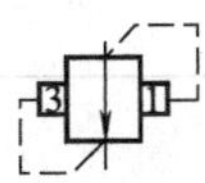
卸荷溢流阀	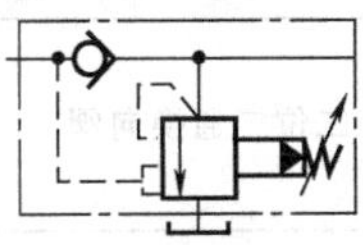	定差减压阀	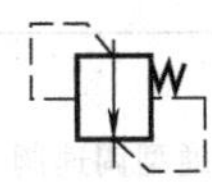
双向溢流阀	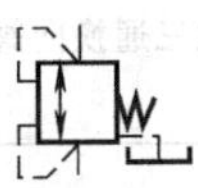	直动型顺序阀	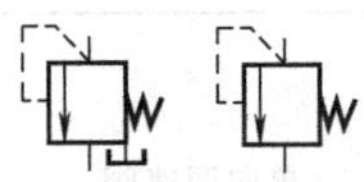
直动型减压阀	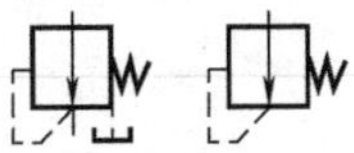	先导型顺序阀	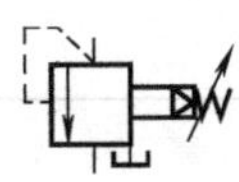
先导型减压阀	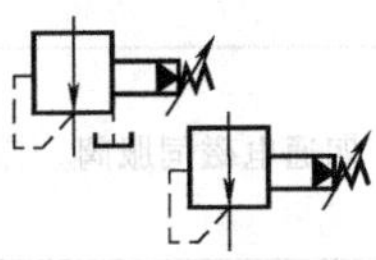	单向顺序阀（平衡阀）	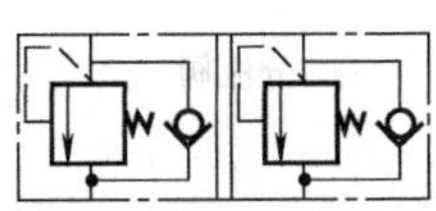
直动型卸荷阀	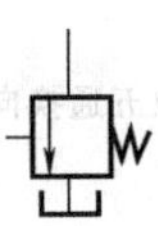	集流阀	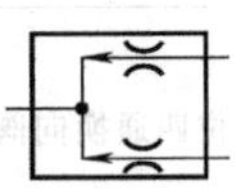

续表

名 称	符 号	名 称	符 号
制动阀	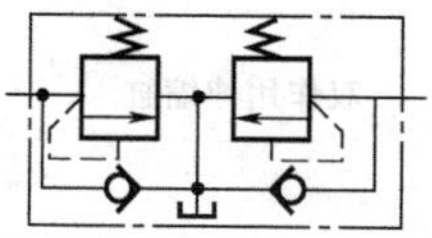	分流集流阀	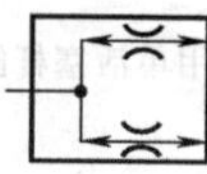
不可调节流阀		单向阀	
可调节流阀		液控单向阀	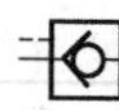
可调单向节流阀	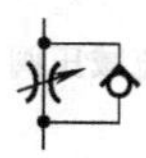	液压锁	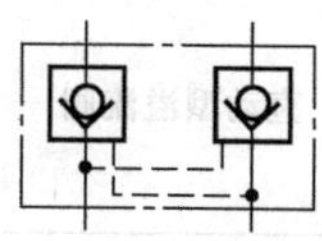
调速阀	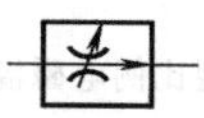	或门型梭阀	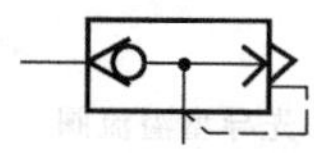
带消声器的节流阀	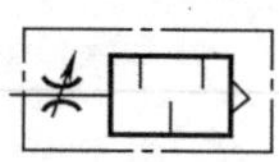	与门型梭阀	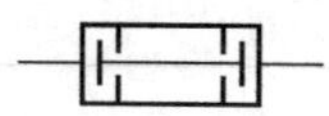
温度补偿调速阀	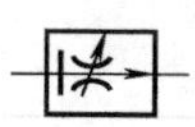	快速排气阀	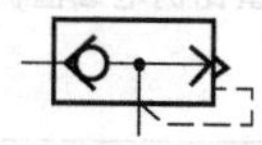
旁通型调速阀	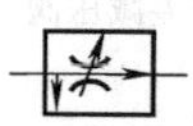	二位二通换向阀	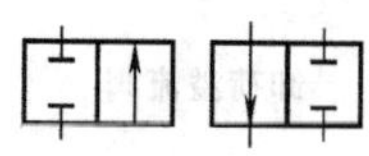
单向调速阀	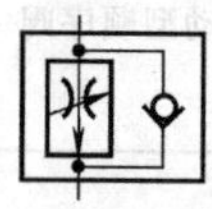	二位三通换向阀	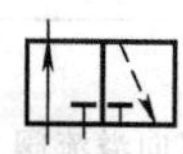
分流阀	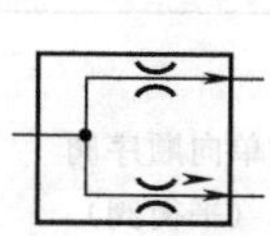	二位四通换向阀	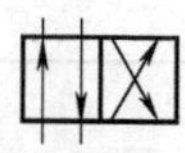
三位四通换向阀	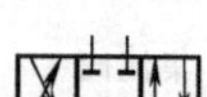	二位五通换向阀	
		四通电磁伺服阀	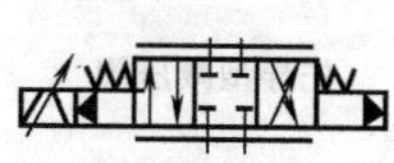
		三位五通换向阀	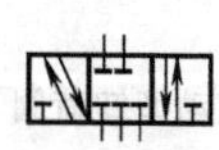

表 5　辅助元件

名　　称	符　　号	名　　称	符　　号
过滤器	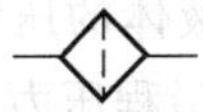	气罐	
磁芯过滤器		压力计	
污染指示过滤器	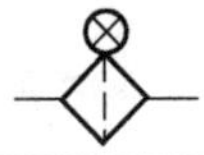	液面计	
分水排水器		温度计	
空气过滤器	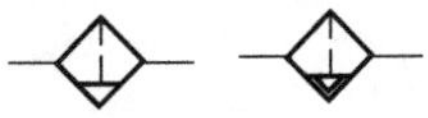	流量计	
除油器	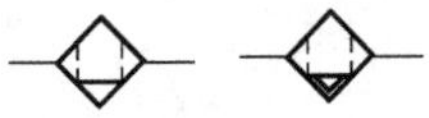	压力继电器	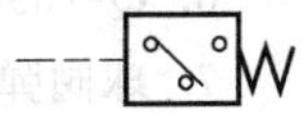
空气干燥器	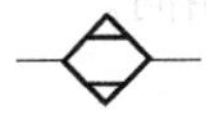	消声器	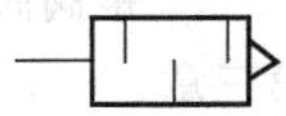
油雾器		液压源	
气源调节装置	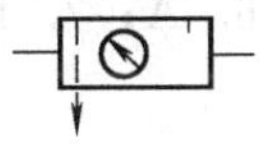	气压源	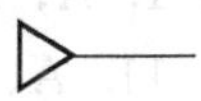
冷却器	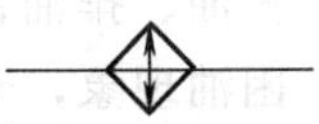	电动机	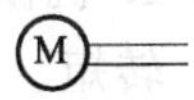
加热器		原动机	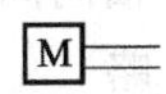
蓄能器		气-液转换器	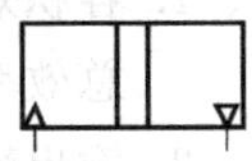

附录 2　部分习题参考答案

第一章

一、1. √；2. ×。

二、1. 原动机、传动装置、工作机构；2. 压力，动能；3. 液压油，执行元件，液压泵；4. 机械传动、电气传动、流体传动。

三、略

四、1. $v_2=0.023$m/s；$v_5=1.738$m/s。

　　2. 153N；39MPa；1.25mm。

第二章

一、1. √；2. ×；3. ×；4. ×；5. √；6. ×；7. √；8. ×；9. √；10. ×；

11. √；12. √；13. √；14. ×。

二、1. C；2. D；3. B；4. C；5. C；6. B；7. A；8. D。

三、1. 40℃、运动；2. 质量力；3. 表面力；4. 液体的压缩性；5. 恒定流动；6. 能量；7. 相对；8. 惯性，紊，黏性，层；9. 压力，沿程压力，局部压力；10. 层，紊；11. 负载，流量；12. 沿程，局部；13. 黏度，温度；14. 液压冲击；15. 气穴。

四、略

五、1. $x=\frac{4(F+mg)}{\pi d^2 \rho g}-h$

2. $F_S=432N$；$x=43.2mm$

3. $Q=1.23L/min$

4. $A=1.76cm^2$

5. $p_a-p_2=4.7\times10^{-3}MPa$

6. $Q=690L/min$

7. 球阀弹簧预紧力 $F_s=746N$

锥阀阀芯受力情况和球阀相同。故 F_s 也相同。

第三章

一、1. √；2. ×；3. ×；4. ×；5. √；6. ×；7. √；8. ×；9. √；10. ×；11. √；12. ×；13. √；14. √；15. ×。

二、1. A；2. A、C；3. C、B；4. A；5. A；6. A；7. D；8. C；9. B；10. B、A；11. A、C；12. A、B；13. A、D；14. B。

三、1. 机械能、压力能、动力；2. 密封容积、吸油、排油；3. 小于、大于；4. 执行、转矩、转速；5. 排量；6. 排量，转速；7. 困油现象，开卸荷槽；8. 流量脉动；9. 轴向间隙泄漏；10. 偏心距、变；11. 定、变；12. 斜盘倾角。

四、略

五、1. 容积效率 $\eta=0.946$

总效率 $\eta=0.795$

2. 输出转矩 $M=362.3N\cdot m$

输出转速 $n=80.96r/min$

3. 总效率 $\eta=0.874$

电机功率 $P=8.55kW$

所需转矩 $M=86N\cdot m$

4. 泵的输出功率 $P=10.6kW$

驱动电动机功率 $P=11.78kW$

5. 泵的容积效率 $\eta=0.95$

泵的流量 $q=34.67L/min$

驱动电动机功率分别为 $P=4.91kW$，$P=1.69kW$

6. 驱动电动机功率 $P=97.8kW$

泵的泄漏流量 $q=11L/min$

第四章

一、1. √；2. ×；3. ×；4. √。

二、1. D；2. D；3. A。

三、1. 液压、机械、执行；2. 三、二；3. 缸体组件、活塞组件、密封装置、缓冲装置、排气装置。4. 间隙密封、O形密封、Y形密封、V形密封。

四、略

五、1. 力 $F=p_1(A_1-A_2)=p\frac{\pi}{4}d^2$

速度 $v=\frac{4q}{\pi d^2}$

2. 输出压力 $p=2.45\text{MPa}$
运动速度 $v_1=0.066\text{m/s}$
运动速度 $v_2=0.036\text{m/s}$

3. 因 $F_A>F_B$，故B缸先动作，B缸行程结束后A缸开始动作。
B缸：压力 $p=0.5\text{MPa}$；$v_B=8.3\times10^{-3}\text{m/s}$
A缸：压力 $p=1.0\text{MPa}$；$v_B=8.3\times10^{-3}\text{m/s}$

4. $D/d=\sqrt{3}$

5. $V_{左}=q_p/(A_B+A_C-A_A)$；$V_{右}=q_p/(A_A-A_B)$

6. 流量 $Q=0.2\text{L/min}$

7. 运动速度 $v_2=0.0147\text{m/s}$；负载 $F=56520\text{N}$

第五章

一、1. ×；2. √；3. √；4. √；5. ×；6. √；7. √；8. √；9. ×；10. √。

二、1. C；2. A；3. C；4. A；5. C；6. A；7. A；8. B；9. B；10. D；11. C、A；12. D；13. A、B；14. B、A；15. B、C；16. C；17. C；18. B。

三、1. 控制调节、方向控制阀、压力控制阀、流量控制阀；2. 普通、液控；3. 工作位数、油口通路数、油路通断、换向；4. 压力；5. 中间机能；6. 油液压力、弹簧力；7. 弹簧、液体压力、低压；8. 通过的流量；9. 阀口缝隙或称液阻；10. 进口、出口、内、外；11. 流通面积、长短；12. 流量。

四、略

五、1. 6MPa、4MPa；0。

2. 11MPa；2MPa。

3. 40MPa、50MPa、20MPa。

4. 5/3MPa、5/3MPa；5MPa、3MPa。

5. 5MPa、8MPa。

6. 参考图5-53（a）、（b）两图可知，图5-53（a）中：失电时相当于B流向A的单向阀，得电时A、B口互通；图5-53（b）中：失电时相当于A流向B的单向阀，得电时A、B口互通。

第六章　略

第七章

一、1. √；2. ×；3. √；4. ×；5. √；6. √；7. ×。

二、1. 速度控制回路、压力控制回路、多缸控制回路、换向回路；2. 低于；3. 阀口处于全开启状态，减压阀不起减压作用、阀口处于小开口的减压工作状态；4. 流量卸荷、压力卸荷；5. 保压时间、压力稳定性；6. 阻尼作用；7. 节流、容积。

三、1. 5MPa；4MPa。

2. A、B、C、D的状态用0表示失电，1表示得电，则从0000到1111共计16种压力组合形式。

3. 空载时A、B、C压力都为0；工件被夹紧时A为6MPa、B为5MPa、C为3.5MPa。

4. 由于负载 $F_1>F_2$，故缸B先动作。

由于两缸完全相同，故面积A相等，由于油液流入缸A要经过节流阀，故流量有所减少，故缸B运动速度较快。

5、6、7. 略

四、1. 溢流阀的调定压力 $p_y=3.25$MPa；

泵的出口压力 $p_P=p_y=3.25$MPa，回油腔压力 $p_2=6.5$MPa。

2. $p_A=1.6$MPa、$p_B=0.5$MPa、$p_C=1.4$MPa；

输入流量 $Q_1=21$L/min、$Q_2=24$L/min。

3. 顺序阀和溢流阀的调定压力各为1.5MPa和3.25MPa。

4. 回路的效率 $\eta=0.053$；

活塞速度 $v=18$cm/min

回油腔压力 $p_2=10.8$MPa。

第八章 略

第九章 略

第十章

一、气源装置、执行元件、控制元件、辅助元件。

二、略

第十一章

一、1. 发生、净化、储存；2. 空压机；3. 分水滤气器和减压阀、换向阀；4. 后面；5. 实现不停气加油；6. 防止将存水杯中积存的污水卷起；7. 水滴、油滴、压缩空气。

二、1. ×；2. √；3. ×；4. √；5. ×；6. √。

三、1. B；2. B 。

四、略

第十二章

一、1. 汽缸、气马达；2. 汽缸；3. 连续旋转；4. 压力、机械；5. 喷气口、排气孔。

二、1. √；2. ×。

三、1. C；2. D；3. D。

四、略

第十三章

一、1. 压力、流量、方向；2. 减压阀、溢流阀、顺序阀；3. 单向阀、或门型梭阀、与门型梭阀；4. 节流阀、单向节流阀、排气节流阀、通流面积；5. 汽缸；6. 节流调速；7. 双压阀；8. 快排、换向阀；9. 执行元件。

二、1. ×；2. √；3. ×；4. ×；5. √；6. √；7. √；8. √；9. √。

三、略

第十四章

一、空气过滤器、减压阀、油雾器。

二、1. B；2. B；3. C。

三、略

参考文献

[1] 袁承训主编. 液压与气压传动. 第2版. 北京：机械工业出版社，2000.

[2] 丁树模主编. 液压传动. 第2版. 北京：机械工业出版社，2009.

[3] 肖珑主编. 液压与气压传动技术. 西安：西安电子科技大学出版社，2007.

[4] 隋文臣主编. 液压与气压传动. 重庆：重庆大学出版社，2007.

[5] 张宏友主编. 液压与气动技术. 第3版. 大连：大连理工大学出版社，2009.

[6] 简引霞主编. 液压传动技术. 西安：西安电子科技大学出版社，2006.

[7] 丁树模主编. 机械工程学. 第2版. 北京：机械工业出版社，2000.

[8] 左健民主编. 液压与气压传动. 第3版. 北京：机械工业出版社，2006.

[9] 章宏甲主编. 液压与气压传动. 北京：机械工业出版社，2005.

[10] 何存兴，张铁华主编. 液压与气压传动. 第2版. 武汉：华中科技大学出版社，2000.

[11] 朱新才，周秋沙主编. 液压与气动技术. 重庆：重庆大学出版社，2003.

[12] 简引霞主编. 航空液压与气动技术. 北京：国防工业出版社，2008.